本书为教育部人文社会科学重点研究基地重大项目"六百年来西北地区人类活动与资源环境关系研究"（14JJD770014）阶段成果；"中央高校基本科研业务费专项资金资助"（Supported by the Fundamental Research Funds for the Central Universities）（2017CBZ007）

清代宁夏地区
自然灾害与社会应对

王功 著

Study on the Natural Disasters
and Social Responses of Ningxia Province
in the Qing Dynasty

中国社会科学出版社

图书在版编目（CIP）数据

清代宁夏地区自然灾害与社会应对／王功著 . —北京：
中国社会科学出版社，2019.5
ISBN 978 - 7 - 5203 - 4557 - 6

Ⅰ.①清…　Ⅱ.①王…　Ⅲ.①自然灾害—救灾—史料
—宁夏—清代　Ⅳ.①X432.43

中国版本图书馆 CIP 数据核字（2019）第 115460 号

出 版 人　赵剑英
责任编辑　宋燕鹏　冯正好
责任校对　郝阳洋
责任印制　李寡寡

出　　版　中国社会科学出版社
社　　址　北京鼓楼西大街甲 158 号
邮　　编　100720
网　　址　http://www.csspw.cn
发 行 部　010 - 84083685
门 市 部　010 - 84029450
经　　销　新华书店及其他书店
印　　刷　北京明恒达印务有限公司
装　　订　廊坊市广阳区广增装订厂
版　　次　2019 年 5 月第 1 版
印　　次　2019 年 5 月第 1 次印刷
开　　本　710×1000　1/16
印　　张　23.75
插　　页　2
字　　数　375 千字
定　　价　108.00 元

目　　录

绪　　论

从古到今，我国一直是一个自然灾害频发的国家。从一定意义上说，我国社会发展的历史就是一部与自然灾害不断斗争的历史。时至今日，相对于古代社会，虽然生产力有了巨大的发展，人们预防、抵御灾害的能力显著提高，但仍频繁地遭受各种自然灾害的侵袭，每年都造成巨额的经济损失和重大的人员伤亡。可想而知，在社会生产力相对落后的中国古代社会，自然灾害对民众的生产、生活的影响更为显著。

古代发生的水、旱、雹、霜、地震等多种灾害，现代仍然不断发生，并呈愈演愈烈之势。清代处于我国封建社会末期，其社会经济结构与历代封建王朝一样，都是以农业为基础和中心。农业被视为诸业之本，农业税收在清政府的财政收入中也占有重要地位。可以说，农业生产的好坏直接影响着清王朝的治乱兴衰，而农业经济的发展又在很大程度上受到各种自然灾害的影响和制约。清代是中国古代历史上自然灾害较为严重的一个时期，也是我国古代荒政措施最为完备的一个时期。对这一时期的自然灾害及其荒政措施的研究，有助于我们全面了解清代社会经济的发展状况。

我国目前仍处于自然灾害的多发期，十年一遇、百年一遇的自然灾害频繁地出现在各种新闻媒体的报道中。从实际情况来看，宁夏地处西北地区，生态环境脆弱，各种自然灾害频发，已成为当下制约其社会经济发展的重要因素，亟待学术界研究防灾、救灾的有效机制。从历史的发展来看，先民在遭受自然灾害袭扰的同时，也在不断总结防灾、救灾的经验教训，以规避或尽可能减少自然灾害带来的人员财产损失。这些构成了古代中国荒政的基本内容。研究历史时期这一地区自然灾害发生的情况及社会应对，可以为当下自然灾害的预防和灾害救助提供历史经验与教训。

第一节　清代宁夏地区自然灾害研究现状
述评与展望①

中国灾害史研究起步于 20 世纪 20 年代，到现在已走过了将近一个世纪的历程。清代灾害史研究作为中国灾害史研究的重要部分，在几代前辈学者的努力下，已经有了较为丰硕的研究成果。但就西北地区自然灾害研究的深度与广度而言，现有的研究成果仍然较为缺乏，同时也很不平衡。以地域来看，对陕西、甘肃的研究较多，也较为深入，对新疆、宁夏、青海的研究则明显较少。特别是清代宁夏地区的灾害史研究，学术界的关注和重视仍然不够，目前尚无一部系统论述各种灾害及其社会影响、应对情况的专著。

关于灾害史的学术回顾，吴滔②、余新忠③、卜风贤④、朱浒⑤、邵永忠⑥、夏明方⑦等学者已经专门撰文作了梳理和评述，但对清代宁夏地区灾害史的研究情况还没有专文论述。所以，本节将对清代这一地区的灾害史研究成果做一些评述，若有不妥之处，恳请方家批评指正。

首先需要对灾害史或灾荒史的研究范围做些说明。按目前学界的基本共识，灾害史的研究，并不局限于自然灾害本身，而是涵盖了灾害的影响、防灾、备灾及救灾等思想和实践方方面面的内容。但考虑到有的方面，如清代的仓储，本身就是一个独立的研究方向，相关成果也很多，以其作为主要研究内容的独立专著就有不少，研究也较为成熟，没有必要再由笔者进行重复的论述。所以，本节仅将本书涉及清代宁夏地区灾害史研

① 拙作《20 世纪以来清代宁夏地区自然灾害研究现状述评与展望》，《宁夏大学学报》（人文社会科学版）2017 年第 3 期，对这一问题作了总结，本节在此基础上进行了一些修改补充。

② 吴滔：《建国以来明清农业自然灾害研究综述》，《中国农史》1992 年第 4 期。

③ 余新忠：《1980 年以来国内明清社会救济史研究综述》，《中国史研究动态》1996 年第9 期。

④ 卜风贤：《中国农业自然灾害史研究综论》，《中国史研究动态》2001 年第 2 期；卜风贤：《历史灾害研究中的若干前沿问题》，《中国史研究动态》2017 年第 6 期。

⑤ 朱浒：《二十世纪清代灾荒史研究述评》，《清史研究》2003 年第 2 期。

⑥ 邵永忠：《二十世纪以来荒政史研究综述》，《中国史研究动态》2004 年第 3 期。

⑦ 夏明方：《大数据与生态史：中国灾害史料整理与数据库建设》，《清史研究》2015 年第2 期。

究的现有成果做一个整体论述。粗略分为两类：一是灾害资料汇编性质的成果；二是针对宁夏地区自然灾害本身及防灾、备灾、救灾方面的思想和措施的研究。下面就以上划分对以往相关研究加以论述。

一　灾害资料汇编

李文海曾感慨："一旦接触到那么大量的有关灾荒的历史资料后，我们就不能不为近代中国灾荒的频繁、灾区之广大及灾情的严重所震惊。"[①]近代灾荒如此，古代亦是如此。中国古代文献中保留了我国历史时期自然灾害情况的大量记载。灾害史的研究，起步于对灾害史料的收集和整理。这是灾害史研究的基础和发端。涉及清代宁夏地区的自然灾害资料汇编成果主要有：

（一）全国性的灾害资料汇编

陈高佣《中国历代天灾人祸表》[②] 一书首次出版于 1939 年，此书起于秦始皇元年，止于清宣统三年，是我国第一部大型的中国历代天灾人祸的分类统计专著。分天灾（水灾、旱灾、其他）和人祸（内乱、外患、其他）两部分，对我国两千余年间历史上的天灾人祸进行了较为全面的梳理。此书涉及清代宁夏自然灾害史料较少，且多出自《清史稿》《清史纪事本末》等较为常见的文献。中国科学院地震工作委员会历史组编写的《中国地震资料年表》[③]，广泛地收集了正史、档案、别史、诗文集等文献中的地震灾害记载，是新中国成立后我国首部全国性的地震资料研究成果。全书按省编排，宁夏地区资料编于甘肃省内。书中关于乾隆三年宁夏地震的资料收录较为详细，将近 80 条，其他年份的则相对简略。谢毓寿、蔡美彪主编的《中国地震历史资料汇编》[④] 是在《中国地震资料年表》的基础上增补而成，时间起于远古，止于 1980 年，分 5 卷。其中第三卷收录了清代顺治元年至宣统三年（1644—1911）的地震史料。资料主要来源于各地档案、历朝实录、地方志、文人文集等，所收材料一律注明了出处。其中关于清代宁夏地震灾害的记载较多，有一定的参考价值。中国社会科

---

① 李文海：《论近代中国灾荒史研究》，《中国人民大学学报》1988 年第 6 期。
② 陈高佣：《中国历代天灾人祸表》，北京图书馆出版社 2007 年版。
③ 中国科学院地震工作委员会历史组：《中国地震资料年表》，科学出版社 1956 年版。
④ 谢毓寿、蔡美彪：《中国地震历史资料汇编》，科学出版社 1987 年版。

学院历史研究所资料编纂组编写的《中国历代自然灾害及历代盛世农业政策资料》① 一书时间起止是西汉到清末，不区分地区，按时间先后排列，分两部分。前半部分是中国历代自然灾害大事记，灾情较轻的灾害不予辑录，未注明出处。后半部分则是历史上较为繁盛的几个时期实行的农业政策，均注明了出处。清代资料1840年以前来自《清实录》，1840年以后来自《清史稿》。总体来说，涉及清代宁夏部分的材料较少，对清代自然灾害研究帮助有限。

李文海、林敦奎、周源、宫明《近代中国灾荒纪年》② 收集从道光二十年至民国八年（1840—1919）全国各省的灾害史料。以编年体的形式，按省编排。宁夏地区资料归于甘肃省下，每条史料之前都以简要文字加以概括。可贵之处在于使用了大量历史档案及官方文书，同时还有时人的笔记信札、地方志等资料。这正是目前资料汇编类成果所未能收录的。宋正海《中国古代重大自然灾害和异常年表总集》③ 收集了二十五史、各地通志、府县志等资料，时间截止到1911年。全书分天象、地质象、地震象、气象、水象、海洋象、植物象、动物象、人体像九大分科，制成254个年表，时间换算到年，地点具体到省。此书对中国古代历史上重大的自然灾害和自然异常现象做了统计，但编者仅收录了较为重大的事件，故所参考资料虽然较为丰富，但所辑录的材料却较少。如书中关于清代宁夏的地震灾害，仅收录4次。张波、冯风等编著的《中国农业自然灾害史料集》④ 一书分农业气象灾害、农业生物灾害、农业环境灾害等几部分进行编排，每一部分又分不同灾种。其中清代灾害史料基本摘自于《清史稿》，涉及宁夏地区亦较简略，对清代宁夏自然灾害研究方面帮助有限。

李善邦主编的《中国地震目录》⑤ 是在《中国地震资料年表》⑥ 的基础上，增补1900年至1955年间的地震资料编辑而成。全书分两集，第一集为全国大地震目录，每次地震都标明了发生时间、震中位置、震级大小

---

① 中国社会科学院历史研究所资料编纂组：《中国历代自然灾害及历代盛世农业政策资料》，农业出版社1988年版。
② 李文海、林敦奎、周源、宫明：《近代中国灾荒纪年》，湖南教育出版社1990年版。
③ 宋正海：《中国古代重大自然灾害和异常年表总集》，广东教育出版社1992年版。
④ 张波、冯风等：《中国农业自然灾害史料集》，陕西科技出版社1994年版。
⑤ 李善邦：《中国地震目录》，科学出版社1960年版。
⑥ 中国科学院地震工作委员会历史组：《中国地震资料年表》，科学出版社1956年版。

等，较大地震附有震中图；第二集为分省、分县地震目录。书中收录清代宁夏地震记录共 5 次。中央地震工作小组办公室主编的《中国地震目录》①在 1960 年版的《中国地震目录》上做了一些修改和增补，主要是丰富了前书中已有记载的史料，同时续编了 1956 年至 1969 年间的地震资料。书中收录清代宁夏地震记录共 7 次。遗憾的是，两书中的史料，均未注明出处。

此外，地震类的工具书还有国家地震局全国地震烈度区划编图组《中国地震等烈度线图集》②；国家地震局地球物理研究所、复旦大学中国历史地理研究所主编《中国历史地震图集（清时期）》③；国家地震局《中国地震简目》④；顾功叙《中国地震目录》⑤；国家地震局震害防御司《中国历史强震目录》⑥ 等。

中央气象局气象科学研究院《中国近五百年旱涝分布图集》⑦，首次尝试将历史气候史料转换为旱涝等级，并绘成分布图。书中依据史料将旱涝情况划分为 5 个等级，即 1 级—涝、2 级—偏涝、3 级—正常、4 级—偏旱、5 级—旱。书中所依据资料，多以方志为主，对史料丰富的档案材料利用不足。书中宁夏地区仅有银川一个站点的旱涝等级情况，从中难以看出宁夏地区历史时期整体的旱涝情况。白虎志、董安祥、郑广芬等《中国西北地区近 500 年旱涝分布图集（1740—2008）》⑧ 是对《中国近五百年旱涝分布图集》中西北地区的资料进行修订和补充的基础上绘制而成的，并把时间跨度从 1979 年延至 2008 年。与《中国近五百年旱涝分布图集》一样，书中将西北地区各站点的旱涝等级据史料记载评定为五个等级。其中，宁夏地区除银川外，增加了盐池和固原两个站点。这样，宁夏地区南、北、中各有一个站点，有利于从宏观上把握清代宁夏地区的旱涝情况。

①　中央地震工作小组办公室：《中国地震目录》，科学出版社 1971 年版。
②　国家地震局全国地震烈度区划编图组：《中国地震等烈度线图集》，地震出版社 1979 年版。
③　国家地震局地球物理研究所、复旦大学中国历史地理研究所：《中国历史地震图集（清时期）》，中国地图出版社 1990 年版。
④　国家地震局：《中国地震简目》，地震出版社 1977 年版。
⑤　顾功叙：《中国地震目录》，科学出版社 1986 年版。
⑥　国家地震局震害防御司：《中国历史强震目录》，地震出版社 1995 年版。
⑦　中央气象局气象科学研究院：《中国近五百年旱涝分布图集》，地图出版社 1981 年版。
⑧　白虎志、董安祥、郑广芬等：《中国西北地区近 500 年旱涝分布图集（1740—2008）》，气象出版社 2010 年版。

张德二《中国三千年气象记录总集》①收集甲骨文字以来直到 1911 年三千年间的气象记录。此书以现在省份按时间编排，清代资料主要出自于《清史稿》及地方志，对于档案中的灾害史料收录很少。书中涉及清代宁夏气象灾害部分史料较少，除此之外，亦收录个别丰收年份的史料。

除了通史性质的成果，还有部分专门汇集清代自然灾害的史料汇编，这部分成果则较少，涉及宁夏地区的主要有：

国家档案局明清档案馆整理的《清代地震档案史料》②辑录了档案奏折 160 件，时间范围包括雍正十三年至宣统元年（1735—1909），按时间先后，分省编排。由于清代宁夏非省一级行政区划，故相关奏折材料见于陕西和甘肃两省。其中与宁夏地区相关的地震奏折近 20 条，且大都在中国科学院地震工作委员会历史组编写的《中国地震资料年表》中已经出现过，只是内容上收录更为完整。中国地震局、中国第一历史档案馆编写的《明清宫藏地震档案（上卷）》③以编年形式，整理了中国第一历史档案馆所存的宫中朱批奏折、军机处上谕档、起居注等档案材料，绝大部分是清代的史料。同时还有部分满文奏折，编者也进行了翻译，以方便读者使用。其中收录了大量清代宁夏的地震史料。据笔者粗略统计，关于乾隆三年宁夏地震的史料就近 80 条，这为清代宁夏地区地震灾害方面的研究提供了宝贵的材料。北京市地震局、台北"中研院"历史语言研究所编写的《明清宫藏地震档案（下卷）》④一书，材料主要出自台北故宫博物院和"中研院"历史语言研究所保存的宫中档、上谕档等文献，绝大部分是清代的史料。据笔者粗略统计，关于清代宁夏地震史料约有 16 条，大都是关于乾隆三年宁夏地震的记载。

由水利电力部水管司科技司、水利水电科学研究学院主持编写的《清代江河洪涝档案史料丛书》，历经十余年的整理才告完成。该丛书囊括了清代黄河、长江、淮河、海河与滦河、珠江、黑龙江与松花江及辽河六大

---

① 张德二：《中国三千年气象记录总集》，江苏教育出版社 2013 年版。

② 国家档案局明清档案馆：《清代地震档案史料》，中华书局 1959 年版。

③ 中国地震局、中国第一历史档案馆：《明清宫藏地震档案（上卷）》，地震出版社 2005 年版。

④ 北京市地震局、台北"中研院"历史语言研究所：《明清宫藏地震档案（下卷）》，地震出版社 2007 年版。

水系的洪涝档案。其中《清代黄河流域洪涝档案史料》① 收录了国家第一历史档案馆所保存的从乾隆元年至宣统三年（1736—1911）间黄河流域大量的洪涝灾害档案材料，为这方面的研究提供了极大的便利。此书以年为单位，按照清代行政区划的州县及所在水系上下游顺序编排。书中宁夏地区的洪涝史料较为丰富，收录在黄河上游干流区部分。

中国科学院地理科学与资源研究所、中国第一历史档案馆编写的《清代奏折汇编——农业·环境》② 一书，从中国第一历史档案馆所藏的上谕档、朱批奏折等文件中辑录了关于清政府在农业方面的政策、各地屯田、农作物的种植、农业自然灾害及防治等方面的史料。时间起于乾隆元年（1736），止于宣统三年（1911）。此书中涉及宁夏地区史料较少，据笔者粗略统计，有 30 余条。

赵连赏、翟清福著《中国历代荒政史料》③ 一书收录了上至原始社会下至清朝末年，各种自然灾害（旱灾、水灾、虫灾、雹灾、地震等）及救灾方面（赈济、蠲免、缓征、借贷等）的史料。书中涉及清代宁夏地区的灾害及荒政史料较为丰富，对这方面的研究帮助很大。

谭徐明主编的《清代干旱档案史料》④，同样是从中国第一历史档案馆所藏的清代档案整理而来，收录了康熙二十八年至宣统三年（1689—1911）间各地官员向朝廷禀报旱情及灾后救济的奏折资料。此书按时间顺序，以年为单位，按省编排。其中，涉及宁夏地区的史料较为丰富，收录在甘肃省部分，未单独列出。

（二）地方性的灾害史料汇编

宁夏地区灾害史料汇编成果较少，主要有：江苏省地理研究所《甘肃宁夏青海三省区气候历史记载初步整理》⑤ 是较早对宁夏地区气候记录进行整理的著作。但全书篇幅很短，仅有 40 余页，收录的材料很有限。宁夏

---

① 水利电力部水管司科技司、水利水电科学研究学院：《清代黄河流域洪涝档案史料》，中华书局 1993 年版。

② 中国科学院地理科学与资源研究所、中国第一历史档案馆：《清代奏折汇编——农业·环境》，商务印书馆 2005 年版。

③ 赵连赏、翟清福：《中国历代荒政史料》，京华出版社 2010 年版。

④ 谭徐明：《清代干旱档案史料》，中国书籍出版社 2013 年版。

⑤ 江苏省地理研究所：《甘肃宁夏青海三省区气候历史记载初步整理》，江苏省地理研究所，1976 年。

气象局主编的《宁夏回族自治区近五百年气候历史资料》① 是在中央气象局主持下，各省区市气象局参与编纂的各省近 500 年气象资料的成果，也是绘制《中国近五百年旱涝分布图集》的资料来源。但由于编辑时间仓促，材料收集不够全面。

杨新才等编写的《宁夏水旱自然灾害史料》② 广泛地收集了公元前 780 年至公元 1948 年间宁夏地区自然灾害的历史记载。清代部分史料收录十分丰富、翔实，来源主要是清代故宫档案，同时也收集了《清史稿》《清实录》及地方志中的材料。书中除了收录自然灾害的史料，也有部分关于各地得雨清单、收成分数等信息的材料，同时还有部分宁夏附近州县，如镇原、庄浪等地的灾害材料。

宁夏回族自治区地震局编写的《宁夏回族自治区地震历史资料汇编》③ 一书是在《中国地震资料年表》的基础上，进一步补充、校正而成。时间起于东汉顺帝汉安二年止于中华人民共和国成立（143—1949），是研究清代宁夏地区地震灾害最为丰富的资料汇编类著作。

中国气象灾害大典编委会《中国气象灾害大典·宁夏卷》④ 是一部全面收录宁夏历史时期各种气象灾害的大型资料汇编类工具书。时间跨度为自有文字记载年代至公元 2000 年。文献来源相当广泛，除了汇编类书籍常用的如正史、实录、地方志等材料，还收录了档案、碑刻等材料，清末以后出现的报刊中的记载也有收录。以笔者使用过程中的感受，此书所录清代宁夏气象灾害史料，是各种史料汇编类著作中最为丰富的。但遗憾之处在于，书中对个别的史料做了技术性的处理，没有最大限度地保留史料原貌。如删去了多地区并列有灾时除宁夏之外的地名，一些灾害记载后有"勘不成灾"等字样，也一并删去，这些都不利于界定灾害的发生范围及严重程度。同时，书中辑录的史料均未标明出处，使用时无法与原文进行校对，且多个出处的史料杂糅在一起，很难区分。

---

① 宁夏气象局：《宁夏回族自治区近五百年气候历史资料》，宁夏气象局，1987 年。
② 杨新才等：《宁夏水旱自然灾害史料》，宁夏回族自治区水文总站，1987 年。
③ 宁夏回族自治区地震局：《宁夏回族自治区地震历史资料汇编》，地震出版社 1988 年版。
④ 中国气象灾害大典编委会：《中国气象灾害大典·宁夏卷》，气象出版社 2007 年版。

二　宁夏地区自然灾害及防灾、备灾、救灾研究

水、旱、冰雹等气象灾害：白虎志等《中国西北地区近 500 年极端干旱事件（1470—2008）》[①]一书是对西北地区近 500 年来干旱事件的总结。其中，发生在清代宁夏的极端干旱事件有：1876—1878 年，为 200 年一遇；1711—1714 年、1719—1722 年、1762—1765 年及 1899—1901 年，为 50 年一遇；1700—1701 年和 1758—1759 年，为 10 年一遇。书中对这几次极端干旱事件都列举了相应的史料，将各次灾害的波及范围、程度进行了梳理。李艳芳、赵景波《清代宁夏吴忠一带洪涝灾害研究》[②] 统计该地区清代共发生洪涝灾害 92 次，平均 2.91 年发生一次。而从时间分布方面来看，清晚期洪涝灾害的发生较之清早期、中期更为频繁。从空间分布来看，中卫、灵武地区的洪涝灾害发生最为频繁。另外还对清代这一地区的洪涝灾害划分了等级序列，认为这一时期洪涝灾害以中度涝灾为主。张允、赵景波《1644—1911 宁夏西海固干旱灾害时空变化及驱动力分析》[③]在对清代西海固地区干旱记录统计的基础上，认为这一地区清代干旱灾害为 82 次，平均 3.27 年发生一次，并将干旱灾害划分了四个等级序列，统计结果是该地区干旱灾害以中度干旱为主，轻度干旱次之。此外，还对影响干旱灾害的因素做了探讨。魏光《清至民国时期（1644—1949）甘肃地区的旱灾与社会应对研究》[④] 在对这一时期干旱灾害史料的统计基础上，探讨了这一地区干旱灾害发生的规律、影响及社会应对。文中还对旱灾的时空分布特点、影响抗旱的因素等方面做了一定研究。

吴滔《明清雹灾概述》[⑤] 较早对明清时期的冰雹灾害做了概括式的研究，就这一时期冰雹灾害的季节变化、日变化等时间分布和各省间的空间分布方面做了一定探讨。但由于清代宁夏非省一级行政区划，故将宁夏包括在甘肃省内做了统计分析，从中难以看出清代宁夏冰雹灾害的情况。倪

[①]　白虎志等：《中国西北地区近 500 年极端干旱事件（1470—2008）》，气象出版社 2009 年版。

[②]　李艳芳、赵景波：《清代宁夏吴忠一带洪涝灾害研究》，《干旱区资源与环境》2009 年第 4 期。

[③]　张允、赵景波：《1644—1911 宁夏西海固干旱灾害时空变化及驱动力分析》，《干旱区资源与环境》2009 年第 5 期。

[④]　魏光：《清至民国时期（1644—1949）甘肃地区的旱灾与社会应对研究》，硕士学位论文，陕西师范大学，2014 年。

[⑤]　吴滔：《明清雹灾概述》，《古今农业》1997 年第 4 期。

玉平《清代冰雹灾害统计的初步分析》① 一文对整个清代冰雹灾害做了较为全面的梳理，从时间和空间分布方面做了一定的研究，但涉及宁夏地区的内容则较为简略。

马晓华《宁夏西海固地区清代以来气象灾害研究》② 一文从气象学、地理学的角度对清代以来西海固地区的干旱、洪涝和霜雪灾害的灾害等级、时空变化及周期规律等做了研究。但本文侧重于自然科学性质的研究，对自然灾害史料的收集、整理，主要是依据《西北灾荒史》《中国三千年气象记录总集》等有限的几部资料汇编成果。所以，在此基础上对自然灾害灾次的统计、灾情的分析方面显得略有欠缺。

关于清代宁夏地区的地震灾害，学术界的研究几乎全部集中于乾隆三年的宁夏大地震。龚柳辉《1739 年平罗地震之研究》③ 和马建民《乾隆三年（1739）宁夏震灾与救济研究》④ 是目前对乾隆三年宁夏地震研究比较全面的成果。前文探讨了此次地震的基本情况及对社会的影响，还对灾后政府及民间的救灾情况作了分析。后文则围绕地震灾区的破坏程度、灾后赈济、灾后重建与恢复生产等方面做了研究。

万自成《1739 年平罗大地震》⑤、陈明猷《乾隆三年的宁夏大地震》⑥ 是较早研究乾隆三年宁夏大地震的文章，对宁夏此次地震人员伤亡情况、地震造成的破坏等情况做了研究介绍。中国第一历史档案馆《乾隆三年宁夏府地震史料》⑦，是馆员刘源从中国第一历史档案馆保存的 90 余件史料中，辑出 10 件编辑而成，为之后这一问题的研究提供了便利。刘源《乾隆三年宁夏大地震》⑧ 一文，利用了丰富的档案材料，对乾隆三年宁夏地震从灾情、报灾、救灾、灾后重建等几个方面做了较为全面的考察。赵令志《乾隆三年宁夏府地震考》⑨，从灾情、赈济、灾后重建及奖惩四个方

---

① 倪玉平：《清代冰雹灾害统计的初步分析》，《江苏社会科学》2012 年第 1 期。
② 马晓华：《宁夏西海固地区清代以来气象灾害研究》，硕士学位论文，陕西师范大学，2015 年。
③ 龚柳辉：《1739 年平罗地震之研究》，硕士学位论文，北方民族大学，2014 年。
④ 马建民：《乾隆三年（1739）宁夏震灾与救济研究》，博士学位论文，宁夏大学，2015 年。
⑤ 万自成：《1739 年平罗大地震》，《地震观测与预报》1982 年第 1 期。
⑥ 陈明猷：《乾隆三年的宁夏大地震》，《西北史地》1983 年第 2 期。
⑦ 中国第一历史档案馆：《乾隆三年宁夏府地震史料》，《历史档案》2001 年第 4 期。
⑧ 刘源：《乾隆三年宁夏大地震》，《历史档案》2002 年第 2 期。
⑨ 赵令志：《乾隆三年宁夏府地震考》，《宁夏社会科学》2004 年第 4 期。

面，对此次灾害做了系统的论述，认为清政府此次救灾较为得力，是值得肯定的。梁金仓《银川平罗特大地震灾害赈济启示》①，主要从灾害发生时的状况、灾害的救灾各项措施及成功减灾的启示三个方面进行论述。作者认为，此次救灾工作中的措施周全、有效，使得灾后重建工作进行顺利。白铭学、焦德成《1739 年银川—平罗 8 级地震灾害的历史辨析》② 在运用多种史料对地震的破坏情况进行分析的基础上，认为此地震的极震区应在新渠县城一带。作者在参考相关资料之后，对宁夏境内的地震等震线作了修正，同时还对这次地震的震中、震级、地震类型等问题做了讨论。

王曙明《试论乾隆三年宁夏府大地震的荒政实施》③，是较早以此次地震为个案，探究清政府荒政的成果。该文以灾害发生时中央及地方各级官员的救灾态度及言行为切入点，分析乾隆朝荒政的特点。作者认为乾隆朝荒政有组织、有成效，集历代成果之大成，但是也存在一些局限和弊端。此外，王永超《乾隆三年大地震救济刍议》④、马建民《乾隆三年宁夏大地震后城镇重建与阿炳安侵冒案述略》⑤、马建民、陆宁《档案文献所见乾隆三年宁夏地震灾赈中杨大凯怠忽案述略》⑥、徐爱信、李学勤等《乾隆三年宁夏地震与政府救灾》⑦、王玉琴《比较视角下的宁夏历史上两次特大地震》⑧、徐爱信、李学勤等《1739 年宁夏大地震后的灾区重建》⑨ 等文也对此次灾害的灾情、赈济、灾后重建等方面做了研究。

杨明芝、马禾青、廖玉华《宁夏地震活动与研究》⑩ 对宁夏地区地震

① 梁金仓：《银川平罗特大地震灾害赈济启示》，《防灾博览》2004 年第 2 期。

② 白铭学、焦德成：《1739 年银川—平罗 8 级地震灾害的历史辨析》，《西北地震学报》2005 年第 2 期。

③ 王曙明：《试论乾隆三年宁夏府大地震的荒政实施》，《西安电子科技大学学报》（社会科学版）2007 年第 4 期。

④ 王永超：《乾隆三年大地震救济刍议》，《防灾科技学院学报》2009 年第 2 期。

⑤ 马建民：《乾隆三年宁夏大地震后城镇重建与阿炳安侵冒案述略》，《北方民族大学学报》2012 年第 6 期。

⑥ 马建民、陆宁：《档案文献所见乾隆三年宁夏地震灾赈中杨大凯怠忽案述略》，《图书馆理论与实践》2013 年第 1 期。

⑦ 徐爱信、李学勤等：《乾隆三年宁夏地震与政府救灾》，《防灾科技学院学报》2015 年第 3 期。

⑧ 王玉琴：《比较视角下的宁夏历史上两次特大地震》，《西夏研究》2015 年第 4 期。

⑨ 徐爱信、李学勤等：《1739 年宁夏大地震后的灾区重建》，《防灾科技学院学报》2015 年第 4 期。

⑩ 杨明芝、马禾青、廖玉华：《宁夏地震活动与研究》，地震出版社 2007 年版。

灾害做了系统、全面的研究。书中指出清代宁夏 5 级以上的破坏性地震共计 7 次。由于此书是偏重自然科学类的研究成果，多侧重于地震构造、地质特征等的研究，所以对地震史料的关注较少，也较少涉及震后救灾等情况的研究。

袁林《西北灾荒史》① 分上、下两编，是一部中国灾荒历史的区域性研究著作。上编对西北地区干旱、洪涝、冰雹、地震等各种灾害的特征及减灾防灾对策等方面作了较为详尽的分析。下编以西北灾荒志的形式，将收集、整理的各种史料按时间、分地区、分灾害进行了统计。但面对浩如烟海的历史文献，以个人之力实难做到"竭泽而渔"，故此书所录的灾荒史料仍有一些疏漏之处，如关于清代宁夏地震资料方面，一些较为重要的档案材料没有收录。但此书仍是西北地区灾荒史研究极具分量的著作。

袁祖亮、朱凤祥《中国灾害通史·清代卷》② 一书，主要对清代自然灾害发生次数做了统计，并在此基础上分析清代自然灾害的时空分布特征。另外，对清政府的荒政措施及自然灾害与清代社会的关系等问题也做了一定探讨。然而，作者在书中认为："《清史稿》对清代灾害资料的收录最为系统和全面，记载最为翔实，故取之以为此表。"③ 故此书对清代各种自然灾害的统计基本上是基于《清史稿》中的记载，笔者认为这恐怕是不妥当的。另外，统计的数据和以此为基础的自然灾害时空分布特征分析也难以让人信服。

张维慎《宁夏农牧业发展与环境变迁研究》④ 对宁夏地区各历史时期的农业和畜牧业的开发状况做了系统研究。同时对历史时期宁夏自然灾害的时空分布特征做了简要分析，并在此基础上探讨了宁夏农牧业发展等因素与环境变迁的关系。

灾害社会应对方面，邓云特《中国救荒史》⑤ 一书被誉为灾害史研究的"拓荒之作"。此书在对历代灾荒史实进行分析的基础上，探讨了灾荒的原因和影响。另外，还对历代救荒思想及历代荒政措施做了开拓性的研

---

① 袁林：《西北灾荒史》，甘肃人民出版社 1994 年版。
② 袁祖亮、朱凤祥：《中国灾害通史·清代卷》，郑州大学出版社 2009 年版。
③ 同上书，第 402 页。
④ 张维慎：《宁夏农牧业发展与环境变迁研究》，文物出版社 2012 年版。
⑤ 邓云特：《中国救荒史》，商务印书馆 2011 年版。

究。书中的一些自然灾害的统计数据，直到现在仍被研究者频繁地引证。遗憾的是，书中很多内容都在出版的时候略去了，如历代灾荒的附表等，殊为可惜。

李向军《清代荒政研究》① 一书，对清代救荒的基本程序及清代荒政与吏治和财政的关系等方面做了深入的探讨。书末另附清代全国主要省区灾况、灾蠲、灾赈三个年表以供参考。可以说，此书是清代荒政研究必须要参考的一本著作。但此书研究范围仅限于清前期，即顺治元年至道光十九年（1644—1839）。

张祥稳《清代乾隆时期自然灾害与荒政研究》② 一书，是在他的博士学位论文基础上修改后出版成书。书中对乾隆时期的水、旱、雹、地震等多种灾害做了全面、系统的研究。同时对乾隆时期自然灾害的特点及人为诱发因素做了探讨，还对这一时期的荒政措施做了详尽的讨论。

孙绍骋《中国救灾制度研究》③ 着重对历代救荒体制的救灾主体、防灾减灾措施及救灾措施三个方面做了系统、深入的探讨。张涛、项永琴等《中国传统救灾思想研究》④ 将中国古代的救灾思想划分为六个时期，对各时期我国传统救灾思想进行了广泛考察和系统梳理。

赵晓华《救灾法律与清代社会》⑤、杨明《清代救荒法律制度研究》⑥则从法律制度方面对清代救灾问题做了研究。前书对清代救灾立法的内容及特点、清代救灾行政体系及其运作、管理制度等做了研究。后书从清代救荒法律制度的历史渊源、法律对清代救荒程序的规范、清代救荒中的吏治等方面出发，系统考察了清代救荒的立法保障情况。

王玉琴《明清宁夏荒政评述》⑦ 在对明清宁夏救荒措施回顾的基础上，总结了明清荒政的特点。认为明清统治者重视救灾、地方官员在救灾过程中起着关键作用，但是未建立救灾的长效机制，救灾治标不治本。

---

① 李向军：《清代荒政研究》，中国农业出版社 1996 年版。
② 张祥稳：《清代乾隆时期自然灾害与荒政研究》，中国三峡出版社 2010 年版。
③ 孙绍骋：《中国救灾制度研究》，商务印书馆 2004 年版。
④ 张涛、项永琴等：《中国传统救灾思想研究》，社会科学文献出版社 2009 年版。
⑤ 赵晓华：《救灾法律与清代社会》，社会科学文献出版社 2011 年版。
⑥ 杨明：《清代救荒法律制度研究》，中国政法大学出版社 2014 年版。
⑦ 王玉琴：《明清宁夏荒政评述》，《宁夏社会科学》2014 年第 4 期。

此外，李向军《清代前期荒政评价》①、张建民《中国传统社会后期的减灾救荒思想述论》② 从减灾防灾、备荒、救荒三个层次对我国传统荒政思想做了研究。张祥稳《嘉庆朝西北地区建立和健全灾赈积弊防杜机制案例研究——以嘉庆十五年甘肃灾赈为例》③ 也从不同角度对清代的荒政做了探讨。

彭莉《明清时期西北地区农业自然灾荒研究》④ 一文主要探讨了明清时期西北地区自然灾害对农业生产、传统农业经济及农村社会发展的影响。但所选范围和时间跨度较大，在有限的篇幅内对一些问题的探讨难以深入。王仲宪《明清时期六盘山区自然灾害及防灾救灾研究》⑤ 一文以六盘山地区为研究对象，对清代这一地区的自然灾害就防灾救灾情况进行了研究。文中涉及宁夏固原、隆德等地区的自然灾害史料的收集和分析。

综上，学术界有关清代宁夏自然灾害的研究，已经取得了一定的进展。这些成果可以概括为：

第一，对清代宁夏自然灾害史料的整理已经有了一定的积累，尤其是干旱、水涝、地震三种灾害的史料。这些资料汇编成果大都是依据正史、地方志、清代档案等文献资料。

第二，对乾隆三年宁夏大地震的研究已经较为成熟。此次地震是清代宁夏地震最强烈的一次，也是中国历史上重大地震灾害之一，造成了重大人员伤亡和财产损失。文献中留下了大量关于此次灾害灾情、救灾等记载，方便了学术界对此次灾害的研究。目前，学术界对此次灾害的灾情、致灾原因、救灾措施、灾后重建等方面都做了详细的研究。

虽然学术界在以上方面取得了一些成果，但存在的问题也非常明显，主要表现在以下三方面：

第一，就研究区域而言，由于清代宁夏初属陕西，后分属甘肃，并非

---

① 李向军：《清代前期荒政评价》，《首都师范大学学报》（社会科学版）1993 年第 5 期。

② 张建民：《中国传统社会后期的减灾救荒思想述论》，《江汉论坛》1994 年第 8 期。

③ 张祥稳：《嘉庆朝西北地区建立和健全灾赈积弊防杜机制案例研究——以嘉庆十五年甘肃灾赈为例》，《中国农史》2014 年第 2 期。

④ 彭莉：《明清时期西北地区农业自然灾荒研究》，硕士学位论文，西北农林科技大学，2008 年。

⑤ 王仲宪：《明清时期六盘山区自然灾害及防灾救灾研究》，硕士学位论文，西北师范大学，2011 年。

省一级行政区划，所以无论是资料汇编、专著还是期刊论文，大都只是部分涉及宁夏，少有以宁夏为专门研究对象的成果。

第二，就成果性质而言，专著类成果多以灾害史料汇编为主，具体对各种自然灾害的分析及这一地区的防灾救灾情况研究较少。

第三，就灾害研究种类而言，对清代宁夏地区的灾害缺乏系统、全面的研究。资料汇编及期刊论文等成果的研究多以干旱、水涝和地震三种灾害为主，其中地震灾害的研究又集中于对乾隆三年宁夏地震的研究。而对其他自然灾害的研究，如冰雹、霜冻、虫、疫等，几乎没有涉及。

从研究主体来看，目前多为自然科学工作者，诚然，自然科学工作者的研究自具其学科优势，如一些分析软件的应用方面。但一个很大的局限是对史料文献利用不足，导致在统计数据方面存在一些问题。

基于以上的认识，清代宁夏自然灾害研究要想继续深入发展，应当从以下几方面入手：

首先，要以整个清代宁夏地区为研究视野，作专门的研究，但不能与整个清代全国的大背景相脱离。

其次，在关注某一时期、某种重大自然灾害的同时，要注意从整体上把握灾害的发生情况，探究其在整个清代发生情况的变化规律。

最后，在坚持历史学本位学科的基础上，要积极地进行跨学科的研究。灾害史的研究与气候学、地理学、社会学等学科密切相关，只有综合运用各学科的专业知识，灾害史的研究才能更加深入。

第二节　宁夏地区的自然状况及政区沿革

一　自然状况

宁夏回族自治区，位于我国西北内陆，东邻陕西省，西、北部接内蒙古自治区，西南、南部和东南部与甘肃省相连。南北相距约 456 公里，东西约 250 公里，两头尖、中间大，总面积 6.64 万多平方公里。

宁夏地处我国东部季风区、西北干旱区和青藏高原区三大自然区域的交汇地带，这种特殊的地理位置，使得宁夏地区的自然环境较为复杂。大体上，宁夏由南向北地势呈阶梯状下降，气温和蒸发量递增，降水量递减。

黄河于中卫县沙坡头流入宁夏境内，蜿蜒流经宁夏12个县市，由石嘴山市出境入内蒙古，在宁夏境内长397公里，流域面积近5万平方公里，占全自治区面积的96.4%。宁夏地处黄河上游，黄河在境内坡度较小，便于引水灌溉，为宁夏地区的农业发展提供了得天独厚的条件。黄河哺育了历代宁夏各族人民，对宁夏地区的经济开发建设发挥了巨大的作用，使得宁夏平原成为西北地区一片难得的富饶之地，从南北朝起，就有"塞北江南"的称誉。史载"宁夏之境，贺兰环于西北，黄河绕于东南，地方五百里，山川险固，土田肥美。沟渠数十处，皆引河以资灌溉，岁用丰穰……诚用武之要会，雄边之保障也"①。

二　行政区划沿革

宁夏回族自治区在清代并非省一级的行政区划，政区前后多有变动。为后文统计和论述的方便，这里有必要先将其行政沿革做一个简单梳理。②

宁夏地区是中华文明的发祥地之一。公元前327年，秦惠文王在今固原县东南设置了义渠县，是其有行政建制之始。此后历代更迭，宁夏地区各地陆续纳入行政区划。明代在边境实行军政合一的卫所制度，宁夏作为边防要地，地位愈加重要，固原镇和宁夏镇均为"九边重镇"之一。

清初，因袭明制，宁夏地区继续实行卫所制度。雍正二年（1724）十月，准川陕总督年羹尧奏，裁卫所改置府州县。裁宁夏左卫置宁夏县，裁宁夏右卫置宁朔县，裁宁夏中卫置中卫县，裁平罗所置平罗县，裁灵州千户所置灵州。③

雍正四年（1726），川陕总督岳钟琪上奏："自插汉拖辉至石嘴子筑堤

---

① （清）张金城修，胡玉冰、韩超校注：（乾隆）《宁夏府志》卷2《地理》，中国社会科学出版社2015年版，第52页。

② 关于宁夏地区的行政沿革，详细情况可参考，牛平汉主编：《清代政区沿革综表》，中国地图出版社1990年版；鲁人勇等：《宁夏历史地理考》，宁夏人民出版社1993年版；周振鹤主编，傅林祥、林涓、任玉雪、王卫东编：《中国行政区划通史·清代卷》，复旦大学出版社2017年版；等等。

③ 《清世宗实录》卷25，雍正二年十月丁酉，中华书局1985年影印本，《清实录》第7册，第396页；《清史稿》卷64《地理十一》，中华书局1977年版，第2109页，此依实录。

开渠，有地万顷，可以招民耕种。请于插汉拖辉适中之地建城一座，设知县……"① 随后析平罗县地置新渠县。雍正六年（1728），岳钟琪又奏："插汉拖辉地方辽阔，开垦田地可得二万余顷，止设新渠一县，鞭长莫及。请沿贺兰山一带直抵石嘴子为界，于省嵬营左右添设一县。"② 故又设宝丰县。后因乾隆三年大地震，从钦差兵部右侍郎班第奏，于乾隆四年（1739）废除二县建制，仍归属平罗县③。

雍正八年（1730），于灵州增设州同，为灵州花马池分州。④ 同治十一年（1872）六月，从陕甘总督左宗棠奏请，析灵州南部置宁灵厅。⑤ 大体上，宁夏府下辖四县一州的格局一直延续到了清末。

宁夏南部主要包括化平川直隶厅、固原直隶州和平凉府的隆德县。同治十年（1871），从陕甘总督左宗棠所请，析平凉、固原、隆德、华亭四州、县地，置化平川直隶厅。⑥ 固原州，初辖属平凉府。同治十三年（1874）升为固原直隶州⑦，下辖海城、平远二县和硝河城分州。

表 0 - 1　　　　　　　　　　清代宁夏地区行政区划

古地名		设置时间	今地
宁夏府	宁夏县	雍正二年置	银川市
	宁朔县	雍正二年置	银川市
	平罗县	雍正二年置	平罗县
	中卫县	雍正二年置	中卫县
	灵州	雍正二年置	灵武县

① 《清世宗实录》卷44，雍正四年五月乙未，中华书局1985年影印本，《清实录》第7册，第645页。

② 《清世宗实录》卷75，雍正六年十一月壬戌，中华书局1985年影印本，《清实录》第7册，第1116页。

③ 《清高宗实录》卷88，乾隆四年三月壬子，中华书局1985年影印本，《清实录》第10册，第365页。

④ 《清世宗实录》卷91，雍正八年二月乙卯，中华书局1985年影印本，《清实录》第8册，第223页。

⑤ 《清穆宗实录》卷335，同治十一年六月丁巳，中华书局1986年影印本，《清实录》第51册，第422页。

⑥ 《清穆宗实录》卷304，同治十年二月壬戌，中华书局1986年影印本，《清实录》第51册，第31页。

⑦ 《清穆宗实录》卷372，同治十三年十月己丑，中华书局1986年影印本，《清实录》第51册，第926页。

续表

古地名		设置时间	今地
化平川直隶厅	—	同治十年置	泾源县
固原直隶州	—	同治十三年置	固原县
平凉府	隆德县	—	隆德县

第三节　相关文献的梳理与灾害统计、等级划分问题

一　相关文献梳理

清代宁夏地区自然灾害的研究，首要问题是全面梳理相关的文献记载。一般而言，国都等经济发达、人口众多的地区文献中留下的灾害史料丰富，边远地区和欠发达地区则较少。① 宁夏地区自然属于后者。文献中关于清代宁夏自然灾害的记载，主要见于以下几处：

（一）档案史料

"清朝在统治全国期间，实行的政治、经济、文化、外交政策及其归宿所形成的官方文书，保存于皇宫、中央政府及其职能部门、地方政府，就成为清代档案。"② 就目前宁夏地区清代档案的留存情况来说，主要是中国第一历史档案馆和台北故宫博物院保存的清代档案，多为宁夏地方官员上报中央政府灾情及救灾赈济情况的奏折，所以最为翔实，其价值不言自明。但查阅不便，凭个人之力短期内难以遍阅。赖学术界有关单位和部门几十年来陆续整理出版了一大批档案资料③，为相关的研究带来便利。一部分是以专题的形式将相关档案汇编，其中与本书研究密切相关的一些列表如下（见表0-2）。

---

① 卜风贤：《中国农业灾害史料灾度等级量化方法研究》，《中国农史》1996年第4期。
② 冯尔康：《清史史料学》，故宫出版社2013年版，第134页。
③ 《明清档案出版物总目》，http://www.lsdag.com/nets/lsdag/page/article/Article_896_1.shtml?hv=。

表 0 - 2　　　　　　　　　　　清代档案部分出版物

序号	书名	册、卷	编辑者	出版社	出版时间
1	《清代地震档案史料》	1	国家档案局明清档案馆	中华书局	1959
2	《清代黄河流域洪涝档案史料》	1	水利电力部水管司科技司、水利水电科学研究院	中华书局	1993
3	《清代奏折汇编——农业·环境》	1	中国科学院地理科学与资源研究所、中国第一历史档案馆	商务印书馆	2005
4	《明清宫藏地震档案（上卷）》	2	中国地震局、中国第一历史档案馆	地震出版社	2005
5	《明清宫藏地震档案（下卷）》	2	北京市地震局、台北"中研院"历史语言研究所	地震出版社	2007
6	《清代干旱档案史料》	2	谭徐明	中国书籍出版社	2013

另外就是以非专题的形式如历朝起居注、上谕档、汉文、满文奏折汇编，台北故宫博物院整理出版的《宫中档康熙朝奏折》《宫中档雍正朝奏折》《宫中档乾隆朝奏折》等，这部分成果所收甚广，但以个人的学力恐难短时间内充分利用。

（二）编年体、纪传体清代通史史料

《清实录》修纂过程中，参阅了大量内阁的档案、各部院衙门的则例和档案，所以其记载最为全面和系统。《清高宗实录·凡例》中列举了实录记载的范围，其中有"蠲除赋役""恩诏蠲免""特旨免征""发粟赈荒"等项，这都与自然灾害研究息息相关。但修纂过程中，很多内容都需要整合概括，所以常记载为多地多灾并列，难以辨明具体哪一地发生哪种灾害。如乾隆三十五年（1770）十一月辛酉，"赈恤甘肃伏羌、会宁、通渭、岷州、平凉、崇信、灵台、隆德、镇原、固原、盐茶厅、礼县、徽县、平番、庄浪、陇西、漳县、静宁、正宁、东安、中卫二十一厅、州、县、卫本年水、旱、雹、霜等灾贫民，并蠲缓额赋"①。《清史稿》中主要是《本纪》《五行志》和《食货志》部分涉及宁夏地区灾害的记载，相对于宁夏地区而言，记载较少且大都比较笼统和简略，且部分史实与《清实录》的记载有异。另外，蒋良骐所著《六朝东华录》及王先谦《东华续

----

① 《清高宗实录》卷 873，乾隆三十五年十一月辛酉，中华书局 1986 年影印本，《清实录》第 19 册，第 707 页。

录》中，也有部分《清实录》未载的内容，可以做参考补充。

（三）地方志

正如冯尔康所说："清代堪称地方志的大发展时期，古代史上的全盛时代。"① 方志中一般设"灾异""蠲免"部分。就宁夏地区而言，明代，宁夏地区就先后修纂了（正统）《宁夏志》、（弘治）《宁夏新志》、（嘉靖）《宁夏新志》、（万历）《朔方新志》等几部重要的方志。清代是地方志修纂繁盛的时代，但宁夏地区地方志修纂数量也比较有限。清至民国所修的各种宁夏地方志，据胡玉冰研究，传世的约有 35 种。② 因清代宁夏先属陕西后属甘肃，故在两省的通志中也有涉及宁夏地区的记载，整理列表如下（见表 0 – 3）。

表 0 – 3　　　　　　　　　　清至民国所修宁夏地方志

序号	类型	编纂时间	编纂者	书名
1	宁夏总志	乾隆二十年（1755）	汪绎辰	《银川小志》
2		乾隆四十五年（1780）	张金城、杨浣雨	《宁夏府志》
3	银川市旧志	嘉庆三年（1798）	杨芳灿、丰延泰主修，郭楷编	《灵州志迹》
4		光绪三十四年（1908）	陈必淮	《灵州志》
5	石嘴山市旧志	嘉庆十五年（1810）	国兴	《平罗县志》
6		道光九年（1829）	徐保字	《平罗纪略》
7		道光二十四年（1844）	张梯	《续增平罗纪略》
8	吴忠市旧志	康熙五十六年（1717）	李品峤、高巘、俞汝钦	《新修朔方广武志》
9		光绪五年（1879）	陈日新	《平远县志》
10		光绪三十四年（1908）	成谦	《宁灵厅志》
11		光绪末年	佚名	《花马池志迹》
12	中卫市旧志	乾隆二十五年（1760）	黄恩锡	《中卫县志》
13		道光二十年（1840）	郑元吉、程德润	《续修中卫县志》
14		乾隆十九年（1754）	朱亨衍	《盐茶厅志备遗》
15		光绪三十四年（1908）	杨金庚、陈廷珍	《海城县志》
16		光绪三十四年（1908）	廖丙文、陈希魁	《新修打拉池县丞志》

---

① 冯尔康：《清史史料学》，故宫出版社 2013 年版，第 198 页。
② 胡玉冰：《宁夏地方志研究》，中国社会科学出版社 2015 年版。

续表

序号	类型	编纂时间	编纂者	书名
17	固原市旧志	咸丰五年（1855）	佚名	《固原州宪纲事宜册》
18		宣统元年（1909）	王学伊	《新修固原直隶州志》
19		宣统元年（1909）	杨修德	《新修硝河城志》
20		康熙二年（1663）	常星景	《隆德县志》
21		道光六年（1826）	黄璟	《隆德县续志》
22	陕西	康熙六年（1667）	贾汉复、李楷	《陕西通志》
23		雍正	查郎阿、沈青崖	《敕修陕西通志》
24		民国	宋伯鲁等、吴廷锡等	《陕西续通志稿》
25	甘肃	乾隆元年（1736）	许容	《甘肃通志》
26		宣统元年（1909）	升允、长庚纂、安维峻	《甘肃新通志》
27		民国	刘郁芬、杨思、张维	《甘肃通志稿》

从表0-3中不难看出，虽然个别州县一级的方志在清代有几次重修，但宁夏府一级的方志，仅在乾隆时期修过一部，此后百余年间，再无重修。实在是难以同其他地区（如前后重修过7次的《苏州府志》）相比较。

其他如部分曾任职宁夏的官员文集及其他笔记史料、晚清报纸等，更为繁杂，难以遍阅。笔者查阅了北京第一历史档案馆所存的宫中朱批奏折、军机处录副奏折、内阁题本、数字化专题档案：清代灾赈史料汇编及陆续整理出版的相关档案文献，《清实录》、清至民国的宁夏地方志、部分文人文集等文献，并结合前辈学者成果的基础上，对清代宁夏地区诸种灾害进行了较为全面的梳理，制为清代宁夏地区诸种自然灾害史料年表，附于书后。

二　灾害统计、等级划分问题

灾害史研究，在充分收集史料的基础上，还需要运用合理得当的研究方法对其进行整理分析，主要是灾害统计和划分等级问题。

对于灾害次数的统计，当首推邓云特的代表作《中国救荒史》一书。他认为，对灾害史料"加以较系统的整理和统计，是了解我国历代灾荒真

相的必要前提"①。此书对于灾害的统计，采用的是年次法，其统计原则
是："凡见于记载的各种灾害，不论其灾情的轻重及灾区的广狭，也不论
其是否在同一行政区域内，只要是在一年中所发生的，都作为一次计
算。"② 这种统计方法的优点在于统计方便，因为确定一年是否有灾发生是
比较容易的。但亦有明显的弊病和局限，就是统计的结果少于灾害的实际
发生次数。如一年中有可能同时发生春旱和秋旱，这明显是两次灾害，但
书中仅记为一次。

对灾害等级的划分方法，已有学者撰文专门论之，亦有在研究某区域
灾害史的过程中兼而论之，不一而足。这里仅是为了作适当的说明，故不
一一列举。

对灾害等级的划分方法，卜风贤曾经做了概括，主要有两类。一是以
受灾区域范围大小为标准。③ 其优势在于可以量化，就是通过公式计算出
灾害系数，再将不同的灾害系数划分为几个等级；其劣势在于，以这样的
标准划分，不可避免地就将区域大小不同的州、县作了等同的考虑，如 A
县辖区相当于 B 县的两倍，但在公式中确实同样记为"1"，也就是说这种
统计方法本身在统计过程中就是有悖于自身的统计原则的。在实际运用过
程中，这样的统计方法也不具有普遍的可操作性，从清代宁夏地区来看，
州县一级的行政区划主要是宁夏、宁朔、平罗、中卫四县和灵、固原二
州，数目很有限，在公式中很难计算出差异，同时南部固原州的面积远大
于北部各州县。更重要的是，从实际情况来看，受灾范围大，其造成的人
员财产损失未必非常严重。这二者之间有一定关系，但没有必然的联系。

二是以灾害造成的实际损失为标准，就是以灾害造成的实际损失来衡
量受灾程度。从逻辑上和观念上这都是正确的，符合自然灾害所具备的社
会属性。其实对于自然界来说，并无灾害一说，无论是长时间的降水稀
少，还是降水充沛抑或是剧烈的地壳运动，都是一种自然现象。人类之所
以称这类自然现象为自然灾害，是因其对人们的生产、生活和生命财产安
全造成了损害。如一次高强度的地震，发生在经济发达、人口稠密的地
方，其带来的后果是毁灭性的，而发生在经济欠发达、人口较少的地区，

① 邓云特：《中国救荒史》，商务印书馆 2011 年版，第 9 页。
② 同上书，第 49 页。
③ 卜风贤：《中国农业灾害史料灾度等级量化方法研究》，《中国农史》1996 年第 4 期。

其影响则明显降低，若是发生在深海，那几乎就不称为灾了。但这种划分方法困难之处就在于受主观影响严重，尤其是在面对语焉不详的灾害史料记录时，"甚众""众多""难以数计"等字眼，很难对其进行量化和区分，故在实际统计过程中，可操作性不强。

依笔者感受，灾害史料的量化和分级尴尬之处在于，学者们面对着古代模糊、不连续、难以界定的灾害史料，却要以近现代的统计思路对其进行数据的处理和分析。总体来看，关于灾害史料的量化和分级，学术界前辈学者进行了很多探索，提出了很多有益的看法。但以笔者所见，并没有一种合理且放之四海而皆准的方法可以拿来奉为圭臬，还是要根据研究区域的具体情况作综合考虑。

第一章　清代宁夏地区干旱灾害

干旱灾害，是常见的一种自然灾害，一般主要是针对农业生产而言。简单来说，凡是不能满足农作物生长过程中所需要的水分而造成的农作物减产甚至绝收，都可称为旱灾。干旱灾害形成的直接原因是土壤干旱，而造成土壤干旱的原因则较多，如降水量少、降水的季节分配不均、蒸发量大等。宁夏地区地处西北内陆，境内大部分地区属于温带干旱区，总体特征为降水稀少，历史上各个时期受旱灾影响尤为严重。

第一节　旱灾年份统计及灾害等级划分

研究清代宁夏地区的干旱灾害，首先要从整体上把握旱灾发生的全貌。具体来说，就是要统计出清代 268 年间，干旱灾害的发生频次及其严重程度。

一　旱灾年份统计

前文已经对涉及清代宁夏地区自然灾害的文献做了梳理，对这些文献中的灾害材料进行尽可能全面的搜集并进行整理和统计，是进行本书研究工作的首要前提。早年，邓云特在其代表作《中国救荒史》一书的附录中，就添加了历代灾荒一览表，可惜限于篇幅在出版时略去，殊为遗憾。① 笔者见到对清代宁夏地区干旱灾害文献资料搜集较为全面的是《宁夏水旱

---

① 邓云特：《中国救荒史》，商务印书馆 2011 年版，第 3 页。

自然灾害史料》① 及《中国气象灾害大典·宁夏卷》②，但二者也存在部分疏漏及讹误之处。笔者在查阅了北京第一历史档案馆所存部分档案文献及陆续整理出版的相关档案资料、《清实录》、清至民国的宁夏地方志等的基础上，结合前辈学者的成果，重新梳理了这一时期宁夏干旱灾害的发生情形，附于文后（参见附表1）。

文献中关于清代宁夏地区干旱灾害的记录较为复杂，有的是直接记录旱灾发生的情况，有的则仅有政府赈灾的记录，对具体旱灾情况则没有相关记载，有的则灾情不明，但可推断应是发生了旱灾，详略不等。大致来说，总是涉及灾害的三个要素，即灾害发生时间、灾害发生地点和灾害发生情况。

研究清代宁夏地区干旱灾害的重要一环，就是在详略不一的文献记载中，统计出旱灾受灾年份或受灾的次数。这样才能对清代这一地区的旱灾情况有一个总体的把握。而文献中对清代宁夏地区干旱灾害发生的时间、地点、受灾程度等信息的记载详略不等，加之各学者参阅的文献有别，统计的标准不一，所以统计结果往往有较大出入。兹将笔者见到的相关成果简列如下：

邓云特依据"凡见于记载的各种灾害，不论其灾情的轻重及灾区的广狭，也不论其是否在同一行政区域内，只要是在一年中所发生的，都作为一次计算"③ 之标准，统计清代发生旱灾201次。张维慎据《西北灾荒史》④ 一书中的《西北干旱灾害志》统计清代宁夏地区旱灾年份共有101年，即平均2.7年就有一年有旱灾发生。⑤ 吴超统计旱灾年份数为74年，平均3.45年有一次旱灾。⑥ 清代宁夏南部西海固地区旱灾发生情况，张允

---

① 杨新才等：《宁夏水旱自然灾害史料》，宁夏回族自治区水文总站，1987年。

② 中国气象灾害大典编委会：《中国气象灾害大典·宁夏卷》，气象出版社2007年版。

③ 邓云特：《中国救荒史》，商务印书馆2011年版，第49页。

④ 袁林：《西北灾荒史》，甘肃人民出版社1994年版。

⑤ 张维慎：《宁夏农牧业发展与环境变迁研究》，文物出版社2012年版，第359页。

⑥ 吴超：《13至19世纪宁夏平原农牧业开发研究》，博士学位论文，西北师范大学，2007年，第127页。

统计为 82 次①，马晓华统计达 87 次②。刘锦增据《清实录》、地方志等文献，以一年记一次统计为 133 次，平均 2.02 年一次。③

　　一般来说，判断一年当中是否有干旱灾害发生是较为容易的，统计数据也比较准确，而判断具体发生了几次干旱灾害，则相对困难，准确度亦低于旱灾年份的统计，所以本文在统计清代宁夏干旱灾害发生的次数时，亦依据邓氏统计之标准，得出清代宁夏地区干旱灾害共发生 128 次，即平均 2.09 年即有一年发生旱灾（见表 1 - 1）。

表 1 - 1　　　　　　　　清代宁夏地区旱灾年份统计

1654	1656	1657	1667	1670	1685	1688	1689	1701	1702
1707	1710	1711	1713	1714	1715	1719	1720	1721	1722
1724	1725	1726	1729	1731	1732	1734	1735	1737	1738
1739	1740	1741	1744	1745	1746	1747	1749	1750	1753
1757	1758	1759	1760	1762	1763	1764	1765	1766	1767
1768	1769	1770	1771	1772	1774	1775	1776	1777	1778
1780	1786	1793	1794	1796	1797	1800	1801	1804	1805
1810	1811	1812	1814	1815	1817	1818	1821	1823	1824
1825	1826	1829	1831	1832	1833	1834	1836	1837	1838
1839	1840	1843	1844	1846	1847	1848	1850	1851	1852
1853	1854	1855	1856	1857	1858	1859	1860	1861	1868
1871	1874	1877	1878	1879	1891	1892	1894	1896	1898
1899	1900	1901	1902	1906	1908	1909	1910	—	—

二　干旱灾害等级的划分

　　上文对清代宁夏地区旱灾发生年份进行了统计，由于受到文献记载等因素的制约，只能以一年发生一次统计，但仍能从中反映出清代宁夏地区干旱灾害发生情况的一个方面。然而这样的统计，实质上把所有干旱灾害

---

　　① 张允、赵景波：《1644—1911 年宁夏西海固干旱灾害时空变化及驱动力分析》，《干旱区资源与环境》2009 年第 5 期。

　　② 马晓华：《宁夏西海固地区清代以来气象灾害研究》，硕士学位论文，陕西师范大学，2015 年，第 14 页。

　　③ 刘锦增：《清代宁夏地区干旱灾害的时空分布及特征》，《宁夏大学学报》（人文社会科学版）2017 年第 2 期。

年份同等对待。从现实情况来看，必然有的年份旱灾发生情况比较轻微而有的年份比较严重。这样来看，仅统计旱灾发生的年份，并不能准确把握清代宁夏地区干旱灾害的实际发生情况。所以，笔者根据搜集到的现有文献，结合前辈学者对灾害等级划分做的一些探索，综合参考灾害发生的范围、灾害持续的时间、灾害对社会造成的影响，如粮食减产、人们缺食、物价上涨、流民甚至人相食等社会景象诸因素，将清代宁夏地区干旱灾害划分为4个等级①（见表1-2）。

表1-2　　　　　　　　　清代宁夏地区干旱灾害等级划分

旱灾等级	划分依据	文献记载示例	灾害次数
1级轻度旱灾	文献中记载为个别州、县局部地区发生旱灾，多记载为某地缺雨，影响作物生长或受旱但勘不成灾等	平凉府属之平凉、静宁、隆德……自五月十五六得有透雨以后至今月余，虽间有得雨之处，仅止一二三寸不等，未能一律沾足。地土渐形干燥，秋禾未免受伤②	32
2级中度旱灾	文献中记载为较大范围发生旱灾，政府勘验成灾下令蠲免或记为"大旱"，出现人民缺食等情况	道光元年九月甲子，缓征甘肃河、狄道、金、靖远、灵、宁夏、宁朔、平罗、平番九州县被旱、被雹、被水村庄新旧钱粮草束厂租③	77
3级大旱灾	文献中记载为较大范围发生旱灾，出现人民饥困严重、流民外出求食、物价飞涨等情况	今岁兰、凉、平、庆一带间被旱伤……固原一州兵民杂处，今岁夏麦秋禾被灾颇重，靖远、环县、盐茶厅三属，地瘠民贫连被重灾，以上十属，民情尤觉窘迫，内间有蓬蒿等子掺和米面充食者。其次重之八属内如静宁、隆德、狄道三州县，今岁被灾较之皋兰等处虽称稍次，而比诸灵河等州为极重，兼系路当大道，粮运往来食指浩繁，米粮腾贵民情亦属艰窘④	17

①　刘锦增《清代宁夏地区干旱灾害的时空分布及特征》[《宁夏大学学报》（人文社会科学版）2017年第2期]一文，亦划分为4个等级，即：轻度35次，中度59.4%，大旱灾15次，特大旱灾4次。

②　《陕甘总督勒保奏报回署日期并通省雨水情形事》，乾隆五十八年七月初五日，中国第一历史档案馆藏宫中朱批奏折，档案号：04-01-25-0300-024。

③　《清宣宗实录》卷23，道光元年九月甲子，中华书局1986年影印本，《清实录》第33册，第420页。

④　《陕甘总督吴达善奏为皋兰等连岁歉收州县请加展赈月等事》，乾隆二十四年十二月初二日，中国第一历史档案馆藏宫中朱批奏折，档案号：04-01-02-0048-026。

续表

旱灾等级	划分依据	文献记载示例	灾害次数
4级特大旱灾	文献中记载为较大范围发生旱灾，旱情特别严重，出现"人相食""死者塞路"等社会惨象	同治七年，岁大歉，斗米二十五六千文不等，人相食，死者塞路①	2

通过表1-2制定之标准，对附表1中的材料逐年划分干旱等级序列（见图1-1），可得出，清代（1644—1911）宁夏地区干旱灾害共发生128次，以轻度旱灾和中度旱灾占大多数，共计109次，占全部灾害记录的85.16%。其中又以2级中度旱灾为主，发生77次，占全部灾害次数的60.16%；其次为1级轻度旱灾，发生32次，占全部灾害记录的25%。这表明清代宁夏地区的干旱灾害虽然发生较为频繁，但发生严重旱灾的次数较少，多为中、轻度干旱。

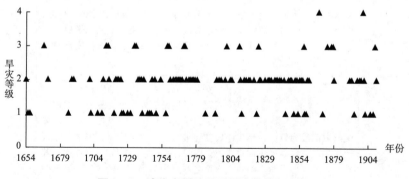

图1-1   清代宁夏地区干旱灾害等级序列

以上从宏观层面，对清代宁夏地区干旱灾害发生情况有了一个整体了解，下文将具体从时空分布方面对其进行进一步分析。

第二节   干旱灾害的时间分布

清代自顺治元年至宣统三年（1644—1911），享国268年。为了研究

---

① （民国）《重修隆德县志》卷4《祥异》，平凉文兴元书局1935年石印本，第43页。

的方便，采取分时段统计的方法，以 10 年为一个时间段，将清代划分为 27 个时间段（最后一个时间段为 8 年），即 A 时段：1644—1653 年，B 时段：1654—1663 年，C 时段：1664—1673 年，D 时段：1674—1683 年，E 时段：1684—1693 年，F 时段：1694—1703 年，G 时段：1704—1713 年，H 时段：1714—1723 年，I 时段：1724—1733 年，J 时段：1734—1743 年，K 时段：1744—1753 年，L 时段：1754—1763 年，M 时段：1764—1773 年，N 时段：1774—1783 年，O 时段：1784—1793 年，P 时段：1794—1803 年，Q 时段：1804—1813 年，R 时段：1814—1823 年，S 时段：1824—1833 年，T 时段：1834—1843 年，U 时段：1844—1853 年，V 时段：1854—1863 年，W 时段：1864—1873 年，X 时段：1874—1883 年，Y 时段：1884—1893 年，Z 时段：1894—1903 年，Z1 时段：1904—1911 年。

一　年际变化

将清代分为 27 个时间段后，将附表 1 中的材料，按时间段分别加以统计其干旱灾害发生的年份数，进一步生成清代宁夏地区干旱灾害年际变化曲线（见图 1-2）。

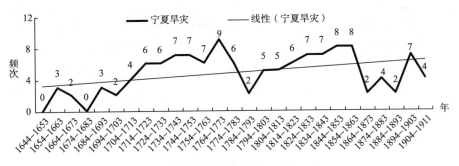

图 1-2　清代宁夏地区干旱灾害年际变化

从折线图中可以看出，各个时间段干旱灾害发生的次数波动较大，存在明显的高峰期和低潮期。其中：H—N（1714—1783）七个时间段，R—V（1814—1863）五个时间段，及 Z（1894—1903）一个时间段，计有 130 年为干旱灾害的高发期。而 A—F（1644—1703）六个时间段及 W—Y（1864—1893）三个时间段，计有 90 年为干旱灾害的低发期。从干旱灾害发生的线性趋势来看，有清一代，宁夏地区干旱灾害的发生整体呈现出明显的上升趋势。

为了进一步分析清代宁夏地区干旱灾害的发生情况，再以10年为一个阶段统计旱灾发生次数的频次，求出每10年干旱灾害发生的平均值为128/27＝4.74，再统计出各阶段干旱灾害频次距平值（见图1－3）。

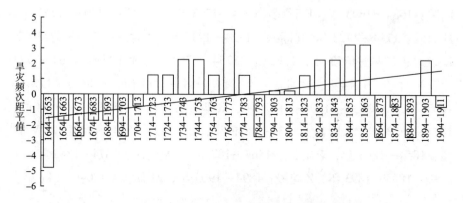

图1－3　清代宁夏地区干旱灾害频次距平值

据图1－3来看，距平值大于0（数据显示在横轴的上方）表示旱灾发生次数大于每10年旱灾发生次数的平均值，距平值小于0（数据显示在横轴的下方）表示旱灾发生次数小于每10年旱灾发生次数的平均值。从图1－3中可以看出各个时间段内旱灾发生频次的高低。

为了更具体一些，将清代分为清前期即顺治元年至雍正十三年（1644—1735），清中期即乾隆元年至嘉庆二十五年（1736—1820）和清晚期即道光元年至宣统三年（1821—1911）三个时期，分别统计各时期旱灾年份，并计算出旱灾平均发生次数（见表1－3）。从整个清代来看，大约平均2.09年就有一个年份发生干旱灾害。分时段来看，清前期干旱灾害发生较少，清中晚期则较为频繁。

表1－3　　　　　　清代宁夏地区不同时期旱灾年份统计

时段	时长（年）	旱灾发生次数（次）	旱灾平均发生
顺治元年—雍正十三年（1644—1735）	92	28	3.29
乾隆元年—嘉庆二十五年（1736—1820）	85	49	1.73
道光元年—宣统三年（1821—1911）	91	51	1.78
顺治元年—宣统三年（1644—1911）	268	128	2.09

二　季节变化

除了上文所分析的干旱灾害年际间的不平衡外，同一年不同月份，降水量差异也很大。而降水的季节分布对农业生产有着直接的影响，所以有必要进一步分析干旱灾害的月份分布。上文已经谈到，由于文献中对清代宁夏地区干旱灾害的各项要素记载详略不一，只有部分灾年有具体发生月份的记录。笔者将这部分有月份记录的文献梳理统计，以期从中分析清代宁夏地区干旱灾害的月际分布情况（见图1-4）。

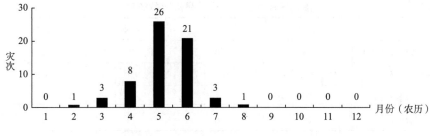

图1-4　清代宁夏地区干旱灾害月际分布

需要说明的是，与前文统计干旱灾害的年份不同，此处重点在于统计灾害发生的次数，为统计准确，文献中有一年多个月份均发生干旱灾害的情况，则每月各计一次。如康熙五十三年（1714）六月，甘肃提督路振声奏："自四月以至六月中旬……花马池与兴武、古水、同心数处雨泽愆期，田苗稍薄。"① 则四月、五月、六月各计一次。雍正十三年（1735）闰四月，固原提督李绳武奏："固原所属地方今春三月内虽已得雨，夏禾有望，至今两月以来，间有微雨，究属无济，田亩亢旱。固原以南亦有得雨之处，至固原以北地方未得雨泽，各乡百姓多有携家搬移，随带牲畜，前往各处……今天道不雨，不特食用缺乏，且大半苦于无水，牲畜亦乏水草。"② 则农历四月、五月各计一次。

据笔者统计，清代宁夏地区有月份记录的干旱灾害共计63次。从统计数据来看，主要集中在每年农历的五月、六月，干旱灾害发生次数为47次，占全部记录的74.60%。其中农历五月为旱灾的高发期，干旱灾害次数为26次，占全部记录的41.27%。为了进一步研究清代宁夏地区旱灾的季节分布情况，根据图1-3中的数据，笔者又添加文献中记载为某一季节

① 《署甘肃提督路振声奏报雨水情形并报粮价折》，康熙五十三年六月十八日，中国历史第一档案馆：《康熙朝汉文朱批奏折汇编》第5册，档案出版社1985年版，第651—652页。
② 台北故宫博物院编辑委员会：《宫中档雍正朝奏折》第24辑，台北故宫博物院1977年版，第620页。

但无具体月份的旱灾记录。如乾隆二年十二月，户部尚书海望等奏："宁夏府属之灵州、中卫县并花马池以及庆阳府属之环县，临洮府属之兰州，今岁入夏以后雨泽愆期，各色秋禾播种稍迟，而边地陨霜独早，晚发之禾多属枯萎。查明灵州沿边等堡播种最早者收成约有二分。其余收获全无。"① 统计得出各季节干旱灾害发生的次数（见表1-4）。

表1-4　　　　　　　　清代宁夏地区不同季节旱灾次数统计

季节	春季			夏季			秋季			冬季		
季节记录（次）	12			26			10			2		
月份	2月	3月	4月	5月	6月	7月	8月	9月	10月	11月	12月	1月
月份记录（次）	1	3	8	26	21	3	1	0	0	0	0	0
共计（次）	24			76			11			2		

笔者统计清代宁夏地区干旱灾害发生情况有季节记录的共计113次。从以上统计的结果来看，清代宁夏地区干旱灾害主要发生在春夏两季，发生率共计88.5%。其中夏季是清代宁夏地区干旱灾害的高发季节，发生率达67.26%。

农作物有其固定的生长周期，特定的时间内需要足够的水分才能正常生长。宁夏地区所种植的大小麦、豌豆、扁豆、胡麻等，都有相应的需水时节，若不得水，其产量则受影响。地方志中就提到："初开水为头轮水，浇大小麦、豌豆、扁豆，名曰夏田。其次，胡麻、青豆、高粱、蚕豆及瓜菜。各渠下段，又多种旱糜、谷，亦须灌。立夏后十日内外得水者及时，半月后得水即减分数，二十日或一月不得水，虽有获，仅二三分矣。……小暑、大暑时，稻地尤不可一日绝水。……大抵各色麦、豆，得水四次大获，三次者亦丰收。二次减半，一次或过迟，皆无济矣。"② 所以，固然有的年份总体降水较多，但雨季过早或者过晚的状况，未能与农作物的需水周期同步，同样造成了旱灾的发生。

---

① 《户部尚书海望奏为查取甘肃省乾隆二年被灾地方秋禾收成分数事》，乾隆二年十二月二十五日，中国第一历史档案馆藏宫中朱批奏折，档案号：04-01-01-0013-013。

② （清）张金城修，胡玉冰、韩超校注：(乾隆)《宁夏府志》卷8《水利》，中国社会科学出版社2015年版，第173页。

三　连发性

旱灾的特点之一就是持续时间长。笔者在统计清代宁夏地区干旱灾害的年份及次数时发现，这一地区的干旱灾害表现出较为明显的连发性。主要有两方面：一是对于整个宁夏地区而言，经常出现连续年份发生干旱灾害的情况；二是对于某些局部地区而言，有不少某地一年中连续发生干旱灾害的记录。

清代宁夏地区干旱灾害连续的灾年长短不等，共有32次，最长达到了12年（见表1-5）。[①] 具体来讲，连续2年发生干旱灾害有15次：顺治十三年至顺治十四年（1656—1657）、康熙二十七年至康熙二十八年（1688—1689）、康熙四十年至康熙四十一年（1701—1702）、康熙四十九年至康熙五十年（1710—1711）、雍正九年至雍正十年（1731—1732）、雍正十二年至雍正十三年（1734—1735）、乾隆十四年至乾隆十五年（1749—1750）、乾隆五十八年至乾隆五十九年（1793—1794）、嘉庆元年至嘉庆二年（1796—1797）、嘉庆五年至嘉庆六年（1800—1801）、嘉庆九年至嘉庆十年（1804—1805）、嘉庆十九年至嘉庆二十年（1814—1815）、嘉庆二十二年至嘉庆二十三年（1817—1818）、道光二十三年至道光二十四年（1843—1844）、光绪十七年至光绪十八年（1891—1892）；连续3年发生干旱灾害有6次：康熙五十二年至康熙五十四年（1713—1715）、雍正二年至雍正四年（1724—1726）、嘉庆十五年至嘉庆十七年（1810—1812）、道光二十六年至道光二十八年（1846—1848）、光绪三年至光绪五年（1877—1879）、光绪三十四年到宣统二年（1908—1910）；连续4年发生干旱灾害有5次：康熙五十八年至康熙六十一年（1719—1722）、乾隆九年至乾隆十二年（1744—1747）、乾隆二十二年至乾隆二十五年（1757—1760）、道光三年至道光六年（1823—1826）、道光十一年至道光十四年（1831—1834）；连续5年发生干旱灾害有4次：乾隆二年至乾隆

---

① 吴超：《13至19世纪宁夏平原农牧业开发研究》，博士学位论文，西北师范大学，2007年，第128页统计连旱情况：两年连旱7次，1713—1714、1740—1741、1800—1801、1814—1815、1839—1840、1877—1878、1899—1900；三年连旱4次，1687—1689、1757—1759、1824—1826、1842—1844；四年连旱1次，1834—1837；五年连旱1次，1774—1778；七年连旱2次，1842—1848、1851—1857；十一年连旱1次，1762—1772。

六年（1737—1741）、乾隆三十九年至乾隆四十三年（1774—1778）、道光十六年至道光二十年（1836—1840）、光绪二十四年至光绪二十八年（1898—1902）；连续11年发生干旱灾害有1次：乾隆二十七年至乾隆三十七年（1762—1772）；连续12年发生干旱灾害有1次：道光三十年至咸丰十一年（1850—1861）。

表1-5　　　　　　　　清代宁夏地区连续旱灾年数及次数统计

连续旱灾年数（年）	2	3	4	5	11	12
出现次数（次）	15	6	5	4	1	1

需要说明的是，这里连续灾年的统计是对于整个宁夏地区而言的，具体到某一局部地区，出现连续灾年的情况应该没有这样严重。对于局部地区而言，往往连续两年发生旱灾，就已经造成严重的后果。乾隆二十四、二十五年间，中卫地区"灾旱几同于昔，良有司虽申请发粟，按月计口以赈，而山民之众亦复资蓬实以辅其所不给"①。

四　周期性

干旱灾害的发生存在着一定周期性，现代气象学一般采用小波分析方法来分析灾害的周期性。通过对清代（1644—1911）宁夏地区干旱灾害的数据（附表1）进行小波分析得到图1-5和图1-6。

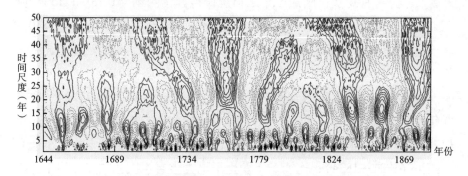

图1-5　清代宁夏地区干旱灾害变化的小波分析

---

① （清）刘震元：《香山三蓬记》，（清）黄恩锡纂修，韩超校注：（乾隆）《中卫县志》卷9《艺文编·记》，上海古籍出版社2018年版，第165页。

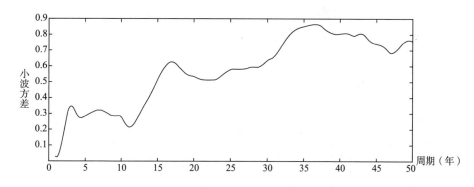

图 1-6　清代宁夏地区干旱灾害小波方差

　　若小波转换系数小于零，则表明这一周期信号较弱，周期性并不显著（图 1-5 中显示为虚线）；而小波转换系数大于零，则说明周期信号较强，周期性较显著（图 1-5 中显示为实线）。由图 1-5 和图 1-6 可知，清代宁夏地区干旱灾害存在 6 年左右短期振荡周期、15 年左右的中期振荡周期和 34 年左右的长期振荡周期。[1]

　　由小波方差图（见图 1-6）可看出，34 年左右的周期小波信号最强，为第一主周期，依据峰值由高到低，可得到第二主周期为 15 年左右的周期，第三主周期为 6 年左右的周期。

第三节　干旱灾害的空间分布

　　宁夏地处我国西北，疆域狭长，南北跨度较大，地形复杂，旱灾的发生情况也表现出较大的空间差异。为更方便地研究清代这一地区干旱灾害空间分布，笔者将清代宁夏州县一级的干旱发生次数分时间段加以统计[2]

---

　　① 马晓华对清代西海固地区的干旱灾害做周期分析后得出，西海固地区存在 6a 左右短期震荡周期、14a 左右的中期震荡周期和 37a 左右的长期震荡周期，参见马晓华《宁夏西海固地区清代以来气象灾害研究》，硕士学位论文，陕西师范大学，2015 年，第 17 页。

　　② 吴超：《13 至 19 世纪宁夏平原农牧业开发研究》，博士学位论文，西北师范大学，2007 年，第 128 页，统计为宁夏 45 次、宁朔 35 次、平罗 36 次、灵州 52 次、中卫 45 次；刘锦增：《清代宁夏地区干旱灾害的时空分布及特征》，《宁夏大学学报》（人文社会科学版）2017 年第 2 期，统计固原为 97 次、银川 63 次、吴忠 26 次。

（见表1-6），并绘制了清代宁夏地区旱灾空间分布图（见图1-7）。

表1-6　　　　　　清代宁夏地区各地干旱灾害次数统计（次）

时间段（年）＼地区	平罗	宁夏	宁朔	灵州	花马池	中卫	盐茶厅	固原	隆德
1644—1653	0	0	0	0	0	0	0	0	0
1654—1663	0	0	0	0	0	0	0	2	2
1664—1673	0	0	0	0	0	0	0	1	2
1674—1683	0	0	0	0	0	0	0	0	0
1684—1693	0	0	2	0	0	0	0	1	1
1694—1703	0	2	0	1	0	1	0	0	0
1704—1713	0	3	0	1	1	2	1	1	1
1714—1723	1	1	0	0	2	2	1	4	3
1724—1733	0	2	0	1	1	1	1	1	1
1734—1743	1	2	0	5	5	7	2	2	0
1744—1753	2	2	3	5	1	7	3	1	2
1754—1763	3	1	1	4	5	5	3	3	2
1764—1773	5	3	5	7	6	7	8	8	9
1774—1783	0	0	0	0	0	0	0	0	0
1784—1793	2	1	2	5	1	3	5	5	4
1794—1803	3	3	2	2	1	1	3	3	3
1804—1813	0	1	0	1	1	1	2	4	4
1814—1823	5	3	4	5	0	2	5	1	0
1824—1833	3	2	2	4	1	2	1	3	3
1834—1843	7	7	7	7	3	5	5	6	4
1844—1853	3	3	3	5	1	2	2	6	4
1854—1863	5	5	3	4	0	4	5	2	4
1864—1873	0	1	0	0	0	0	0	1	1
1874—1883	0	1	1	3	2	0	0	0	0
1884—1893	1	0	0	0	2	1	1	2	1
1894—1903	0	2	2	2	2	2	0	5	4
1904—1911	1	1	1	0	0	1	0	3	1
总计	42	46	38	62	35	56	48	65	56

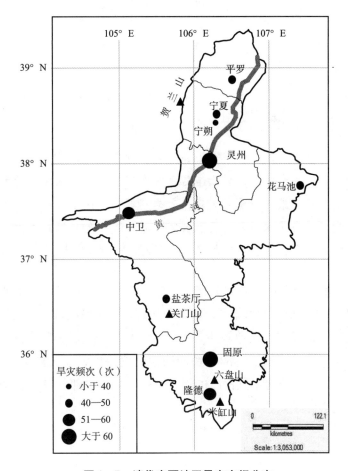

图 1-7　清代宁夏地区旱灾空间分布

张维慎认为：清代宁夏地区，除引黄灌溉区外，其他各地都有不同程度的干旱灾害发生。[①] 从表 1-6 统计的数据来看，清代宁夏地区全区皆有不同程度的旱灾发生。即便是北部宁夏平原引黄灌溉区，受地势等因素的影响，局部地区亦遭受较为频繁的干旱灾害的袭扰只是相对于南部地区而言较为轻微。

限于文献的记载，这里只能以州县为单位进行统计。但依实际情况来看，一县之中，其干旱灾害的发生差异也较大。如中卫之香山，"田皆旱地，全赖雨旸时若乃可种可收，大抵岁旱偏灾，十居三四。赈贷体恤，率

---

① 张维慎：《宁夏农牧业发展与环境变迁研究》，文物出版社 2012 年版，第 357 页。

仰给于官储云"①。从全区来看，北部引黄灌溉区旱灾发生的频率较低，干旱灾害发生最为频繁的地区是位于宁夏中部的灵州和南部的固原。

　　干旱灾害是一种渐发性的灾害，其成灾过程较长，发生过程有迹可循。所以在其还未完全发展成灾之前，可以预先筹划，通过提前买粮、调剂仓储等措施降低灾害带来的负面影响。清代最高统治者也多次强调这一点。乾隆初年，高宗即有谕曰：

> 以天下之大，天时固有不齐，地形亦复不一，雨泽稍愆，则高阜之地防旱，雨水既足，则低洼之地虑淹。总期先事豫筹，始可有备无患。向来各省报灾，原有定期，若先期题报，便不合例。朕思，按期题报者，乃指具本而言。至于水旱情形，为督抚者察其端倪，早为区画，随时密奏，则朕可倍加修省，而人事亦得以有备。②

　　综上，清代（1644—1911）宁夏地区干旱灾害发生年数达 128 年，即平均 2.09 年即有一年发生旱灾。清代宁夏地区的干旱灾害虽然发生较为频繁，但发生严重旱灾的次数较少，多为中、轻度干旱。从时间分布来看，清前期干旱灾害发生较少，清中晚期则相对较为频繁。从空间分布来看，清代宁夏地区全区皆有不同程度的旱灾发生，其中中部的灵州和南部的固原地区发生最为频繁。

---

① （清）黄恩锡纂修，韩超校注：(乾隆)《中卫县志》卷 1《地理考·山川》，上海古籍出版社 2018 年版，第 24 页。

② （乾隆）《钦定大清会典则例》卷 55，《户部·蠲恤三·严奏报之期》，文渊阁四库全书本，第 75—76 页；《清高宗实录》卷 144，乾隆六年六月乙未，中华书局 1985 年影印本，《清实录》第 10 册，第 1069 页。

第二章　清代宁夏地区水涝灾害[①]

水涝灾害，指凡因水量过多而给人们的生产、生活造成危害和破坏的自然灾害。一般可以分为洪灾和涝灾两种，前者一般指农业生产中水量超出农作物生长的需要而造成的减产，后者则范围更大，指因水量突然增加而造成的人员财产损失。[②] 宁夏地区地处西北内陆，受干旱灾害的影响较大，然而水涝灾害的影响同样不容忽视。

第一节　水灾年份统计及灾害等级划分

与上章分析旱灾一样，首先对水涝灾害的年份进行统计，对整个清代宁夏地区水涝灾害的发生频次有一个整体的了解。同时，对统计到的灾害史料进行灾情等级划分，了解水涝灾害发生的具体情况。

一　水灾年份统计

宁夏地处西北内陆，属温带大陆性干旱、半干旱气候，降水较少，全区年降水量在 150 毫米至 600 毫米之间，且主要集中在夏、秋季节，多暴雨，所以时常引发水灾。

黄河于中卫县沙坡头流入宁夏境内，且水势较为平缓，便于开渠引水，为宁夏地区农业的发展创造了得天独厚的条件。"然水之利在渠，而渠之患，有因天时者，有因人事者。凡霖雨不时，山水暴涨，冲口断决，

---

① 拙作《清代宁夏地区水涝灾害的时空分布》，《农业考古》2018 年第 3 期，对这一问题作了探讨，本节在此基础上进行了修改。

② 袁林：《西北灾荒史》，甘肃人民出版社 1994 年版，第 75 页。

沙石壅淤，此天时之难防，用人功之数倍，春疏秋浚而外，岁所难免者。更有冲口繁多，疏浚方毕，冲淤随之者。……至河涨水涌，渠不胜水，溃埂决堤。"① 就是说开渠引水解决农业用水的同时，也带来了雨水冲决类型的水灾，使得水灾成为这一地区发生较为频繁的自然灾害之一。

　　如前文所述，首先对文献中这一时期宁夏地区的水涝灾害记载进行整理（见附表2）。在对清代宁夏地区水涝灾害整理的基础上，进一步统计出受灾年份或受灾的次数，这样对这一地区的水涝灾害情况就有一个总体的把握。而文献中对清代宁夏水涝灾害发生的时间、地点、受灾程度等信息详略不等，加之各学者参阅的文献有别、统计的标准不一，所以统计结果往往有较大出入。如邓云特依据"凡见于记载的各种灾害，不论其灾情的轻重及灾区的广狭，也不论其是否在同一行政区域内，只要是在一年中所发生的，都作为一次计算"② 之标准，统计清代发生水涝灾害192次，但并未针对宁夏地区做统计。吴超统计宁夏府各属水涝灾害年份有116次，平均2.2年发生一次水涝灾害。③ 李艳芳、赵景波统计清代宁夏吴忠一带发生水涝灾害92次。④ 马晓华统计清代宁夏西海固地区清代发生水涝灾害98次，平均2.7年发生一次。⑤ 对现在宁夏回族自治区范围内水涝灾害进行统计仅见张维慎据《西北灾荒史》⑥ 一书中的《西北洪涝灾害志》统计灾害年数为138次，即平均2年就有一年有小涝灾害发生。⑦ 据笔者统计，清代宁夏地区水涝灾害发生年数达151次，即平均1.77年即有一年发生水涝灾害（见表2-1）。

---

　　① （清）黄恩锡纂修，韩超校注：（乾隆）《中卫县志》卷1《地理考·水利》，上海古籍出版社2018年版，第31页。
　　② 邓云特：《中国救荒史》，商务印书馆2011年版，第49页。
　　③ 吴超：《13至19世纪宁夏平原农牧业开发研究》，博士学位论文，西北师范大学，2007年，第134页。
　　④ 李艳芳、赵景波：《清代宁夏吴忠一带洪涝灾害研究》，《干旱区资源与环境》2009年第4期。
　　⑤ 马晓华：《宁夏西海固地区清代以来气象灾害研究》，硕士学位论文，陕西师范大学，2015年，第19页。
　　⑥ 袁林：《西北灾荒史》，甘肃人民出版社1994年版。
　　⑦ 张维慎：《宁夏农牧业发展与环境变迁研究》，文物出版社2012年版，第363页。

表 2 –1　　　　　　　　　清代宁夏地区水灾年份统计

1654	1659	1660	1662	1667	1670	1678	1683	1703	1727
1732	1736	1737	1738	1739	1740	1741	1742	1743	1744
1745	1746	1748	1749	1750	1751	1752	1753	1754	1755
1756	1757	1758	1759	1760	1761	1762	1763	1764	1765
1766	1767	1768	1769	1770	1771	1772	1773	1774	1775
1776	1777	1778	1779	1780	1781	1783	1785	1786	1788
1796	1799	1800	1801	1802	1803	1804	1805	1806	1807
1808	1809	1810	1811	1812	1814	1815	1816	1817	1818
1819	1820	1821	1822	1823	1824	1825	1826	1827	1828
1829	1830	1831	1832	1833	1834	1835	1836	1837	1838
1839	1840	1841	1842	1843	1844	1846	1847	1848	1849
1850	1851	1852	1853	1854	1855	1856	1857	1858	1859
1860	1861	1863	1871	1873	1880	1883	1884	1885	1886
1887	1888	1891	1892	1893	1895	1896	1897	1898	1899
1901	1902	1903	1904	1905	1906	1907	1908	1909	1910
1911	—	—	—	—	—	—	—	—	—

二　水涝灾害等级的划分

在对清代宁夏地区水涝灾害发生年份进行统计的基础上，还需要进一步划分水涝灾害的等级，才能更准确地把握灾害的实际影响。由于波及范围、持续时间等因素的影响，水涝灾害所造成的损失也有很大差异。所以，同上文研究干旱灾害一样，将清代宁夏地区水涝灾害划分为 4 个等级（见表 2 –2）。

表 2 –2　　　　　　　　清代宁夏地区水涝灾害等级划分

水灾等级	划分依据	文献记载	灾次
1 级轻度水灾	文献中记载为个别州、县局部地区发生水灾，毁坏建筑物、冲淹田亩	乾隆七年，宁夏府属中卫县之白马滩，威武段堡于六月二十一日，水冲夏禾地一十七顷余亩，约计受伤四、五分不等，被水民人二十八户。以上水冲各处，俱系沿河傍沟地亩，零星压漫成伤①	32

---

①　《甘肃巡抚黄廷桂奏报甘省各属本年禾稼收成分数事》，乾隆七年七月二十七日，中国第一历史档案馆藏宫中朱批奏折，档案号：04 – 01 – 22 – 0013 – 048。

续表

水灾等级	划分依据	文献记载	灾次
2级中度水灾	文献中记载为较大范围发生水灾，人民缺食，政府勘验成灾下令缓征	乾隆十八年十一月甲子，赈贷甘肃皋兰、狄道、渭源、河州、金县、靖远、环县、安化、镇番、平番、灵州、宁夏、中卫、平罗、西宁、宁朔、陇西、安定、会宁、静宁、崇信、华亭、合水、秦州、清水、徽县、武威、碾伯、大通等二十九州县、卫本年水、雹灾民，并蠲缓额赋有差①	108
3级大水灾	文献中记载为较大范围发生水涝灾害，淹毙人口，政府下令蠲免	中卫县知县李寿通禀报，六月十二日大雨如注，山水陡发，冲淹林安等堡田房、人畜等情。当饬藩司委员查勘，兹据藩司虚坤详据宁夏府知府贾履中禀称，勘明中卫县林安、恩和等堡并野猪口地方，夏秋禾苗俱被山水冲淹，漂没瓦房一百九十间，冲倒瓦房四千九百五十二间，淹毙男女大口一十口、小口三十八口、牲畜九十一匹②	11
4级特大水灾	文献中记载为较大范围发生水涝灾害，淹毙众多人口	—	—

通过表2-2的标准划分，将附表2中的灾害史料逐一划分灾害等级，制成清代宁夏地区水涝灾害等级序列图（见图2-1）。

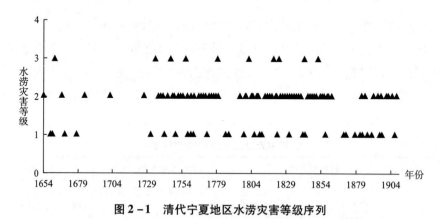

图2-1　清代宁夏地区水涝灾害等级序列

①《清高宗实录》卷450，乾隆十八年十一月甲子，中华书局1986年影印本，《清实录》第14册，第868页。

②《陕甘总督长龄奏为查明宁夏府中卫县被水村堡照例抚恤事》，道光元年七月二十六日，中国第一历史档案馆藏宫中朱批奏折，档案号：04-01-01-0613-038。

从图 2 - 1 来看，清代（1644—1911）宁夏地区水涝灾害共发生 151 次，以 2 级中度灾害为主，共计 108 次，占全部灾害记录的 71.52%。其次为 1 级轻度灾害，发生 32 次，占全部灾害次数的 21.19%。3 级灾害仅发生 11 次，占全部灾害记录的 7.28%。无 4 级灾害发生的记录。这表明清代宁夏地区的水涝灾害虽然发生较为频繁，但发生严重水灾的次数较少，多为中、轻度灾害。

第二节　水涝灾害的时间分布

如上文所述，同样以 10 年为一个时间段，将清代划分为 27 个时间段（最后一个时间段为 8 年）。

一　年际变化

在划分为 27 个时间段的基础上，分别统计各时间段内水涝灾害发生的年份数，制成清代宁夏地区水涝灾害年际变化图（见图 2 - 2）。

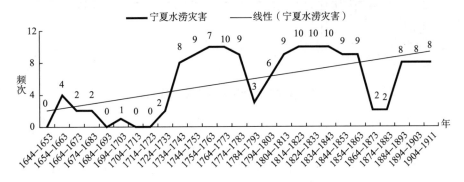

图 2 - 2　清代宁夏地区水涝灾害年际变化

从折线图中可以看出，各个时间段间水涝灾害发生的次数波动较大，存在明显的高发期和低潮期。其中 J—N（1734—1783）五个时间段，Q—V（1804—1863）六个时间段及 Y—Z1（1884—1911）三个时间段，计有 138 年为水涝灾害的高发期。而 A—I（1644—1733）九个时间段，O（1784—1793）一个时间段及 W—X（1864—1883）两个时间段，计有 120 年为水涝灾害的低发期。从水涝灾害发生的线性趋势来看，清代宁夏地区水涝灾害的发生呈明显上升趋势。

　　为了进一步分析清代宁夏地区水涝灾害的发生情况，再以 10 年为一个阶段统计水灾发生次数的频次，求出每 10 年水涝灾害发生的平均值为 151/27 = 5.59，再统计出各阶段水涝灾害频次距平值（见图 2 - 3）。距平值大于 0（数据显示在横轴的上方）表示水灾发生次数大于每 10 年水灾发生次数的平均值，距平值小于 0（数据显示在横轴的下方）表示水灾发生次数小于每 10 年水灾发生次数的平均值。从图 2 - 2 中可以清晰地看出，1734—1783 年、1804—1863 年、1884—1911 年等时间段内水涝灾害发生的次数明显高于 10 年水涝灾害发生次数的平均值，水涝灾害发生频次较高，而清早期的时间段水灾发生频次明显较低。

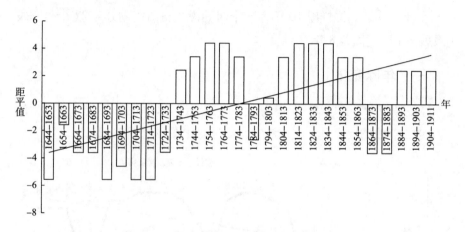

图 2 - 3　清代宁夏地区水涝灾害频次距平值

　　为了更具体一些，将清代分为清前期顺治元年至雍正十三年（1644—1735）、清中期乾隆元年至嘉庆二十五年（1736—1820）和清晚期道光元年至宣统三年（1821—1911）三个时期，分别统计各时期水灾年份，并计算出水灾平均发生年份（见表 2 - 3）。从整个清代来看，大约平均 1.77 年就有一个年份发生水涝灾害。分时段来看，清前期水涝灾害发生频次远远低于清中期和清晚期。

表 2 - 3　　　　　　　清代宁夏地区不同时期水灾年数及次数统计

时段	时长（年）	水灾发生次数（次）	水灾平均发生
顺治元年（1644）—雍正十三年（1735）	92	11	8.36
乾隆元年（1736）—嘉庆二十五年（1820）	85	71	1.20
道光元年（1821）—宣统三年（1911）	91	69	1.32
顺治元年（1644）—宣统三年（1911）	268	151	1.77

二　季节分布

上文已经谈到，由于文献中对清代宁夏地区水涝灾害的各项要素记载详略不一，只有部分灾年有具体发生月份的记录。笔者将这部分有月份记录的文献梳理统计，以期从中分析清代宁夏地区水涝灾害的月际分布情况（见图2－4）。这里需要说明的是，与前文统计水涝灾害的年份不同，此处重点在于统计灾害发生的次数，为统计准确，文献中有一年多个月份均发生水涝灾害的情况，则每月各计一次。如嘉庆二十三年（1818），陕甘总督长龄连续三月奏报水灾灾情，七月十四日奏："查各厅州县六月内……固原、隆德、西宁、大通、安定、秦安六州县各禀，夏秋田禾间被雹伤，秦州、平罗二州县禀报滨河之地被水，冲淹禾苗。"① 八月初六日又奏："查各属禀报七月内……据灵州详报，州属东路头四牌地方被水，淹泡禾苗。"② 九月十一日又奏："各属具报八月内……惟皋兰、陇西、会宁、安定、盐茶、固原、庄浪县丞、宁夏、宁朔，灵州、中卫、西宁等处禀报，秋田间有被雹、被水之区。"③

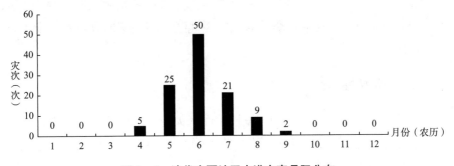

图2－4　清代宁夏地区水涝灾害月际分布

①《陕甘总督长龄奏报甘肃省嘉庆二十三年五月份各属地方粮价并六月份得雨情形事》，嘉庆二十三年七月十四日，中国第一历史档案馆藏宫中朱批奏折，档案号：04－01－25－0475－025。

②《陕甘总督长龄奏报甘肃省嘉庆二十三年六月份各属粮价及七月份得雨水情形事》，嘉庆二十三年八月初六日，中国第一历史档案馆藏宫中朱批奏折，档案号：04－01－25－0474－031。

③《陕甘总督长龄奏报甘肃省嘉庆二十三年七月份各属粮价并八月份得雨情形事》，嘉庆二十三年九月十一日，中国第一历史档案馆藏宫中朱批奏折，档案号：04－01－25－0473－032。

笔者统计清代宁夏地区有月份记录的水涝灾害记录共计112次。从统计数据来看，主要集中在农历的五月、六月、七月三个月，水涝灾害发生次数为96次，占全部记录的85.71%，其中农历六月为水灾的高发期，水涝灾害次数为50次，占全部记录的44.64%。为了进一步研究清代宁夏地区水涝灾害的季节分布情况，根据图2-3中的数据，笔者又添加文献中记载为某一季节，但无具体月份的水灾记录，统计得出各季节水涝灾害发生的次数（见表2-4）。

表2-4 清代宁夏地区不同季节水灾次数统计

季节	春季			夏季			秋季			冬季		
某季记录（次）	0			18			26			0		
月份	2月	3月	4月	5月	6月	7月	8月	9月	10月	11月	12月	1月
月份记录（次）	0	0	5	25	50	21	9	2	0	0	0	0
共计（次）	5			114			37			0		

笔者统计清代宁夏地区水涝灾害发生情况有季节记录的共计156次。从以上统计的结果来看，清代宁夏地区水涝灾害主要发生在夏秋两季，发生率共计96.79%。其中夏季是清代宁夏地区水涝灾害的高发季，发生率达73.08%。

三 连发性

上文已经谈及干旱灾害的连发性，而水灾也表现出明显的连发性。即对于整个宁夏地区而言，长短不等的年份连续发生水灾；局限于一些州县地区，经常性出现水灾。

清代宁夏地区水涝灾害连续的灾年长短不等，共有11次，最长达到了34年（见表2-5）。[1] 具体来讲，连续2年发生水涝灾害有2次：顺治十六年至顺治十七年（1659—1660）、乾隆五十年至乾隆五十一年（1785—

---

[1] 吴超：《13至19世纪宁夏平原农牧业开发研究》，博士学位论文，西北师范大学，2007年，第134页统计连续发生水灾的年份：二年连涝5次，1669—1670、1764—1765、1788—1789、1808—1809、1884—1885；三年连涝2次，1859—1861、1891—1893；四年连涝1次，1803—1806；五年连涝1次，1895—1899；十一年连涝2次，1736—1746、1748—1758；十二年连涝1次，1846—1857；十五年连涝1次，1767—1781；二十八年连涝1次，1817—1844。

1786）；连续 3 年发生水涝灾害有 1 次：光绪十七年至光绪十九年（1891—1893）；连续 5 年发生水涝灾害有 1 次：光绪二十一年至光绪二十五年（1895—1899），连续 6 年发生水涝灾害有 1 次：光绪九年至光绪十四年（1883—1888）；连续 11 年发生水涝灾害有 2 次：乾隆元年至乾隆十一年（1736—1746）、光绪二十七年至宣统三年（1901—1911）；连续 14 年发生水涝灾害有 1 次：嘉庆四年至嘉庆十七年（1799—1812）；连续 16 年发生水涝灾害有 1 次：道光二十六年至咸丰十一年（1846—1861）；连续 31 年发生水涝灾害有 1 次：嘉庆十九年至道光二十四年（1814—1844）；连续 34 年发生水涝灾害有 1 次：乾隆十三年至乾隆四十六年（1748—1781）。

表 2 - 5　　　　　　　清代宁夏地区连续水灾年数及次数统计

连续灾年数（年）	2	3	5	6	11	14	16	31	34
次数（次）	2	1	1	1	2	1	1	1	1

四　周期性

对于水涝灾害周期性的研究，学界一般也采取小波分析方法，通过对清代（1644—1911）宁夏地区水涝灾害的数据（见附表 2）进行小波分析得到图 2 - 5 和图 2 - 6。

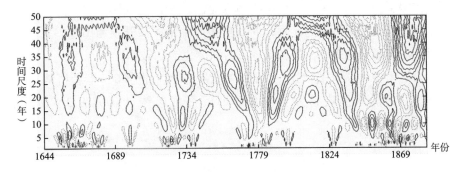

图 2 - 5　清代宁夏地区水涝灾害变化的小波分析

小波转换系数小于零，说明周期信号较弱，周期性不显著（图 2 - 5 中显示为虚线）；小波转换系数大于零，则说明周期信号较强，周期性较显著（图 2 - 5 中显示为实线）。由图 2 - 5 和图 2 - 6 可以看出，清代宁夏地区水涝灾害存在 4 年左右短期振荡周期、11 年左右的中期振荡周期和 50

年左右的长期振荡周期。①

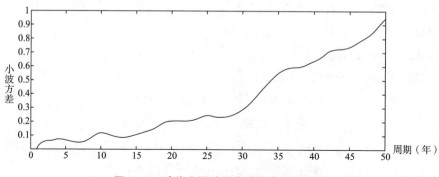

图2-6　清代宁夏地区水涝灾害小波方差

　　由小波方差图（见图2-6）可看出，50年左右的周期小波信号最强，为第一主周期，依据峰值由高到低，可得到第二主周期为11年左右的周期，第三主周期为4年左右的周期。

第三节　水涝灾害的空间分布

　　位于宁夏北部的宁夏平原，河渠密布，雨水多的季节，河渠泛涨，周边地亩房屋多因此受灾。宁夏南部为六盘山地和黄土高原，由于流水的切割作用，形成起伏不定的丘陵，而低丘缓坡地带多被开垦为田地。夏、秋季节，随着暴雨的来临，很多田地或者房屋也遭到破坏。

　　为更方便地研究清代这一地区的水涝灾害空间分布，笔者将清代宁夏州县一级的水涝灾害发生次数分时间段加以统计（见表2-6、图2-7）。②

　　① 马晓华对清代西海固地区的洪涝灾害做周期分析后得出，西海固地区存在3a和5a左右短期震荡周期、11a左右的中期震荡周期和22a左右的长期震荡周期，参见马晓华《宁夏西海固地区清代以来气象灾害研究》，硕士学位论文，陕西师范大学，2015年，第22页。

　　② 吴超：《13至19世纪宁夏平原农牧业开发研究》，博士学位论文，西北师范大学，2007年，第135页，统计为宁夏81次、宁朔65次、平罗68次、灵州64次、中卫62次。

表 2 - 6　　　　　　　清代宁夏地区各地水涝灾害次数统计

时间段（年）	平罗	宁夏	宁朔	灵州	花马池	中卫	盐茶厅	固原	隆德
1644—1653	0	0	0	0	0	0	0	0	0
1654—1663	0	0	0	0	0	0	0	0	3
1664—1673	0	0	0	1	0	0	0	1	1
1674—1683	2	0	0	0	0	0	0	0	0
1684—1693	0	0	0	0	0	0	0	0	0
1694—1703	0	1	0	0	0	0	0	0	0
1704—1713	0	0	0	0	0	0	0	0	0
1714—1723	0	0	0	0	0	0	0	0	0
1724—1733	0	0	0	0	0	0	0	2	1
1734—1743	5	6	1	2	1	4	0	1	0
1744—1753	5	8	5	6	3	6	5	5	6
1754—1763	3	4	4	8	4	6	3	3	4
1764—1773	6	7	6	5	3	7	8	8	6
1774—1783	8	9	8	6	2	5	4	2	3
1784—1793	3	1	1	1	0	1	1	0	1
1794—1803	4	4	1	2	1	3	0	3	2
1804—1813	4	3	3	4	1	4	0	4	1
1814—1823	8	7	9	6	0	8	2	4	2
1824—1833	7	9	8	8	1	4	3	4	3
1834—1843	10	8	8	8	3	7	7	8	4
1844—1853	6	6	6	7	1	5	3	7	5
1854—1863	7	8	6	7	0	5	4	5	2
1864—1873	0	0	0	0	0	0	0	1	1
1874—1883	0	0	0	0	0	1	1	2	1
1884—1893	1	4	1	1	0	5	2	4	4
1894—1903	3	4	2	3	0	5	0	5	1
1904—1911	3	2	1	3	0	4	1	3	1
总计	85	91	70	78	20	80	44	72	52

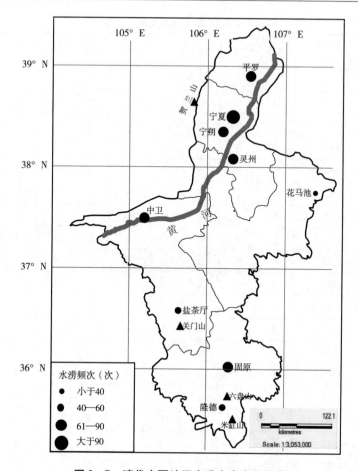

图2-7 清代宁夏地区水涝灾害空间分布

从表2-6统计的数据来看，清代宁夏地区全区皆有不同程度的水涝灾害发生。宁夏、平罗、中卫发生水涝灾害最为频繁。三县均位于宁夏平原引黄灌溉区，雨季来临之际多致田亩、房屋被淹。这一点在文献中多有记载。

乾隆九年（1744），"宁夏府属夏朔二县之阳和、镇河、通吉等堡，于七月初八、九等日阴雨连绵，河水漫溢，淹泡田地一顷余亩，压房一十五间。宁夏县之王铉堡等处，于七月初八、九等日阴雨连朝，汉渠支流溢出陡口，泡伤洼地田禾一百余亩。宁朔县于七月十三、四等日阴雨，长湖水泛，洼地田禾微伤”①。乾隆十八年（1753），“宁夏府属之宁夏、平罗、中卫、灵州四州县，俱环绕黄河，六月初七、八、九等日，河水长至九尺有余，两岸近河田庐、堤埝，均有淹没、冲坍”②。

综上，清代（1644—1911）宁夏地区水涝灾害发生年数达 151 年，即平均 1.77 年即有一年发生水涝灾害。清代宁夏地区的水涝灾害虽然发生较为频繁，但发生严重灾害的次数较少，多为中、轻度灾害。从时间分布来看，清前期水涝灾害发生较少，远低于中晚期水涝灾害的发生频次。从空间分布来看，清代宁夏地区全区皆有不同程度的水涝灾害发生，其位于引黄灌溉区的宁夏、平罗、中卫三地发生最为频繁。

---

① 《甘肃巡抚黄廷桂奏为河州二十里铺等地被水及霜雹为害情形事》，乾隆九年八月二十一日，中国第一历史档案馆藏宫中朱批奏折，档案号：04 - 01 - 01 - 0116 - 006。

② 《署理陕甘总督尹继善奏为沿河地方被水情形事》，乾隆十八年七月十六日，中国第一历史档案馆藏军机处录副奏折，档案号：03 - 1044 - 040。

第三章 清代宁夏地区冰雹灾害[①]

清代宁夏地区在遭受水旱灾害的同时，也经受着冰雹灾害的袭扰。冰雹灾害对农业生产危害也较为严重，有时也会造成人员伤亡。民间有"雹打一条线"的说法，就是说冰雹影响的范围往往较小，呈线状或带状。

第一节 冰雹灾害概况

"冰雹灾害，是一种局地性强、季节性明显、来势急、持续时间短，以砸伤为主的农业自然灾害。"[②]冰雹造成的危害主要受到冰雹大小、持续时间和降雹范围等因素的影响。危害轻者文献中记载一般较略，如乾隆十年（1745），中卫地区，"县之头塘摊等处，于六月初十日被雹伤禾"[③]。但并不是说冰雹的危害较干旱、水涝等灾害小得多。光绪十九年（1893），"宁夏府属之宁夏县南乡王全三堡，及宁朔县西南乡杨显等四堡，均于六月初七日雹雨交加，三时始止，夏秋禾苗打伤净尽，颗粒无收"[④]，直接导致了农作物的绝收。不过，相对于水旱等大面积的灾害，冰雹灾害的影响范围相对较小。

清代宁夏地区的雹灾情形，据李向军统计，清前期（1644—1840）甘

---

① 拙作：《清代宁夏冰雹灾害研究》，《宁夏大学学报》（人文社会科学版）2016年第2期，对这一问题做了研究，本节在此基础上作了修改。

② 吴滔：《明清雹灾概述》，《古今农业》1997年第4期。

③ 《甘肃巡抚黄廷桂奏为委员确勘阶州等被灾州县酌情接济事》，乾隆十年七月初三日，中国第一历史档案馆藏宫中朱批奏折，档案号：04 - 01 - 24 - 0037 - 053。

④ 《陕甘总督杨昌濬奏为甘省各属本年夏秋禾苗被灾大概情形事》，光绪十九年七月二十四日，中国第一历史档案馆藏宫中朱批奏折，档案号：04 - 01 - 02 - 0092 - 014。

肃地区雹灾次数为 433 次[①]，吴滔则统计为 443 次[②]。但清代甘肃地域甚广，所以二者统计的数字对宁夏地区而言并无太大参考价值。据倪玉平统计，清代宁夏雹灾次数为 19 次[③]，显然过低。张维慎统计清代宁夏雹灾发生年份为 123 年，比较全面。[④] 笔者结合前文所述文献，统计得出清代宁夏冰雹灾害年份为 132 年（见表 3 – 1）。总体来说，冰雹灾害年份的界定相对比较容易和准确，而冰雹灾害的次数的统计则相对较难，准确度也低于年份的统计。

表 3 – 1　　　　　　　　　清代宁夏发生雹灾年份统计

1647	1653	1663	1727	1729	1732	1736	1739	1741	1742
1743	1744	1745	1746	1747	1748	1749	1751	1752	1753
1754	1755	1756	1757	1758	1759	1760	1761	1762	1764
1765	1766	1767	1768	1769	1770	1771	1772	1773	1774
1775	1776	1777	1778	1779	1780	1785	1787	1788	1796
1799	1800	1802	1808	1809	1810	1811	1814	1815	1816
1817	1818	1819	1820	1821	1822	1824	1825	1826	1827
1828	1829	1830	1831	1832	1833	1834	1835	1836	1837
1838	1839	1840	1841	1843	1844	1846	1847	1848	1849
1850	1851	1852	1853	1854	1855	1856	1857	1858	1859
1860	1861	1871	1878	1879	1880	1881	1882	1884	1886
1887	1888	1889	1891	1892	1893	1894	1895	1896	1897
1898	1899	1900	1901	1902	1903	1904	1905	1906	1908
1909	1910	—	—	—	—	—	—	—	—

表 3 – 1 只统计受灾年份，故对于一年中发生多次雹灾的，如乾隆十三年（1748），"平凉府盐茶厅，先于七月初六日，南乡消河等堡，降有水雹，又于七月十六七等日，厅属之彭家堡等处被雹。固原州先于七月初六日，在城官家等堡降有水雹，又于七月十七等日，州属之下马关等处被雹，夏、秋二禾俱有损伤。隆德县属之石家沟等庄，于六月二十八日被雹伤禾。神林堡马儿岔等处，于七月初六日被雹伤禾。又县属之新店堡等

---

① 李向军：《清前期的灾况、灾蠲与灾赈》，《中国经济史研究》1993 年第 3 期。

② 吴滔：《明清雹灾概述》，《古今农业》1997 年第 4 期。

③ 倪玉平：《清代冰雹灾害统计的初步分析》，《江苏社会科学》2012 年第 1 期。

④ 张维慎：《宁夏农牧业发展与环境变迁研究》，文物出版社 2012 年版，第 367 页。

处，于七月十三日复被雹伤禾"[①]。虽多地多次发生雹灾，此处仅统计为一次。

第二节　冰雹灾害的时间分布

冰雹灾害是由强对流天气系统引起的一种剧烈的气象灾害，一般持续时间都较短，具有突发性。清代宁夏地区冰雹灾害的发生比较频繁。除此之外，这一地区的冰雹灾害时间分布上还具有以下几方面的特征：

一　清前期较少，中晚期较多，整体呈上升趋势

与前文一样，为了方便研究，采取分时段统计的方法，以10年为一个时间段，将清代划分为27个时间段（最后一个时间段为8年）。将各个时间段内发生冰雹灾害的年份分别统计，并对其进行数据处理（见图3-1）。

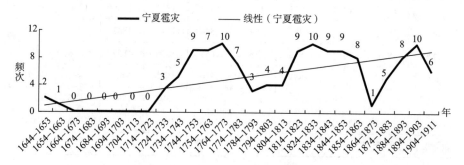

图3-1　清代宁夏冰雹灾害年际变化

从图3-1折线中可以看出，各个时间段间雹灾年数波动较大，但有几个明显的高峰期和低潮期。其中J—N（1734—1783）、R—V（1814—1863）以及Y—Z1（1884—1911）十三个时间段为冰雹灾害的高发时间段。值得注意的是，C、D、E、F、G、H（1664—1723）六个时间段，连续60多年间，虽经笔者多方查找，仍未发现该地区冰雹灾害的受灾记录。《西北灾荒史》《中国气象灾害大典·宁夏卷》等也没有统计。笔者推测：

---

① 《甘肃巡抚黄廷桂奏为渭源县等处分别被水被雹现在查办情形事》，乾隆十三年七月二十一日，中国第一历史档案馆藏宫中朱批奏折，档案号：04-01-01-0158-001。

一方面是由于清前期这一地区确实冰雹灾害较少发生，或受灾程度较轻，没有被记录下来，另一方面则可能是战乱等原因导致记录缺失或者文献损毁。从图3-1线性趋势来看，清代宁夏冰雹灾害的发生呈明显的上升趋势。

为了进一步分析清代宁夏地区冰雹灾害的发生情况，再以10年为一个阶段统计冰雹灾害发生的频次，求出每10年冰雹灾害发生的平均值为132/27＝4.89，再统计出各阶段冰雹灾害频次距平值（见图3-2）。距平值大于0（数据显示在横轴的上方）表示该时段冰雹灾害发生次数大于每10年冰雹灾害发生次数的平均值，距平值小于0（数据显示在横轴的下方）表示冰雹灾害发生次数小于每10年冰雹灾害发生次数的平均值。从图3-2中可以看出，1734—1783年、1814—1863年以及1874—1911年等时间段内冰雹灾害发生的次数明显高于10年灾害发生次数的平均值，而其余时间段内冰雹灾害发生的次数低于10年灾害发生次数的平均值。

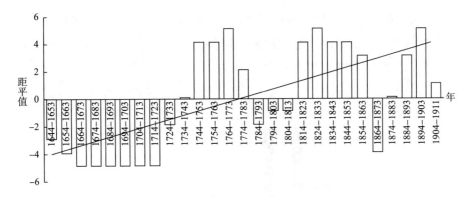

图3-2　清代宁夏地区冰雹灾害频次距平值

据以上数据可知，以清前期顺治元年至雍正十三年（1644—1735）、清中期乾隆元年至嘉庆二十五年（1736—1820）和清晚期道光元年至宣统三年（1821—1911）三个时期为单位，分别统计各时期雹灾年份，并计算出雹灾平均发生年份（见表3-2）。从整个清代来看，大约平均两年就有一年有冰雹灾害。分时段来看，清前期冰雹灾害发生较少，清中晚期则相对较为频繁。

表3-2　　　　　　　　清代宁夏不同时期雹灾年数及次数统计

时段	时长（年）	雹灾发生次数（次）	旱灾平均发生
顺治元年—雍正十三年（1644—1735）	92	6	15.33
乾隆元年—嘉庆二十五年（1736—1820）	85	58	1.47
道光元年—宣统三年（1821—1911）	91	68	1.34
顺治元年—宣统三年（1644—1911）	268	132	2.03

二　季节性

上文已经谈到，由于文献中对清代宁夏冰雹灾害的各要素记载详细情况不一，只有部分灾年有具体发生月份的记录。笔者将这部分有月份记录的文献梳理统计，以期从中分析清代宁夏冰雹灾害月际分布情况（见图3-3）。这里需要说明的是，与前文统计冰雹灾害年份不同，此处重点在于统计灾害发生的次数，为统计准确，文献中有一年多个月份均遭受的冰雹灾害的情况，则每月各计一次。如乾隆三十六年（1771），"四月中下二旬及五月初旬，宁夏、宁朔、平罗等州县有偏被冰雹，山水冲损田庐人畜之处"①，则四月和五月各计一次。

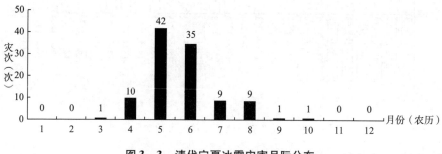

图3-3　清代宁夏冰雹灾害月际分布

清代宁夏有月份记录的冰雹灾害次数共计108次。从统计数据来看，主要集中在每年农历的四月至八月，冰雹灾害发生次数为105次，占全部记录的97%。其中农历五月为雹灾的高发期，冰雹灾害次数为42次，占全部记录的39%。为了进一步研究清代宁夏雹灾的季节分布情况，根据图

① 中国气象灾害大典编委会：《中国气象灾害大典·宁夏卷》，气象出版社2007年版，第164页。

3－3 中的数据，笔者又添加文献中记载为某一季节，但无具体月份的雹灾记录。如光绪五年（1879），"秋，化平厅雨雹"[①]，统计得出清代宁夏各季节冰雹灾害的次数（见表 3－3）。

表 3－3　　　　　　　清代宁夏不同季节雹灾次数统计

季节	春季			夏季			秋季			冬季		
季节记录（次）	0			21			24			0		
月份	2 月	3 月	4 月	5 月	6 月	7 月	8 月	9 月	10 月	11 月	12 月	1 月
月份记录（次）	0	1	10	42	35	9	9	1	1	0	0	0
共计（次）	11			107			35			0		

从以上统计的结果来看，清代宁夏冰雹灾害主要发生在夏秋两季，发生率达 93%。其中夏季是清代宁夏冰雹灾害的高发季，发生率达 70%。据此，清代宁夏冰雹灾害具有很强的季节性特征，是典型的夏季多雹区。

此外，正是由于冰雹灾害时间分布的季节性，与部分农作物的生产旺季吻合，给这一地区的农业生产带来巨大危害。光绪十年（1884），"八月十四日，宁夏县唐铎乡下冰雹，水稻全部无收成"[②]。光绪二十五年（1899），"固原西南乡阎家堡等二十九村庄于五月初五日被雹，灾伤共四百四十一顷三十一亩，禾苗打伤殆尽"[③]。可见，冰雹灾害虽然发生频率低于水旱灾害，但其往往来势凶猛，对农业生产影响很大。

三　连发性

冰雹灾害的连发性主要表现在两方面：一是对于整个宁夏地区而言，经常出现连续年份发生冰雹灾害的情况；二是对于某一局部地区而言，一年中连续遭受冰雹灾害。

清代宁夏冰雹灾害连续的灾年长短不等，共有 16 次，最长达到了 21 年（见表 3－4）。具体来讲，连续 2 年发生冰雹灾害有 4 次：雍正六年至雍正七年（1728—1729）、乾隆二年至乾隆四年（1738—1739）、乾隆五十

---

① （宣统）《甘肃新通志》卷 2《天文志（附祥异）》，清宣统元年刻本暨石印本，第 53 页。

② 中国气象灾害大典编委会：《中国气象灾害大典·宁夏卷》，气象出版社 2007 年版，第 176 页。

③ 故宫文献编辑委员会：《宫中档光绪朝奏折》第 13 辑，台北故宫博物院 1974 年版，第 114 页。

二年至乾隆五十三年（1787—1788）、嘉庆四年至嘉庆五年（1799—1800）；连续 3 年发生冰雹灾害有 2 次：咸丰九年至咸丰十一年（1859—1861）、光绪三十四年至宣统二年（1908—1910）；连续 4 年发生冰雹灾害有 2 次：嘉庆十三年至嘉庆十六年（1808—1811）、光绪十二年至光绪十五年（1886—1889）；连续 5 年发生冰雹灾害有 1 次：光绪四年至光绪八年（1878—1882）；连续 9 年发生冰雹灾害有 2 次：乾隆六年至乾隆十四年（1741—1749）、嘉庆十九年至道光二年（1814—1822）；连续 12 年发生冰雹灾害有 2 次：乾隆十六年至乾隆二十七年（1751—1762）、道光二十六年至咸丰七年（1846—1857）；连续 16 年发生冰雹灾害有 1 次：光绪十七年至光绪三十二年（1891—1906）；连续 17 年发生冰雹灾害有 1 次：乾隆二十九年至乾隆四十五年（1764—1780）；连续 21 年发生冰雹灾害有 1 次：道光四年至道光二十四年（1824—1844）。需要说明的是，这里连续灾年的统计是对于整个宁夏地区而言的，具体到某一局部地区，连续灾年出现的情况应该没有这样严重。

表 3 - 4　　　　　　　清代宁夏连续雹灾年数及次数统计

连续灾年数（年）	2	3	4	5	9	12	16	17	21
次数（次）	4	2	2	1	2	2	1	1	1

文献中一年中多次发生冰雹灾害的记录也有不少。如乾隆二十一年（1756），"八月二十六日，甘肃巡抚吴达善奏……又据固原州报称，六月二十三日被雹……平凉府盐茶厅暨镇原县、平番县报称，七月初八、九日被雹……灵州报称，七月十二日被雹……灵州报称，七月十二、二十一日被雹水"①。

四　周期性

清代冰雹灾害同样呈现出周期性规律，笔者将采取小波分析的方法对其周期性进行讨论。由清代（1644—1911）宁夏地区冰雹灾害的数据进行小波分析得到图 3 - 4 和图 3 - 5。

---

① 台北故宫博物院：《宫中档乾隆朝奏折》第 15 辑，台北故宫博物院 1982 年版，第 242 页。

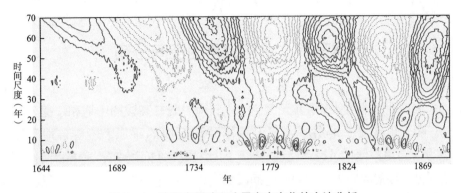

图3-4 清代宁夏地区冰雹灾害变化的小波分析

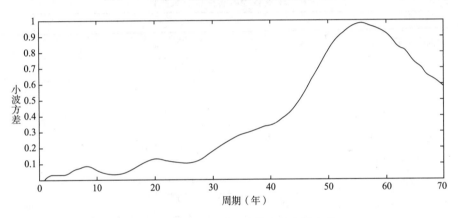

图3-5 清代宁夏地区冰雹灾害小波方差

由图3-4和图3-5可知，清代宁夏地区冰雹灾害存在8年左右短期振荡周期、20年左右的中期振荡周期和58年左右的长期振荡周期。由小波方差图（见图3-5）可看出，58年左右的周期小波信号最强，为第一主周期，依据峰值由高到低，可得到第二主周期为20年左右的周期，第三主周期为8年左右的周期。

综上所述，清代宁夏冰雹灾害的时间分布的特征是，整体上清前期较少、中晚期则较为频繁，部分时间段具有连发性。季节分布上则是多集中在夏季。下面，就清代宁夏冰雹灾害空间分布做些探讨。

第三节　冰雹灾害的空间分布

宁夏地区地域狭长，地形复杂，"其境内既有高峻的山地和广泛分布的丘陵，也有由于地层断陷又经黄河冲积而成的平原，还有台地和沙地"①。为更方便地讨论清代这一地区的冰雹灾害空间分布，笔者将清代宁夏州县一级的冰雹发生次数分时间段加以统计（见表 3 - 5）。

表 3 - 5　　　　　　　　清代宁夏各地冰雹灾害次数统计

时间段（年）	平罗	宁夏	宁朔	灵州	花马池	中卫	盐茶厅	固原	隆德
1644—1653	0	0	0	0	0	0	0	0	0
1654—1663	0	0	0	0	0	0	0	0	0
1664—1673	0	0	0	0	0	0	0	0	0
1674—1683	0	0	0	0	0	0	0	0	0
1684—1693	0	0	0	0	0	0	0	0	0
1694—1703	0	0	0	0	0	0	0	0	0
1704—1713	0	0	0	0	0	0	0	0	0
1714—1723	0	0	0	0	0	0	0	0	0
1724—1733	0	0	0	0	1	0	0	2	1
1734—1743	0	2	1	0	1	3	2	2	1
1744—1753	4	7	7	8	4	6	6	6	6
1754—1763	4	4	4	6	3	7	4	6	3
1764—1773	6	9	9	7	4	8	7	8	7
1774—1783	6	7	7	1	1	5	5	3	2
1784—1793	2	1	1	1	0	1	1	0	2
1794—1803	2	2	2	1	1	1	0	1	3
1804—1813	1	1	1	2	2	2	1	3	1
1814—1823	6	5	5	4	0	3	4	4	2

---

① 蓝玉璞：《宁夏回族自治区经济地理》，新华出版社 1993 年版，第 5 页。

续表

时间段（年）＼地区	平罗	宁夏	宁朔	灵州	花马池	中卫	盐茶厅	固原	隆德
1824—1833	9	9	9	10	1	4	3	7	3
1834—1843	8	9	9	9	3	6	6	8	4
1844—1853	5	5	5	6	1	5	3	9	5
1854—1863	5	7	5	8	0	3	5	5	2
1864—1873	0	1	0	0	0	0	0	0	0
1874—1883	1	0	0	0	1	0	0	4	1
1884—1893	2	2	2	0	0	4	1	4	5
1894—1903	2	3	3	3	1	5	3	6	2
1904—1911	1	1	1	1	0	2	3	3	1
总计	64	75	71	70	23	66	54	81	51

从统计的数据来看，清代宁夏全区各地均有不同程度的冰雹灾害发生。其中，固原地区共发生81次，是冰雹灾害发生最频繁的地区。并在此基础上，绘出清代宁夏的冰雹灾害空间分布图（见图3-6）。从中，我们可以看出清代宁夏地区冰雹灾害的空间分布特征。具体来看，呈现出南北多、中部少、山区多、平原少的分布特征。南部主要发生在固原、隆德地区，北部则以平罗、宁夏、宁朔最为严重，而中部地区则相对较少。

冰雹灾害的形成，除了气候条件的因素外，与地形地貌有着密切的关系。宁夏南部固原地区境内主要以六盘山为南北脊柱，西华山、南华山、月亮山分布周围。明清以来这一地区人口迅速增长，毁林开荒，森林被大量砍伐。林则徐曾描述他在道光二十二年（1842）亲眼看见的六盘山地区的荒凉景象为"其沙土皆紫色，一木不生"[1]，可见这一地区的地表植被覆盖情况很差。北部的贺兰山地区也是如此。南北山区地表起伏不平，再加上地表植被覆盖率低，热力性质不一，在遭受太阳辐射时，增温的幅度也不相同，很容易产生热力对流，一旦气候条件具备，这一带极易形成对流云体，而后发展形成冰雹天气。同时，由于南部较北部更为湿润，降水多于北部，所以南部的冰雹灾害比北部更为严重。而中部平原则由于地形较

---

[1]　林则徐：《荷戈纪程》，杨建新：《古西行记选注》，宁夏人民出版社1987年版，第437页。

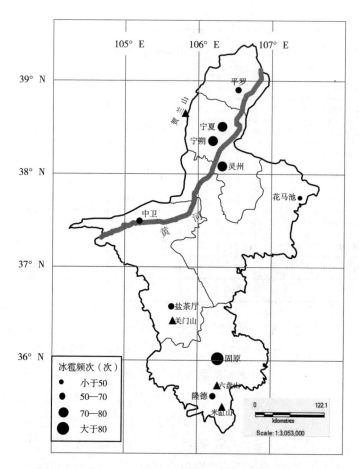

图 3 - 6　清代宁夏冰雹灾害空间分布

为平坦，不易形成强烈的热力对流，所以冰雹灾害较少发生。

　　此外，除了时空分布方面的特征，冰雹灾害出现时还往往伴随着其他灾害的发生，清人李光庭言"雨雹未有不带雨者"①，就是说冰雹灾害发生时往往是随着暴雨而来，同时易发生山洪等灾害。乾隆二十二年（1757），"中卫县详报，县属之城北邵家桥、常乐堡、香山堡、红石峡沟等处，于五月初六日，夏禾被雹并被山水暴发，冲毙大小男人四只，牛七只，冲没车六辆，京斗粮二十四石，夹布毛口袋九十六条，驴四头，羊九百五十三只，泡倒房屋六间等情。……又据隆德县详报，县属东西南北四乡之水头

――――――――――

① （清）李光庭撰，石继昌点校：《乡言解颐》卷1《天部》，中华书局1982年版，第9—10页。

沟、西番沟、李家湾、权家岔等处，于五月十三、十四、十五等日，夏禾被雹，并被水冲去男二口，羊驴一百余只头各等情"[1]。宣统元年（1909），"固原直隶州禀报，钱营堡等处于五月十八日被雹，打伤田禾，并被水冲毙牧童三人、牲畜一百余只"[2]。

综上，因宁夏地区特殊的地形地貌，清代这一地区冰雹灾害在空间分布上呈现南北多、中部少、山区多、平原少的特征，且多伴随着其他如山洪等灾害的发生。

---

① 《甘肃巡抚吴达善奏报被雹被水及抚恤情形事》，乾隆二十二年五月二十八日，中国第一历史档案军机处录副奏折，档案号：03 - 0860 - 049。

② 水利电力部水管司科技司、水利水电科学研究院：《清代黄河流域洪涝档案史料》，中华书局1993年版，第916页。

第四章　清代宁夏地区地震、低温等其他灾害

清代，宁夏地区除了经常受到上文所述的干旱、水涝、冰雹三种发生频次较高的灾害的袭扰外，地震、低温、大风等灾害也有不同程度的发生。虽然后者发生频次低于前述诸灾，但其危害也不容忽视。

第一节　地震灾害概况[①]

地震，俗称"地动"，是自然界一种突发性的自然灾害。宁夏回族自治区是我国多地震的省区之一，历史上曾发生过多次强烈的地震。有学者统计，我国历史上发生八级及以上地震一共有 15 次。[②] 在这 15 次特大地震中，发生在宁夏的就有 2 次。地震给当地人民的生命财产造成极大的损失，千年间，宁夏历次地震造成的死亡人数超过 23 万人。[③]

清代，是宁夏地区历史上地震灾害较为频繁的一个历史时期。目前，学界关于清代宁夏地区地震的研究，多集中于乾隆三年宁夏大地震，相关成果已经很多，这里不再赘述。而对清代这一地区地震灾害的整体研究，明显较少。[④]

从目前学界研究和笔者所见来看，宁夏历史上最早的地震记录是在东汉汉安二年（143）。建康元年春正月辛丑，诏曰："陇西、汉阳、张掖、北地、武威、武都自去年九月以来，地面八十震，山谷圻裂坏败城寺，杀

---

① 拙作《清代宁夏地震灾害研究》，《社科纵横》2016 年第 6 期对这一问题作了探讨。
② 华林甫：《清朝历史上的八级地震》，《光明日报》2008 年 6 月 22 日第 7 版。
③ 杨明芝、马禾青、廖玉华编著：《宁夏地震活动与研究》，地震出版社 2007 年版，第 1 页。
④ 刘锦增：《清代宁夏地震与政府救济》，《历史档案》2017 年第 2 期。

害民庶。"①

清代宁夏地区地震频发，文献中留下来大量相关的记载，涉及了地震发生的时间、地震造成的破坏及灾后人民的救灾情况。另外，文献中还留下了一些关于地震前兆的记载。如"宁夏地震，每岁小动，民习为常。大约春冬二季居多。如井水忽混浊，炮声散长，群犬口吠，即防此患。至若秋多雨水，冬时未有不震者"②。下文将从时间、空间分布及地震带来的破坏以及所引起的次生灾害等方面分析清代宁夏地区的地震发生情况。

关于清代宁夏地震年份及次数的统计，《宁夏回族自治区地震历史资料汇编》一书中统计清代宁夏共有 21 年发生地震。③《宁夏地震目录》中统计破坏性地震有 8 次。④ 杨明芝等人统计宁夏境内 5 级以上破坏性地震共 7 次。⑤ 刘锦增统计为 28 次。⑥ 笔者以清代档案、《清实录》及（乾隆）《宁夏府志》、《银川小志》等宁夏旧志为基础，结合前辈学者的资料汇编成果，对清代宁夏地区的地震资料重新做了全面的梳理，得出清代（1644—1911）268 年内，全国有 23 年发生地震（见附表 4），具体发生地震灾害的年份见表 4 - 1。

表 4 - 1　　　　　　　　　　清代历朝宁夏地震情况一览

年号	年份
顺治	顺治十一年（1654）
	顺治十五年（1658）
康熙	康熙十年（1671）
	康熙二十五年（1686）
	康熙二十六年（1687）
	康熙三十四年（1695）
	康熙三十八年（1699）
	康熙四十七年（1708）
	康熙四十八年（1709）
	康熙五十七年（1718）

① （宋）范晔：《后汉书》卷 6《顺帝纪》，中华书局 1965 年版，第 274 页。
② （清）汪绎辰修，柳玉宏校注：（乾隆）《银川小志》，中国社会科学出版社 2015 年版，第 147 页。
③ 宁夏回族自治区地震局：《宁夏回族自治区地震历史资料汇编》，地震出版社 1988 年版。
④ 宁夏回族自治区地震局编：《宁夏地震目录》，宁夏人民出版社 1981 年版。
⑤ 杨明芝、马禾青、廖玉华编著：《宁夏地震活动与研究》，地震出版社 2007 年版，第 3 页。
⑥ 刘锦增：《清代宁夏地震与政府救济》，《历史档案》2017 年第 2 期。

续表

年号	年份
乾隆	乾隆三年（1739）①
	乾隆四年（1739）
	乾隆五年（1740）
	乾隆十三年（1748）
	乾隆二十五年（1760）
道光	道光二年（1822）
咸丰	咸丰二年（1852）
同治	同治八年（1869）
光绪	光绪五年（1879）
	光绪十五年（1889）
	光绪二十五年（1899）
	光绪三十年（1904）
	光绪三十四年（1908）

从表 4 - 1 中可以看出，历朝中，以康熙朝发生地震年份最多，有 8 年。乾隆和光绪朝各有 5 年，这三朝发生地震的年份总计达 18 年，占到了这一时期宁夏地震年份的 78%。其中，连续发生地震灾害的年份有三次，康熙二十五、二十六年（1686—1687）、康熙四十七、四十八年（1708—1709）、乾隆三至五年（1739—1740）。

以下将以清前期顺治元年至雍正十三年（1644—1735）、清中期乾隆元年至嘉庆二十五年（1736—1820）和清晚期道光元年至宣统三年（1821—1911）三个时期为单位，分别统计各时间段地震灾害发生次数，并计算出地震灾害平均发生年份（见表 4 - 2）。从整个清代看，宁夏地区平均大约 8.38 年就有一次地震灾害发生，其中，清中期宁夏地震灾害发生最为频繁。

---

① 此次地震发生于乾隆三年十一月二十四日，即 1739 年 1 月 3 日。

表 4 - 2　　　　　　　　　清代宁夏不同时期地震灾害次数统计

时　段	时长（年）	地震发生年次数（次）	地震平均发生（年/次）
顺治元年—雍正十三年 （1644—1735）	92	10	9.2
乾隆元年—嘉庆二十五年 （1736—1820）	85	14	5.86
道光元年—宣统三年 （1821—1911）	91	8	11.38
顺治元年—宣统三年 （1644—1911）	268	32	8.38

　　另外，文献记载中的 32 次地震记录中，能确定发生在某一月份或季节的有 26 次，占全部记录的 81%，为直观展示清代宁夏地震灾害的季节分布，以表格形式进行统计（见表 4 - 3）。宁夏地方志中记载："宁夏地震，每岁小动，民习为常。大约春冬二季居多。"① 但据笔者的统计来看，清代宁夏地震灾害在各个季节都有发生，且比较平均。

表 4 - 3　　　　　　　清代宁夏不同季节地震灾害次数统计

季节	春季			夏季			秋季			冬季		
某季记录（次）	0			0			1			0		
月份	3月	4月	5月	6月	7月	8月	9月	10月	11月	12月	1月	2月
月份记录（次）	1	1	5	0	4	3	0	3	1	1	3	3
共计（次）	7			7			5			7		

　　通常，全国可划分为 10 个地震区、22 个地震亚区和 30 个地震带。而宁夏地区属于青藏高原北部地震区——宁夏、龙门山地震亚区——西海固地震带和银川地震带。为更方便地研究清代这一地区地震灾害的空间分布情况，笔者将文献中清代宁夏地震的次数以州县一级为单位加以统计（见表 4 - 4）。

表 4 - 4　　　　　　　　　清代宁夏各地地震发生次数

地区	化平川	花马池	平罗	中卫	隆德	灵州	固原	宁朔	宁夏
次数（次）	1	1	3	4	4	5	10	11	14

---

① （清）汪绎辰修，柳玉宏校注：（乾隆）《银川小志》，中国社会科学出版社 2015 年版，第 147 页。

从统计数据来看，这一时期宁夏的地震具有比较明显的地域性特征。地震灾害发生最频繁的地区恰好全部处于西海固地震带和银川地震带上。

地震灾害属于突发性灾害，发生时往往人们来不及逃避，所以是致人死伤较严重的一种自然灾害。关于清代宁夏地震造成的人员伤亡，文献中留存的多集中于乾隆三年宁夏大地震时的统计数字。

而其他几次地震中的人员伤亡，学者却较少关注。笔者梳理文献发现，除乾隆三年的地震外，还有几次地震造成的人员伤亡也比较严重。顺治十一年六月初八（1654 年 7 月 21 日），"陕西西安、延安、平凉、庆阳、巩昌、汉中府属地震，倾倒城垣、楼垛、堤坝庐舍，压死兵民三万一千余人，及牛马牲畜无算"[①]。康熙四十八年九月十二日（1709 年 10 月 14 日），"辰时，地大震。初，大声自西北来，轰轰如雷。官舍、民房、城垣、边墙皆倾覆。河南各堡平地水溢没踝，有鱼游，推出大石有合抱者，井水激射高出数尺，压死男妇二千余口"[②]。

此外，地震发生时往往还会引起水灾、火灾等次生灾害，对人民群众的生命财产安全往往造成更大损害。关于这方面文献当中也有记载，乾隆三年地震时，川陕总督查郎阿在奏报中说道："因天时寒冷，房屋中间俱有烤火之具，房屋一倒，顷刻四处火起，不惟扑救无人，抑且周围俱火，无从扑火，直至五昼夜之后，烟焰方熄。被压人民，除当即创出损伤未甚者救活外，其余兵民商客压死焚死者甚众。"[③] 足见地震灾害及伴随的次生灾害对宁夏地区农业生产以及社会生活的影响。

第二节　低温灾害概况[④]

过去学者们对历史时期的水旱灾害做了大量的研究，但对低温灾害则

---

① 《清世祖实录》卷 84，顺治十一年六月丙寅，中华书局 1985 年影印本，《清实录》第 3 册，第 658 页。

② （清）黄恩锡纂修，韩超校注：（乾隆）《中卫县志》卷 2《建置考·祥异》，上海古籍出版社 2018 年版，第 66 页。

③ 中国地震局、中国第一历史档案馆：《明清宫藏地震档案》（上卷第一册），地震出版社 2005 年版，第 152 页。

④ 拙作《清代宁夏低温灾害研究》，《宁夏大学学报》（人文社会科学版）2018 年第 4 期对这一问题作了探讨。

相对关注较少。目前学术界对清代宁夏地区低温灾害的研究还不充分，主要是在部分侧重资料汇编类的成果中有所涉及。清代宁夏地区的低温灾害，主要是霜灾，也有雪灾。

据笔者统计，清代（1644—1911）宁夏地区低温灾害发生年数达59年，即平均4.54年即有一年发生低温灾害。清代宁夏地区的低温灾害虽然发生较为频繁，但发生严重低温灾害的次数极少，多为中、轻度灾害。从时间分布来看，清前期低温灾害发生较少，清中晚期则相对较为频繁。从空间分布来看，清代宁夏地区全区皆有不同程度的低温灾害发生，其中固原地区发生最为频繁。

一　低温灾害年份统计和灾害等级划分

张维慎据《西北灾荒史》统计清代宁夏地区霜冻灾害发生53次，平均5年就有一个灾害年份。[①] 马晓华则统计清代宁夏西海固地区发生43次霜雪灾害，平均6.3年一次。[②] 为理清这一时期宁夏地区低温灾害的具体情况，笔者稽查史料，按照时间顺序，对清代宁夏地区低温灾害的发生情况进行了系统梳理（见附表5）。笔者统计清代（1644—1911）宁夏地区低温灾害发生年数达59年，即平均4.54年即有一年发生低温灾害（见表4－5）。从这一数据来看，低温灾害的危害程度不容小觑。

表4－5　　　　　　　　　　**清代宁夏地区低温灾害年份统计**

1684	1695	1737	1739	1744	1749	1755	1757	1762	1764
1765	1766	1767	1768	1769	1770	1773	1774	1775	1776
1777	1778	1779	1787	1800	1809	1811	1814	1815	1822
1830	1831	1837	1838	1839	1840	1841	1846	1847	1848
1850	1851	1852	1853	1854	1855	1856	1859	1860	1861
1863	1890	1892	1896	1899	1900	1902	1908	1909	—

由于受到文献记载等因素的限制，只能以一年发生一次统计，但从中仍能看出清代宁夏地区低温灾害发生情况的一个方面。不过这样的统计，

---

① 张维慎：《宁夏农牧业发展与环境变迁研究》，文物出版社2012年版，第373页。
② 马晓华：《宁夏西海固地区清代以来气象灾害研究》，硕士学位论文，陕西师范大学，2015年，第24页。

实质上把所有低温灾害年份同等对待。而从现实情况来看，必然有的年份低温灾害发生情况比较轻微而有的年份比较严重。故仅统计灾害发生的年份，并不能准确地把握清代宁夏地区低温灾害的实际发生情况。所以，笔者根据搜集到的现有文献，结合前辈学者对灾害等级划分做的一些探索，将清代宁夏地区低温灾害划分为3个等级（见表4–6）。

表4–6　　　　　　　　　**清代宁夏地区低温灾害等级划分**

灾害等级	划分依据	文献记载	灾害次数（次）
1级轻度灾害	文献中记载为个别州、县局部地区发生低温灾，多记载为陨霜杀禾，影响作物生长或受旱但勘不成灾等	康熙三十四年（1695），八月初旬，阴霜杀草，秋禾俱槁①	9
2级中度灾害	文献中记载为较大范围发生低温灾害，政府勘验成灾下令缓征或蠲免	乾隆九年（1744），十一月辛丑，蠲免甘肃宁朔卫被霜灾地本年额征②	49
3级重度灾害	文献中记载为较大范围发生低温灾害，农作物收成几乎全无	乾隆二年十二月二十五日，户部尚书海望等奏：乾隆二年（1737年）闰九月内据升任甘肃巡抚德沛疏称，宁夏府属之灵州、中卫县并花马池以及庆阳府属之环县，临洮府属之兰州，今岁入夏以后雨泽愆期，各色秋禾播种稍迟，而边地陨霜独早，晚发之禾多属枯萎。查明灵州沿边等堡播种最早者收成约有二分。其余全无收获。中卫县属之香山旱地收成亦止二分，花马池地方旱被严霜秋收无望③	1

　　通过以上制定之标准可得出，清代（1644—1911）宁夏地区低温灾害共发生59次，以轻度灾害和中度灾害占大多数，共计58次，占全部灾害记录的98.31%。其中又以2级中度灾害为主，发生49次，占全部灾害次数的83.05%；其次为1级轻度灾害，发生9次，占全部灾害记录的15.25%。这

---

　　① （清）黄恩锡纂修，韩超校注：（乾隆）《中卫县志》卷2《建置考·祥异》，上海古籍出版社2018年版，第66页。
　　② 《高宗实录》卷229，乾隆九年十一月辛丑，中华书局1985年影印本，《清实录》第11册，第957页。
　　③ 谭徐明：《清代干旱档案史料》，中国书籍出版社2013年版，第61页。

表明清代宁夏地区的低温灾害虽然发生较为频繁，但发生重度灾害的次数很少，多为中、轻度灾害。

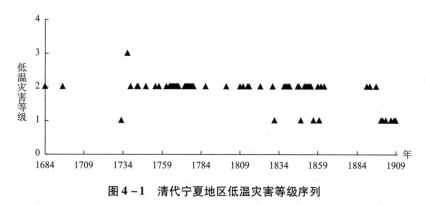

图 4－1　清代宁夏地区低温灾害等级序列

二　低温灾害的时空分布

（一）清前期较少，中晚期较多，整体呈上升趋势

灾害史的研究，就是要在系统梳理灾害史料的基础上，对其进行统计和分析，进而探究这一时期该区域灾害的发生及分布规律。为了方便研究，采取分时段统计的方法，以 10 年为一个时间段，将清代（1644—1911）划分为 27 个时间段（最后一个时间段为 8 年）。在此基础上，分别统计各时间段内低温灾害发生的年份数，制成清代宁夏地区低温灾害年际变化图（见图 4－2）。

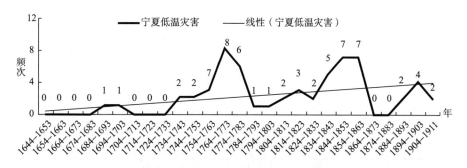

图 4－2　清代宁夏地区低温灾害年际变化

从图 4－2 折线中可以看出，各个时间段间低温灾害发生的次数波动较大，存在明显的高峰期和低潮期。其中 M—N（1764—1783）两个时间段，T—V（1834—1863）三个时间段，计有 50 年为低温灾害的高发期。而 A—L

（1644—1763）十二个时间段，O—S（1784—1833）五个时间段及 W—Z1
（1864—1911）五个时间段计有 218 年为低温灾害的低发期。从低温灾害发
生的线性趋势来看，清代，宁夏地区低温灾害的发生呈上升趋势。

　　为了进一步分析清代宁夏地区低温灾害的发生情况，再以 10 年为一个
阶段统计低温灾害发生的频次，求出每 10 年低温灾害发生的平均值为 62/
27 = 2.3，再统计出各阶段低温灾害频次距平值（见图 4 - 3）。距平值大于
0（数据显示在横轴的上方）表示该时段低温灾害发生次数大于每 10 年低
温灾害发生次数的平均值，距平值小于 0（数据显示在横轴的下方）表示
该时段低温灾害发生次数小于每 10 年低温灾害发生次数的平均值。从图
4 - 3 中可以清晰地看出，1754—1783 年、1814—1823 年、1834—1863 年、
1894—1903 年等时间段内低温灾害发生的频次明显高于 10 年灾害发生次
数的平均值，而其余时间段低温灾害的发生频次较低。

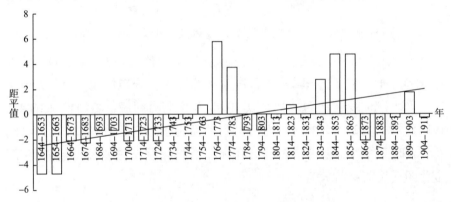

图 4 - 3　清代宁夏地区低温灾害频次距平值

　　同前文，以清前期、清中期、清晚期划分，分别统计各时期低温灾害
年份，并计算出低温灾害平均发生年份（见表 4 - 7）。从整个清代来看，
大约平均 4.54 年就有一个年份发生低温灾害。分时段来看，清前期低温灾
害发生极少，清中晚期则相对较为频繁。

表 4 - 7　　　　　　　　清代宁夏地区不同时期低温灾害年份

时段	时长（年）	灾害发生次数（次）	灾害平均发生
顺治元年—雍正十三年（1644—1735）	92	2	46
乾隆元年—嘉庆二十五年（1736—1820）	85	27	3.15
道光元年—宣统三年（1821—1911）	91	30	3.03
顺治元年—宣统三年（1644—1911）	268	59	4.54

为了更直观地表达，根据附表 5 中的材料，按各朝加以统计，制成图 4 - 4，从图中可看出，乾隆时期是宁夏地区低温灾害的高发时期，达 22 次。

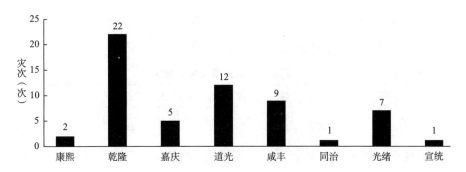

图 4 - 4　清代不同时期宁夏地区低温灾害次数

（二）连发性

笔者在统计这一地区低温灾害的年份及次数时发现，这一地区的低温灾害表现出较为明显的连发性（见表 4 - 8）。连续两年发生低温灾害的有 4 次：嘉庆十九年至嘉庆二十年（1814—1815）、道光十年至道光十一年（1830—1831）、光绪二十五年至光绪二十六年（1899—1900）、光绪三十四年至宣统元年（1908—1909）。连续三年发生低温灾害的有 2 次：道光二十六年至道光二十八年（1846—1848）、咸丰九年至咸丰十一年（1859—1861）。道光十六年至道光二十一年（1836—1841）连续五年都有低温灾害发生。乾隆二十九年至乾隆三十五年（1764—1770）、乾隆三十八年至乾隆四十四年（1773—1779）、道光三十年至咸丰六年（1850—1856）3 次出现连续 7 年发生低温灾害的情况。

表 4 - 8　　　　　　　清代宁夏地区连续低温灾害发生次数

连续灾年数（年）	2	3	5	7
次数（次）	4	2	1	3

（三）地区差异

宁夏地处我国西北，疆域狭长，南北跨度较大，低温灾害的影响范围较广。如乾隆九年，"平凉府属盐茶厅之近山一带莜麦，于七月二十五、六等日间被霜伤。固原州之近山一带莜麦，于七月二十五、六等日，间被霜伤。华亭县之华平镇等处，于七月二十五日秋禾被霜。宁夏府属灵州之花马池各水头低洼处，于七月二十五日莜麦被霜"①。可见低温灾害一旦发生并不局限于一地。

根据前文对清代宁夏地区低温灾害史料的梳理，按地区统计宁夏各地低温灾害的发生情况，整理如下（见表4-9）。

表4-9　　　　　　　　　清代宁夏地区连续低温灾害发生次数

地区	平罗	宁夏	宁朔	灵州	花马池	中卫	盐茶厅	固原	隆德
次数（次）	19	23	23	9	9	21	17	31	14

从统计结果来看，从南到北，清代宁夏全区各地均有不同程度的低温灾害发生。其中，固原地区低温灾害发生最为频繁，达31次，宁夏、宁朔次之，为23次，灵州、花马池地区发生最少，仅9次。

第三节　风灾概况②

风灾，泛指气象学中称为大风、干热风、沙暴的天气现象所造成的灾害。③从这一时期宁夏地区来看，主要是大风和沙暴天气导致农作物受损或建筑物毁坏。于前述各种灾害相比，风灾对宁夏地区造成的影响要小得多。

这一时期宁夏地区风灾的记录，多数仅留下灾后政府下令因灾蠲免钱粮等，如乾隆八年（1743），"十一月壬午，分别赈贷甘肃皋兰、狄道、金县、河州、靖远、宁远、通县、会宁、真宁、合水、平番、清水、秦安、西宁、安定、碾伯、阶州、灵州、中卫、宁夏、花马池、礼县、成县、高台等二十四厅、州、县水、虫、风、雹灾民，暂缓新旧额征"。④从中难以看出风灾对社会造成的实际影响，只能判断有灾情发生。只有少部分记录

---

① 《甘肃巡抚黄廷桂奏为河州二十里铺等地被水及霜雹为害情形事》，乾隆九年八月二十一日，中国第一历史档案馆藏宫中朱批奏折，档案号：04-01-01-0116-006。
② 拙作：《清代宁夏地区风灾初步研究》，《宁夏大学学报》（人文社会科学版）2018年第1期。
③ 袁林：《西北灾荒史》，甘肃人民出版社1994年版，第172页。
④ 《清高宗实录》卷204，乾隆八年十一月壬午，中华书局1985年影印本，《清实录》第11册，第628页。

了灾情，如康熙四十九年（1710），中卫地区，"黄气自县西起，亘天，忽大风拔木，坏民居，天昼晦者四日"①。

关于清代全国风灾的统计情况，由于诸家依据材料和统计标准的不同，差异较大。较早如邓云特以一年仅一次的标准，统计为 97 次。② 闵宗殿则据《清实录》统计为 174 次。③ 朱凤祥据《清史稿》统计清代 268 年中有 207 年为风灾年，风灾次数达 429 次。④ 而关于清代宁夏地区风灾次数的统计，笔者仅见张维慎据《西北灾荒史》统计清代宁夏地区风灾发生 11 次，即平均 24.3 年就有一个灾害年份。⑤ 笔者对这一时期宁夏地区风灾情况进行重新梳理（见附表 6），统计得出清代（1644—1911）宁夏地区风灾发生年数达 15 年，即约 17.9 年即有一年发生风灾。

表 4 - 10 清代宁夏地区风灾年份统计

1708	1709	1710	1743	1744
1765	1766	1774	1851	1852
1863	1873	1880	1890	1908

据此统计来看，风灾的发生频次远低于水、旱等灾。进一步将附表 6 风灾一览表中的材料，划分为 3 个等级（见表 4 - 11）。

表 4 - 11 清代宁夏地区风灾等级划分

灾害等级	划分依据	灾害次数（次）	比例（％）
1 级轻度灾害	文献中记载为个别州、县局部地区发生风灾，但勘不成灾，未达到政府赈济标准	2	13.33
2 级中度灾害	文献中记载对人们生产、生活造成影响，已经达到政府赈济的标准，政府下令赈灾	13	86.67
3 级重度灾害	文献中记载造成重大财产损失或有人员伤亡	0	0

可见，清代（1644—1911）宁夏地区发生的 15 次风灾，均属轻度灾

---

① （清）黄恩锡纂修，韩超校注：（乾隆）《中卫县志》卷 2《建置考·祥异》，上海古籍出版社 2018 年版，第 66 页。

② 邓云特：《中国救荒史》，商务印书馆 2011 年版，第 33 页。

③ 闵宗殿：《关于清代农业自然灾害的一些统计——以〈清实录〉记载为根据》，《古今农业》2001 年第 1 期。

④ 朱凤祥：《清代风灾的时空分布情态及危害——以〈清史稿〉为参照》，《商丘师范学院学报》2011 年第 8 期。

⑤ 张维慎：《宁夏农牧业发展与环境变迁研究》，文物出版社 2012 年版，第 243 页。

害和中度灾害，其中又以 2 级中度灾害为主，发生 13 次，占全部灾害次数的 86.67%；其次为 1 级轻度灾害，发生 2 次，占全部灾害记录的 13.33%，并无特大灾害发生。

按地区统计宁夏各地风灾的发生情况，整理见表 4 – 12。①

表 4 –12　　　　　　　　清代宁夏各地风灾发生次数

地区	平罗	宁夏	宁朔	灵州	花马池	中卫	盐茶厅	固原	隆德
次数（次）	4	5	5	5	3	6	4	10	3

从表 4 – 12 的统计结果来看，从南到北，清代宁夏全区各地均有不同程度的风灾发生。其中：固原地区风灾发生最为频繁，达 10 次；中卫次之，为 6 次；花马池、隆德发生最少，仅 3 次。

通过以上对相关文献的梳理以及数据分析，可以看出清代宁夏地区干旱、水涝、冰雹、地震、低温、风等自然灾害皆有不同程度的发生。其中，干旱、水涝和冰雹灾害三者发生频次最高，皆在 100 次以上。这些灾害给宁夏地区人民的生产、生活带来了深刻的影响，一方面这些灾害造成了人员和财产损失，另一方面人们也逐渐积累了防灾、救灾的宝贵经验。

----

① 张维慎认为清代宁夏北部风灾多于南部，其具体统计为：宁夏县 4 次、宁朔县 4 次、中卫县 6 次、灵州 3 次、花马池分州 2 次、平罗县 4 次、固原州 5 次、盐茶厅 2 次、隆德县 1 次，见张维慎《宁夏农牧业发展与环境变迁研究》，文物出版社 2012 年版，第 378 页。

第五章　清代宁夏地区的
水利与自然灾害

上文已经对清代宁夏地区几种主要的自然灾害作了分析，其中，干旱灾害对宁夏地区的发展有着最深刻的影响。宁夏地处西北内陆地区，气候干旱少雨，发展农业的先决条件就是解决引水灌溉问题。正所谓"夫雨旸在天，而时其蓄泄，以待旱潦者，人也。乃西北之地，旱则赤地千里，潦则洪流万顷。惟寄命于天，以幸其雨旸时若，庶几乐岁无饥耳，此可以常恃哉？唯水利兴而后旱涝有备"[①]。

宁夏之地，"黄河襟带于东南，贺兰蹲峙于西北。沃野擅渔米之利，灌溉资汉唐之渠。地险民福，称四塞膏腴区，北邻大漠，南距平凉，东接榆延，西连甘肃"[②]。清代，宁夏地区虽然不再是边防要地，但仍有着重要的战略地位。清初在平定准噶尔的过程中，宁夏既是重要的兵员基地，也是重要的军粮供应地。清朝统治者十分重视此地的农业发展。赖有黄河在境内穿延而过，宁夏发展水利事业有着独特的区位优势。宁夏地方志中载："河之独为利于西夏，自古已然。……夫河自积石山入河州、汇浩门、湟水、洪流奔注，历兰、靖而下，崖岸陡削，水势湍驶，至中邑之西四十里，始落平川。沿河支分节取，开口导渠，滋溉之泽溥焉。"[③] 黄河入境宁夏后，水利较为平缓，便于开渠引水，所以独得其便利。"甘省之宁夏一郡，古之朔方。其地乃不毛之区，缘有黄河环绕于东南，可资其利。昔人相其形势，开渠引流，以灌田亩，遂能变斥卤为沃壤，而俗以饶裕，此其

---

①　（明）徐贞明：《徐尚宝集·西北水利议》，（明）陈子龙等：《明经世文编》卷398，中华书局1962年版，第4309页。

②　《嘉庆重修一统志》卷264《宁夏府》，中华书局1986年版，第13052页。

③　（清）黄恩锡纂修，韩超校注：（乾隆）《中卫县志》卷1《地理考·水利》，上海古籍出版社2018年版，第31页。

所以有'塞北江南'之称也。"①水利工程既包括引水灌溉的渠道，也包括长堤、岸坝等配套设施。水利工程的修建主要是为了应对旱灾，解决引水灌溉问题，但同时也起到了防涝的作用。

宁夏地区的水利发展史，前人已多有论述。择其要者，如《黄河水利史述要》②、《宁夏水利志》③、杨新才《关于古代宁夏引黄灌区灌溉面积的推算》④、岳云霄《清至民国时期宁夏平原的水利开发与环境变迁》⑤、张维慎《宁夏农牧业发展与环境变迁研究》⑥ 等。

第一节　清以前宁夏地区水利工程的修建

宁夏地区农业发展历史久远，自秦汉以来，境内先民就开渠引水，发展农业经济。⑦ 之后历代王朝更替兴衰，宁夏境内的水利事业也在曲折中发展，先后开通了唐、汉等引水渠道。

一　秦汉时期

秦始皇三十二年（前215），始皇帝"使将军蒙恬发兵三十万人北击胡，略取河南地"⑧。据鲁人勇等考证，这里的河南即黄河以南地区，主要包括现在的宁夏平原及内蒙古河套地区。⑨ 此后，几次移民戍边⑩，在宁夏

① （清）杨应琚：《浚渠条款》，（清）张金城修，胡玉冰、韩超校注：（乾隆）《宁夏府志》卷8《水利》，中国社会科学出版社2015年版，第183—184页。

② 水利部黄河水利委员会《黄河水利史述要》编写组：《黄河水利史述要》，水利电力出版社1984年版。

③ 《宁夏水利志》编纂委员会：《宁夏水利志》，宁夏人民出版社1992年版。

④ 杨新才：《关于古代宁夏引黄灌区灌溉面积的推算》，《中国农史》1999年第3期。

⑤ 岳云霄：《清至民国时期宁夏平原的水利开发与环境变迁》，博士学位论文，复旦大学，2013年。

⑥ 张维慎：《宁夏农牧业发展与环境变迁研究》，文物出版社2012年版。

⑦ 部分学者认为宁夏地区水利工程修建始于秦朝，而最早见于文献记载则是在西汉时期。

⑧ （汉）司马迁：《史记》卷6《秦始皇本纪第六》，中华书局2014年版，第323页。

⑨ 鲁人勇等：《宁夏历史地理考》，宁夏人民出版社1993年版，第10页。

⑩ 《银川移民史研究》一书认为，宁夏北部（银川平原）移民开发始于战争开始的第二年（前214），且仅限于银川平原的河东灌区。详见银川市地方志编纂委员会办公室、银川移民研究课题组编著《银川移民史研究》，宁夏人民出版社2015年版，第9页。

平原开垦田地，发展农业。如秦始皇三十五年（前212）"益发谪徙边"①、三十六年（前211）"迁北河、榆中三万家"② 等。

　　有学者认为，秦朝时，随着大量移民的到来，宁夏地区已经开始引水灌溉，修建了秦渠、汉渠等水利工程。关于秦、汉等渠的开凿年代，一直存在争议，据张维慎归纳：一种观点认为秦渠修于秦代③，也有人主张秦、汉二渠均修于秦代④，学者们莫衷一是，目前尚无定论。秦朝国祚短促，虽有移民在前，但蒙恬死后，"诸侯畔秦，中国扰乱，诸秦所徙谪戍边者皆复去"⑤。因此笔者认为，在此期间修建较大规模的水利设施的可能性并不大。

　　宁夏地区较大规模兴修水利的确切记载在西汉时期。汉武帝元朔二年（前127），"收河南地，置朔方、五原郡"⑥。之后数次向包括宁夏平原在内的河南地（即新秦中）大量移民，如元朔二年（前127）夏，"募民徙朔方十万口"⑦。元狩四年（前119），"徙贫民于关以西，及充朔方以南新秦中，七十余万口"⑧。元狩五年（前118）"徙天下奸猾吏民于边"⑨。元鼎六年（前111），"上郡、朔方、西河、河西开田官，斥塞卒六十万人戍田之"⑩等，使宁夏地区人口不断增加。据汪一鸣、张维慎等学者估算，

　　① （汉）司马迁：《史记》卷6《秦始皇本纪》，中华书局2014年版，第329页。
　　② 同上书，第331页。
　　③ 郑肇经：《中国之水利》，商务印书馆1951年版；胡序威：《西北地区经济地理》，科学出版社1963年版。
　　④ 主要有：《宁夏农业地理》编写组：《宁夏农业地理》，科学出版社1976年版，第2页；蓝玉璞：《宁夏回族自治区经济地理》，新华出版社1990年版，第59页；汪一鸣：《试论宁夏秦渠的成渠年代——兼谈秦代宁夏平原农业生产》，《宁夏大学学报》（社会科学版）1981年第4期；刘正祥：《宁夏经济发展述略》，《宁夏社会科学》1986年第4期；曾文俊：《秦渠开创年代考辨》，《宁夏文史》第2辑。
　　⑤ （汉）司马迁：《史记》卷110《匈奴列传》，中华书局2014年版，第3492页。
　　⑥ （汉）班固：《汉书》卷6《武帝纪》，中华书局1962年版，第170页。
　　⑦ 同上。
　　⑧ （汉）司马迁：《史记》卷30《平准书》，中华书局2014年版，第1720页。
　　⑨ （汉）班固：《汉书》卷6《武帝纪》，中华书局1962年版，第179页。
　　⑩ （汉）司马迁：《史记》卷30《平准书》，中华书局2014年版，第1735页。

汉平帝元始二年（公元 2 年）宁夏平原人口约在 60000 至 100000 之间。①

大量的移民，为宁夏地区开垦田地和兴修水利工程提供了较为充足的劳动力。汉武帝元光三年（前 132），"番系欲省底柱之漕，穿汾、河渠以为溉田，作者数万人；郑当时为渭漕渠回远，凿直渠自长安至华阴，作者数万人；朔方亦穿渠，作者数万人：各历二三期，功未就，费亦各巨万十数"②。

元狩四年（前 119），大将军卫青、骠骑将军霍去病封狼居胥，取得漠北大捷，之后"匈奴远遁，而幕南无王庭，汉渡河自朔方以西至令居，往往通渠，置官吏卒五六万人"③。《宁夏府志》的作者认为，"此宁夏河渠所由昉也"④。元封二年（前 109），汉武帝亲临黄河瓠子决口处后"用事者争言水利，朔方、西河、河西、酒泉皆引河以及川谷以溉田"⑤。

一般认为，宁夏地区境内几条主要水渠，多始修于汉代。如唐徕渠，地方志中载，"唐渠，亦汉故渠而复浚于唐者"⑥。《宁夏水利志》的作者也认为，该渠因唐代扩建延长，并招徕民户垦种，故名唐徕渠。而汉伯渠，也开凿于汉代。清人顾祖禹所云："渠在灵州，本汉时导河灌田处"⑦，即指此渠。杨新才认为，这一时期宁夏平原的灌溉系统已初具规模。⑧

陈育宁、景永认为："在银川平原，后世有名可查的光禄渠、七级渠、汉渠（汉伯渠）、尚书渠、御史渠、高渠等古渠以及今之秦渠、汉延渠、

　　① 　常乃光主编：《中国人口·宁夏分册》据《汉书·地理志》中有关资料推算，认为接近10 万人，中国财政经济出版社 1988 年版，第 35 页；汪一鸣：《汉代宁夏引黄灌溉区的开发——两汉宁夏平原农业生产初探》一文中认为，此时宁夏平原列入户籍的人口达 6 万余人，中国水利学会水利史研究会：《水利史研究会成立大会论文集》，水利电力出版社 1984 年版，第 47 页；另外，杨新才等推算西汉宁夏境内在籍人口 142952 人，杨新才、王治业、傅宁玉：《宁夏历代农业统计叙录》，中国统计出版社 1992 年版，第 6 页；陈育宁等认为西汉时宁夏地区人口约有 10 万，《宁夏通史》，宁夏人民出版社 2008 年版，第 37 页。
　　② （汉）司马迁：《史记》卷 30《平准书》，中华书局 2014 年版，第 1719 页。
　　③ （汉）司马迁：《史记》卷 110《匈奴列传》，中华书局 2014 年版，第 3517 页。
　　④ （清）张金城修，胡玉冰、韩超校注：（乾隆）《宁夏府志》卷 8《水利》，中国社会科学出版社 2015 年版，第 164 页。
　　⑤ （汉）司马迁：《史记》卷 29《河渠书》，中华书局 2014 年版，第 1705 页。
　　⑥ （明）杨寿修，胡玉冰校注：（万历）《朔方新志》卷 1《食货·水利》，中国社会科学出版社 2015 年版，第 30 页。
　　⑦ （清）顾祖禹著，贺次君、施和金点校：《读史方舆纪要》卷 62，《中国古代地理总志丛刊》，中华书局 2005 年版，第 2960 页。
　　⑧ 杨新才、普鸿礼：《宁夏古代农业考略》，《农业考古》1994 年第 4 期。

唐徕渠等原始渠道均为西汉时开凿，只是初建时，渠道设施简陋，规模较小而已。"① 张维慎也基本同意这一说法，并认为"汉代宁夏引黄灌溉区的渠道大致有 10 条，即银川平原河东的秦家渠、汉伯渠、光禄渠、七星级渠，河西的汉延渠、尚书渠、御史渠、高渠，卫宁平原的蜘蛛渠、七星渠"②。

东汉时期，宁夏地区水利事业仍有所发展，主要是对已有的引水渠道进行了整修和疏通。汉顺帝永建四年（129），"使谒者郭璜督促徙者，各归旧县，缮城郭，置候驿。既而激河浚渠为屯田，省内郡费岁一亿计。遂令安定、北地、上郡及陇西、金城常储谷粟，令周数年"③。可见当时是采用激河浚渠的办法，对旧的渠道进行修整。傅筑夫认为，东汉宁夏地区灌溉水平较之西汉还是有所逊色。④ 据杨新才估算，两汉时期宁夏平原引水灌溉的面积在 50 万亩左右。⑤

二　北魏至蒙元时期

东汉末至北魏间，时局混乱，朝代更替频繁，水利荒废，宁夏地区的农业发展长期处于停滞状态。直到北魏太平真君五年（444），刁雍任薄骨律镇将，着手修复宁夏地区的引水渠道：

> 于河西高渠之北八里、分河之下五里，平地凿渠，广十五步，深五尺，筑其两岸，令高一丈。北行四十里，还入古高渠，即循高渠而北，复八十里，合百二十里，大有良田。计用四千人，四十日功，渠得成讫。所欲凿新渠口，河下五尺，水不得入。今求从小河东南岸斜断到西北岸，计长二百七十步，广十步，高二丈，绝断小河。二十日功，计得成毕，合计用功六十日。小河之水，尽入新渠，水则充足，溉官私田四万余顷。一旬之间，则水一遍，水凡四溉，谷得成实。官课常充，民亦丰赡。⑥

---

①　陈育宁、景永时：《论秦汉时期黄河河套流域的经济开发》，《宁夏社会科学》1989 年第 5 期。

②　张维慎：《宁夏农牧业发展与环境变迁研究》，文物出版社 2012 年版，第 32 页。

③　（南朝）范晔：《后汉书》卷 87《西羌传》，中华书局 1965 年版，第 2893 页。

④　傅筑夫：《中国经济史资料·秦汉三国编》，中国社会科学出版社 1982 年版，第 286 页。

⑤　杨新才：《关于古代宁夏引黄灌溉区灌溉面积的推算》，《中国农史》1999 年第 3 期。

⑥　（北齐）魏收：《魏书》卷 38《刁雍传》，中华书局 2017 年版，第 961—962 页。

从记载来看这一时期的水利工程，仍然以修复两汉时期的旧有渠道为主。学者们对"溉官私田四万余顷"提出质疑，多数认为这一数字偏大，应是引黄灌溉区的总面积。① 杨新才认为北魏时期银川平原的灌溉面积应在 25 万亩左右。②

唐代宁夏地区屯田发展较快。开元天宝年间，"凡天下诸军、州管屯，总九百九十有二"，宁夏地区有定远 40 屯，丰安 27 屯，原州 4 屯，计 71 屯③，占全国总屯数 7.7%。如此大规模的屯田，与水利工程的修建有着密切的关系。元和十五年（820），李听任灵州大都督府长史、灵盐节度使，对光禄渠进行了整修，"境内有光禄渠，废塞岁久，欲起屯田以代转输，听复开决旧渠，溉田千余顷，至今赖之"④。唐穆宗长庆四年（824）秋七月，"疏灵州特进渠，置营田六百顷"⑤。杨新才认为："唐初 100 多年中，广大劳动人民在修复秦汉旧渠的基础上，又陆续开挖了一些新渠，除汉渠左右的胡渠、御史、百家、尚书等 8 渠外，银川平原的主干渠有薄骨律渠、特进渠、汉渠、光禄渠和七级渠 5 条，从而形成了 5 大干渠贯通南北，支渠纵横连接阡陌的自流灌溉系统，农田灌溉事业有了重大发展。"⑥ 他推算盛唐时期，包括宁夏平原和卫宁平原在内的引黄灌溉区，灌溉面积超过 100 万亩。

西夏时，宁夏地区作为其统治的中心区域，水利事业有了进一步的发展。史载"灌溉之利，岁无旱涝之虞"⑦。但目前汉文史籍中关于西夏水利兴修情况较少。据明代地方中记载："靖虏渠，元昊废渠也，旧名李王渠。

---

① 水利部黄河水利委员会《黄河水利史述要》编写组：《黄河水利史述要》，水利电力出版社 1984 年版，第 108 页。

② 杨新才：《关于古代宁夏引黄灌区灌溉面积的推算》，《中国农史》1999 年第 3 期。

③ （唐）李林甫等撰，陈仲夫点校：《唐六典》卷 7《尚书工部·屯田郎中》，中华书局 2014 年版，第 223 页。

④ （后晋）刘昫：《旧唐书》卷 133《李听传》，中华书局 1975 年版，第 3683 页。

⑤ （后晋）刘昫：《旧唐书》卷 17 上《敬宗本纪》，中华书局 1975 年版第 510 页；（宋）欧阳修、宋祁的《新唐书》卷 37《地理志一·灵州灵武郡》，中华书局 1975 年版第 972 页记载："有特进渠，溉田六百顷，长庆四年诏开"。

⑥ 杨新才：《关于古代宁夏引黄灌区灌溉面积的推算》，《中国农史》1999 年第 3 期。

⑦ （元）脱脱：《宋史》卷 486《夏国传下》，中华书局 1977 年版，第 14028 页。

南北长三百余里"①。杨新才认为，"西夏王朝统治西北的 200 多年中，是汉唐以来宁夏平原农业经济最繁荣的时期，灌溉事业十分发达"，灌溉面积在 160 万亩左右。②

南宋末年，西夏为蒙古所灭的同时，宁夏地区的水利事业也随之湮废。世祖忽必烈继位后，逐渐重视发展农业。元代宁夏地区曾设有专门管理水利屯田的官员，"元有天下，内立都水监，外设各处河渠司，以兴举水利、修理河堤为务"③。武宗至大元年（1308）八月，"宁夏立河渠司，秩五品，官二员"④。

元世祖中统元年（1260），朵儿赤督率军民，"塞黄河九口，开其三流凡三载，赋额增倍，就转营田使"⑤。元世祖至元元年（1264），郭守敬"从张文谦行省西夏。先是，古渠在中兴者，一名唐来，其长四百里，一名汉延，长二百五十里，它州正渠十，皆长二百里，支渠大小六十八，灌田九万余顷。兵乱以来，废坏淤浅。守敬更立闸堰，皆复其旧"⑥。时人记载宁夏引黄灌区的灌溉面积，"溉田九万余顷"⑦，学者多认为此数明显偏大，如杨新才认为元代宁夏平原的灌溉面积超过 100 万亩，但不及西夏时期⑧。

三　明朝时期

明代，宁夏地区在西北军事地位十分突出，宁夏镇和固原镇同属"九边重镇"。明代屯田以"九边为多，而九边屯田又以西北为最"⑨。又

---

① （明）杨守礼修，邵敏校注：（嘉靖）《宁夏新志》卷 1《宁夏总镇·山川》，中国社会科学出版社 2015 年版，第 15 页。

② 杨新才：《关于古代宁夏引黄灌区灌溉面积的推算》，《中国农史》1999 年第 3 期。

③ （明）宋濂：《元史》卷 64《河渠志一》，中华书局 1976 年版，第 1588 页。

④ （明）宋濂：《元史》卷 22《武宗本纪》，中华书局 1976 年版，第 502 页。

⑤ （明）宋濂：《元史》卷 134《朵儿赤传》，中华书局 1976 年版，第 3255 页。

⑥ （明）宋濂：《元史》卷 164《郭守敬传》，中华书局 1976 年版，第 3846 页。

⑦ （元）齐履谦：《知太史院事郭公行状》，苏天爵编《元文类》卷 50，第 716 页亦作"九万余顷"；（元）李谦：《中书左丞张公神道碑》，苏天爵编《元文类》卷 58，第 845 页作"溉田十万余顷"，商务印书馆 1958 年版，两处所载溉田数额明显偏大。（嘉靖）《宁夏新志》中载："郭守敬，以河渠副使从张文谦至西夏，浚唐来、汉延诸渠，溉田万余顷"，中国社会科学出版社 2015 年版，第 375 页。

⑧ 杨新才：《关于古代宁夏引黄灌区灌溉面积的推算》，《中国农史》1999 年第 3 期。

⑨ （清）顾炎武：《天下郡国利病书》，《陕西备录上·砥斋集·延安屯田议》，华东师范大学古籍研究所整理，黄坤、严佐之、刘永翔主编，上海古籍出版社 2011 年版，第 2040 页。

因"屯田之恒，藉水以利"①，故明代宁夏地区的水利事业有了新的发展。

明初，宁正领宁夏卫事，"修筑汉唐旧渠，引河水灌田，开屯数万顷，兵食饶足"②。明代地方志中记载了宁夏地区水利兴修的情况，汉延渠，"自城西南峡口之东凿引黄河，绕城东北而流，余波入黄河。长二百五十里，支流陡口三百六十九处，灌宁、左、前三卫之田"③。唐徕渠，"在城西南汉渠口之西，凿引黄河，绕城西北而流，余波入黄河。长四百里，支流陡口三百八处，灌左、右、前、中屯四卫之田"④。

灵州地区则有汉伯渠和秦家渠。汉伯渠，长九十五里，洪武初年疏浚，灌田七百三十余顷。⑤ 秦家渠，长七十五里，灌田九百余顷。⑥ 中卫地区，也是渠网密布，但多以规模较小的渠道为主。据明正统（1436—1449）和嘉靖（1522—1566）时期宁夏方记载，境内渠道大体情况见表 5 - 1。

表 5 - 1　　　　　　　　　　明代宁夏地区引水渠道概况

序号	渠名	正统/嘉靖长度（里）	正统/嘉靖溉田数（顷）
1	汉延渠	250/250	4876/未载
2	唐徕渠	400/400	4718.73/未载
3	汉伯渠	95/95	729.43/730
4	秦家渠	75/75	892.35/900

---

① （明）杨守礼修，邵敏校注：(嘉靖)《宁夏新志》卷1，中国社会科学出版社2015年版，第39页。

② （清）张廷玉等撰：《明史》卷134《宁正传》，中华书局1974年版，第3905页。

③ （明）胡汝砺修，胡玉冰、曹阳校注：(弘治)《宁夏新志》卷1《宁夏总镇·水利》，中国社会科学出版社2015年版，第22页；(明)杨寿修，胡玉冰校注：(万历)《朔方新志》卷1《食货·水利》，中国社会科学出版社2015年版，第29页。

④ （明）胡汝砺修，胡玉冰、曹阳校注：(弘治)《宁夏新志》卷1《宁夏总镇·水利》，中国社会科学出版社2015年版，第22页；(明)杨寿修，胡玉冰校注的(万历)《朔方新志》卷1《食货·水利》，中国社会科学出版社2015年版，第29页载："陡口数为八百有八。"

⑤ （明）胡汝砺修，胡玉冰、曹阳校注：(弘治)《宁夏新志》卷3《灵州守卫千户所·水利》，中国社会科学出版社2015年版，第67页；(明)杨寿修，胡玉冰校注：(万历)《朔方新志》卷1《食货·水利》，中国社会科学出版社2015年版，第32页。

⑥ （明）胡汝砺修，胡玉冰、曹阳校注：(弘治)《宁夏新志》卷3《灵州守卫千户所·水利》，中国社会科学出版社2015年版第67页及(明)杨寿修，胡玉冰校注：(万历)《朔方新志》卷1《食货·水利》，中国社会科学出版社2015年版，第32页均载九百余顷。《康熙陕西通志》卷11《水利》载二百余顷。

序号	渠名	正统/嘉靖长度（里）	正统/嘉靖溉田数（顷）
5	金积渠①	未载/120	均未载
6	蜘蛛渠	50/58	184.3/300
7	石空渠	34/73	60.8/170
8	白渠	30/42	91.6/170
9	枣园渠	35/35	95.6/90
10	中渠	36/36	126.6/120
11	羚羊角渠	44/48	3.85/40
12	七星渠	22/43	223.8/210
13	贴渠	未载/48	未载/220
14	羚羊店渠	未载/45	未载/260
15	夹河渠	未载/27	未载/140
16	柳青渠	未载/35	未载/284
17	胜水渠	未载/85	未载/150
18	靖虏渠②	未载/300	均未载

资料来源：胡玉冰、孙瑜校注：(正统)《宁夏志》，中国社会科学出版社 2015 年版；(明) 杨守礼修，邵敏校注：(嘉靖)《宁夏新志》，中国社会科学出版社 2015 年版。

　　左书谔、吴超等梳理了明代宁夏地区水渠的修浚情况③。总的来看，

---

　　① 明代地方志中金积渠是否修成的记载有冲突。(明) 胡汝砺修，胡玉冰、曹阳校注：(弘治)《宁夏新志》卷 3《灵州守卫千户所·水利》，中国社会科学出版社 2015 年版，第 67 页载："在州西南金积山口，汉伯渠之上。弘治十三年 (1500)，都御史王珣奏浚，长一百二十里，注黄河水溉田三十万余亩，灵州民得田十万六千余亩，灵州千户所并中卫屯军得田九万余亩，皆膏腴田。而 (明) 杨守礼修，邵敏校注：(嘉靖)《宁夏新志》卷 1《宁夏总镇·山川》，中国社会科学出版社 2015 年版，第 141 页载："金积渠，弘治十三年，都御史王珣奏潜，长一百二十里，役夫三万余名，费银六万余两。夫死者过半，偏地顽石，大皆十余丈，锤凿不能入，火醋不能裂，竟废之。今存此虚名耳。"(明) 杨寿修，胡玉冰校注：(万历)《朔方新志》卷 1《食货·水利》，中国社会科学出版社 2015 年版，第 33 页亦载其为废渠。

　　② (明) 杨守礼修，邵敏校注：(嘉靖)《宁夏新志》卷 1《宁夏总镇·山川》，中国社会科学出版社 2015 年版，第 15 页载："靖虏渠，元昊废渠也，旧名李王渠，南北长三百余里。弘时十三年，巡抚都御史王珣奏开之以更今名；一以绝虏寇，一以兴水利。但石坚不可凿，沙深不可浚，财耗力困，竟不能成，仍为废渠。"

　　③ 左书谔：《明清时期宁夏水利述论》，《宁夏社会科学》1988 年第 1 期；吴超：《13 至 19 世纪宁夏平原农牧业开发研究》，博士学位论文，西北师范大学，2007 年。

明代这一地区的水利事业还是卓有成效的。张维慎据正统（1436—1449）[①]时修纂的《宁夏志》统计，宁夏地区灌溉渠道有 11 条，全长 1071 里，灌田面积为 12382.61 顷。[②] 同时他认为，英宗天顺时期（1457—1464），灌溉面积较之前成倍增加，达 23045 顷。[③] 张关于溉田面积的统计，是将各渠灌田数直接相加得出，笔者认为这其中有重复统计的嫌疑，实际溉田数应小于这一数字。另据宁夏地方志记载，此时期宁夏的屯田总数也比这一数字小得多。至嘉靖时（1522—1566），宁夏境内有大小正渠 16 条，全长近 1400 里[④]，灌田面积较之前也有一定程度的增加。[⑤] 随着水利事业的发展，宁夏地区屯田事业也有了很大的成效，以至于"天下屯田积谷，宁夏最多"[⑥]。

第二节　清代宁夏地区的水利兴修

清朝统治者十分重视宁夏地区水利工程的修建与维护。清前期新开凿了大清、惠农、昌润三条大的引水渠，也修建了很多与此配套的长提、堰等防洪护堤设施，同时对宁夏境内引水渠道等水利设施的维护贯穿了整个清代。

---

① 朱栴所修之《宁夏志》，其成书年代，吴忠礼笺证：《宁夏志笺证》，宁夏人民出版社 1996 年版，认为应为宣德时期，张维慎据此书统计，故记为宣德年间。（明）朱栴修，胡玉冰、孙瑜校注：（正统）《宁夏志》，中国社会科学出版社 2015 年版则认为定为正统时期更合适，此处从后者。

② 张维慎：《宁夏农牧业发展与环境变迁研究》，文物出版社 2012 年版，第 110、144 页。

③ 同上书，第 145 页。

④ 陈明猷：《〈嘉靖宁夏新志〉的史料价值》，（明）胡汝砺纂修，（明）管律重修，陈明猷校勘：《嘉靖宁夏新志》，宁夏人民出版社 1982 年版，第 466 页，认为嘉靖时，宁夏境内"各渠道长约一千五百里，其支流大小斗口一千数百处。"

⑤ （明）杨守礼修，邵敏校注：（嘉靖）《宁夏新志》卷 1，中国社会科学出版社 2015 年版，中并未记载汉唐两条大渠的灌溉数字，但推断应与此前变化不大。与（正统）《宁夏志》的记录相较，不少渠道的长度和灌溉面积都有增加，且出现部分新修的渠道，所以推断此时灌溉总田数应是增加的。袁森坡认为嘉靖时宁夏地区溉田数达 15000 顷，笔者认为应是比较可靠的，见袁森坡《康雍乾经营与开发北疆》，中国社会科学出版社 1991 年版，第 421 页。

⑥ 《明太宗实录》卷 38，永乐三年正月己巳，台北"中央研究院"历史语言研究所 1962 年影印本，第 640 页。

一　开引新渠

明代宁夏地区的水利工程，以修复和维护旧有渠道为主，没有开凿规模较大的新渠道①，清代则不同。清代宁夏地区水利发展的主要标志之一，就是新开了大清、惠农、昌润三条大的引水渠，进一步完善了该区域的引水灌溉系统。

清代宁夏新修规模较大的引水渠道，主要是在康熙后期和雍正时期。顺治十二年（1655），宁夏巡抚黄安图在《条议宁夏积弊疏》中就指出，宁夏地区的"河工浚渠利害相关，急宜举行"②。康熙四十七年（1708），宁夏水利都司王全臣主持开通了大清渠。雍正四年至七年（1726—1729），侍郎通智、宁夏道单畴书主持开通了惠农、昌润二渠。至此，宁夏地区引黄灌溉区的灌溉体系得到进一步完善，引水灌溉面积也随之增加。以下将三渠的开通过程进行梳理。

（一）大清渠，即清渠

康熙四十七年（1708），新任宁夏监收同知王全臣有感于近年来唐徕渠淤塞，仅靠汉延渠难敷所用，有意开凿新渠。在其上任之初，巡视河渠时发现：

> 汉渠口之上有一小渠，名曰贺兰渠，宽数尺，长十余里，乃前任宁夏道管竭忠据居民所请开浚者。别引黄河之水灌田数顷，职全上下相度，见河水直冲渠口，而第苦于口低身小，导引不得其方，莫能远达。乃谋诸司水王应龙，请于本道，欲藉此渠形势另开一渠，以助汉、唐水力之所不逮。③

在筹划开引新渠时，为确保工程顺利完成，缩短工期，同时节省人力、

---

① （明）杨寿修，胡玉冰校注：（万历）《朔方新志》卷 1《食货·水利》，中国社会科学出版社 2015 年版，第 33 页载："金积渠，在金积山口。弘治末，巡抚王珣奏浚长百二十里，役夫三万，费银六万，夫死者过半。顽石大者十余丈，锤凿不能人，火醋不能裂，竟废之。"
② （清）黄图安：《条议宁夏积弊疏》，（清）张金城修，胡玉冰、韩超校注：（乾隆）《宁夏府志》卷 18《艺文》，中国社会科学出版社 2015 年版，第 478 页。
③ （清）王全臣：《上抚军言渠务书》，（清）张金城修，胡玉冰、韩超校注：（乾隆）《宁夏府志》卷 8《水利》，中国社会科学出版社 2015 年版，第 181 页。

物力，不误农时，王全臣在前期做了大量的准备工作，采用新的用夫之法：

> 于清明兴工前一月，将汉、唐各渠自口至稍，逐细查丈，更用水平量其高低。如：某处渠道淤塞，应挖深若干，宽若干；某处塀岸低薄，应筑高若干，厚若干；某处工重，应用夫若干；某处工轻，应用夫若干。预造一工程册，乃以额夫合算，除修理闸坝、迎水，及各大支渠用夫若干外，计挑挖唐、汉、大清各渠实止夫若干，于是量土派夫。每夫一日，以挖方一丈、深三尺为率，夫数既定，乃自下而上，挨堡顺序。如威镇堡在唐渠之稍，该堡额夫若干名，以土合算，应挖若干里，即定以里数，分立界限，开明宽、深丈尺，令从稍末挖起。至分界处，接连即用平罗堡之夫，又接连，即用周澄堡之夫。余俱逐堡顺派，以近就近，各照分定界限挑挖。其夫即用本堡堡长督率，每工开一丈尺细单，务挑挖如式。挑挖之土，俱令加叠低薄塀岸。高厚之处，不许妄排多人，致妨正工。其支渠之大者，但度量工程，拨给夫役。但往岁于各堡中混派，今则止令受水之民自行挑挖。夫数或稍减于旧额，而用工则不啻数倍。至十余里，及三五里之小支渠，即算入正渠工程之内一并挑挖，不另拨夫役，以杜隐射、包折之弊。①

因有前任宁夏道管竭忠所修贺兰渠的基础，加之修渠得法，此次修渠工期很短，九月初一动工，至十三日即告竣，十五日即开渠口引水入田。所修成之渠情况见表5－2。

表5－2　　　　　　　　　　　　大清渠具体情况

渠口	位置	上距唐渠口二十五里，下距汉渠口五里，乃右卫唐坝堡所属刚家嘴地方
	尺寸	宽八丈，深五尺
渠身	总长	七十五里二分
	上段	三十里，宽四丈，深六七尺
	下段	三十里，宽三丈五尺，深五六尺
	末段	十五里二分，宽一丈六尺，深五尺
陡口	东、西	一百六十七道

① （清）王全臣：《上抚军言渠务书》，（清）张金城修，胡玉冰、韩超校注：（乾隆）《宁夏府志》卷8《水利》，中国社会科学出版社2015年版，第182—183页。

续表

支渠	东岸	魏家渠、鸭子渠、长行渠、台坝渠、王渠、大小边渠、董渠、召名高渠、红庙渠
	西岸	地八渠、姜家渠、曹家渠、罗家渠、蒋家渠、李家渠
灌溉区域	田数	一千二百二十三顷有余
	堡寨	陈俊、蒋鼎、汉坝、林皋、瞿靖、邵刚、玉泉、李俊、宋澄九堡田地

资料来源：（清）王全臣：《上抚军言渠务书》，（清）张金城修，胡玉冰、韩超校注：（乾隆）《宁夏府志》卷8《水利》，中国社会科学出版社2015年版，第181页；（清）许容：（乾隆）《甘肃通志》卷15《水利·宁夏府》，清乾隆元年（1736）刻本，第27页。

大清渠的开通，缓解了唐徕渠的灌溉压力。之前唐徕渠水需要灌溉宁夏三十四堡田地，大清渠开通后，表5-2中所列陈俊、蒋鼎等九堡田地，不再需要唐徕渠水灌溉。

（二）惠农、昌润二渠

雍正初年，清政府着手经营宁夏插汉拖辉地方。插汉拖辉在蒙语中意为水草丰茂的地方。其地：

> 在贺兰山之东，顺黄河西岸南北直长，自夹河口至石嘴子，绵亘可一百五十里，其西则以西河之东岸为界，西河之西乃贺兰山下，即平罗营一带也。故自黄河西岸以至西河东岸，皆插汉拖灰之地，横衍或二三十里，或四五十里不等。然其地形，惟中高而东西两畔皆近河低洼，所以西河及六羊河倒流河滩，皆可略资灌溉，而臣等详度地势，不过足灌低洼之田，其段高阜处，皆弃置无用。[1]

清政府之意是在此招民开垦，发展农业经济。该处"沃野膏壤"，本身适合发展农业，但"因汉、唐二渠余波所不及，遂旷为牧野"[2]。因此，要克服当地干旱缺水的问题，最佳的解决途径就是开渠引水。雍正四年（1726）二月，隆科多等提出在插汉拖辉发展水利，开垦田地的建议：

> 插汉拖辉至石嘴子等处，宽阔一百里，旷野而平。其土肥润，籽

---

[1]　《川陕总督岳钟琪奏报遵旨赴插汉拖灰会勘开垦田渠情形事》，雍正四年四月初六日，中国第一历史档案馆藏宫中朱批奏折，档案号：04-01-30-0378-006。

[2]　（清）通智：《惠农渠碑记》，（清）张金城修，胡玉冰、韩超校注：（乾隆）《宁夏府志》卷20《记》，中国社会科学出版社2015年版，第561页。

种俱皆发生。其地尚暖，易于引水。如西河、六羊河，皆系古旧渠。大沟、黑龙口、倒流河、新河、黄泥河、董家河，皆系引水分水之路，遗弃年久，虽有形迹，俱皆沙泥淤塞。若修造渠坝及放水之闸，两岸可以耕种万顷地亩等语。

又据甘肃巡抚石文焯等奏称，宁夏东北五十里插汉拖辉地方，南北延袤百有余里，东西广四五十里，或二三十里不等。东界黄河，西至西河，其地平衍，可以开垦。自鄂尔多斯迁移之后，十余年来，小民亦有私垦者，必得开渠通水，筑堤建闸，以时启闭，以资灌溉，则旷土尽成膏壤。今相度地势，自双庙墩起至六羊河地方，计长一百十余里。仿汉唐诸渠法，开渠一道，建正闸一座，挡水闸、稍闸各一座，迎水湃一道。又六羊河口，与黄河相近之处，亦建正闸、挡水闸、稍闸各一座，以资蓄泄。再自上泗墩起，至六羊河岸，东距黄河五里许，筑堤一道，约长一百里，可以永御黄水，统计垦田六十余万亩等语。

查插汉拖辉，为汉唐灵州之地。当时广置屯田，元至元间，置屯田万户所。明时，套夷渡河而西，侵占内地，葫芦河之东，居民不得耕种，遂致废弃。我朝德洋恩溥，番夷臣服，鄂尔多斯移归套内，以河为界插汉拖辉之地久属版图。今宁夏卫志，汉唐二渠之支流，有百家良田满达剌等渠，向在插汉拖辉左近。若仿其遗迹，开渠建闸，诚裕国利民之善政。①

他建议在此地开渠引水，招民垦种。雍正皇帝十分重视，即命侍郎通智，会同督臣岳钟琪，详细勘查后回禀。二人实地查看后认为，应于此处新设一县，而后开引新渠，招民开垦：

查插汉拖灰地方，自镇河堡起至石嘴子，长约一百五十余里，自西河以至黄河岸宽约四五十里，及二三十里不等，三面近边，形势最为辽廓。今议开渠筑堤，招民种地，若非先设县治，则人民远来似觉无所依附。况来开垦之人，即为此地百姓，一切事务必得有司为之料

---

① 《清世宗实录》卷41，雍正四年二月乙亥，中华书局1985年影印本，《清实录》第7册，第608—609页。

理。查平罗县治相去插汉拖灰甚远，其现管之地方人民，在边疆亦为中邑，若再兼管新开地亩，则户口日殷，未免事繁难顾。应以西河为界，自西河以西属平罗县，其西河以东当另设一县。臣等查勘葫芦声西以南系插汉拖灰适中之地，建城一座，设知县一员，典史一员，盖造县署三十间，典史房屋十间，仓廒五间，文庙二十间，城隍祠十二间，再将李纲堡分防把总一员，兵五十名，改归县城防守，盖造把总房屋十间，营房一百间。如渠工一兴，即可招人开垦，预修阡陌，待水灌溉，所有地方事务应归县令以专职守。[①]

二人上奏后，得旨，"依议插汉托辉之事，甚属紧要。著通智留插汉托辉地方办事，单畴书向官（管）宁夏，亦著前往，同通智管理事务。寻定新设县名曰'新渠'"[②]。

在确认开渠招民可行后，为不耽误农时，雍正四年（1726）六月末，二渠动工。[③] 其工程：

> 以陶家嘴南花家湾为进水口，近在叶升堡之东南也。黄流自青铜峡口而下支派分流，至此而滔滔汩汩，顺流远引，足溉数万顷之田。其渠口石子层累，底岸维坚。由此而东北，遍历大滩。择地脉崇阜处，开大渠三百里，口宽十三丈，至尾收为四五丈，底深丈二一以至五六尺不等。高者洼之，卑者培之。引入西河尾，并归黄河。[④]

所开之大渠，即惠农渠。"其枝渠四达，长七八里以至三四十里者百余道，均作陡口飞槽，而户口人民又沿渠各制小陡口、小獾洞千余道，以相引

---

① 《川陕总督岳钟琪奏报遵旨赴插汉拖灰会勘开垦田渠情形事》，雍正四年四月初六日，中国第一历史档案馆藏宫中朱批奏折，档案号：04-01-30-0378-006。

② 《清世宗实录》卷44，雍正四年五月乙未，中华书局1985年影印本，《清实录》第7册，第645页。

③ 《大理寺卿通智奏报于察罕托海修渠动工日期折》（雍正四年六月初六日），中国第一历史档案馆译编：《雍正朝满文朱批奏折》下册，黄山书社1998年版，第1351页；《盛京工部左侍郎通智奏报开渠及安置民人开垦折》（雍正五年三月二十七日），中国第一历史档案馆译编：《雍正朝满文朱批奏折》下册，黄山书社1998年版，第1451页中载实际开工时期为7月1日。

④ （清）通智：《惠农渠碑记》，（清）张金城修，胡玉冰、韩超校注：（乾隆）《宁夏府志》卷20《记》，中国社会科学出版社2015年版，第561—562页。

灌。自此沟塍绣错，二万余顷良田无不沾足。"① 其主要支渠见表5－3。

表5－3 惠农渠大支渠

序号	渠名	位置	长度
1	六墩渠	六中堡	十里
2	泮池渠	通福堡	十四里
3	交济渠	交济堡	二十五里
4	仁义渠	六羊堡	十五里
5	隆业渠	沿河堡	十里
6	任吉渠	沿河堡	十五里
7	惠威渠	惠威堡	二十五里
8	宝闸渠	通平堡	二十里
9	小三渠	长渠堡	十九里
10	滚珠渠	北长渠堡	十八里六分
11	官四渠	渠中堡	五十里
12	普润渠	西河堡	十七里
13	元元渠	西河堡	十六里
14	万济渠	万宝屯堡	十五里

资料来源：（清）张金城修，胡玉冰、韩超校注：（乾隆）《宁夏府志》卷8《水利》，中国社会科学出版社2015年版，第168页。

修建大渠的同时，考虑到"大渠之东南隅②，滩形广阔，水难遍及"③，故将流经此处的黄河支流六羊河改建为渠道④，是为昌润渠，"以佐大渠所不及"⑤：

---

① （清）通智：《惠农渠碑记》，（清）张金城修，胡玉冰、韩超校注：（乾隆）《宁夏府志》卷20《记》，中国社会科学出版社2015年版，第562页。

② （清）许容：（乾隆）《甘肃通志》卷47《艺文》，清乾隆元年（1736）刻本，第89页；（清）通智：《惠农渠碑记》，（清）张金城修，胡玉冰、韩超校注：（乾隆）《宁夏府志》卷20《记》，中国社会科学出版社2015年版，第562页均载为"东北"。

③ （清）通智：《钦定昌润渠碑》（清）张金城修，胡玉冰、韩超校注：（乾隆）《宁夏府志》卷20《记》，中国社会科学出版社2015年版，第559页。

④ 《钦差兵部右侍郎通智等奏报修浚惠农昌润二渠等情折》（雍正九年五月初六日），中国第一历史档案馆编：《雍正朝汉文朱批奏折汇编》第20册，江苏古籍出版社1990年版，第495页。

⑤ （清）通智：《惠农渠碑记》，（清）张金城修，胡玉冰、韩超校注：（乾隆）《宁夏府志》卷20《记》，中国社会科学出版社2015年版，第562页。

有黄河之支流名六羊河者，口形如列指，溯游数里，复合为一，逶迤而北，经大小方墩，越葫芦细，历省鬼城，而仍归于大河。沃野腴壤，绵亘百余里。因迤黑龙沟而西，故水势顺下，漫无停蓄，不能引之滩中，河之下流遂淤。率诸执事，循其已然之迹，顺其势而利导之。凡湃岸之倾圮者，培之使平；河流之淤塞者，浚之使通。爰于渠口建正闸一，曰昌润闸。外设退水闸，曰清安，使水有所泻，以备岁修堵口也；内设退水闸，曰清畅，使水有所分，以杀湍流涨溢也。相地制宜，分列支渠二十余道。中多高壤，不能尽达，复设逼水闸三，曰永惠、永润、永屏，束之，使其势昂而盈科，而进仍由故道以入于河。诸闸既建，俱跨桥以通耕牧往来。正闸之上覆以桥房，其旁则立有龙王庙碑记亭。渠两旁俱插柳秧，资其根力以固湃岸。自此启闭以时，蓄泄有方，而大渠以东遂无不溉之田矣。[1]

昌润渠只是改建工程，故施工日期较短，在雍正六年（1728）十一月已经竣工。[2] 雍正七年（1729）闰七月，工兵部侍郎通智疏报："宁夏等属修浚之大渠，并六羊改渠，一切工程告竣。所有新渠、宝丰、宁夏、平罗四县田亩，均沾灌溉。请定两渠嘉名，以垂永久。得旨，大渠著名惠农渠，六羊渠改名昌润渠。"[3]

惠农、昌润二渠是清代宁夏地区开通的最长的两条引水渠。二渠开通后，周围二万余顷良田得到灌溉，是继开通大清渠后，宁夏地区水利事业的又一大发展。大清、惠农、昌润三渠开通后，宁夏地区引水灌溉的基本格局随之确定下来。

除大清、惠农、昌润三条规模较大的渠道外，清代宁夏地区也陆续开引了一些规模较小的渠道。如清塞渠，在平罗县五墩左右，受唐徕渠水长六十七里，溉田一千八百余亩，东西两岸共支渠陡口二十二道，康熙五十

---

① （清）通智：《钦定昌润渠碑》，（清）张金城修，胡玉冰、韩超校注：（乾隆）《宁夏府志》卷20《记》，中国社会科学出版社2015年版，第559页。

② 《川陕总督岳钟琪奏请勒拨银两招民前往宁夏开垦折》（雍正六年十一月一十五日），中国第一历史档案馆编：《雍正朝汉文朱批奏折汇编》第14册，江苏古籍出版社1990年版，第47页载："六羊渠已经工竣，大新渠指日告成。"

③ 《清世宗实录》卷84，雍正七年闰七月癸未，中华书局1985年影印本，《清实录》第8册，第123页。

三年，同知王全臣、千总李朴创开。①

　　事实上，经过历朝历代的开发，至清朝初年，宁夏地区的水利渠道网已是星罗棋布，新修渠道固然重要，但更重要的是做好现有渠道的维护工作，而且随着时间的推移，新修的渠道也需要进行维护疏浚。

二　疏浚旧渠

　　清代宁夏地区水利事业发展的另一个重要方面，就是对现存引水渠道进行多次较大规模的整修。水利工程的修建并非是一劳永逸之事，引水渠开通后，还需要经常性的维护，宁夏地区更是如此。《宁夏府志》的作者曾慨叹：

> 河渠为宁夏生民命脉，其事最要。然人知宁夏有渠之美，而不知宁夏办渠之难。何者？他处水利，或凿渠，或筑堰，大抵劳费在一时，而民享其利远者百年，近者亦数十年，然后议补苴修葺耳。今宁夏之渠，岁需修浚，民间所输物料率数万，工夫率数万。然河水一石，其泥六斗，一岁所浚，且不能敌一岁所淤。往往渠高流浅，灌溉难周，枯旱立见。稍民赴诉喧填，官吏奔走不暇，上下交病，未如之何。②

从上可知，宁夏虽有引黄河灌溉之利，得以发展灌溉农业。但因黄河水泥沙含量高，引水渠道内泥沙容易沉积，造成淤堵，每年都需要进行挑浚，即所谓之岁修。

　　明代，"每年春，五惟军丁唐、汉等渠坝挑浚"③。清初因袭前代，一年一修。"清明日，派拨夫役赴工挑浚，各官分段督催。以一月为期，名曰春工。至立夏日，掣去所卷之埽，放水入渠。"④后期因一年一修仍然不敷所用，改为一年两修，"每岁清明兴工，立夏放水，为春工。收成之后，

---

①　（清）许容：(乾隆)《甘肃通志》卷15《水利·宁夏府》，清乾隆元年（1736）刻本，第29页。

②　（清）张金城修，胡玉冰、韩超校注：(乾隆)《宁夏府志》卷8《水利》，中国社会科学出版社2015年版，第187页。

③　胡汝砺修，胡玉冰，曹阳校注：(弘治)《宁夏新志》卷1《差役》，中国社会科学出版社2015年版，第12页。

④　（清）王全臣：《上抚军言渠务书》，（清）张金城修，胡玉冰、韩超校注：(乾隆)《宁夏府志》卷8《水利》，中国社会科学出版社2015年版，第178页。

则有秋浚，以预浇冬水，为来岁春耕计"①。但仍以春浚最为紧要。岁修例行是由引水渠附近各堡受水民众出物料和人力修浚，而地方政府起领导监督作用。

宁夏巡抚黄图安有诗云："千里荒边饶灌溉，万家渴壤尽氤氲。分来河润成肥沃，疏浚春工莫惮勤。"② 就是强调春浚的重要性，但囿于民力有限，时间紧迫，多是小修小补，加之官员玩忽懈怠，导致岁修过程弊病丛生，修浚质量大打折扣。渠道也就因此而淤澄堵塞，灌溉能力下降。如雍正九年（1731）整修唐渠时侍郎通智所言：

> 向来渠工额草柳桩，俱系水利同知监收，大半折色，上下其手，有名无实，以致湃岸不坚。每岁虽有分五工八段，斋夫浚修，一月之名，水利同知不过名色，查看一次尚不周遍。其委官士名，皆折夫肥己，佣工人民，非老即幼，搪塞一月散工。俱用锹转土反填溜沟，以致渠内淤澄二三尺，以至七八尺不等。闸座偶有冲损处所墙石，即用木支撑。底塘则填草铺石蒙混从事，以致闸座日坏一日。③

所以往往一段时间以后，就需要进行大规模的整修。而民间财力、物力十分有限，这就需要政府出面来主导修渠工作。

清代宁夏地区的主要渠道有：河西灌区的唐徕、汉延及新开的大清渠，昌润、惠农二渠，中卫和灵州地区的秦渠、七星渠、美利渠、汉伯渠等。几次大规模整修渠道都是围绕以上渠道进行的。

唐徕渠，即唐渠，其确切开凿年代已不可考。一般认为是开凿于汉，复浚于唐，所以后世称之为唐渠。④ 清代，唐渠口开宁朔县大坝堡青铜峡，经府城西，而北至平罗县上宝闸堡，归入西河。唐渠主要浇灌宁夏、宁朔、平罗三县的土地，是宁夏地区最长的引水渠道。"旧贴渠，由大坝唐

---

① （清）黄恩锡纂修，韩超校注：（乾隆）《中卫县志》卷1《地理考·水利》，上海古籍出版社2018年版，第31页。

② （清）黄图安：《汉渠春涨》，（清）张金城修，胡玉冰、韩超校注：（乾隆）《宁夏府志》卷21《诗》，中国社会科学出版社2015年版，第608页。

③ 《兵部右侍郎通智奏为奉旨修葺大清汉唐三渠情形事》，雍正九年五月初六日，中国第一历史档案馆藏宫中朱批奏折，档案号：04－01－30－0338－003。

④ （清）张金城修，胡玉冰、韩超校注：（乾隆）《宁夏府志》卷8《水利》，中国社会科学出版社2015年版，第164页。

渠正闸旁另开一闸，自南迤北至汉坝堡，稍入汉渠，长二十四里①。陡口三十一道，溉大坝、陈俊二堡田一百二十二分。新贴渠，由旧贴渠分水，自南迤北至清渠沿稍，长五十六里，陡口二十八道，溉大坝、陈俊、蒋鼎、瞿靖、玉泉等堡田三百九十七分半。"② 新旧贴渠与唐渠，"虽闸分两派，而实与唐渠同口，盖唐渠之附庸也"③。汉延渠，也称汉渠，确切开凿年代亦不可考。清代，汉延渠口开宁朔县陈俊堡二道河，经府城东，而北至宁夏县王澄堡，归入西河，主要灌溉区域是宁夏、宁朔二县。新开之大清、惠农、昌润三渠上文已有介绍，此处不再赘言。

上述各渠中，唐、汉二渠开凿时间久远，在很长一段时期内都是宁夏地区水利发展的主要标志，地位独特。"宁镇唐、汉两渠，受黄河水利，灌溉合镇地亩，最为军民命脉所系"④，清代也对这两条主要渠道进行了多次较大规模的整修。下文将按时间顺序，对这几条主要的渠道进行重新梳理。

（一）康熙时期

康熙四十七年（1708）开通大清渠时，对唐徕渠进行了一定程度的修浚。

所谓"唐、汉两渠，宁夏民命攸关"⑤。康熙年间，唐、汉二渠均存在不同程度的淤堵。康熙四十七年（1708），康熙帝谕户部：

> 据宁夏民黄品奇等叩阍言：都司何卜昌在任时，开浚唐、汉两渠，连年大获。自伊罢任后，两渠淤塞，每遇旱岁，米谷歉收。从前何卜昌如何疏通河渠有益于民，今应如何措置，俾得永远裨益地方，

---

① （清）王全臣：《上抚军言渠务书》，（清）张金城修，胡玉冰、韩超校注：（乾隆）《宁夏府志》卷8《水利》，中国社会科学出版社2015年版，第178页中记为四十里。

② （清）张金城修，胡玉冰、韩超校注：（乾隆）《宁夏府志》卷8《水利》，中国社会科学出版社2015年版，第166—167页。

③ （清）王全臣：《上抚军言渠务书》，（清）张金城修，胡玉冰、韩超校注：（乾隆）《宁夏府志》卷8《水利》，中国社会科学出版社2015年版，第178页。

④ （清）黄图安：《条议宁夏积弊疏》，（清）张金城修，胡玉冰、韩超校注：（乾隆）《宁夏府志》卷18《艺文》，中国社会科学出版社2015年版，第478页。

⑤ （清）王全臣：《上抚军言渠务书》，（清）张金城修，胡玉冰、韩超校注：（乾隆）《宁夏府志》卷8《水利》，中国社会科学出版社2015年版，第177页。

著行该督抚详察议奏。①

何卜昌是在康熙五年（1666）任宁夏水利都司，地方志中载其"在官三年，水利大理"②。可见康熙初年，就有专司水利的官员对汉、唐两渠进行过疏浚，且效果较为显著。但到康熙四十七年（1708），两渠已经出现较大的问题。甘肃巡抚舒图查看后回禀：

> 汉渠地形卑下，照旧畅流，应毋庸议。惟唐渠地居上流，口高于身，水势不能通畅。今应引黄河之水汇入唐渠，其唐渠口之宋澄堡两岸宜加修治，犹恐水不足用。请于唐渠上流逼近黄河之处，开河引水，并酌建木石闸坝，以资蓄泄。③

他解释汉渠运行状况尚属良好，而唐渠因引水口高于渠身等问题确实需要修缮。康熙四十七年（1708），宁夏水利都司王全臣勘查境内各渠道。当时唐徕、汉延二渠的情况是：唐渠身宽三到八丈之间，高三至七尺不等，长三百二十三里，东西两岸有陡口四百三十六道，灌溉宁、左、右三卫及平罗所，共三十四堡田地六千零二顷有余。④ 具体情况见表5－4。

表5－4　　　　　　　　康熙四十七年（1708）唐渠概况

段位	位置	宽度	高度	长度
上上段	西北至玉泉桥	八丈	三五尺	五十里
上段	玉泉桥向东北流，复微转西至良田渠口	七丈	五六尺	七十里
上中段	良田渠口西北至西门桥	六丈	七尺	四十里
下中段	西门桥西北至站马桥	六丈	七尺	六十里
下段	站马桥北至威镇堡稍止	三丈	三四尺	一百三里

合计：三百二十三里

资料来源：（清）王全臣：《上抚军言渠务书》，（清）张金城修，胡玉冰、韩超校注：（乾隆）《宁夏府志》卷8《水利》，中国社会科学出版社2015年版，第178页。

----

① 《清世祖实录》卷233，康熙四十七年八月壬戌，中华书局1985年影印本，《清实录》第6册，第334页。
② （清）舒成龙：《荆门州志》，中国文史出版社2007年版，第242页。
③ 《清世祖实录》卷238，康熙四十八年五月癸巳，中华书局1985年影印本，《清实录》第6册，第375页。
④ （清）王全臣：《上抚军言渠务书》，（清）张金城修，胡玉冰、韩超校注：（乾隆）《宁夏府志》卷8《水利》，中国社会科学出版社2015年版，第178页。

汉渠，渠身宽三至五丈、高五至七尺不等，长二百三十八里，东西两岸有陡口三百六十九道。原溉宁、左、右三卫，共十八堡田地三千八百二十七顷有余。康熙四十七年时，灌溉十七堡田地，计三千七百九十七顷有余。同时提到："此渠得水甚易而又稍短田少，所以通利如故。"[1] 其概况见表5-5。

表5-5　　　　　　　　　康熙四十七年（1708）汉延渠概况

段位	位置	宽度	高度	长度
渠口	宁朔县陈俊堡二道河	三十一丈	七尺五寸	
上段	正闸北至唐铎桥	五丈	六七尺	六十五里
中段	唐锋桥西北至张政桥	四丈五尺	六七尺	七十五里
下段	张政桥北至殷家夹道稍止	三丈	五六尺，稍末宽一丈	九十八里

合计：二百三十八里

资料来源：（清）王全臣：《上抚军言渠务书》，（清）张金城修，胡玉冰、韩超校注：（乾隆）《宁夏府志》卷8《水利》，中国社会科学出版社2015年版，第179页。

二渠中，唐渠"淤塞过甚，滨（濒）于废弃，居民虽纷纷借助于汉渠，不过稍分余沥，地之高者竟屡年荒芜，而汉渠亦因以受困"[2]。他进一步指出唐渠存在的三大弊病：

　　一苦于渠口之不能受水也。相传先年唐渠口下，河中有一石子沙滩，障水之势以入渠。厥后滩渐消没，河流偏注于东，而渠口竟与河相背，其入渠者，不过旁溢之水耳。水之入渠也无力，遂往往有澄淤之患。

　　一苦于地渠之不能通水也。唐坝以下，自杜家嘴至玉泉营，尽系淤沙，每大风起，辄行堆积。唐渠经由于此，实为咽喉。向者以风沙不时，旋去旋积，遂相与名曰"地渠"，盖因两岸无塀，与平地等，故名之也。此处自来不在挑浚之列，因循既久，竟至渠底与两岸田地齐平，甚有渠底高于两岸田地者，较唐坝闸底，约高三四尺。河水泛涨时，入渠之水非不有余，乃自入闸以来，至此阻梗，由是旁灌月

---

① （清）王全臣：《上抚军言渠务书》，（清）张金城修，胡玉冰、韩超校注：（乾隆）《宁夏府志》卷8《水利》，中国社会科学出版社2015年版，第179页。

② 同上。

牙、倒沙两湖。迨两湖既满，然后溢于渠内。徐徐前行，不知费几许水力，经几许时日，乃得过玉泉桥也。况有此阻梗，水势纡回，水未前行，而挟入之浊泥已淤积闸底数尺矣。

一苦于渠身之过远也。水之入口也，原自无多，而又苦于咽喉之不利，以有限之水，流三百余里，供数百陡口之分泄，其势自难以遍给。若遇河水减落，则束手无策矣。[1]

针对唐徕渠口不能引水的问题，王全臣组织农户在黄河内新筑了迎水堤：

用柳囤数千，内贮石子，排列两行，中间用石块、柴草填塞，上复用石草加叠，过于水面，更用大石块衬其根基，其堤宽一二丈，高一丈六七尺不等。自观音堂起至石灰窑止，共长四百五十余丈，逆流而上，直入峡内，中劈黄河五分之一，以为渠口。口宽至二十余丈，较旧渠口约高数尺，挽河流东注之势，逼令西折入渠。是迎水堤之力，已能逆水使之高，束水使之急，吞噬洪流，势若建瓴，不患澄淤矣。而口又加宽，受水实多，渠内之水，赖以倍增。[2]

大清渠的开通，确实在很大程度上缓解了唐渠不能遍灌的难题：

陈俊等九堡田地，乃素用唐渠之水者。清渠既成，则不须唐渠灌溉，其入唐渠之水，可使之直趋而下。而所省灌溉九堡之水，实足以补唐渠水利之不足，不患渠身之过远矣。况清渠余水之汇入唐渠者，又能大助其势也。唐渠之病去其一。[3]

康熙四十七年（1708）修建大清渠的同时，虽然对唐渠进行了一些整修，如筑迎水堤、挑浚地渠等，但规模并不大，而汉延渠当时应该仅照例岁修。

---

① （清）王全臣：《上抚军言渠务书》，（清）张金城修，胡玉冰、韩超校注：（乾隆）《宁夏府志》卷8《水利》，中国社会科学出版社2015年版，第179页。

② 同上书，第182页。

③ 同上。

（二）雍正时期

雍正朝宁夏地区水利修建较为频繁。雍正四年至七年（1726—1729）开通了惠农、昌润二渠。彼时，唐渠已是"闸座倾坏，渠身淤澄"①"渠内淤澄二三尺以至七八尺不等"②。汉延渠自清以来也未见有过大修。而大清渠自康熙四十七年（1708）开凿后，"乃历今数十余年，虽岁修不时，而工作颇巨。沮洳淤壅，日积月盈，向之所谓广者狭矣，深者浅矣，通纳流行者倾圮湮漏矣"③。雍正七年（1729），惠农、昌润二渠工程竣工后，次年（1730）三月，宁夏道鄂昌即提出要大规模整修大清、汉、唐三渠：

> 宁郡万民衣食之源，在乎大清、汉、唐三渠之水利，所以每岁自清明起至立夏止，水利同知及时疏浚修理，使水流畅足，民田得以均沾灌溉。奈历年专司之员疏忽怠玩，只图折草折夫，致各闸道洴岸逐渐损坏，时有冲决，渠身淤泥填塞，日见浅窄。而三渠之中，惟唐渠尤甚。近来其口过低，其稍遇高水势不能逆流而上，多误小民耕种之期。虽每春定有岁修之例，恐不能以一月之工程，整十数年之荒废也。前因署水利同知凤翔府通判靳树鏚玩忽渠务，经臣详禀抚臣许容题参，奉旨将靳树鏚枷示渠工，著令赔修，钦遵在案。除在靳树鏚任内冲决者，令靳树鏚修理外，其从前积年损坏之处亦复不少。若再不加补筑，以后日复一日更难设措矣。现在兵部侍郎臣通智，开浚惠农、昌润二渠，颇悉宁夏一切水利。伏乞皇上谕令通智、史在甲即行查议，今岁预备物料，明春动工修补，务使三渠永固，则边境黎元，倍沐恩膏无尽矣。再查开渠银原拨来一十五万而备用，今已用过银一十三万九千余两，尚余银一万余两，复有余平银二千余两，现贮道

---

① （清）通智：《修唐来渠碑记》，（清）张金城修，胡玉冰、韩超校注：（乾隆）《宁夏府志》卷20《记》，中国社会科学出版社2015年版，第560页。

② 《钦差兵部右侍郎通智等奏报修筑唐渠及竣工缘由折》（雍正九年五月初六日），中国第一历史档案馆编：《雍正朝汉文朱批奏折汇编》第20册，江苏古籍出版社1990年版，第496页。

③ （清）钮廷彩：《大修大清渠碑记》，（清）张金城修，胡玉冰、韩超校注：（乾隆）《宁夏府志》卷20《记》，中国社会科学出版社2015年版，第564页。

库。据侍郎通智云，新渠宝丰两县城工并山后一堡各物料夫价俱已办理齐全。此外所用有限请即将此项余银动用。①

宁夏道鄂昌在实地考察后认为三渠并举，物料准备、运输方面难度很大，且时间不够，恐耽误农时，建议依次整修：

> 皇上念宁夏三渠荒废日久，特命大臣发帑金相度修补，以足万民衣食之源。……宁夏边居西北，地气甚寒，岁修三渠，必待清明之时水冻初开，方可动工。立夏之日，工程完毕，即行放水。先浇麦豆，次灌稻田，务使芒种以前二轮水足禾苗，始能茂盛。倘立夏不能放水，遂致有误农期。伏查此番修理，工程浩繁，非寻常岁修之可比。而三渠共长五百余里，闸道共十余座。若一齐兴工。则一月之内不能告竣，尤恐限于时日，忙迫之中不无草率之弊。且凡所需之物料须于今冬办足，多雇民车输送到渠，以备明春取用。因秋间续办军需，民堡健壮牛车俱经雇觅运粮赴肃，现在所余车辆无几，亦恐输送不及。若将三渠分作两年修理，实为便而易。再查三渠虽俱荒废，而其中惟唐渠为尤甚。伏乞皇上谕令兵部侍郎臣通智，太常寺卿臣史在甲，明春先将唐渠修好。其大清渠、汉渠仍令动岁修额夫料照常修理，至壬子年再将大清渠、汉渠修补，则工程既得从容就理，而物料亦可陆续办运矣。②

雍正帝同意后③，当年冬即开始准备修唐渠所用物料。通智、史在甲等"率领在工文武官弁，分头及时备办唐渠需用石块、石灰、红柳、白茨、吉夕等项，并过河采取红柳，大桩及查收唐渠受水民应纳草束桩料。乘冬间车牛闲暇雇觅转运，分布堆积应用地方，以为明春修理唐渠之

---

① 《陕西宁夏道鄂昌奏为疏浚陕西宁夏大清汉唐三渠情形并报动存银两事》，雍正八年二月十五日，中国第一历史档案馆藏宫中朱批奏折，档案号：04－01－30－0337－027。
② 《陕西宁夏道鄂昌奏为修补宁夏三渠工程情形事》，雍正八年十月初一日，中国第一历史档案馆藏宫中朱批奏折，档案号：04－01－30－0337－031。
③ 《清世宗实录》卷100，雍正八年十一月乙酉，中华书局1985年影印本，《清实录》第8册，第332页。

用。"① 雍正九年（1731）二月二十日②开始，先对唐渠进行了大规模的修整：

> 率领效力文武官弁等四十员，并协办宁夏道、府、厅、县，分布兴工。起自进水口，其迎水塌甚低，且多冲坏。船运峡口石块，杂以麦草，直分河流，帮砌石塌，兼内外码头，共长三里零十丈。倒流河决口宽百余丈，每年用草滚埽，一遇大水仍行冲决，水势既下，难以挽之使上。且安澜闸底高水背，又被冲刷倾坏，仍循旧迹，自上流另开渠身一百八十余丈，顺引而下，扼顶冲处，造滚水石坝三十丈。水小则束之入渠，水大则从坝出，以杀急湍。又将安澜闸移下，迎溜展造四墩五空石闸一座，以退余水。其大小双闸，底高空窄，出水不畅，乃稍移而南，合造三墩四空石闸一座，易名汇畅。宁安闸底既高，而南码头又突，乃落底展修三墩四空石闸一座。关边闸虽出水甚利，并正闸、贴渠、底塘、梭墩、石墙俱多损坏，皆添石重修。并展造桥房十三间，以及碑亭廊房数楹。正闸之北为龙王庙，因旧制而恢广之。

> 淤者去之使平，薄者加之使厚，低者培之使高，窄者展之使宽，即渠内大坡，约下三四尺以至丈许，且将尾稍引入西河，水有攸归，地亦可垦。凡渠内水缓沙壅则多淤澄，因对偏坡转嘴，相度斜射冲刷之势，布设码头，使沙不停留，则水自无阻滞。又一切受水险塌，加帮柴柳土垒。梳背长塌码头背土培厚。内外相兼，可免冲决。桥座一十有七，皆添木补修。新开渠尾于架桥二座以通往来，又于正闸梭墩尾及西门桥柱刻划分数形势，兼察淤澄。渠底布埋准底石十二块，使后来疏浚知所则效。③

---

① 《大理寺卿通智奏报宝丰县城垣停工日期并采办物料事》，雍正八年十二月初八日，中国第一历史档案馆藏宫中朱批奏折，档案号：04-01-37-0001-032。

② 《钦差兵部右侍郎通智等奏报修筑唐渠及竣工缘由折》（雍正九年五月初六日），中国第一历史档案馆编：《雍正朝汉文朱批奏折汇编》第 20 册，江苏古籍出版社 1990 年版，第 496 页。

③ （清）通智：《修唐来渠碑记》，（清）张金城修，胡玉冰、韩超校注：（乾隆）《宁夏府志》卷 20《记》，中国社会科学出版社 2015 年版，第 560—561 页；《钦差兵部右侍郎通智等奏报修筑唐渠及竣工缘由折》（雍正九年五月初六日），中国第一历史档案馆编：《雍正朝汉文朱批奏折汇编》第 20 册，江苏古籍出版社 1990 年版，第 496 页。

此次整修，于取水口新筑了迎水石埽、滚水石坝、在上流新开渠身一百八十余丈，新开了渠尾并在渠底埋准底石十二块。四月十四日竣工，耗时五十三日，耗费一万八千余金。①

汉延渠当时的情况要好于唐渠。雍正十一年（1733）春，汉延渠动工整修：

> 戒事于水利同知臣石礼图，越百执事，奔走先后，自渠口达尾，绵亘一百九十五里八分。测水平，竟源委，高者裁之，怒者厮之，壅者涤之，沮洳而漫衍者潴之，渠以大利。正闸一，退水闸三，尾闸一，陂堤凡几，或因旧更新，或昔无而今益，瓷砌坚完，苇亘重叠。卜虔于龙神，迁诸东麓，庙貌以新。桥亭一，横桥二十有零，迤逦联属，轮蹄便适。是役也，发夫五千人，縻金钱万万，凡一月而工竣。②

唐、汉二渠竣工后，雍正十一年冬，准备石材、颜料，准备对大清渠进行整修。雍正十三年（1735）正式兴工："淤者浚之，窒者疏之，坚其埽岸，固其闸座。龙神庙貌，巍然灿然。不一月而诸事毕举。凡向之所谓狭者、浅者、倾圮浥漏者，莫不整然改观矣。且其源洋洋，其流汤汤，询诸父老，佥称水利之盛，未有如斯者也。"③

唐渠淤澄严重，耗时较长，耗费较多。汉延、大清二渠均是一月而工成，应是于每年岁修之时而修，工程规模较小。

（三）乾隆时期

乾隆朝是清代宁夏地区渠道整修疏浚最为频繁，投入最多的一个时期。岁修之外，既有因地震等自然灾害后政府出资大规模的整修，也有因历时日久渠道堵塞后向政府借项进行的整修。

引水渠道等水利工程，除了因黄河泥沙淤坏需要修理外，水涝、地震等自然灾害也会对渠身造成损坏。乾隆三年十一月二十四日（1739 年 1 月

---

① （清）通智：《修唐来渠碑记》，（清）张金城修，胡玉冰、韩超校注：（乾隆）《宁夏府志》卷 20《记》，中国社会科学出版社 2015 年版，第 561 页。

② （清）钮廷彩：《钦命大修汉渠碑记》，（清）张金城修，胡玉冰、韩超校注：（乾隆）《宁夏府志》卷 20《记》，中国社会科学出版社 2015 年版，第 563 页。

③ 同上书，第 564 页。

3 日），宁夏发生 8.0 级特大地震，辖区内引水渠道多有损坏。大清、唐、汉三渠，"乃于上年十一月二十四日地震之时，三道大渠及各支渠渠湃多被摇塌，或长数丈以至八九十丈不等，甚有倒缺成口者百十处，顺湃坼裂直缝不一而足，亦有渠底裂成横缝者，若不亟为重新修筑，则渠水不能流通，灌溉无资，秋成无藉"①。

地震之后，首要之事是救助安置受灾民众，其后就是着力恢复灾区经济。由于此次地震对各渠造成的破坏较为严重，加之震后民力窘困，乾隆四年（1739）正月，兵部侍郎班第提出：

> 请动支帑金，预为采买材料。俟水稍化之时，将一切大渠、支渠查勘裂缝之深浅，查验渠土之坚松，核算夫工，至多寡给价雇觅。但工程浩大不便拘泥往例，俟天气稍暖可以兴作之时，即行动工，务期人聚而工速，于立夏放水之日告竣，则灌溉之期不致迟误，而被灾穷黎，既沐皇恩之赈恤，又得修渠之工价，日用自然充裕，此即寓赈于工之一法也。②

他希望能及早动用帑金，以工代赈，加紧修复引水渠道。同年（1739）四月初三日，甘肃布政使徐杞奏报："大清及唐、汉大渠三道共计五百八十八里有奇，支渠二十六道共计九百三里有奇，淤塞之处，俱挑挖疏通，裂缝倒缺之处俱修筑完固，于三月二十六日放水。现已渠水畅流，田野沾足。"③

据此来看，这次对三渠的修筑是在春间天气转暖即动工，赶在春耕前完成，工期较短，且并未涉及惠农和昌润二渠。但前文已经提及，此次地震对宁夏境内的渠道破坏比较严重，短时间内应难以完全修复。此次短期的抢修，并未使三渠完全修复，达到灾前的灌溉水平。

大清、唐、汉三渠完成了一定程度的修筑后，清政府着手对受灾最重

---

① 《兵部右侍郎班第奏为查明宁夏渠道震裂情形事》，乾隆四年正月十一日，中国第一历史档案馆藏宫中朱批奏折，档案号：04-01-01-0041-043。

② 同上。

③ 中国地震局、中国第一历史档案馆编：《明清宫藏地震档案》（上卷第一册），《甘肃布政使徐杞奏报宁夏大清及唐汉三渠修竣放水灌田情形折》，乾隆四年四月初三日，地震出版社 2005 年版，第 279—280 页。

的新渠、宝丰地区的水利工程进行修复。乾隆四年（1739）十一月，川陕总督鄂弥达等奏请将因地震水涌被淹没的新渠、宝丰二县裁汰。同时，

> 其可耕之田，将汉渠尾，就近展长，以资灌溉。经部议奏准行。查汉渠，百九十余里，渠尾余水无多，今若将惠农废渠口，修整引水，将汉渠尾接长，可灌溉新、宝良田数千顷，其沿河长堤一道，照旧加修。①

他的建议主要是延长汉渠，灌溉原新、宝之地的田地，并修筑沿线防洪长堤。但未提出对惠农、昌润二渠进行修复。乾隆五年（1740）九月，甘肃巡抚元展成上奏："查勘宁夏惠农渠工程，请俟来岁春融上紧兴修。详查地利，可得良田三千余顷，以安无业穷民。"乾隆帝批复，"兴水利以尽地利，亦为政之要也"②。但从其后的奏报来看，并未动工修复惠农渠。

乾隆七年（1742）六月，工部等部议准，甘肃巡抚黄廷桂疏报："宁夏大清、唐、汉三渠及各大小支渠，前因该处地震摇塌，各渠所有裂缝处甚多，急需修筑堰岸桥闸，并老埂长堤各工，请动项兴修。"③可知直至乾隆七年（1742），因地震造成的渠道损坏仍未修复。同年八月，工部议准黄廷桂疏称：

> 宁夏府属之新、宝二县，前因地震裁汰。其可耕之地，经前督臣鄂弥达奏准，兴修惠农渠口，展长汉渠之尾引水灌溉耕作，安插无业穷民。并请将沿河一带长堤，增筑捍御。查沿河长堤，自宁夏县之王泰堡高崖子加培起，至宝丰县止，延长二百二十七里。又惠农渠口，自宁夏县之叶升堡起，至通润桥止，延长二百二十余里，并加筑横埂一道，动帑兴修。④

---

① 《清高宗实录》卷105，乾隆四年十一月，中华书局1985年影印本，《清实录》第10册，第579—580页。

② 《清高宗实录》卷127，乾隆五年九月，中华书局1985年影印本，《清实录》第10册，第868页。

③ 《清高宗实录》卷168，乾隆七年六月乙未，中华书局1985年影印本，《清实录》第11册，第133页。

④ 《清高宗实录》卷173，乾隆七年八月丁未，中华书局1985年影印本，《清实录》第11册，第211—212页。

其后，御史李愸反对修复旧渠，认为该地本属沙碱之地，又经毁坏，此时再耗资进行修复，并不可取。中央即要求黄廷桂详察情形再议。当月，黄廷桂再次上奏：

> 臣查惠农渠道，地势南高北下，自三堆子以上，地势高坦，自应补筑修浚。其三堆子以下，地洼沙松，诚难筑堤捍御，无庸遂议修筑。现从四堆子起，至通润桥以下，直抵西山脚，截筑横埝一道，将通义等二十三堡，收入埝内，勘丈可耕地二千七百余顷，安插穷民三千余户。俟试种一年后勘明确数题报，其永惠等二十二堡地亩，截置埝外，听民垦植免其入额。①

从以上所述来看，自乾隆三年底（1739）地震，至七年（1742）各损坏渠道仍未完全修复。岳云霄认为，直至乾隆十二年（1747）以后，该地区的灌溉格局才基本恢复。② 乾隆十七年（1752），甘肃巡抚杨应琚，巡查宁夏各渠道情况如下：

> 查宁夏大清渠一道渠，自宁朔县大坝马关嗟引黄河之水入渠起，稍至该县宋澄堡汇入唐渠止，沿长七十二里有余，东西两岸大小支渠斗口一百二十八道。唐渠一道，渠口自宁朔县青铜峡引黄河之水入渠起，渠稍至平罗县惠威堡流入西河止，沿长三百二十余里，大小支渠斗口四百三十六道。
>
> 汉渠一道，渠口自宁胡县陈俊堡四道河，引入黄河之水入渠起，渠稍至宁夏县王澄堡，流入惠农渠止，沿长一百九十余里，大小支渠陡口四百五十八道。
>
> 惠农渠一道，渠口自宁夏县叶升堡俞家嘴子，引黄河之水入渠起，渠稍至平罗县尾闸堡归入黄河止，沿长二百四十余里，大小支渠陡口一百一十九道。

---

① 《清高宗实录》卷173，乾隆七年八月甲寅，中华书局1985年影印本，《清实录》第11册，第218—219页。

② 岳云霄：《清至民国时期宁夏平原的水利开发与环境变迁》，博士学位论文，复旦大学，2013年，第66页。

此外，复有昌润渠一道，先于地震之后裁汰新、宝二县，已经废弃。嗣后招民开垦荒地，复行修浚。自平罗县五香堡地方，从惠农渠支流六墩渠开口引水入渠起，至永屏堡归入黄河止，沿长一百零六里，大小支渠斗口一百一十六道，凡夏朔平等县田亩，均得引流浇灌。①

可见，此时各渠道已经修复如前。三十多年后，乾隆四十二年（1777），宁夏道王廷赞奏请借帑大修境内各大渠道。② 当年（1777）六月，甘肃布政使王亶望奏报宁夏府渠工已报竣：

> 臣逐一查勘，美利、常乐等渠，向为沙壅之处，俱已深通。唐渠三百二十里，加培高厚。惠农、昌润等渠，受水畅流，高阜俱足灌溉。至灵州汉渠，接筑石工一千六百七十丈，并迎至野马墩黄河溜处。旧有正闸，亦经拆修，水势建瓴而下。中卫县七星渠，一千九百余丈，石工亦属坚固。唐、汉二渠，原拟添建退水闸，今各渠通流无滞，应毋庸建。所领借项，皆妥于士民分管，不经吏胥，工归实用，与原估数无溢。③

据此来看，此次整修，规模较大，除了唐、汉、大清、惠农、昌润五渠，也涉及了灵州、中卫等地的美利、七星等渠，覆盖了宁夏境内主要的引水干渠。乾隆朝《宁夏府志》记录了此次大修后唐汉二渠的情况。兹列表如下（见表 5 – 6—表 5 – 9）。

---

① 《甘肃巡抚杨应琚奏报查勘渠道情形折》，乾隆十七年三月初九日，《宫中档乾隆朝奏折》第 2 辑，台北故宫博物院 1982 年版，第 407 页。

② （清）张金城修，胡玉冰、韩超校注：（乾隆）《宁夏府志》卷 8 《水利》，中国社会科学出版社 2015 年版，第 165 页；那彦成：《二任陕甘总督奏议·朔方水利》，《那文毅公奏议》卷 24，《续修四库全书·史部·奏令诏议类》第 495 册，上海古籍出版社 1995 年版，第 707 页；载此次修渠"借动司库银八万五千两"；《乾隆五十年九月十三日陕甘总督兼甘肃巡抚福康安奏议宁夏移驻凉州兵丁支粮办法（附片奏报大清等渠冲损情形）》，张伟仁主编：《明清档案》第 244 辑，台北"中央研究院"历史语言研究所 1986 年版，第 B137741 页载，此次借银六万六千余两。

③ 《清高宗实录》卷 1035，乾隆四十二年六月，中华书局 1986 年影印本，《清实录》第 21 册，第 874 页。

表 5 – 6　　康熙四十七年（1708）与乾隆四十五年（1780）唐渠情况对比①

类别 ＼ 时间	康熙四十七年	乾隆四十五年
长度	三百二十三里	三百二十里七分一十三丈
陡口	四百三十六道	四百四十六道②
灌溉田数	六千零二顷	五千七百六十三分③

资料来源：（清）张金城修，胡玉冰、韩超校注：（乾隆）《宁夏府志》卷 8《水利》，第 165 页；（清）王全臣：《上抚军言渠务书》，（清）张金城修，胡玉冰、韩超校注：（乾隆）《宁夏府志》卷 8《水利》，中国社会科学出版社 2015 年版，第 178 页。

表 5 – 7　　　　　　　　　　唐渠大支渠

序号	支渠名	位置	长度
1	大新渠	城南	七十六里
2	红花渠	城东南	二十八里
3	良田渠	城西	九十九里
4	满达剌渠	城西北	六十里
5	白塔渠	桂文堡	二十九里三分
6	新济渠	镇朔堡	六十五里
7	大罗渠	洪广堡	二十五里
8	小罗渠	常信堡	二十里
9	果子渠	高荣堡	二十三里五分
10	和集渠	周澄堡	十七里
11	柳新渠	平罗城	九里

---

①　雍正九年（1731）修唐渠时，记载唐渠"绵亘三百零八里"，（清）通智：《修唐来渠碑记》，（清）张金城修，胡玉冰、韩超校注：（乾隆）《宁夏府志》卷 20《记》，第 560 页；修于乾隆二十年（1755）的《银川小志》中载唐渠"长四百里，陡口八百零八道"，疑误，（清）汪绎辰，柳玉宏校注：（乾隆）《银川小志》，中国社会科学出版社 2015 年版，第 14 页。

②　（清）张金城修，胡玉冰、韩超校注：（乾隆）《宁夏府志》卷 8《水利》，中国社会科学出版社 2015 年版，第 165 页载："自正闸至站马桥，陡口一百四十五道。自站马桥起至稍，陡口三百零一道。"

③　（清）张金城修，胡玉冰、韩超校注：（乾隆）《宁夏府志》卷 8《水利》，中国社会科学出版社 2015 年版，第 165 页载："自正闸至站马桥，灌宁夏、宁朔二县田三千二百三十五分。自站马桥起至稍，灌平罗县田二千五百二十八分。"关于灌溉田数，（清）许容：（乾隆）《甘肃通志》卷 15《水利·宁夏府》，清乾隆元年（1736）刻本，第 25 页记载为四千八百余顷，与前后差异较大。

续表

序号	支渠名	位置	长度
12	黑沿渠	平罗城	十五里
13	亦的小新渠	张亮堡	二十里
14	柳郎渠	平罗城	二十里半
15	曹李渠	平罗城	十里
16	扬招渠	平罗城	二里半
17	他他渠	靖益堡	十五里
18	掠米渠	丰登堡	十八里
19	罗哥渠	常信堡	六十里
20	高荣渠	高荣堡	二十里

　　资料来源：（清）张金城修，胡玉冰、韩超校注：（乾隆）《宁夏府志》卷8《水利》，中国社会科学出版社2015年版，第167页。关于支渠数，（乾隆）《甘肃通志》卷15《水利·宁夏府》清乾隆元年刻本，第26页记载唐徕渠东岸支渠有15道、西岸17道，共计32道。

表5-8　　康熙四十七年（1708）与乾隆四十五年（1780）汉渠情况对比

时间 类别	康熙四十七年	乾隆四十五年
长度	二百三十八里	一百九十五里八分①
陡口	三百六十九	四百七十一②
灌溉区域	宁、左、右三卫	宁夏、宁朔二县
灌溉田数	三千七百九十七顷有余	五千六百九十分③

　　资料来源：（清）张金城修，胡玉冰、韩超校注：（乾隆）《宁夏府志》卷8《水利》，第165页；（清）王全臣：《上抚军言渠务书》，（清）张金城修，胡玉冰、韩超校注：（乾隆）《宁夏府志》卷8《水利》，中国社会科学出版社2015年版，第179页。

---

　　① 雍正十一年（1733）对汉渠整修时，"绵亘一百九十五里八分"，（清）钮廷彩：《钦命大修汉渠碑记》，（清）张金城修，胡玉冰、韩超校注：（乾隆）《宁夏府志》卷20《记》，中国社会科学出版社2015年版，第563页。

　　② （清）张金城修，胡玉冰、韩超校注：（乾隆）《宁夏府志》卷8《水利》，中国社会科学出版社2015年版，第165—166页载："自叶升堡张天渠起至王澄堡殷家口，陡口二百八十七道；自渠口起至唐铎堡后渠，陡口一百九十四道。二者相加应为四百八十一道。"

　　③ （清）张金城修，胡玉冰、韩超校注：（乾隆）《宁夏府志》卷8《水利》，中国社会科学出版社2015年版，第165—166页载"自叶升堡张天渠起至王澄堡殷家口，灌宁夏县田四千八百八十七分；自渠口起至唐铎堡后渠，灌宁朔田八百三分。"

表5-9　　　　　　　　　　　**汉延渠大支渠**

序号	渠名	位置	长度
1	水磨渠	叶升堡	二十里
2	大北渠	叶升堡	十五里
3	果子渠	任春堡	四十九里三分
4	泻浑渠	王洪堡	二十三里
5	南皋渠	王洪堡	十九里三分
6	北皋渠	王洪堡	二十五里
7	大营后渠	镇河堡	二十五里
8	毕家渠	金贵堡	三十里
9	各陡渠	金贵堡	三十里
10	小营后渠	金贵堡	十六里
11	大高渠	潘昶堡	十九里
12	南毛渠	潘昶堡	十九里
13	北毛渠	潘昶堡	二十九里

资料来源：（清）张金城修，胡玉冰、韩超校注：（乾隆）《宁夏府志》卷8《水利》，中国社会科学出版社2015年版，第167—168页。

距乾隆四十二年（1777）大修不过十年，乾隆五十年（1785）夏间，宁夏境内各渠因雨水较多，以致水涨堤溢，虽经堵筑，但"各渠渠口淤垫太高，春水微弱不能到稍，而水势稍大，下游难以宣泄，堤岸稍有卑薄，即被冲淹"①。陕甘总督福康安认为，仅依靠岁修，难得成效，需要进行大修。同时认为乾隆四十二年（1777）借银所修工程"草率"，致使该地渠道距今不到十年又需大修。当年十一月，甘肃布政使福宁正式提出借帑大修：

> 查得汉、唐、大清、惠农四渠……本年夏间，因黄河泛涨，挟带泥沙，冲灌渠内，以致受淤至数尺不等。水小之时，既虑不敷分溉田禾，而水大之时尤恐不能容纳，转有漫溢之虞。且淤沙工段绵长，断非岁修所能完善，应请大加兴修俾资乐利。……惟户民适当被灾之后，力量未能宽裕，而工程又觉浩繁，应循照四十二年借项大修之

① 《陕甘总督兼甘肃巡抚福康安奏议宁夏移驻凉州兵丁支粮办法（附片奏报大清等渠冲损情形）》，乾隆五十年九月十三日，张伟仁主编：《明清档案》第244册，台北"中央研究院"历史语言研究所1986年版，第B137741页。

例，办理分年征还。①

朝廷通过了借项兴修的请求。福康安同时建议："嗣后每年培浚，请派府佐州县，春分前赴各渠，点检料物，清明动工，立夏报竣。饬道、府、水利同知督办，如有玩误，一并参处。倘遇停淤，渠长即时禀报。各渠口拨正闸水手一，厅役一，往宿防守。"②

（四）清代中晚期对渠道的维护

嘉道时期，仍对宁夏境内的渠道进行过较大规模的整修。嘉庆十六年（1811），陕甘总督那彦成提出，宁夏境内渠道自乾隆五十一年（1786）借款大修后，已二十多年未经大修，渠道多已残败，有碍农事，遂奏请借帑大修：

> 宁夏全郡民田，惟赖各渠导引黄流分支灌溉。查该府属之宁夏、宁朔、平罗三县，向设大清及汉延、唐来、惠农、昌润五渠，又灵州、中卫县地方亦有秦渠、七星等渠……历今二十余年，黄水冲刷日甚，堤岸大半溃裂，淤垫日深，民田难资灌溉，以致连年收成歉薄，民力实形拮据。兹据宁夏道苏成额转，据各渠民纷纷具呈，以民力不能修办，恳请照例借项赶修，分年征还。③

此次整修，不仅涉及汉、唐、大清、惠农、昌润五渠，还将秦渠、七星渠等也纳入了整修的范围。

道光四年（1824），宁夏境内各渠"渠底日久淤高，渠流不畅，且以黄河今昔变迁，进水迁折，遂致灌溉不能周到，民田收成因之歉薄"④。那

---

① 《甘肃布政福宁奏为勘明宁夏府渠坝应修各情形事》，乾隆五十年十一月十八日，中国第一历史档案馆藏宫中朱批奏折，档案号：04-01-05-0064-029；《清高宗实录》卷1243，乾隆五十年十一月，中华书局1986年影印本，《清实录》第24册，第720页。

② 《清高宗实录》卷1264，乾隆五十一年九月己卯，中华书局1985年影印本，《清实录》第24册，第1033页。

③ 《陕甘总督那彦成奏请借项兴修宁夏大清等渠事》，嘉庆十六年十二月初三日，中国第一历史档案馆藏宫中朱批奏折，档案号：04-01-05-0128-045；（清）那彦成：《那文毅公二任陕甘总督奏议·朔方水利》，《那文毅公奏议》卷24，《续修四库全书·史部·奏令诏议类》第495册，上海古籍出版社1995年版，第707页。

④ （清）那彦成：《那文毅公三任陕甘总督奏议·朔方水利》，《那文毅公奏议》卷59，《续修四库全书·史部·奏令诏议类》第497册，上海古籍出版社1995年版，第172页。

彦成再次奏请借项修复。据记载："三月，贷甘肃宁夏等县司库银，修汉延、昌润、惠农渠工，从总督那彦成请也。"① 此次主要针对汉、惠农、昌润三渠。惠农渠由宁夏道瑞庆承修②，昌润渠由兰州道杨翼武和宁夏道瑞庆共同承修③。此后，终清一代，未再见对宁夏地区境内渠道进行过大规模的整修。④ 同治年间，延续十多年的战乱致使宁夏境内渠道均有不同程度的荒废，后期虽有修复，但规模较小。清末宁夏渠务处于"官疏督察，民殆修理，渠淤田荒"⑤ 的窘况。

以上，对清代对宁夏地区引水渠道的开凿及整修情况进行了梳理。可以看出，清朝统治者对这一地区水利非常重视。为方便读者查阅，据相关文献将清代宁夏境内各渠修浚情况整理如下（见表5–10—表5–18）。⑥

表5–10　　　　　　　　　　　清代唐渠修浚情况

时间	承修官	修浚情况	材料来源
顺治十五年	巡抚黄图安	奏请重修	《平罗记略》卷4《水利》，第101页；（乾隆）《宁夏府志》卷8《水利》，第165页
康熙四十八年	水利同知王全臣	于倒流河增建退水闸	（乾隆）《甘肃通志》卷15《水利·宁夏府》，第35页
雍正九年	侍郎通智、御史史在甲、宁夏道鄂昌、宁夏府知府顾尔昌、水利同知石礼图	发帑重修	《平罗记略》卷4《水利》，第102页；（乾隆）《宁夏府志》卷8《水利》，第165页
乾隆四年	宁夏道钮廷彩	发帑重修	《平罗记略》卷4《水利》，第102页；（乾隆）《宁夏府志》卷8《水利》，第165页
乾隆四十二年	宁夏道王廷赞	借帑大修	《平罗记略》卷4《水利》，第102页；（乾隆）《宁夏府志》卷8《水利》，第165页

① 《清宣宗实录》卷66，道光四年三月己巳，中华书局1986年影印本，《清实录》第34册，第41页。

② 王亚勇校注：《平罗记略·续增平罗记略》，宁夏人民教育出版社2003年版，第104页。

③ 同上书，第106页。

④ 清末宁夏地区水利兴修情况，可参见岳云霄《清至民国时期宁夏平原的水利开发与环境变迁》，博士学位论文，复旦大学，2013年，第72—79页。

⑤ 王树滋：《西北水利鸟瞰》，《建国月刊（上海）》1936年第14卷第2期，第19页。

⑥ 相关学者曾对清代宁夏地区渠道修浚情况作了梳理，但多有遗漏之处。如左书谔：《明清时期宁夏水利述论》，《宁夏社会科学》1988年第1期；吴超：《13至19世纪宁夏平原农牧业开发研究》，博士学位论文，西北师范大学，2007年。

续表

时间	承修官	修浚情况	材料来源
乾隆五十一年	宁夏道富尼汉	借帑重修	《平罗记略》卷4《水利》，第102页
嘉庆十七年	宁夏道苏成额	借帑重修	《平罗记略》卷4《水利》，第102页
宣统元年	宁夏都统志锐	接长渠身引水溉贺兰山坡一带新垦之地	（民国）《朔方道志》卷6《水利志上》第162页；（民国）《宁夏省水利专刊》，第1页

表 5－11　　　　　　　　　　　清代汉延渠修浚情况

时间	承修官	修浚情况	材料来源
顺治十五年	巡抚黄图安	奏请重修	（乾隆）《甘肃通志》卷15《水利·宁夏府》，第24页；（乾隆）《宁夏府志》卷8《水利》，第166页
康熙四十年	河西道鞠宸咨	—	（乾隆）《甘肃通志》卷15《水利·宁夏府》，第24页；（乾隆）《宁夏府志》卷8《水利》，第166页
康熙五十一年	同知王全臣	重修各暗洞，并甃以石	（乾隆）《宁夏府志》卷8《水利》，第166页
雍正十一年	宁夏道钮廷彩、水利同知石礼图	测水平，竟源委，高者裁之，怒者斯之，雍者涤之，沮洳而漫衍者潴之，渠以大利	（乾隆）《宁夏府志》卷20《记》，第563页
乾隆四年	宁夏道钮廷彩	发帑重修	（乾隆）《宁夏府志》卷8《水利》，第166页
乾隆四十二年	宁夏道王廷赞	奏请借帑大修	（乾隆）《宁夏府志》卷8《水利》，第166页
嘉庆十七年	宁夏道苏成额	—	（清）那彦成：《那文毅公二任陕甘总督奏议·朔方水利》，《那文毅公奏议》卷24，《续修四库全书·史部·奏令诏议类》第495册，第707页
道光四年	—	—	《清宣宗实录》卷75，道光四年十一月壬子，《清实录》第34册，第220页
光绪二十五年	宁夏道胡景桂	重修魏信暗洞费制钱五千七百余缗	（民国）《朔方道志》卷6《水利志上》，第162—163页
光绪二十九年	—	移口于刘家滩	（民国）《宁夏省水利专刊》，第31页

表 5 – 12　　　　　　　　　　　清代大清渠修浚情况

时间	承修官	修浚情况	材料来源
康熙四十七年	水利同知王全臣	兴建	（乾隆）《宁夏府志》卷 8《水利》，第 166 页
雍正十三年	宁夏道钮廷彩	淤者浚之，窒者疏之，坚其湃岸，固其闸座	（乾隆）《宁夏府志》卷 20《记》，第 564 页
乾隆四年	宁夏道钮廷彩	发帑重修	（乾隆）《宁夏府志》卷 8《水利》，第 166 页
乾隆十七年	陕甘总督黄廷贵、甘肃巡抚杨应琚	—	（乾隆）《银川小志》，第 17 页
乾隆四十二年	宁夏道王廷赞	奏请借帑大修	（乾隆）《宁夏府志》卷 8《水利》，第 166 页
嘉庆十七年	宁夏道苏成额	—	（清）那彦成：《那文毅公二任陕甘总督奏议·朔方水利》，《那文毅公奏议》卷 24，《续修四库全书·史部·奏令诏议类》第 495 册，第 707 页
光绪十三年	宁夏知府黄自元	重修汉坝、宋澄各暗洞，并甃石底，历年淤滞为之一空	（民国）《朔方道志》卷 6《水利志上》，第 163—164 页
光绪三十四年	知府赵维熙	用柳条编制大筐，盛以毛石，压迎水埽，于是渠流顺利	（民国）《宁夏省水利专刊》，第 85 页

表 5 – 13　　　　　　　　　　　清代惠农渠修浚情况

时间	承修官	修浚情况	材料来源
雍正四至七年	侍郎通智、宁夏道单畴书	主持开通	（乾隆）《宁夏府志》卷 8《水利》，第 166 页
乾隆五年	宁夏道钮廷彩	自俞家嘴至通润桥，增长一十里有奇	（乾隆）《宁夏府志》卷 8《水利》，第 166 页
乾隆九年	宁夏府知府杨灏	通润桥以下接渠尾至市口堡，又增长三十里	（乾隆）《宁夏府志》卷 8《水利》，第 166 页
乾隆十年	—	改口于宁朔县林皋堡朱家河	（乾隆）《宁夏府志》卷 8《水利》，第 166 页
乾隆三十九年	—	因河流东注，又改口于汉坝堡刚家嘴	（乾隆）《宁夏府志》卷 8《水利》，第 166 页
乾隆四十二年	宁夏道王廷赞	借帑重修	乾隆）《宁夏府志》卷 8《水利》，第 166 页
乾隆五十一年	宁夏道富尼汉	重修	《平罗记略》卷 4《水利》，第 104 页

时间	承修官	修浚情况	材料来源
嘉庆十七年	宁夏道苏成额	重修	《平罗记略》卷4《水利》,第104页
道光二年	宁夏道瑞庆	司库借款29917两,惠农渠之将军、得胜、曾家等坝维修坚固	《那文毅公奏议》
道光四年	宁夏道瑞庆	重修	《平罗记略》卷4《水利》,第104页
道光十六年	—	—	《清宣宗实录》卷290,道光十六年十月丙子,《清实录》第37册,第484页
光绪元年	—	移渠口于宁朔县陈俊乡王家河	(民国)《宁夏省水利专刊》,第53页
光绪三十一年	宁夏知府高熙喆	改筑渠口、渠身,添退水闸二	(民国)《朔方道志》卷6《水利志上》,第165页;(民国)《宁夏省水利专刊》,第53页

表5－14　　　　　　　　　　清代昌润渠修浚情况

时间	承修官	修浚情况	材料来源
雍正四至七年	侍郎通智、宁夏道单畴书	主持开通	(乾隆)《宁夏府志》卷8《水利》,第166页
乾隆五年	宁夏道钮廷彩	重修	(乾隆)《宁夏府志》卷8《水利》,第166页
乾隆十七年	巡抚杨应琚	增建退水闸	杨应琚《浚渠条款》,《宁夏府志》卷8《水利》,第184页
乾隆三十年	宁夏府知府张为旆	受水户民自备夫料,另由宁夏县通吉堡溜山子开口,至永屏堡归入黄河	(乾隆)《宁夏府志》卷8《水利》,第166页
乾隆四十二年	宁夏道王廷赞	借帑重修	(乾隆)《宁夏府志》卷8《水利》,第166页
嘉庆十七年	宁夏道苏成额	重修	《平罗记略》卷4《水利》,第106页
嘉庆二十一年	宁夏道宜清安	重修	《平罗记略》卷4《水利》,第106页
道光四年	兰州道杨翼武、宁夏道瑞庆	重修	《平罗记略》卷4《水利》,第106页
道光十六年	—	—	《清宣宗实录》卷290,道光十六年十月丙子,第37册,第484页

表 5 - 15　　　　　　　　　　　　清代秦渠修浚情况

时间	承修官	修浚情况	文献来源
康熙时	参将李山	俱以石瓷底，长百余丈，岁省夫料无算	（嘉庆）《灵州志迹》卷 2《水利源流》，第 70 页
乾隆九年	巡抚黄廷桂	上年山水陡发，冲塌秦渠中断，应请南移三十丈，重建石洞，如筑秦渠，并将附近涝河一带，挑挖宽展，量筑堤埂。并改建利济桥。但前项洞洞，原系民间自为经理，今需费甚巨，请动项官办，帮民兴筑。应如所请，从之	《清高宗实录》卷 209，乾隆九年正月丙申，第 11 册，第 687 页
乾隆三十八年	张九德	筑长堤数百丈，建猪嘴码头	（民国）《宁夏省水利专刊》，第 113 页
光绪三十年	知州廖葆泰	筹款督修，费工料八万有奇	（光绪）《灵州志》《水利源流志第十》，第 235 页；（民国）《朔方道志》卷 6《水利志上》，第 167 页
光绪三十二年	知州陈必淮	重加修茸，费工料三万余金	（光绪）《灵州志》《水利源流志第十》，第 235 页；（民国）《朔方道志》卷 6《水利志上》，第 167 页
光绪三十四年	知州陈必淮	大加修理，费银四万	（光绪）《灵州志》《水利源流》，第 235—236 页；（民国）《朔方道志》卷 6《水利志上》，第 167 页

表 5 - 16　　　　　　　　　　　　清代汉伯渠修浚情况

时间	承修官	修浚情况	文献来源
康熙四十五年	中路同知祖良贞	改深闸底，又增长迎水埽	（嘉庆）《灵州志迹》卷 2《水利源流》，第 70 页
康熙五十二年	同知祝兆鼎	重修东岸，以泄山水冲决之害	（嘉庆）《灵州志迹》卷 2《水利源流》，第 70 页
乾隆①四十年	灵州知州黎珠	请帑银四千两，捐粮六百石，筑迎水埽十数里	（清）李培荣：《南北涝河记》，见（嘉庆）《灵州志迹》《水利源流志第十》，第 71 页；（民国）《朔方道志》卷 6《水利志上》，第 168 页

---

① （民国）《朔方道志》卷 6《水利志上》第 168 页载为乾隆三十八年，嘉庆《灵州志迹》《职官姓氏志第十一》，"黎珠，镶白旗满洲人，乾隆四十年任"，又（清）李培荣《南北涝河记》，见嘉庆《灵州志迹》《水利源流志第十》第 71 页载："自乾隆三十八九年来，河势东阜，水流西向渐不入渠"，故应为乾隆四十年修。

续表

时间	承修官	修浚情况	文献来源
乾隆四十二年	宁夏道王廷赞	接筑石工一千六百七十丈，并迎至野马墩黄河溜处。旧有正闸，亦经拆修	《清高宗实录》卷1035，乾隆四十二年六月，第21册，第874页
光绪十五年	张占魁、赵抡元	开新闸，藉水之力扯去沙石	（民国）《宁夏省水利专刊》，第127页

表 5 – 17　　　　　　　　　　清代美利渠修浚情况

时间	主持、承修人	修浚情况	文献来源
康熙三十年	—	于旧口上流，议开石渠，劳费工料，数载弗成	（乾隆）《中卫县志》卷1《地理考·水利》，第28页；（乾隆）《宁夏府志》卷8《水利》，第174页
康熙四十年	副总兵袁铃	开石坝叠埿，水复通流	（乾隆）《中卫县志》卷1《地理考·水利》，第28页；（乾隆）《宁夏府志》卷8《水利》，第174页
康熙四十五年	西路厅高士铎	鸠工开凿，比旧加深三尺，广阔一丈，南岸亦砌石为埿，从斯水利溥焉，前次荒废地，垦复五百余顷	（乾隆）《中卫县志》卷1《地理考·水利》，第28页；（乾隆）《宁夏府志》卷8《水利》，第174页
宣统三年	知县张心镜	按田均差配搭夫头，埿坝官桥一律修固	（民国）《朔方道志》卷6《水利志上》，第169页

表 5 – 18　　　　　　　　　　清代七星渠修浚情况

时间	主持、承修人	修浚情况	文献来源
康熙年间	西路同知高士铎	倡捐募匠，督修石口，创流恩闸，修盐池闸，挑浚萧家、冯城两阴洞，渠乃通畅，无山水之患	（乾隆）《中卫县志》卷1《地理考·水利》，第30页；（乾隆）《宁夏府志》卷8《水利》，第176页
雍正十二年	宁夏道钮廷彩	于红柳沟创议，详请动帑，建环洞五空，上为石槽，引水下行，垦白马滩至张恩地三万八百五十六亩零	（乾隆）《中卫县志》卷1《地理考·水利》，第30页；（乾隆）《宁夏府志》卷8《水利》，第176页

时间	主持、承修人	修浚情况	文献来源
乾隆六年	甘肃巡抚黄廷桂	宁夏府属中卫县，旧有七星渠，灌溉民田千余顷。近因山水冲塌，应量建水闸三座。但士民因上年亢旱，不能修补，请动项暂修，嗣后仍照往例，民间自行修筑	《清高宗实录》卷156，乾隆六年十一月，第10册，第1222页
乾隆十六年	知县金兆琦	修复红柳环洞下，山水冲崩八十九丈，费帑银一千八十九两零	（乾隆）《中卫县志》卷1《地理考·水利》，第31页；（乾隆）《宁夏府志》卷8《水利》，第176页
乾隆二十一年	西路同知伊星阿详请，奉檄饬知县黄恩锡估计修补	二十一年夏，山水复冲崩环洞上三十七丈，而冯城阴沟石洞，尽为山水冲去无存。经西路同知伊星阿详请，奉檄饬知县黄恩锡估计修补。其冯城阴洞，旧例皆民力修建，锡奉府勘估，于时阴洞石料胥随沙水冲没，渠身中断，乃议改于旧洞之上新建环洞，上为石槽。民力方出夫浚修口闸，而红柳沟办运石料实属艰巨，乃捐俸采石，令堡民出夫料。自丁丑三月兴工，迄于四月，与补修环洞先后告竣，费帑银一千五百八十五两零	（乾隆）《中卫县志》卷1《地理考·水利》，第31页；（乾隆）《宁夏府志》卷8《水利》，第176页
乾隆四十一年	陕甘总督勒尔谨	于塘马窑地方，因其地势高阜，改建新暗洞于沟身，导水下流，上改渠道，费帑银七千两	（乾隆）《宁夏府志》卷8《水利》，第176—177页
乾隆五十年	中卫县判胺龚景瀚	整修暗洞、挖生渠一道	（清）龚景瀚：《中卫县七星渠春工善后事宜稟》，《澹静斋文抄外篇》卷2，《清代诗文集汇编》第417册，第615页
光绪二十四年	知县王树枬	建闭水闸三道，退水闸二道，石闸三座，费帑二万余金	（民国）《朔方道志》卷6《水利志上》，第170页

三　引水渠道以外其他水利设施的修建

宁夏地区的水利工程，不单是指引水的渠道，还包括与此相配套的一系列设施的修建，如堤坝、闸等。一般在谈及宁夏地区的水利工程、设施时，学者们关注的重点在其引水渠道的开凿和维护，而对其他的配套设施多有忽略。

引水渠道的开凿，是为了引黄河水灌溉，应对西北内陆缺水干旱的气候条件。实际上，宁夏地区引黄灌溉区并不存在水资源的绝对不足，反而是因濒临黄河及开渠引水，雨水较多时节，冲决性水涝灾害时有发生。乾隆五年（1740），甘肃巡抚元展成奏："六月以后，黄河泛涨，冲溢新、宝临河堤埂，水淹东永惠红岗等堡……查，宁郡素藉河水引渠，以资灌溉，而泛滥为灾，亦时所不免。"[①]

这些冲决性的水涝灾害，一方面淹浸农作物，造成农业减产；另一方面也对引水渠等水利设施本身造成损坏。所以，在开凿引水渠道的同时，也需要修筑堤坝等防洪设施，主要包括闸坝[②]、埽[③]、暗洞[④]等。

这些预防涝的水利设施，在开凿渠道之时就随之修建，而且在之后修缮之时也是重点重修、补建的部分。

雍正年间，修建昌润渠之时即"开大渠以资灌溉，筑长堤以障狂澜"，明显是做了防旱防涝两手准备。同时，"爰于渠口建正闸一，曰昌润闸。外设退水闸，曰清安，使水有所泻，以备岁修堵口也；内设退水闸，曰清畅，使水有所分，以杀湍流涨溢也。……渠两旁俱插柳秧，资其根力以固湃岸。自此启闭以时，蓄泄有方"[⑤]。

---

① 《甘肃巡抚元展成奏为宁夏被水堤埂急难筑俟水退兴工事》，乾隆五年八月十八日，中国第一历史档案馆藏宫中朱批奏折，档案号：04 - 01 - 01 - 0055 - 008。

② 闸坝，主要有滚水坝、退水闸、正闸等。《宁夏府志》中载："各渠既引河水入口，其旁则有滚水坝，用碎石桩柴镶砌，水涨，任从上溢出，以消其势。过此有退水闸，或三或二，水小则闭之，使尽入渠水，大则酌量启之，使泄入河。又过此为正闸，则渠之咽喉也。"（清）张金城修，胡玉冰、韩超校注：（乾隆）《宁夏府志》卷8《水利》，中国社会科学出版社2015年版，第168页。

③ 埽，"渠口闸坝恐被水冲刷，相险要处筑堤以障之，俗名曰'埽'"。也有称"渠两岸之堤及堵水之坝，俱名曰埽"。（清）张金城修，胡玉冰、韩超校注：（乾隆）《宁夏府志》卷8《水利》，中国社会科学出版社2015年版，第178页。

④ （清）王全臣：《重修暗洞记》："渠之有暗洞也，古所设以泄水者也。……溉田之余水，散注于各湖。湖与湖递相注，而仍东泄于河。其所由泄之路，则穿汉渠之底而出。汉渠南北流于上而穴其下，若桥洞然。虽高止数尺，广止丈余，而渠与两岸之堤宽至十有余丈，洞之长亦如之。深藏地中，潜渡伏流，望之幽邃杳冥，故曰暗洞也。"（清）张金城修，胡玉冰、韩超校注：（乾隆）《宁夏府志》卷20，中国社会科学出版社2015年版，第569页。

⑤ （清）通智：《钦定昌润渠碑》，（清）张金城修，胡玉冰、韩超校注：（乾隆）《宁夏府志》卷20《记》，中国社会科学出版社2015年版，第559页。

修建惠农渠时，因其"迫近河岸，恐河水泛涨，渠被冲决，沿河筑堤以护之。旧堤埝，原开惠农渠筑，起宁夏县王泰堡，至平罗县石嘴口，长三百五十里。新堤埝，乾隆五年修复惠农渠筑，起宁夏县王泰堡，至平罗县北贺兰山坂，长三百二十里"①。同时：

> 建进水正闸一，日惠农闸。建退水闸三：日永护，日恒通，日万全。节宣吐纳，进退无虞。设永泓、永固暗洞二，以通上下之交流。设汇归暗洞一，以泄汉渠之余水。正口加帮石囤，头闸坚造石桥，则渠源不患冲决。特建尾闸，以蓄泄之，外累石节，以巩固之，则渠稍可以永赖。……其西岸不能归暗洞之小退水，特留獾洞，放之大渠一带出之，亦绝无涨漫之患。……于渠之东，循大河涯筑长堤三百二十余里，以障黄流泛溢。于渠之西，疏通西河旧淤三百五十余里，以泻汉、唐两渠诸湖碱水。各闸旁建水手房四十二所，以司启闭。遍置塘房三十七处，稽查边汛。而大渠长堤以至西河，兼恃防护渠堤。两岸俱夹植垂杨十万余本，其盘根可以固埤，其取材亦可以供岁修。②

乾隆五十年（1785），甘肃布政福宁奏请借帑大修汉、唐、大清、惠农四渠时，也对相关的防涝设施进行了补修：

> 灵州横城堡地方，原筑堵水梭坝三道，石防风三道，系为保护城墙而设。本年夏间，亦因山水骤发，河流异涨，将头道梭坝全行冲坏，二道、三道梭坝及石防风俱各冲损。现在河水相距城墙仅止丈余，若不亟为办理，诚恐刷及城根，所关匪细，应照向例动项，赶紧修整，以资巩固。③

道光四年（1824），陕甘总督那彦成奏请借款整修汉延、惠农、昌润三渠时，"挑挖渠身、添建闸座、改砌石码头、迎水堳、顺水堤堰、加筑

---

① （清）张金城修，胡玉冰、韩超校注：（乾隆）《宁夏府志》卷8《水利》，中国社会科学出版社2015年版，第170页。

② （清）通智：《惠农渠碑记》，（清）张金城修，胡玉冰、韩超校注：（乾隆）《宁夏府志》卷20《记》，中国社会科学出版社2015年版，第562页。

③ 《甘肃布政福宁奏为勘明宁夏府渠坝应修各情形事》，乾隆五十年十一月十八日，中国第一历史档案馆藏宫中朱批奏折，档案号：04－01－05－0064－029。

御水长堤"[①]。

　　事实上，闸道、暗洞等配套的水利设施，在各渠开凿之初和后期维护等各阶段，都是十分重要的组成。据《宁夏府志》将乾隆时期宁夏境内各渠道的配套防洪设施列表如下（见表5-19）。

表5-19　　　　　　　　　宁夏地区主要渠道防涝设施

设施 渠名	正闸	旁闸	堰	暗洞	其他
唐徕渠	一座（六空）	四座：关边（四空）、安澜（五空）、汇畅（四空）、宁安（四空）	迎水堰，长三里零二丈。贾家河沟堰、窄津堰、大湾堰、马神庙堰	—	尾闸一道，滚水坝一道，长三十丈
汉延渠	一座（四空）	三座：安定（四空）、平泰（四空）、永宁（四空）	石子双堰、晏公堰、晏公外河堰、青铜堰、野虎堰、城墙堰	五个：林皋、唐铎、魏信、张政、王澄	滚水坝一道，退水闸三，尾闸一
大清渠	一座（二空）	三座：盈宁（二空）、永清（二空）、底定（二空）	杨家河堰、施家堰	—	滚水坝一道
惠农渠	一座：惠农闸（五空）	四座：涤闸（四空）、建瓴（四空）、平涛（四空）、庆澜（四空）	将军堰	七个：永畅、美利、永涵、通和、永泓、永连、通宁	尾闸一道，退水闸：永护、恒通、万全
昌润渠	一座：昌润闸（五空）	四座：裕昌（五空）、福昌（五空）、静润（五空）、平波（五空）	—	—	分水闸一座（二空），退水闸：清安、清畅

　　资料来源：（清）张金城修，胡玉冰、韩超校注：（乾隆）《宁夏府志》卷8《水利》，中国社会科学出版社2015年版，第169—170页；（乾隆）《甘肃通志》卷15《水利》，清乾隆元年（1736）刻本等。

----

　　① （清）那彦成：《那文毅公三任陕甘总督奏议·朔方水利》，《那文毅公奏议》卷59，《续修四库全书·史部·奏令诏议类》第497册，上海古籍出版社1995年版，第173页。

第三节　清代宁夏地区水利建设的评价及思考

《清史稿》在总结清代水利时说："清代轸恤民艰，亟修水政，黄、淮、运、永定诸河、海塘而外，举凡直省水利，亦皆经营，不遗余力。"①就宁夏地区而言，这一评价还是比较中肯的，具体表现就是清代新开了大清、惠农、昌润三条大渠，还多次组织大规模的修渠浚渠工程。有学者统计，清代宁夏地区引水灌溉面积达到 210 万亩左右。②

表 5-20　　　　　　　　乾隆中期宁夏地区各主要渠道概况

渠名	灌溉区域	长度	灌溉田亩数
唐渠	宁夏、宁朔、平罗三县	三百二十里七分一十三丈	五千七百六十三分
汉延渠	宁夏、宁朔二县	一百九十五里八分	五千六百九十分
大清渠	宁朔县	七十二里	一千零九十六分六亩七分
惠农渠	宁夏、平罗二县	二百六十里	四千五百二十九分半
昌润渠	平罗县	一百三十六里	一千六百九十七分半
旧贴渠	宁朔县大坝、陈俊二堡	二十四里	一百二十二分
新贴渠	宁朔县大坝、陈俊、蒋鼎、瞿靖、玉泉等堡	五十六里	三百九十七分半
秦渠	灵州	一百二十里	一十一万七百亩零
汉伯渠	灵州	一百里	一十二万五千八百亩零
美利渠	中卫县	二百里	四万六千五百亩

资料来源：（清）张金城修，胡玉冰、韩超校注：（乾隆）《宁夏府志》卷 8《水利》，中国社会科学出版社 2015 年版。

----

① （民国）赵尔巽：《清史稿》卷 129《河渠志四》，中华书局 1977 年版，第 3823 页。

② 杨新才、普鸿礼认为，清中期宁夏引黄灌溉区面积超过 220 万亩，见杨新才、普鸿礼《宁夏古代农业考略续》，《农业考古》1995 年第 1 期；王致中、魏丽英据（宣统）《甘肃新通志》统计为 21058.9 顷，见王致中、魏丽英《明清西北社会经济史研究》，三秦出版社 1996 年版，第 151 页；张维慎据（嘉庆）《大清一统志》记载，得出宁夏府灌溉面积为 2104800 亩，见张维慎《宁夏农牧业发展与环境变迁研究》，文物出版社 2012 年版，第 175 页；吴超也据《大清一统志》统计宁夏境内引黄渠为 23 条，灌溉田地 2.1 万顷，同时认为这是自汉唐以来的最高纪录，见吴超《13 至 19 世纪宁夏平原农牧业开发研究》，博士学位论文，西北师范大学，2007 年，第 20 页。

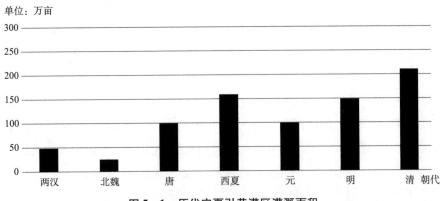

图 5 - 1　历代宁夏引黄灌区灌溉面积

　　数据来源：明以前灌溉面积数据来自杨新才《关于古代宁夏引黄灌区灌溉面积的推算》，《中国农史》1999 年第 3 期；明代数据参考袁森坡《康雍乾经营与开发北疆》，中国社会科学出版社 1991 年版，第 421 页；清代数据参考王致中、魏丽英《明清西北社会经济史研究》，三秦出版社 1996 年版，第 151 页；杨新才：《宁夏农业史》，中国农业出版社 1998 年版，第 191 页；张维慎：《宁夏农牧业发展与环境变迁研究》，文物出版社 2012 年版，第 175 页；吴超：《13 至 19 世纪宁夏平原农牧业开发研究》，博士学位论文，西北师范大学，2007 年，第 20 页。

　　黄正林认为："清朝中期是历史上本区域水利发展比较好的时期，河西走廊、宁夏平原、河湟谷地等地方建立了比较完善的灌溉系统。"[1] 清代宁夏地区水利工程的修建，总体来看还是比较得力，成效显著。

　　所谓"水利者，农之本也，无水则无田矣，水利莫急于西北"[2]，清代统治者对这一点亦有清醒的认识。左书谔认为，清代宁夏地区水利事业取得较大的发展经验之一就是，从中央最高统治集团到地方官僚集团都对宁夏水利事业的重要性有一致的认识。[3] 从现存文献中来看，清代统治集团对宁夏地区水利的重视是前代所不及的。雍正十年（1732），雍正皇帝的上谕中说："宁夏为甘肃要地，渠工乃水利攸关，万姓资生之策，莫先于此。是以朕特遣大臣，督率官员等，开浚惠农、昌润二渠。又命修理大

　　① 黄正林：《农村经济史研究：以近代黄河上游区域为中心》，商务印书馆 2015 年版，第 256 页。

　　② （明）徐光启撰，石声汉校注：《农政全书》，上海古籍出版社 1979 年版，第 2 页。

　　③ 左书谔：《明清时期宁夏水利述论》，《宁夏社会科学》1988 年第 1 期。

清、汉、唐三渠，以溥万民之利。"① 宁夏地方官员对当地水利事业的重要性也有充分的认识。"甘省之宁夏一郡，古之朔方。其地乃不毛之区，缘有黄河环绕于东南，可资其利。昔人利其形势，开渠引流，以灌田亩，遂能变斥卤为沃壤，而俗以饶裕，此其所以有'塞北江南'之称也。"②雍正七年（1729），雍正以鄂尔泰之侄鄂昌补任宁夏道员，考虑到他初次任职地方，特令总督岳钟琪将地方情况一一教导。岳钟琪表示："宁夏乃三边重地，现今增设县治，招民屯垦，宁夏道有统辖之责，一切庶务皆其职守所关，况唐汉等渠并所开渠工之水利，又系民生之首要，更宜兴利除弊。"③ 足见地方官员对水利的重视。

左书谔在《明清时期宁夏水利述论》④ 一文中，总结清代宁夏地区水利较之前代发展的原因，除了以上谈到的清政府上下的重视外，严密的制度保障和兴办形式多样，也是重要的方面。笔者认为，这一时期宁夏水利发展主要得益于宁夏地区因地、因时制宜的水利经营管理模式。

一　水利工程费用来源——民办与官办

一地水利工程的兴废与水利经费的投入密切相关，正所谓，"水利之兴，莫急于财力"⑤。水利工程本身是一项公共工程，但单纯依靠中央和地方政府投资兴办，显然不太现实。清代宁夏地区水利工程费用的筹集，有着多种途径，主要有四种：（一）民户出资；（二）政府无偿出资兴办；（三）借贷；（四）官员、士绅捐献。其中，每年的例行岁修是由受水民户自行出资。当渠道破坏情况较为严重，需要较大规模整修时，往往由政府无偿出资或由地方向中央申请借款，再由民众分年偿还。而民间捐献的情况，只是偶尔发生。

---

① 中国第一历史档案馆：《雍正朝汉文谕旨汇编》第 10 册《世宗圣训》卷 27《水利》，广西师范大学出版社 2008 年版，第 420—421 页；《清世宗实录》卷 114，雍正十年正月己卯，中华书局 1985 年影印本，《清实录》第 8 册，第 519 页。

② （清）杨应琚：《浚渠条款》，（清）张金城修，胡玉冰、韩超校注：（乾隆）《宁夏府志》卷 8《水利》，中国社会科学出版社 2015 年版，第 183—184 页。

③ 《川陕总督岳钟琪覆遵旨教导新任陕西宁夏道鄂昌缘由折》（雍正七年四月十八日），中国第一历史档案馆编：《雍正朝汉文朱批奏折汇编》第 15 册，江苏古籍出版社 1990 年版，第 108 页。

④ 左书谔：《明清时期宁夏水利述论》，《宁夏社会科学》1988 年第 1 期。

⑤ （清）钱泳撰，张伟点校：《履园丛话》，中华书局 1979 年版，第 109 页。

（一）民户出资

岁修及规模较小的工程由民间自行出资修筑。前文已述，宁夏引黄灌溉区水利工程每年需要进行例行修浚，皆由引水渠受水民众自行出物料和额夫（见表 5－21、表 5－22），官为督率。这种"民捐民修，官为督办"①的模式也是清代宁夏地区水利事业运行的常态。宁夏地方志中记载：

> 旧例百姓有田一分者，岁出夫一名，计力役三十日，又纳草一分，计四十八束，每束重十六斤，又纳柳桩十五根，每根长三尺。此输将定额也。其或需用红柳、白茨、夕吉，则于草内折收。每草一分，折红柳四十八束，又或折白茨或折夕吉各四十八束，每束重七斤。总名曰颜料。②

> 岁需物料有石块、闸板、柳椿、柴茨之类，皆取给于堡民，按田分以出焉。每岁立春，令委管、渠长，即督堡民采柴茨、石块于近山；伐柳椿树枝于田畔，如期集夫，秉公勤事。自口及身以至于梢，凡坝及闸以至于岸，殚厥心力，务疏通而坚固，则劳于春浚，利于夏秋，旱涝无忧，收成有庆矣。③

表 5－21　　　　　　　　　　乾隆中期宁夏各渠额夫数

渠名	额夫
唐徕渠	六千六百六十五名零五日一分
汉延渠	四千八百七十二名零十二日四分
大清渠	九百一十二名零九日
惠农渠	三千九百七十二名零十二日
昌润渠	二千二百五十九名
总计	一万八千六百八十名有零

资料来源：（清）张金城修，胡玉冰、韩超校注：（乾隆）《宁夏府志》卷8《水利》，中国社会科学出版社 2015 年版，第 171 页。

---

① （清）那彦成：《那文毅公三任陕甘总督奏议·朔方水利》，《那文毅公奏议》卷 59，《续修四库全书·史部·奏令诏议类》第 497 册，上海古籍出版社 1995 年版，第 172 页。

② （清）王全臣：《上抚军言渠务书》，（清）张金城修，胡玉冰、韩超校注：（乾隆）《宁夏府志》卷8《水利》，中国社会科学出版社 2015 年版，第 178 页。

③ （清）黄恩锡纂修，韩超校注：（乾隆）《中卫县志》卷1《地理考·水利》，上海古籍出版社 2018 年版，第 31 页。

表 5-22　　　　　　　　　乾隆中期宁夏各渠颜料数

渠名	征草	沙桩	夕吉
唐徕渠	一十二万七千二百七十三束	十万一千四百一十四根一分二厘	—
汉延渠	一十二万一千八百九十二束三分	九万二千四百五十七根二分三厘	—
大清渠	二万五千一百一十一束	一万七千六百九根	—
惠农渠	八万七千五百四十九束八分	五万九千五百八十六根	七千七百八十四束
昌润渠	四万九千六百九十八束	三万三千八百八十五根	四千五百一十八束
总计	四十一万一千五百二十四束一分	三十万四千九百五十一根三分五厘	一万二千二百九十七束四分六厘

资料来源：（清）张金城修，胡玉冰、韩超校注：（乾隆）《宁夏府志》卷 8《水利》，中国社会科学出版社 2015 年版，第 172 页。

除渠道的例行岁修维护外，一些规模较小的工程也由受水民众出资兴办。乾隆三十年（1765），修昌润渠，原接引惠农之水，后因两渠一口，不敷分灌，宁夏知府张为旟详准，受水户民自备夫料，另由宁夏县通吉堡溜山子开口，至永屏堡归入黄河。①

（二）政府无偿出资兴办

这种情况主要是在雍正时期和乾隆前期。已有学者指出"从历史上看，凡属最重要的农田水利工程，其经费都由中央政府直接拨款投资"②，雍正四年至七年（1726—1729），宁夏地区开通惠农、昌润二渠，政府"特颁帑银十六万两，以为工匠车船、一切物料之用，纤微不累于民"③。

---

① （清）张金城修，胡玉冰、韩超校注：（乾隆）《宁夏府志》卷 8《水利》，中国社会科学出版社 2015 年版，第 166 页。

② 熊元斌：《论清代江浙地区水利经费筹措与劳动力动用方式》，《中国经济史研究》1995 年第 2 期。

③ 《雍正十年十月二十五通智等奏报渠工效力人员发过月费缘由》，张伟仁主编：《明清档案》，台北"中央研究院"历史语言研究所 1986 年版，第 B30887 页；（清）通智：《惠农渠碑记》，（清）张金城修，胡玉冰、韩超校注：（乾隆）《宁夏府志》卷 20《记》，中国社会科学出版社 2015 年版，第 562 页。

雍正八九年间（1730—1731），清政府组织整修唐汉二渠，"又念宁夏有汉、唐诸渠，岁取材于民，公句惟月，虑其材俭民劳，卒致埋塞也，悉发帑金，恢闳旧制"。雍正九年（1731），唐渠成，"顾时方讨罪于西域，飞刍挽粟，道略相属。圣天子不欲重烦吾民，趋廷臣还敕下宁夏道臣鄂昌暨水利同知竟其事"①。这次大规模的整修，唐渠"计其添运物料，雇觅夫匠，总需一万八千余金"②，汉渠"发夫五千人，縻金钱万万"③。事实上，本次修理渠道，所用部分银两是开惠农、昌润二渠所剩。④

岳云霄认为，雍正年间此次对唐、汉、大清三渠的整修，其中唐渠所用为国家帑银，而汉渠、大清渠则是由民间出资所修。笔者认为，此次所修三渠，应全系国家出资。岳之所以认为汉渠及大清渠是民间所修，理由是"大清渠、汉渠的修补主要通过'岁修额设夫料'进行修补"⑤。经笔者查阅原始档案资料，该条文献全文是：

皇上念宁夏三渠荒废日久，特命大臣发帑金相度修补，以足万民衣食之源。……宁夏边居西北，地气甚寒，岁修三渠，必待清明之时水冻初开，方可动工。立夏之日工程完毕，即行放水。先浇麦豆，次灌稻田，务使芒种以前二轮水足禾苗，始能茂盛。倘立夏不能放水，遂致有误农期。伏查此番修理，工程浩繁，非寻常岁修之可比。而三渠共长五百余里，闸道共十余座。若一齐兴工。则一月之内不能告竣，尤恐限于时日，忙迫之中，不无草率之弊。且凡所需之物料须于今冬办足，多雇民车输送到渠，以备明春取用。因秋间续办军需，民堡健壮牛车，俱经雇觅运粮赴肃，现在所余车辆无几，亦恐输送不

---

① （清）通智：《钦命大修汉渠碑记》，（清）张金城修，胡玉冰、韩超校注：（乾隆）《宁夏府志》卷20《记》，中国社会科学出版社2015年版，第563页。

② （清）通智：《修唐来渠碑记》，（清）张金城修，胡玉冰、韩超校注：（乾隆）《宁夏府志》卷20《记》，中国社会科学出版社2015年版，第561页。

③ （清）通智：《钦命大修汉渠碑记》，（清）张金城修，胡玉冰、韩超校注：（乾隆）《宁夏府志》卷20《记》，中国社会科学出版社2015年版，第563页。

④ 《陕西宁夏道鄂昌奏请谕令通智史在甲查议修补宁夏三渠折》（雍正八年二月十五日），中国第一历史档案馆编：《雍正朝汉文朱批奏折汇编》第17册，江苏古籍出版社1990年版，第936页。

⑤ 岳云霄：《清至民国时期宁夏平原的水利开发与环境变迁》，博士学位论文，复旦大学，2013年，第55—56页。

及。若将三渠分作两年修理，实为便而易。再查三渠虽俱荒废，而其中惟唐渠为尤甚。伏乞皇上谕令兵部侍郎臣通智，太常寺卿臣史在甲，明春先将唐渠修好。其大清渠、汉渠仍令动岁修额夫料照常修理，至壬子年，再将大清渠、汉渠修补，则工程既得从容就理，而物料亦可陆续办运矣。①

从原文看，鄂昌认为唐、汉、大清三渠并举，实为不便，建议雍正九年（1731）先动用帑银大规模修唐渠，而汉渠、大清渠照例小规模岁修。待唐渠修好后，雍正十年（1732）再同样动用帑银对大清、汉渠进行大规模修补。奏折一开始就说"皇上念宁夏三渠荒废日久，特命大臣发帑金相度修补"，若唐渠用帑银，而大清、汉渠却由周边受水民众出资大规模修补，显然不合情理。

乾隆三年（1739），宁夏经历大地震后，境内各渠道的修复也是由政府动用财政资金完成。清中晚期，也有政府出资兴修渠道的情况。同治年间，宁夏遭遇战乱，水利事业一度废弛。同治五年（1866），清政府着力恢复这一地区的经济：

> 宁夏府城，自遭兵燹以来，土地荒芜，生灵涂炭。城内仅剩穷黎数百，房庐铺肆，焚掠一空。若不兴修渠道，招民归业，早事春耕，则夏秋颗粒不收，兵糈民食，无所取资，全局依然涣散。惟渠工牛粮籽种，并一切设官安兵赈济难民等项，需款浩繁。本处地方雕敝，无项可筹。请饬山西就近拨银十万两，迅解宁夏，以济急需各等情。该府甫经收复，筹办善后事宜，需项甚殷。即著王榕吉迅速筹拨银十万两，限一个月内，赶紧委员分批解交宁夏府城，毋稍延缓。②

兹据文献，将清代宁夏地区由政府出资兴修水利的情况进行梳理（见表5-23）。

---

① 《陕西宁夏道鄂昌奏报修补三渠工程事宜折》（雍正八年十月初一日），中国第一历史档案馆编：《雍正朝汉文朱批奏折汇编》第19册，江苏古籍出版社1990年版，第265页。

② 《清穆宗实录》卷167，同治五年正月庚寅，中华书局1987年影印本，《清实录》第49册，第40页。

表 5－23　　　　　　　　　清代宁夏地区政府出资兴修水利情况

时间	所修渠道	主持人	银数	资料来源
顺治十五年*	唐徕、汉延	巡抚黄图安	奏请重修	《平罗记略》卷 4《水利》，第 101 页；（乾隆）《宁夏府志》卷 8《水利》，第 165 页；乾隆《甘肃通志》卷 15《水利·宁夏府》，第 24 页
雍正四年	开惠农、昌润	侍郎通智、总督岳钟琪	一十三万九千余两	《陕西宁夏道鄂昌奏为疏浚陕西宁夏大清汉唐三渠情形并报动存银两事》，雍正八年二月十五日，中国第一历史档案馆藏宫中朱批奏折，档案号：04－01－30－0337－027
雍正九年	唐徕	侍郎通智、御史史在甲、宁夏道鄂昌、宁夏府知府顾尔昌、水利同知石礼图	发帑重修	《平罗记略》卷 4《水利》，第 102 页；（乾隆）《宁夏府志》卷 8《水利》，第 165 页
雍正十二年	七星渠	宁夏道钮廷彩详请动帑	费帑银一万四百四十两一分	（乾隆）《中卫县志》卷 1《地理考·水利》，第 30 页；（乾隆）《宁夏府志》卷 8《水利》，第 176 页
乾隆四年	唐徕、汉延、大清、惠农	宁夏道钮廷彩	发帑重修	（乾隆）《宁夏府志》卷 8《水利》，第 165 页
乾隆六年	七星渠	巡抚黄廷桂	—	《清高宗实录》卷 156，乾隆六年十一月，第 10 册，第 1222 页
乾隆九年	秦渠	巡抚黄廷桂	—	《清高宗实录》卷 209，乾隆九年正月丙申，第 11 册，第 687 页
	惠农渠	宁夏府知府杨灏	—	（乾隆）《宁夏府志》卷 8《水利》，第 166 页
乾隆十六年	七星渠	知县金兆琦详请修补	费帑银一千八十九两零	（乾隆）《中卫县志》卷 1《地理考·水利》，第 31 页；（乾隆）《宁夏府志》卷 8《水利》，第 176 页
乾隆二十一年	七星渠	西路同知伊星阿详请，奉檄饬知县黄恩锡估计修补	费帑银一千五百八十五两零	（乾隆）《中卫县志》卷 1《地理考·水利》，第 31 页；（乾隆）《宁夏府志》卷 8《水利》，第 176 页

续表

时间	所修渠道	主持人	银数	资料来源
乾隆四十年	汉伯渠	灵州知州黎珠	请帑银四千两	（清）李培荣：《南北滂河记》，见嘉庆《灵州志迹》《水利源流志第十》，第71页；（民国）《朔方道志》卷6《水利志上》，第168页
乾隆四十一年	七星渠	陕甘总督勒尔谨	费帑银七千两	（乾隆）《宁夏府志》卷8《水利》，第176—177页
光绪二十四年	七星渠	知县王树枬	费帑二万余金	（民国）《朔方道志》卷6《水利志上》，第170页
光绪二十五年*	汉延渠	宁夏道胡景桂	制钱五千七百余缗	（民国）《朔方道志》卷6《水利志上》，第162—163页
光绪三十年*	秦渠	知州廖葆泰	费银八万有奇	（光绪）《灵州志》《水利源流志第十》，第235页；（民国）《朔方道志》卷6《水利志上》，第167页
光绪三十二年*	秦渠	知州陈必淮	费工料三万余金	（光绪）《灵州志》《水利源流志第十》，第235页；（民国）《朔方道志》卷6《水利志上》，第167页
光绪三十四年*	秦渠	知州陈必淮	费银四万	（光绪）《灵州志》《水利源流志第十》，第235—236页；（民国）《朔方道志》卷6《水利志上》，第167页

　　说明：*为文献中没有明确记载，但光绪年间修秦渠的几次工程，费用颇高，依靠民力似难完成，故笔者个人推断是发帑。另，光绪年间几次整修秦渠费用数额都明显偏大，让人费解。（光绪）《灵州志》中载："夫秦渠自前以来，每岁所费不过千金及二三千金而止，近年动费至数万者，何故？以河水之东趋也。河水何以东趋？以峡口下挑水之猪嘴码头圮废也。"可备为一说。①

　　纵观清代，由政府无偿发银的情况较少，且多在特殊时期。雍正四年（1726）修昌润、惠农二渠是为了经营插汉拖辉地方，即先建县、开渠，然后召民垦种的模式，而彼时该地尚无行政建制、民户，自然无法筹银，需要政府拨银；乾隆四、五年间（1739—1740），则是因为宁夏经历了罕见的大地震后，地区经济严重破坏，民众根本无力出资修渠。

---

　　① （清）杨芳灿修，蔡淑梅校注：（光绪）《灵州志》，中国社会科学出版社2015年版，第236页。

（三）借贷，或称借项①、借帑

这种借贷性质的筹款方式由来已久，清乾隆中晚期开始得到较为广泛的应用。彭雨新在论及清代苏松地区水利经费来源时，将借帑概括为"地方办水利时由地方大吏奏请临时借用国帑，随后采取一定的补充筹款措施，于一定期间内归还国帑原额"②。于宁夏地区而言，一般由地方官向中央政府借款，先行兴工，而后由地方受水民户分年偿还。

每年清明至立夏的岁修，例由渠道周边受水民众自行出物料额夫修浚。然一月之期，难以从容的完成既定的修渠工程，往往因时日迫近而草草完工，加之修渠过程中弊病丛生，致使渠身日渐残败。所以每隔一段时间，就需要对渠身进行较大规模的整修。这种规模的工程，单靠民众的力量一时难以完成，由政府无偿出资又不现实，在这种情况下，逐渐形成一种新的修渠模式，由地方总督或巡抚向中央提出申请，先行借款修渠，而后由受水民众分若干年偿还。

那么借项具体有哪些流程，是如何运作的呢？可以通过宁夏地区乾隆、嘉庆、道光时期的几次借项实例来考察。

乾隆五十年（1785），甘肃布政使福宁奏：

> 查宁夏府属汉延、唐来、大清、惠农四渠，攸关农田水利，必须一律深通庶足，以资浇溉。本年夏间，因上游雨水稍多，黄河泛涨，将该四渠湃岸冲开浊流灌入渠内，淤沙高垫，先经督臣福康安委员督率民夫将湃岸冲口堵筑，其渠身淤高之处，奏明饬令奴才俟臬司陈淮及署督臣庆桂莅任后诣勘筹办。奴才即于十月十八日驰赴宁郡，查得汉、唐、大清、惠农四渠，向系民户按田之多寡，自备夫料，于清明日起，至立夏日止，修浚一月，责成水利同知董率经理，由该管道府确勘开水入渠分支散，听民浇灌。乾隆四十二年，各渠多有损坏，曾经借项修筑，渠水获以畅流。本年夏间，因黄河泛涨，挟带泥沙冲灌渠内，以致受淤至数尺不等。水小之时，既虑不敷分溉田禾，而水大之时尤恐不能容纳转有漫溢之虞，且淤沙工段绵长断非岁修所能完

---

① 多数为借银，故一般称为借项，但也有借口粮的情况。
② 彭雨新：《略论清代苏松地区农田水利经费的筹集》，中国水利学会水利史研究会、江苏省水利史志编纂委员会：《太湖水利史论文集》，1986年，第60—61页。

善，应请大加兴修俾资乐利。又靖远县糜子滩堤埝一道，实为保护田畴之要工，亦于夏间被河水冲塌，此外尚有水冲渠洞、堤埝、底塘均关紧要，应一并分别修筑。惟户民适当被灾之后，力量未能宽裕，而工程又觉浩繁，应循照四十二年借项大修之例，办理分年征还。①

嘉庆十六年（1811），陕甘总督那彦成奏：

宁夏全郡民田，惟赖各渠导引黄流分支灌溉。查该府属之宁夏、宁朔、平罗三县，向设大清及汉延、唐来、惠农、昌润五渠，又灵州、中卫地方亦有秦渠、七星等渠。每年春浚，原系民捐民修，官为督办。乾隆四十二年，因各渠冲刷较重，民力不能督办。会经借动司库银八万五千两兴修一次，又于五十一年借动银三万六千二百两续修一次，均经奏蒙恩准。所借银两在于各户民名下，分作八年征收，均已归款，报部在案。历经二十余年，黄水冲刷日甚，堤岸大半溃裂，淤垫日深，民田难资灌溉，以致连年收成歉薄，民力实行拮据。兹据宁夏道苏成额转据各渠民纷纷具呈，以民力不能修办，恳请照例借项赶修，分年征还。……但需费繁多，民力断难自办，自应照例官为借给……于司库筹款银六万两撙节办理，仍分作六年征还归款，以纾民力。②

道光四年（1824），那彦成又奏：

近因渠底日久淤高，渠流不畅，且以黄河今昔变迁，进水迂折，遂致灌溉不能周到，民田收成因之歉薄。臣上年因公过宁，访悉情形，并据各渠士庶纷纷呈请借项兴修，当将筹办不善之道、厅、知县分别参办，具奏在案。彼时因值夏令，农忙不能动办，当即另委道府等，先行相机设法引水普灌，且济一时之急。嗣经奏明，饬委兰州道杨翼武，前往遍历确勘估办。兹据该道会同新任宁夏道瑞庆具详，除大清、唐来二渠工段无多，民可自办外，惟汉延、惠农、昌润三渠，应行挑挖渠身、

---

① 《甘肃布政使福宁奏为勘明宁夏府渠坝应修各情形事》，乾隆五十年十一月十八日，中国第一历史档案馆藏宫中朱批奏折，档案号：04 - 01 - 05 - 0064 - 029。

② （清）那彦成：《那文毅公二任陕甘总督奏议·朔方水利》，《那文毅公奏议》卷24，《续修四库全书·史部·奏令诏议类》第495册，上海古籍出版社1995年版，第707页。

添建闸座、改砌石码头、迎水堋、顺水堤堰、加筑御水长堤……估需工料及改开新渠所需地价共银二万九千九百一十七两零……并据藩司覆明具详前来。臣复查宁夏等三县民田，全赖各渠之水以时引灌，今既据该道等勘明应挑应改之处，一时民力难以举办，俯循往例将所需工料银，二万九千九百一十七两零，准其于司库筹于借给兴修，仍于受水户民名下按亩摊征还。[1]

从这三次借项修渠的实例中可以看出，借项一般是在工程规模较大，民力难以兴办的前提下提出的。而发起者一般为渠周边的受水民众，也就是自下而上达于督抚，督抚复加核实，并勘估所需费用后，再向中央提出借项的请求。刘文远据乾隆五十六年（1791），两江总督孙士毅的一次借项奏请，将借项的流程归纳为："士民呈请——知县具禀——道府转详——藩司转详——督抚批饬——藩司委员查勘确估详报——督抚具奏"[2]，应该是通用于各省的流程。

刘文远据一手奏折档案等材料对清代宁夏引黄灌溉区借项情况作了较为全面的梳理[3]。在其基础上，笔者作了部分改动，列表如下（见表5-24）。

表5-24　　　　　　　　　　清代宁夏地区水利借贷

时间	所修工程	借项数额	资金来源	期限（年）	资料来源
乾隆十年	修筑惠农渠备草料	900两	道库存贮渠工银	5	录副奏折 696—1146，乾隆十年三月十六日甘肃巡抚黄廷桂奏折
乾隆二十三年	自戊寅（乾隆二十三年，1758）夏秋，冲刷葛家桥一带，额田、道路俱塌入河。锡（黄恩锡，中卫知县）乃详请议修河堤，动借口粮五百石，以资工作。于己卯（乾隆二十四年，1759）春，兴筑土堤码头	借口粮五百石	—	—	（乾隆）《中卫县志》卷1《地理考·河防》，第32页；黄恩锡：《捐修广武河防碑记》，《续修中卫县志》卷9《艺文》，第86页

---

① （清）那彦成：《那文毅公三任陕甘总督奏议·朔方水利》，《那文毅公奏议》卷59，《续修四库全书·史部·奏令诏议类》第497册，上海古籍出版社1995年版，第172—173页。

② 刘文远：《清代水利借项研究》，厦门大学出版社2011年版，第190页。

③ 同上书，第169页。

续表

时间	所修工程	借项数额	资金来源	期限（年）	资料来源
乾隆二十五年	越庚辰（乾隆二十五年，1760），水势愈大，几覆近城旧堤，通闻各宪。制军吴（总督达善）公委方伯蒋（布政使蒋斌）公亲勘，乃饬动邻保人夫助役，捐办物料，于庚辰（乾隆二十五年，1760）春，加筑堤岸，并详请仍借口粮以资工食	借口粮	—	—	（乾隆）《中卫县志》卷1《地理考·河防》，第32页；黄恩锡：《捐修广武河防碑记》，《续修中卫县志》卷9《艺文》，第86页
乾隆四十二年	修唐徕、汉延、大清、惠农及中卫县美利诸渠	85000两	司库银两	8	（清）那彦成：《那文毅公二任陕甘总督奏议·朔方水利》，《那文毅公奏议》卷24，第707页
乾隆五十年	疏浚汉延、唐徕、大清、惠农四渠筑靖远县糜子滩堤埝	37416两①	司库银两	3—8	朱批奏折 04 - 01 - 01 - 054 - 0379，乾隆五十年十一月二十一日署理陕甘总督庆桂奏折；（清）那彦成：《那文毅公二任陕甘总督奏议·朔方水利》，《那文毅公奏议》卷24，第707页
嘉庆十六年	修筑大清、汉延、唐徕、惠农、昌润、秦渠、七星等渠渠堰	60000两②	司库筹款	6	录副奏折 153—1033，嘉庆十六年十二月初三日陕甘总督那彦成奏折

---

① （清）那彦成：《那文毅公二任陕甘总督奏议·朔方水利》，《那文毅公奏议》卷24，《续修四库全书·史部·奏令诏议类》第495册，上海古籍出版社1995年版，第707页载此次借项数额为36200两。

② 《陕甘总督兼甘肃巡抚福康安奏议宁夏移驻凉州兵丁支粮办法（附片奏报大清等渠冲损情形）》，乾隆五十年九月十三日，张伟仁主编：《明清档案》第244册，台北"中央研究院"历史语言研究所1986年版，第B137741页载此次借项数额为66000余两。

续表

时间	所修工程	借项数额	资金来源	期限（年）	资料来源
嘉庆二十一年	修浚昌润渠	—	—	—	朱批奏折 04－01－05－011－2656，嘉庆二十一年九月初四日陕甘总督先福奏折
道光二年	修惠农等渠工	8360 两	县库存贮粮价银	3	道光二年十一月初一日上谕，《再续行水金鉴·黄河卷一》，第131页；录副奏折703—2498，道光二年十月十三日署陕甘总督那彦成奏折
道光四年	修筑汉延、惠农、昌润三渠渠堰	65233 两①	司库筹款	2—6	录副奏折 707—2312，道光四年二月十五日陕甘总督那彦成奏折；道光四年七月二十三日上谕，《再续行水金鉴·黄河卷一》，第181页；《清宣宗实录》卷66，道光四年三月己巳，中华书局1986年影印本，《清实录》第34册，第41页

从表 5－24 中来看，自乾隆中晚期开始，这种修渠模式多次应用于宁夏地区的水利修建实践中。刘文远指出："清代水利借项已经不是偶尔为之，而是与其他借项形式一起，构成干预社会生活与促进经济发展的重要财政手段，在地方水利建设方面发挥了重要作用。"②

---

①　（清）那彦成：《那文毅公三任陕甘总督奏议·朔方水利》，《那文毅公奏议》卷59，《续修四库全书·史部·奏令诏议类》第497册，上海古籍出版社1995年版，第173页中载，此次借项，汉延渠为3780两，自本年秋起，分2年归还；惠农渠为5445两，自本年秋起，分3年归还；昌润渠为20691两，自本年秋起，分6年归还，共计29916两。

②　刘文远：《清代水利借项研究》，厦门大学出版社2011年版，第9页。

（四）官员、士绅捐献

除以上三种主要经费来源外，当地地方官员的捐献也是水利经费的来源之一。宁夏一地，发展水利有着悠久的历史传统。当地官员大都对兴修水利的重要性有着清醒的认识。"农田为养民之本，而农田必资于水利。引河决渠，灌溉以兴，斥卤之区尽为膏腴。"① 当地地方志中留下了许多地方官员捐资兴修水利的记载（表5-25）。

表5-25　　　　　　　　　　　清代宁夏地方官水利捐资情况

时间	水利工程	捐献人	情况	资料来源
康熙中	中卫渠口广武堡，石灰渠（千金渠）	提督俞益谟	俞提督念切乡里，渠坝壅崩。捐金千两，建闸疏壅	（康熙）《朔方广武志》，第27页；（乾隆）《中卫县志》卷1《地理考·水利》，第29页；（乾隆）《宁夏府志》卷8《水利》，第175页
康熙年间	七星渠	西路同知高士铎	倡捐募匠，督修石口，创流恩闸，修盐池闸，挑浚萧家、冯城两阴洞，渠乃通畅，无山水之患	（乾隆）《中卫县志》卷1《地理考·水利》，第30页；（乾隆）《宁夏府志》卷8《水利》，第176页
康熙四十七年	中卫永康堡，羚羊殿渠	西路同知高士铎	捐俸，委本堡贡生阎风宁于山水口子搭暗洞一道，长百十余丈	（乾隆）《中卫县志》卷1《地理考·水利》，第30页
康熙四十八年	唐渠	宁夏道鞠宸咨	四十八年，竟以此渠闻之宪台。当蒙倡捐俸资，于陈俊堡地方建石正闸一座，计两空，每空宽一丈，闸外建石退水闸三座	王全臣《上抚军言渠务书》，见（乾隆）《宁夏府志》卷8《水利》，第182页
雍正十二年	中卫永康堡，羚羊殿渠	同知吴廷元	同知吴廷元倡捐谷米四十石，筑坝以御，约八百余丈。阅三年乃成，易名甘来垾	（乾隆）《中卫县志》卷1《地理考·水利》，第30页；（乾隆）《宁夏府志》卷8《水利》，第175页
乾隆十五年	中卫枣园堡，新顺水渠	生员陆嵩	本堡生员陆嵩管渠，续开减水闸共五道	（乾隆）《中卫县志》卷1《地理考·水利》，第29页；（乾隆）《宁夏府志》卷8《水利》，第175页

---

① （清）黄恩锡纂修，韩超校注：（乾隆）《中卫县志》卷1《地理考·水利》，上海古籍出版社2018年版，第31页。

时间	水利工程	捐献人	情况	资料来源
乾隆二十一年	七星渠	知县黄恩锡	二十一年夏，山水复冲崩环洞上三十七丈，而冯城阴沟石洞，尽为山水冲去无存。经西路同知伊星阿详请，奉檄饬知县黄恩锡估计修补。其冯城阴洞，旧例皆民力修建，锡奉府勘估，于时阴洞石料胥随沙水冲没，渠身中断，乃议改于旧洞之上新建环洞，上为石槽。民力方出夫浚修口闸，而红柳沟办运石料实属艰巨，乃捐俸采石，令堡民出办夫料。自丁丑三月兴工，迄于四月，与补修环洞先后告竣，费帑银一千五百八十五两零	（乾隆）《中卫县志》卷1《地理考·水利》，第31页；（乾隆）《宁夏府志》卷8《水利》，第176页
乾隆二十三年	中卫铁桶堡，长永渠	知县黄恩锡	乾隆二十三年秋，渠板岸尽为河溜冲汕，崩坏约四里有余。岸高水下，民力不能修。知县黄恩锡适代行水利，以士民请，为亲身相度。另于旧引水塌板微上小支河北岸，枣园于家庄下，跟寻旧渠水道于李姓田中，近河买地四亩，因势作口，引水自白马湖下荒滩，行五里许。渠身阔一丈六尺，深四尺。时枣园近渠民，纠众控阻。县为手自举锸导以渠路，始得兴工。越二旬余，督夫并力而作，渠遂通，得达旧渠接流而下	（乾隆）《中卫县志》卷1《地理考·水利》，第29页
乾隆二十五年	广武城堤坝	知县黄恩锡	越庚辰（乾隆二十五年，1760），水势愈大，几覆近城旧堤，通闻各宪。制军吴（总督达善）公委方伯蒋（布政使蒋斌）公亲勘，乃饬动邻保人夫助役，捐办物料，于庚辰（乾隆二十五年，1760）春，加筑堤岸，并详请仍借口粮以资工食	（乾隆）《中卫县志》卷1《地理考·河防》，第32页；黄恩锡：《捐修广武河防碑记》，《续修中卫县志》卷9《艺文》，第86页

时间	水利工程	捐献人	情况	资料来源
乾隆四十年	汉伯渠	灵州知州黎珠	请帑银四千两，捐粮六百石，筑迎水埽十数里	（清）李培荣：《南北涝河记》，见（嘉庆）《灵州志迹》《水利源流志第十》，第 71 页；（民国）《朔方道志》卷 6《水利志上》，第 168 页

从表 5 - 25 中来看，中卫地区水利兴修中，屡有官员捐献。这一地区渠网密布，但大都规模较小，所以少有中央拨款的情况。而宁朔、宁夏、平罗等地，水利渠工规模较大，非个人力量可以兴办，故多向中央请款。

以上，对清代宁夏地区水利经费的来源作了分析。正如左书谔所说："各种形式兼容并蓄的办水利政策，既可以防止完全依赖政府，一旦政府不予资助便走向衰落的弊病，又不放弃政府的监督、指导作用，以防滥开渠道。多种形式调动全民动手共同发展宁夏水利事业，促进了宁夏水利事业的发展。"[①]

二　官员参与方式——专职与兼衔

水利的兴废，与当地负责水利的官员是否作为密切相关。雍正年间，通智在整修唐渠时就指出，唐渠自明隆庆时，河西道汪文辉始易木为石，"后一百六十余年，虽例设岁修，而司其事者，多因循苟且，遂至闸座倾坏，渠身淤澄"[②]。雍正皇帝也曾说："宁夏地方，万民衣食之源，在大清、汉、唐三渠水利。是以定例每年疏浚修理，使水流畅足，民田均沾灌溉。自历年官员疏忽怠玩，以致闸道堤岸，损坏冲决，日见浅窄。"[③] 正是因为主事者大都因循苟且，玩忽懈怠，才使得引水渠道不能起到应有的灌溉作用。

清代宁夏地区的水利管理，与中央及地方各级官员的参与密不可分。

---

① 左书谔：《明清时期宁夏水利述论》，《宁夏社会科学》1988 年第 1 期。

② （清）通智：《修唐来渠碑记》，（清）张金城修，胡玉冰、韩超校注：（乾隆）《宁夏府志》卷 20《记》，中国社会科学出版社 2015 年版，第 560 页。

③ 《清世宗实录》卷 92，雍正八年三月庚辰，中华书局 1985 年影印本，《清实录》第 8 册，第 233 页。

从地方来看，设置宁夏水利同知专职负责宁夏地区的水利事业发展，又以宁夏道加水利衔，分管统率。清政府对负责兴修水利的官员的选择，十分慎重。"水利事关重大，必得实心办事之人，方有裨益。"①

（一）专职管理——水利同知

清政府对宁夏地区水利事业十分重视，长期设有专门的官员来管理。关于这一点，岳云霄②、文卉③等人做过相关论述。事实上，鉴于宁夏地区的重要地位，明代即在此设置专门的官员管理。明宣德六年（1431）九月，经侍郎罗汝敬奏请，"设陕西宁夏、甘州二河渠提举司，置提举各一员，从五品；副提举各二员，从六品；吏目各一员，从九品，隶陕西布政司，专掌水利"④。

清初，沿袭明代的旧制，在宁夏设有水利都司，专门负责宁夏地区水利设施的兴建和维护。⑤清初名将赵良栋，就曾任宁夏水利都司⑥。雍正年间，宁夏地区建制调整，裁卫所，置府州县，水利都司一职也发生变化。雍正二年（1724）九月，"裁陕西宁夏水利都司、行都司、成县黄渚关巡检，各一员"⑦。同年十月，陕甘总督年羹尧奏请河西各厅改设郡县，同时提出"水利都司已议裁汰，而筑浚河渠须委专员，即以中路厅改为宁夏水利同知"⑧。此后，水利同知一职长期存在，并发挥了重要的作用。

岳云霄认为，此次调整正值全国范围内的建制调整，水利都司和水利

① 中国第一历史档案馆：《雍正朝汉文谕旨汇编》第 10 册，《世宗圣训》卷 27《水利》，雍正五年丁未正月乙卯，广西师范大学出版社 1999 年版，第 418 页。

② 岳云霄：《清至民国时期宁夏平原的水利开发与环境变迁》，博士学位论文，复旦大学，2013 年。

③ 文卉：《清代中央与地方水利官员在水利兴修中的作用——以宁夏平原水利灌溉为例》，《宁夏大学学报》（社会科学版）2017 年第 5 期。

④ 《明宣宗实录》卷 83，宣德六年九月戊子，台北"中央研究院"历史语言研究所 1962 年影印本，第 1926 页。

⑤ 《清世宗实录》卷 22，雍正二年七月丙午，中华书局 1985 年影印本，《清实录》第 7 册，第 351 页。

⑥ （清）张金城修，胡玉冰、韩超校注：（乾隆）《宁夏府志》卷 13《人物》，中国社会科学出版社 2015 年版，第 448 页；（民国）赵尔巽：《清史稿》卷 255《赵良栋传》，中华书局 1977 年版，第 9773 页。

⑦ 《清世宗实录》卷 24，雍正二年九月壬子，中华书局 1985 年影印本，《清实录》第 7 册，第 382 页。

⑧ 《川陕总督年羹尧奏请河西各厅改置郡县折》，雍正二年十月十三日，中国第一历史档案馆编：《雍正朝汉文朱批奏折汇编》第 3 册，江苏古籍出版社 1989 年版，第 794 页。

同知二者职能并未发生根本性变化，均司宁夏地方水利水务，只是名称稍有不同而已。① 事实上，这一理解并不完全准确。水利同知新设之初，鸿胪寺少卿单畴书就曾建议严格检查水利官员，其中提到：

> 臣查从前专设水利都司一员，非道厅统属，即有虚冒，无由稽查。今都司奉裁，新设水利同知，为道府属员，臣愚以为宜专责道府严行查复，如有冒销等弊，照河工例揭参治罪。如故为徇隐或经别有发觉，并治以通同侵蚀之罪。②

从材料中可以看出，从前水利都司一职并不由宁夏道监管，所以无法有效地对其进行监督管理。而新设水利同知一职，则明确是说道府所属，便于监管。又有，"设水利同知一人专司其事，而守令、尉佐等官皆有分理之责，又有宁夏道为之统率"③。这条材料也明确指出，宁夏水利同知由宁夏道统率。可见，这一调整，并非如岳所言只是名称上的变化。

水利同知一职，"专管渠工事务，每年春浚，督民夫修理渠道及查勘工程，按期放水，事关全郡民田，所系自重"④。每年例行春浚，都需要提前准备修渠颜料，"旧例每田一分，出柴四十八束，每束重十六斤；沙桩十五根，长三尺"。水利同知，"于先年十一月征贮各坝，以备来春之用"⑤。雍正二年（1724），川陕总督年羹尧奏报：

> 宁夏地方，向资渠水灌溉。因渠堤日久失修，奉旨令臣相度增筑。臣亲至宁夏渠口，中为汉渠，东为秦渠，西为唐渠。而唐渠之中，向东分流者，则为我朝大清渠，引水溉田，不啻万顷。见在各渠，尚无倒坏漫溢，即间有冲决，修筑甚易。查宁夏设有水利都司专

---

① 岳云霄：《清代宁夏平原水利管理中的国家干预》，《农业考古》2014 年第 1 期。

② 《鸿胪寺少卿单畴书奏陈严查宁夏修筑汉唐二渠使用草束柴茨虚冒及征浮粮管见折》，中国第一历史档案馆编：《雍正朝汉文朱批奏折丛编》第 33 册，江苏古籍出版社 1991 年版，第 113 页。

③ （清）胡季堂：《培荫轩文集》卷 2《书鞠未峯编修重修宁夏惠农渠碑记并题跋后》，《清代诗文集汇编》编纂委员会编：《清代诗文集汇编》第 365 册，上海古籍出版社 2010 年版，第 569 页。

④ （清）那彦成：《那文毅公二任陕甘总督奏议·纠弹庸劣》，《那文毅公奏议》卷 27，《续修四库全书·史部·奏令诏议类》第 496 册，上海古籍出版社 1995 年版，第 23 页。

⑤ （清）张金城修，胡玉冰、韩超校注：(乾隆)《宁夏府志》卷 8《水利》，中国社会科学出版社 2015 年版，第 171 页。

司修浚，请俟秋收水涸，查勘修理。①

宁夏水利同知一职，作为宁夏地区经理水利的专职官员，朝廷自然对其人员的任命极为慎重。嘉庆十七年（1812），陕甘总督那彦成借项整修大清、惠农、昌润三渠之时，就提出：

> 宁夏府水利同知一缺，专管渠工事务。每年春浚，督民夫修理渠道及查勘工程，按期防水，事关全郡民田，所系自重。且该处渠工年久淤垫，业经臣具奏请旨借项大修，同知专司水利，若不得其人，即恐办理贻误。……该处渠工今岁正值大修之时，钱粮既多，关系紧要，必得熟悉地方情形，才守可信之员，方可胜任。②

同治年间，宁夏地区大规模的回民起义对宁夏地区产生了深刻的影响，战乱结束后，该区域的行政建制相应做了一些调整。同治十一年（1872）六月，经总督左宗棠建议，"改宁夏同知为宁灵抚民同知"③。至此之后，宁夏水利事务不再设有专门官员管理。

除水利都司和水利同知外，比较特殊的是昌润一渠于雍正六年（1728）开通后，一直设专职人员管理。雍正六年（1728），惠农、昌润二渠尚未竣工时，川陕总督岳钟琪等奏称：

> 插汉拖辉地方辽阔，开垦田地可得二万余顷，止设新渠一县，鞭长莫及。请沿贺兰山一带，直抵石嘴子为界，于省嵬营左近，添立一县。设知县典史各一员，钦定县名，铸给印信。汉唐二渠向设水利同知一员，专司其责。今新开六羊渠等处，堤岸甚长，工完之后，皆宜岁修，请添设水利通判一员，专司渠务。④

---

① 《清世宗实录》卷22，雍正二年七月丙午，中华书局1985年影印本，《清实录》第7册，第351页。

② （清）那彦成：《那文毅公二任陕甘总督奏议·纠弹庸劣》，《那文毅公奏议》卷27，《续修四库全书·史部·奏令诏议类》第496册，上海古籍出版社1995年版，第23页。

③ 《清穆宗实录》卷335，同治十一年六月丁巳，中华书局1987年影印本，《清实录》第51册，第422页。

④ 《清世宗实录》卷75，雍正六年十一月壬戌，中华书局1985年影印本，《清实录》第7册，第1116页。

可见，开渠之初的设计就是此二渠设水利通判专职负责。乾隆三年（1739）大地震后，新渠、宝丰两县裁并入新罗县。乾隆十一年甘肃巡抚黄廷桂提出：

> 土地民人，既议归平罗县管辖。但宁郡地逼黄河，渠岸繁多，所有疏浚水道，添设闸坝及一切春秋再浚，四季放水工程，水利同知一员，断难兼顾，必须设员分理。应请将陇西县丞，移驻平罗城，其惠农、昌润二渠，专责该员干办，仍属水利同知管辖。该员新经移驻，事俱创始，较陇西需费尤多，原额养廉不敷，应请照皋兰县宽沟县丞之例，每年加给养廉银二百两，即同平罗县官役，随饷支领报销。①

又，宁夏地方志中记载："自三年震坏，所设水利通判、知县等，四年一律裁并归平罗……于宝丰县设县丞，经理昌润渠务，其惠农渠务改归宁夏水利同知兼管。"② 可知，乾隆三年大地震后，仅昌润渠务归宝丰县丞专管，境内其他渠道事务通归宁夏水利同知管辖。

（二）水利兼衔——宁夏道

除了专门水利职官的设置，清代还在全国范围内实行了水利兼衔制度，即给部分已有职守的地方官员加水利职衔，扩大、明确其职责范围。③据吴连才等论述，除极少时期和地方以巡抚兼水利衔外，其他兼衔水利最高职为道员。宁夏地区，鉴于水利事业的重要性，以宁夏道"兼盐法、水利，驻宁夏"④。

清初，宁夏道就已参与地方水利的管理。康熙四十七年（1708）春，水利都司王全臣修大清渠时，提及"莅任之时，值春工方兴，随本道鞠宸咨亲诣各渠细勘"⑤。雍正八、九年（1730—1731）间整修唐汉二渠时，

---

① 《清高宗实录》卷274，乾隆十一年九月壬寅，中华书局1985年影印本，《清实录》第12册，第586页。

② （民国）马福祥、陈必淮、马洪宾修，王之臣纂，胡玉冰校注：《朔方道志》卷12《职官志一》，上海古籍出版社2018年版，第243页。

③ 可参见吴连才、秦树才《清代水利兼衔制度研究》，《云南民族大学学报》（哲学社会科学版）2015年第3期；吴连才：《清代云南水利研究》，博士学位论文，云南大学，2015年。

④ （民国）赵尔巽：《清史稿》卷116《职官三》，中华书局1976年版，第3355页。

⑤ （清）王全臣：《上抚军言渠务书》，（清）张金城修，胡玉冰、韩超校注：（乾隆）《宁夏府志》卷8《水利》，中国社会科学出版社2015年版，第177页。

"悉发帑金，恢闳旧制。雍正九年，唐渠成。顾时方讨罪于西域，飞刍挽粟，道路相属。圣天子不欲重烦吾民，趣廷臣还敕下宁夏道臣鄂昌暨水利同知竟其事"[1]。

宁夏道还广泛参与了水利事业的各个环节，关于春浚时修渠颜料的征收，多任宁夏道都提出了重要的意见：

> 旧例每田一分，出柴四十八束，每束重十六斤。沙桩十五根，长三尺。水利同知于先年十一月征贮各坝，以备来春之用。……康熙四十八年，宁夏道鞠宸咨以柴料过多，议请对半减免：每田一分，收草二十四束。……乾隆二十六年，巡抚明以每年积弊，包折夫料无济实用，令议减征。经前署宁夏道萨估勘以各渠之料不敷，全征本色，其需用采买钱文，于汉、惠农二渠人夫折价充用。二十七年后，经宁夏道富（尼汉）、宁夏道苏（凌阿）仍仪定七本三折征收。折夫之例，永行停止。[2]

从品阶上来看，水利职官不过五品之官，其权力和能调度的力量是很有限的。而宁夏地区水利工程的重要性使得从中央到地方政府都非常重视，就需要更高级别的官员介入，所以以水利兼衔制度的出现也就十分好理解了。另外，文献中载："设水利同知一人专司其事，而守令、尉佐等官皆有分理之责，又有宁夏道为之统率。"[3] 又：

> 宁夏府属之宁夏、宁朔、平罗三县田亩，均附近黄河，旧有汉、唐及大清、惠农等渠。向于立夏后黄河水长，由水利同知监看引放河水入渠。自渠口直达渠梢，各该管知县俱例应亲身上渠，并由宁夏道派委佐贰等官，分段稽查，督率农民俵分，以资均匀灌溉。[4]

---

① （清）通智：《钦命大修汉渠碑记》，（清）张金城修，胡玉冰、韩超校注：（乾隆）《宁夏府志》卷20《记》，中国社会科学出版社2015年版，第563页。

② （清）张金城修，胡玉冰、韩超校注：（乾隆）《宁夏府志》卷8《水利》，中国社会科学出版社2015年版，第171—172页。

③ （清）胡季堂：《培荫轩文集》卷2《书鞠未峯编修重修宁夏惠农渠碑记并题跋后》，《清代诗文集汇编》编纂委员会编：《清代诗文集汇编》第365册，上海古籍出版社2010年版，第569页。

④ （清）那彦成：《那文毅公三任陕甘总督奏议·纠弹庸劣》，《那文毅公奏议》卷61，《续修四库全书·史部·奏令诏议类》第497册，上海古籍出版社1995年版，第259页。

从实际情况来看，宁夏地区每年春浚之时工作繁复，仅靠水利同知、宁夏道等官员，是断难经理的，所以也需要其他基层官员的广泛参与。每年岁修之时，"水利同知专其事，巡道、知府出居渠上，督各官及各堡长，按田亩出备夫料"①。

乾隆三年（1739）宁夏地区发生大地震后，境内各渠道损坏严重，渠道修复工程量较大。据川陕总督鄂弥达、甘肃巡抚元展成奏：

> 上年宁夏等处，陡遇震灾，旋被水溢，摇坏三渠，损塌老埂。荷蒙天恩多方抚恤，同于再造。所有委办各员，皆能仰体皇仁，实力急公。其总理赈务者，则宁夏道今调肃州道钮廷彩。总理赈务、兼督渠工老埂者，则宁夏府知府臧珊。兼办赈务渠工者，则有裁缺新渠水利通判刘炆、陇西县县丞高㟽、试用州同何世宠、赵锡谷、钱孟扬、原任金县知县杨駧、原任西和县知县李寿澍、原任金县知县刘元藻、原任西和县知县马履忠等九人。其专办一事者，则有宁夏水利同知费楷等二十一人。②

（三）重大工程派中央官员和地方官员一同督办

宁夏地区引黄灌溉区的水利工程规模都比较大，其修建过程中的协调、调度和监督，以及涉及的工费数额，显然不可能仅依靠宁夏道、宁夏水利同知等中级官吏来统率。

从清代宁夏地区来看，在遇到重大水利工程时，往往是中央政府专门派驻官员，地方则由总督、巡抚等地方长官总领下属各级官吏，合作完成。

中央政府所派之官，一方面要负责中央和地方的沟通联系，另一方面则要监督工程，防止舞弊。因此，对其人选，自然格外慎重。雍正年间，川陕总督岳钟琪举荐侍郎通智督办宁夏地区的水利工程。他在奏折中说：

> 事务繁杂，工费出入弊窦甚多，臣与抚臣相隔俱远，未免鞭长不及。目今虽委宁夏、临洮两道管理，而事关重大，恐难胜任。况秦省侵冒夙弊，人人习以为常。若不得才干大员亲临总理，恐必致稽延时

---

① 柳玉宏校注：（乾隆）《银川小志》，中国社会科学出版社 2015 年版，第 17 页。

② 《清高宗实录》卷 107，乾隆四年十二月癸巳，中华书局 1985 年影印本，《清实录》第 10 册，第 606 页。

日，靡费帑金。臣辗转思维，惟有仰恳我皇上于在廷诸臣简选一员赴宁料理，但又必熟谙情形，筹画精谨之人，则臣窃以为如正卿臣通智实能胜任。倘蒙圣恩俞见，敕令通智在工所专理其事，至于一切调委员役，应行应办等细事，仍饬宁夏道陈履中听候钦差指示遵行，则微员奸胥皆知畏惧，而功效亦可速成矣。①

雍正帝认为还需要再慎重考虑，他认为通智其人：

> 为人粗俗，仅长于服劳奔走而已，且不知其操守如何，恐未必能胜斯任。汝与之同事多时，谅必灼见有可取处，方具此奏。即传旨留伊在陕办理工程事宜。候朕再选一经营钱粮出纳谨慎之人，遣发前来共相协理，方更有益，倘不得人，中止亦未可定。②

最终，还是由通智会同总督岳钟琪办理其事，"特命侍郎臣通智，会同督臣岳钟琪，详细踏勘。嗣命臣通智，偕侍郎臣单畴书，专董是役。复拣选在部、道、府、州、县十五员，命赴工所分司其事"③。又令"守备千把武举十三员在渠工奔走效力，每月赏给月费银四两，以资食用"④。

以上重点论述了清代宁夏地区水利事业的经费来源和各级官员的参与情况，从中可以看出清代这一地区水利事业管理经营的模式。正如《宁夏水利志》中所总结："无论朝代如何更替，'民办、公助、官督'和'取之于民、用之于民'的水利管理体制，总是相应延袭经久不衰。"⑤

综上，清代宁夏地区水利事业在之前历代的基础上又向前迈了一大步。不论是康、雍时期新开通的大清、惠农、昌润三条新的渠道，还是基本贯穿整个清代的对现有渠道的不同程度的整修，都反映出这一时期统治者对这一地区水利事业发展的重视。

---

①　《川陕总督岳钟琪奏请允令通智办理插汉拖灰地方工程折》，雍正四年四月十九日，中国第一历史档案馆编：《雍正朝汉文朱批奏折汇编》第7册，江苏古籍出版社1989年版，第144页。

②　同上书，第145页。

③　（清）通智：《惠农渠碑记》，（清）张金城修，胡玉冰、韩超校注：（乾隆）《宁夏府志》卷20《记》，中国社会科学出版社2015年版，第561页。

④　《雍正十年十月二十五通智等奏报渠工效力人员发过月费缘由》，张伟仁主编：《明清档案》，台北"中央研究院"历史语言研究所1986年版，第B30887页。

⑤　《宁夏水利志》编纂委员会编：《宁夏水利志》，宁夏人民出版社1992年版，第343页。

第六章　清代赈灾的基本程序

古代中国是一个农业大国，农业是整个国民经济的基础和支柱，而自然灾害对农业的影响最为直接和深远。所以，防灾、救灾一直是国家治国理政中的一个重要主题。我国幅员辽阔，历史上就是一个自然灾害多发的国家，蒙受了巨大的人员和财产损失，但也积累了丰富的防灾救灾经验。到了清代，这些宝贵的经验已经以律法的形式规范化、制度化，建立了较为完备的自然灾害应对机制。学者多认为这一时期的防灾救灾措施（亦可称为荒政）集历代王朝之大成，无有出其右者，可以说给出了很高的评价。但一项好的制度，在不同时期、不同地区的执行情况往往会有所不同，其产生的效果自然也就有所差异。

论述清代宁夏地区的灾害社会应对情况，首先不可避免地要对这一时期的救荒制度和程序作一些说明。制度层面的规定主要在康熙、雍正、乾隆、嘉庆、光绪五朝编修的《大清会典》《大清会典则例》《大清会典事例》中，另外《户部则例》中也有部分涉及。关于清代荒政制度的研究，许多关注制度史、法律史的前辈学者已经进行了较长时间的研究，并取得了较为丰硕的成果①，应该说这一问题的基本脉络已经理清。但具体到不同时期在不同地区实际的荒政执行情况，以及其产生的社会效果及对其的评价，这一部分的关注明显较少。基于此，还有必要将这一制度在宁夏地区的执行情况作进一步的探讨。

---

① 择其要者如：李向军：《清代救灾的基本程序》，《中国经济史研究》1992 年第 4 期；杨明：《清朝救荒政策述评》，《四川师范大学学报》（社会科学版）1988 年第 3 期；赵晓华：《救灾法律与清代社会》，社会科学文献出版社 2011 年版；杨明：《清代救荒法律制度研究》，中国政法大学出版社 2014 年版。

第一节　题报灾情

按清代之规定，自然灾害发生之后，地方官员首先需要及时将灾情上报。一般是自下而上，逐级上报，即先由州县官上报至道府官员，道府再报至督抚等地方长官，最后由督抚汇总各地灾情后上奏中央。

康熙、雍正两朝《大清会典》中，对顺、康、雍时期的报灾情况进行了梳理，与勘灾情况同列于"报勘"条目下。乾隆《大清会典》中，报灾作为独立的内容，列于十二项荒政措施中的第九项：

> 严奏报之期。州县官遇水旱，即申知府，直隶州、布政使司达于巡抚，巡抚具疏以闻。夏灾不出六月，秋灾不出九月，愆期及匿灾不奏报者，论如法。巡抚疏闻，下部。部行覆勘，逮其察实，请拯也，以四十五日为期，其报可举行造册，达部也，以两月为期，逾期者论。至督抚奏报水旱，每降旨先事绸缪，则较具疏部核之期更为迅速。①

灾害发生后，及时救灾往往可以降低灾害带来的损失，救灾迟缓不力则会加重灾害的程度，而救灾的首要问题是将灾情及时上报。关于我国古代最早对报灾时限的规定，有学者认为："秦律中只规定了官员的报灾责任，而没有具体时间的规定，这种状况一直持续到宋代才有所改变。"② 其实不然，秦代《田律》中载："早〈旱〉及暴风雨、水潦、螽（螽）蚰、群它物伤稼者，亦辄言其顷数。近县令轻足行其书，远县令邮行之，尽八月□□之。"③ 可见，早在秦代，就以法律的形式对报灾的期限作了明文规定。此后，历代也有过一些制度性的规定，清代则在前代的基础之上有了进一步完善。

一　顺治时期报灾制度的初步建立

顺治时期，清政府对报灾就已经有了制度性的规定，包括了报灾的时

---

① （乾隆）《钦定大清会典》卷19《户部》，文渊阁四库全书本，第10—11页。
② 杨明：《清代救荒法律制度研究》，中国政法大学出版社2014年版，第40页。
③ 睡虎地秦墓竹简整理小组：《睡虎地秦墓竹简》，文物出版社1978年版，第24—25页。

限及官员违限的处罚办法。顺治六年（1649），江南、江西、河南总督马国柱，奏报各属受灾情形，并请敕"抚按确勘，以行蠲恤"。顺治帝即下令："嗣后直省地方，如遇灾伤，该督抚按，即当详察被灾顷亩分数，明确具奏，毋得先行泛报。"①

这样的规定很大程度是因为在灾情未明的情况下，中央政府很难作出具体的赈灾决策。同时也可以看出，清初对报灾并无确切的时间限定，所以地方督抚在灾害发生之时，未进行勘灾，先将灾情上报。照此规定，自然灾害发生后，并不需要立即报至中央，但应该仍需要报至督抚等地方长官。

顺治十年（1653），户部议覆，官员季开生建议设立报灾、勘灾的期限，得到批准。主要内容是：1、规定了"夏灾限六月终，秋灾限九月终"，这一报灾期限成为有清一代的定制。2、不同于顺治六年的规定，要求灾害发生后，"先将被灾情形驰奏"。3、增加了对官员报灾逾限的处分规定，"逾限一月内者，巡抚及道府州县各罚俸；逾限一月外者，各降一级；如迟缓已甚者，革职。"②

顺治十七年（1660），清政府进一步规定："直省灾伤先以情形入奏，夏灾限六月终旬，秋灾限九月终旬"。③ 同时"定夏秋灾处分例"：

> 州县官逾限半月以内者，罚俸六个月；一月以内者，罚俸一年；一月以外者，降一级；两月以外者，降二级；三月以外者，革职。抚按道府官，以州县报到之日为始，若有逾限，照例一体处分。④

综上，清代报灾制度在清初顺治年间就已经初步建立，规定了报灾时限及违限处罚等主要内容。

---

① 《清世祖实录》卷45，顺治六年七月辛巳，中华书局1985年影印本，《清实录》第3册，第360页。

② 《清世祖实录》卷79，顺治十年十一月辛亥，中华书局1985年影印本，《清实录》第3册，第623页。

③ （康熙）《大清会典》卷21《户部五·田土二·荒政》，《近代中国史料丛刊三编》第72辑，第713册，文海出版社1992年版，第872页。

④ 《清世祖实录》卷134，顺治十七年四月辛丑，中华书局1985年影印本，《清实录》第3册，第1038页。（康熙）《大清会典》中载此年议定"州县官迟报逾限一月以内者，罚俸六个月"，但未对逾限半月以内情形作规定，而是在康熙十五年才增加了"逾限半月以内者，罚俸六个月"，参见（康熙）《大清会典》卷21《户部五·田土二·荒政》，《近代中国史料丛刊三编》第72辑，第713册，文海出版社1992年版，第872、875页。

二　康、乾时期报灾制度的发展

康熙一朝，在各地的救灾实践中，报灾制度有了进一步的发展。康熙四年（1665）三月，工部尚书傅维鳞认为，现行的报灾制度存在弊端，提出报灾和勘灾应同时进行：

> 部覆报灾之疏，复下督抚，取结取册，动经岁月，及奉旨蠲免，而完纳已久，不得不于次年流抵。……臣以为凡遇灾伤，督抚即委廉能官确勘，并册结一同入奏，该部即照分数请蠲。庶小民受实惠，而官吏无由滋弊。①

傅维鳞的建议主要是出于提高救灾效率和防止官员舞弊的考虑。同年五月，清政府又规定了"直隶各省总督报灾迟延，照巡抚处分例"。② 清政府试图通过这样的规定，使得各省总督对报灾之事更加重视。康熙七年（1668）户部曾商议过缩短报灾期限：

> 查报灾定例：夏灾不出六月，秋灾不出九月。但踏勘于收获未毕之先，始可分别轻重。请嗣后报灾限期，夏灾不过五月初一，秋灾不过八月初一。踰期，仍如例治罪。③

康熙皇帝认为，报灾期限太紧迫，于办灾事宜不利，决定仍循旧例，"凡被灾州县，有司必先勘察申报，该抚然后具题，地方远近不一，若限期太迫，被灾之民，恐致苦累，其仍如旧例行。"④ 在实际处理灾情的过程中，由于一省辖区范围较大，在限定时间内汇总上报灾情时间很紧迫。康熙九年（1670）六月，浙江福建总督刘兆麒就上疏请展报灾期限。户部议

---

① 《清圣祖实录》卷14，康熙四年三月己亥，中华书局1985年影印本，《清实录》第4册，第219页。

② 《清圣祖实录》卷15，康熙四年丁酉，中华书局1985年影印本，《清实录》第4册，第228页。

③ 《清圣祖实录》卷26，康熙七年六月辛巳，中华书局1985年影印本，《清实录》第4册，第362页。

④ 同上。

定仍照顺治十七年（1660）所定夏灾不出六月、秋灾不出九月之例。①

康熙十八年（1679），清政府又规定："直省灾伤，如地方官隐漏不报，许小民赴登闻鼓声明"②，希望藉此保证中央政府能够及时得到地方发生的灾情。雍正一朝，报灾制度基本沿袭之前的规定，笔者未见到有新的补充和更改。

乾隆时期，清政府对报灾制度进行了完善，主要是针对甘肃地区的报灾期限作了区分性规定。我国幅员辽阔，各省区之间气候条件相差很大，不同地区、不同农作物生长周期也相差较大。如甘肃一地，气候寒冷，秋灾9月报灾期限内，农作物尚未完全成熟，是否成灾亦未知。清代顺、康、雍时期，并未见到对不同地区报灾有区分性的规定。直到乾隆七年（1742），清政府规定：

> 甘肃地处极边，节候甚迟，河西一带，尤觉山高气冷，收成更晚，且风气与内地不同，受灾之田不止水旱，兼有冰雹风沙虫蝻霜雪之患，于定例之外稍加变通；河东之巩昌、兰州二府，河西之宁夏、西宁、甘州、凉州四府，直隶肃州，并口外安西、靖逆二厅，倘夏秋二禾于六、九两月内被灾，仍照定限申报；其有六九两月田禾在地，本属青葱而后忽被灾伤者，准其各展限半月；夏灾不出七月半，秋灾不出十月半，即为勘明申报。③

这一规定对甘肃地区报灾期限进行了宽限显然是符合实际的。乾隆朝之后，清代关于报灾制度未见变化。嘉庆、光绪朝《大清会典》中规定："凡地方有灾者，必速以闻。题报被灾情形，夏灾限六月尽，秋灾限于九月尽。甘肃夏灾不出七月半，秋灾不出十月半。遂定其灾分而题焉。"④ 与

---

① 《清圣祖实录》卷33，康熙九年六月乙亥，中华书局1985年影印本，《清实录》第4册，第451—452页。

② （康熙）《大清会典》卷21《户部五·田土二·荒政》，《近代中国史料丛刊三编》第72辑，第713册，文海出版社1992年版，第876页。

③ （乾隆）《钦定大清会典则例》卷55，《户部·蠲恤三·严奏报之期》，文渊阁四库全书本，第76—77页。

④ （嘉庆）《大清会典》卷12《户部》，《近代中国史料丛刊三编》第64辑，第632册，文海出版社1992年版，第642—643页。（清）昆冈：（光绪）《钦定大清会典》卷19《户部》，新文丰出版公司据清光绪二十五年原刻本影印1976年版，第205页。

乾隆时期的规定并无不同。

以上可以看出，清政府为了能保证中央政府及时、真实的得到灾情，作了多方面的规定。但官员们或出于粉饰太平等匿灾不报、或为了贪污赈济钱粮而捏灾谎报灾情的事情仍然时有发生。

第二节　勘查灾况

勘灾即灾害发生后，地方州县官员将灾情具表，逐级上闻于督抚。督抚接到奏报后一面奏闻朝廷，一面亲自或委派合适官员前往灾区，实地勘查受灾的面积、人口、灾害程度等具体灾情。

勘灾是救灾程序中最复杂、官员参与最广泛的一道程序，涉及勘灾人选、勘灾时限、勘灾流程等问题。学界现有成果中，对这一问题的探讨颇多①，但仍对一些问题并未给予足够重视，一些结论也存在进一步商榷的必要。

一　勘灾人员的选定

勘灾结果是后期赈灾的主要依据，其准确性关系到灾民能否得到切实的救济，故而至关重要。勘灾的第一步是确定勘灾的人选。在这一问题上，中央及地方各级官员各有考虑，长期博弈。主要问题是：应由督抚亲自勘灾还是由督抚委任他人勘查？若委任他人，则可以委任哪些官员勘灾？关于督抚亲自勘灾的问题，现有成果中虽偶有提及，但并未充分重视。笔者按时间顺序，对上述问题重新梳理。

（一）顺、康、雍时期

顺治六年（1649），清廷在处理江南各属的灾情时，顺治皇帝下旨："嗣后直省地方，如遇灾伤，该督抚按即当详察被灾顷亩分数，明确具奏，

---

① 多数成果只是部分涉及勘灾这一内容，专文论述勘灾问题仅见周琼《清前期的勘灾制度及实践》，《中国高校社会科学》2015 年第 3 期。

毋得先行泛报，所司即传谕通行。"① 从此来看，清初要求督抚接到州县报灾，需要先详察灾情分数，再向中央奏报，但并未对勘灾官员人选有所规定。

顺治十六年（1659），中央则明确要求："报灾地方，抚按遴选廉明道、府、厅官履亩踏勘，不得徒委州县。"② 从这条规定来看，顺治十六年之前，应该存在委任州县等官员进行勘灾的情况，而中央政府则表现出对基层官员的不信任，明确要求之后勘灾官员应在道、府、厅等中级官员中遴选。

康熙七年（1668），首次出现了明令督抚亲往灾区查勘的规定。七月，康熙皇帝谕户部：

> 小民资生，惟赖田亩。一遇灾祲，禾稼损伤，诚可悯恻，急宜蠲赋，以昭恩恤。嗣后凡有水旱蝗蝻等灾，有司官星夜申报督抚，督抚各照驻札附近地方，随带人役，务极减少，一切执事，尽行撤去，勿致累民，将被灾田亩，作速亲勘，定明分数，造册达部，照例蠲免，务令人沾实惠。尔部速饬直隶各省遵行。③

康熙皇帝要求督抚在获知灾情后，轻车简从亲自前往灾区勘查。但从实际执行情况来看，督抚亲往灾区勘灾也存在很多困难。一是督抚作为一省之长，事务缠身，往往分身乏术。二是勘灾需要一定的时间，若受灾面积较大，或各灾区相隔较远，需要的时间则更长。督抚责任重大，长时间不在驻地，于政务多有不便。由于上述困难，督抚亲自勘灾的规定仅存在了很短的时间。次年（1669）即下令："被灾地方停令督抚亲勘，专责有司核实具报，督抚即委廉干官减从踏勘奏免"④。

---

① 《清世祖实录》卷45，顺治六年七月辛巳，中华书局1985年影印本，《清实录》第3册，第360页。

② （康熙）《大清会典》卷21《户部五·田土二·荒政》，《近代中国史料丛刊三编》第72辑第713册，文海出版社1992年版，第872页。

③ 《清圣祖实录》卷26，康熙七年七月丁未，中华书局1985年影印本，《清实录》第4册，第365页；（康熙）《大清会典》卷21《户部五·田土二·荒政》，《近代中国史料丛刊三编》第72辑第713册，文海出版社1992年版，第874页。

④ （康熙）《大清会典》卷21《户部五·田土二·荒政》，《近代中国史料丛刊三编》第72辑第713册，文海出版社1992年版，第875页。

在此之后，出现了对委任勘灾官员不当的处罚规定。康熙十五年（1676），"官员勘灾不委厅员印官，乃委教官杂职查勘，或妄报饥荒，或地方有异灾不申报者，原委官罚俸一年，若止报巡抚不报总督及报灾时未缴印结，册内不分晰明白者，罚俸六个月。督抚亦照此例处分"①。从此来看，虽然朝廷不再要求督抚亲自勘灾，但不能容忍委任"教官杂职"官员勘灾。前文已经谈到，顺治十六年（1659）即规定了勘灾不得委任州县官，而迟至康熙十五年（1676），才补充了对委任官员不当的处罚规定，可推断期间，委任杂官勘灾的情况应长期存在。

此后，曾出现中央直接派官员前往灾区勘灾的事例。康熙二十二年（1683），山西巡抚穆尔赛奏报地震灾情，康熙即下旨："著尚书萨穆哈，带司官一员，明日即前往亲履详勘，应作何拯救，会同该抚确议以闻。"②康熙中期，再次出现要求督抚亲勘的条令，但又与康熙七年（1668）的规定有所不同。康熙二十八年（1689），湖广巡抚杨素蕴奏报湖北旱情严重，奏请缓征。康熙皇帝即令，"差户部贤能司官，速往会同该督抚详察以闻"。③康熙三十六年（1697），康熙帝又谕："直省被灾地方，著差户部贤能司官一人，会同该抚等逐一亲行确勘具奏。"④ 不仅恢复了督抚亲勘的旧例，还加派中央官员与其一道勘灾。此后，暂未见到其他变化，直至雍正时期，再次废止了督抚亲勘。

雍正六年（1728）变更为："州县地方被灾，该督抚一面题报情形，一面于知府、同知、通判内遴委妥员，会同该州县迅诣灾所，履亩确勘，将被灾分数按照区图村庄，分别加结题报。"⑤ 从此则规定来看，不仅不再要求督抚亲自勘灾，亦不同于之前要求委任道、府、厅官查勘，而是从知府、同知、通判内选择官员，与州县官踏亩确勘。

① （康熙）《大清会典》卷21《户部五·田土二·荒政》，《近代中国史料丛刊三编》第72辑第713册，文海出版社1992年版，第875—876页。

② 《清圣祖实录》卷113，康熙二十二年十一月甲戌，中华书局1985年影印本，《清实录》第5册，第163页。

③ 《清圣祖实录》卷142，康熙二十八年九月庚子，中华书局1985年影印本，《清实录》第5册，第558页。

④ （乾隆）《钦定大清会典则例》卷54《户部·蠲恤二·拯饥》，文渊阁四库全书本，第11页。

⑤ （嘉庆）《大清会典事例》卷231《户部·蠲恤》，《近代中国史料丛刊三编》第66辑第660册，文海出版社1992年版，第10916页。

（二）乾隆时期

乾隆初年的规定与雍正年间相比又有变化。乾隆二年（1737），"地方倘遇水旱灾伤，督抚一面题报情形，一面遴委大员亲至被灾地方，董率属官，酌量被灾情形，视其饥民多寡，先发仓廪，及时振济，仍于四十五日限内，题明加振"①。据此来看，乾隆初年并不要求督抚亲自勘灾，而是委派地方"大员"，那应是仅次于督抚的道、府一级官员。

乾隆十一年（1746），湖北巡抚严瑞龙提出："各省委查灾赈道府，多有止据印委各官印结，加结详报者。应令各督抚严饬道府，务须亲身督察，实力稽查。"② 这样来看，查赈实际仍由府道官员主持。朝廷要求其亲身督查，不能仅按下级官员的查勘结果加结题报督抚。

乾隆时期的《户部则例》中关于勘灾一项，规定：

> 州县地方被灾，该督抚一面题报情形，一面于知府、同知、通判内遴委妥员（沿河地方兼委河员），会同该州县迅诣灾所，履亩确勘，将被灾分数按照区图村庄，逐加分别申报司道，该管道员履行稽查加结，详请督抚具题，倘或删减分数，严加议处。③

此则规定前半部分与雍正六年一致，后半部分则增加了"将被灾分数按照区图村庄，逐加分别申报司道，该管道员履行稽查加结，详请督抚具题"。即不仅不再要求督抚亲自勘灾，亦不同于之前要求委任道、府、厅官查勘。而是从知府、同知、通判内选择官员，与州县官踏亩确勘，随后上报司道官员。司道官员行稽查之责，后上报督抚。乾隆十六年（1751），乾隆皇帝的谕旨中说：

> 督抚为通省表率，地方之事皆其事。至如水旱震溢，灾及闾阎，尤其最重而最急者。该督抚即应体朕痌瘝乃身之意，无论偏州下邑，

---

① （乾隆）《钦定大清会典则例》卷55《户部·蠲恤三·严奏报之期》，文渊阁四库全书本，第75页。

② 《清高宗实录》卷280，乾隆十一年十二月辛未，中华书局1985年影印本，《清实录》第12册，第658页。

③ （乾隆）《钦定户部则例》第三册卷109《蠲恤·灾蠲》，故宫博物院编：《故宫珍本丛刊》第286册，海南出版社2000年版，第187页。

亲往抚绥。或遇不法棍徒，聚众闹赈，最易滋生事端，亦应亲往弹压，此乃职分当然。而向来督抚率委属员查勘，并不亲行，名曰镇静，实则偷安，独不念灾黎之辗转沟壑，呼号待拯情状耶。督抚每离治所，必须题报，此亦沿袭虚文。督抚一出，人所共知，何待题报。且督抚同城者居多，一人勘灾，尚有一人居守，携篆护篆惟便。如虑随从员役家人，不无骚扰，此自在该督抚之善于约束耳，又岂可因噎废食。是皆历来督抚养尊处优，耽于逸乐，罔恤民艰，遂成锢习，所谓为天子分忧者固如是乎。

　　著通行传谕各省督抚，嗣后不得拘泥往例。凡遇灾伤异常之地，务令亲身前往查察。应行赈恤者，一面赈恤，一面奏闻，则闾阎受惠速而得实济，即以禁奸暴而安善良，其胜委员数倍矣。朕恐民隐不能上闻，省方问俗，尚不惮数动属车，督抚等顾可深居简出，惮跋涉之劳耶。①

上谕中还对河南巡抚鄂容安遇灾亲往查勘进行了嘉奖，对山西巡抚阿思哈、云南总督硕色等遇灾委任属员勘查进行了申斥。总体上，乾隆皇帝对督抚的懒政不作为表达了不满，要求督抚遇有灾荒严重之时，必须亲赴灾区坐镇指挥。然而，次年（1752），乾隆帝又表示：

　　据恒文奏称，十月二十二日起程，前往荆门、郧县等被灾州，加意稽查。一切审题案件，现在咨部扣展等语。直省被灾地方，所贵督抚前往办理者，或因灾伤过重，米价昂贵，民情不甚宁怗，司道守令不能弹压，是以必须亲行耳。今据奏粮价俱不为昂贵，民情亦皆安怗。如此，则司道大员查办足矣，何待亲行。况因此转将一切审解事件，稽迟扣展，益复无谓。前谕各督抚谓以奏明亲往为了事，此正切中其弊矣。恒文著传旨申饬，并谕各督抚知之。②

其中明确了督抚亲往灾区亲勘的前提，即遇有灾情严重、物价昂贵等情形。看来，此时个别督抚仍对是否应该前往灾区勘查不甚明白。又，乾隆

---

①《清高宗实录》卷391，乾隆十六年闰五月丁亥，中华书局1986年影印本，《清实录》第14册，第136—137页。

②《清高宗实录》卷426，乾隆十七年十一月辛酉，中华书局1986年影印本，《清实录》第14册，第572页。

二十三年（1758）圣谕提及：

> 向来外省督抚大吏，遇有地方水旱等事，往往委之属员查勘，并不亲身前往。经朕屡次训饬，数年以来，颇知奋勉，以从前之养尊处优深居简出为戒。但省会重地，督抚既经公出，而藩臬等又多相随而行，无一大员坐镇，殊非慎重地方之道。嗣后凡督抚同城省分，自可公同酌量，分留一人在彼坐镇，即系巡抚专驻之省，亦可当留藩臬大员足资弹压。总之，督抚身任封疆，于各属紧要事件，自当亲身经理，不可徒委之一二属员。①

从这则材料来看，乾隆仍然要求督抚亲赴灾区勘查灾情，并为督抚外出勘灾后所治地方如何处理做了考虑。后来进一步对督抚勘灾作了细化的规定。乾隆二十八年（1763），乾隆帝再次强调：

> 向来各省督抚，于地方应办事务，往往饬委属员，以次转详，遂成通例。此于寻常事件则可，若案情重大，督抚自应躬先董率庶足以资弹压而杜欺蔽。乃积习相沿，并不问事理之轻重，动辄批委属员。督抚既委之司道，司道复委之州县，层层辗转推延，初若不与己事者然。夫为通省表率之大员遇事不能亲身奋往，而以责之递委之州县，不知州县官事权本轻，且不免有庸懦无能之辈混厕其间，安望其必能奋勉集事哉。
>
> 督抚大吏，皆朕所倚任之人。朕尚不敢好逸恶劳，为督抚者，固宜托名敦体，恶劳好逸乎。嗣后务宜各加猛省，痛改前非，毋溺于宴安酖毒，及以掩饰弥缝为得计，既于政务有益，且可自免愆尤，亦何惮而不加淬励乎。傥仍不知悛悟，一经发觉，则开泰、爱必达之炯鉴具在，断不能幸邀曲贷也。②

---

① 《清高宗实录》卷562，乾隆二十三年七月丁酉，中华书局1986年影印本，《清实录》第16册，第131页；（嘉庆）《大清会典事例》卷231《户部·蠲恤》，《近代中国史料丛刊三编》第66辑第660册，文海出版社1992年版，第10931—10932页。

② 《清高宗实录》卷688，乾隆二十八年六月戊戌，中华书局1986年影印本，《清实录》第17册，第709—710页。

同年规定，"嗣后大员查勘灾田，悉令轻骑减从，毋许骚扰地方，倘滥委佐杂，以致滋弊贻误者，议处"①。《户部则例》中也规定：

> 遇灾伤异常之地，责成该督抚轻骑减从，亲往踏勘，将应行赈恤事宜一面奏闻。如烂委属员，贻误滋弊，及听从不肖有司违例供应者，严加议处。凡督抚亲勘灾地者，系督抚同城省分，酌留一员弹压，系督抚专驻省分，酌留藩臬两司弹压。②

从乾隆中晚期开始，对于勘灾人员的规定基本稳定下来。嘉庆朝《大清会典》中载：

> 凡地方有灾者，必速以闻。题报被灾情形，夏灾限六月尽，秋灾限于九月尽。甘肃夏灾不出七月半，秋灾不出十月半。遂定其灾分而题焉。督抚于题报情形时，一面委员勘定被灾分数，自六分至十分者，为成灾，五分以下为勘不成灾。结报督抚扣除程限，统限四十五日内具题。如被灾寻常之区，令督抚一人亲勘，即以应行赈恤事宜奏闻。③

与乾隆时期的规定一致，并无变化。光绪《大清会典》④ 中规定与此类似，亦无变化。

通过对上述材料的梳理，关于清代勘灾人员的问题已经基本可以作结论。即从中央政府来看，皇帝屡次表示，期望督抚可以亲赴灾区勘查。之后在这一问题上有所妥协，但仍要求遇到重大灾害时督抚亲赴灾区勘查。督抚等地方长官则多委任道、府、厅级别官员主持勘灾。督抚则根据他们的勘灾结果上报皇帝，所以要求道、府、厅官亲赴灾区，行稽查之责。

---

① （嘉庆）《大清会典事例》卷231《户部·蠲恤》，《近代中国史料丛刊三编》第66辑第660册，文海出版社1992年版，第10932页。

② （乾隆）《钦定户部则例》第三册卷109《蠲恤·灾蠲》，故宫博物院编：《故宫珍本丛刊》第286册，海南出版社2000年版，第187页。

③ （嘉庆）《大清会典》卷12《户部》，《近代中国史料丛刊三编》第64辑第632册，文海出版社1992年版，第642—643页。

④ （光绪）《钦定大清会典》卷19《户部》，清光绪二十五年原刻本影印，新文丰出版公司1976年版，第205页。

道、府、厅官则委知府、同知、通判等中级官吏与地方州县基层官员会同办理勘灾事宜。在这个过程中，勤勉者即行亲赴灾区督查，懈怠者则将基层官员的勘灾结果直接"止据印委各官印结，加结详报"。地方州县官员则是实际勘灾的主体，他们需要借助衙役、书吏来完成灾情的勘查。

在勘灾一事上，中央对地方州县等基层官员表示出极大的不信任和防范。历朝多次提出要求督抚大员亲自过问、勘查灾情。之后在这一问题上有所妥协，但仍要求遇到重大灾害时督抚亲赴灾区勘查。而对委任州县官员勘灾，自始至终保持了一贯的反对。若遇到灾害严重的年份或者地区，仍需督抚减带人员，亲自勘查。而灾害异常严重时，皇帝则亲自过问，委派钦差前往灾区，与地方各官会同办灾。

二　勘灾时限

自然灾害发生后，灾民急需救济，救灾措施的及时与否对灾害造成的损失轻重有着重要的影响。而救灾活动的及时开展，首先需要尽快掌握各地受灾的详细情况，这样才能妥善应对，所以及时勘明灾情，对救灾工作至关重要。上文已经对报灾的期限作了论述，而勘灾同样也有严格的时限规定。

早在顺治十年（1653），官员季开生上奏设立报灾、勘灾的期限：

> 夏灾限六月终，秋灾限九月终，先将被灾情形驰奏，随于一月之内，查核轻重分数，题请蠲豁。逾限一月内者，巡抚及道府州县各罚俸；逾限一月外者，各降一级；如迟缓已甚者，革职。①

这一建议得到批准，遂永著为例。康熙初年又有变化，康熙三年（1664）规定："州县报灾，或离督抚驻扎地方窵远，定限一月内难以确查。嗣后限三月内查报，违限者，仍照例议处"②。将一月勘灾之限展至三月，应是考虑到有的省份（如陕甘）地域广阔等因素，一月之内难以完成

---

① 《清世祖实录》卷79，顺治十年十一月辛亥，中华书局1985年影印本，《清实录》第3册，第623页。

② （康熙）《大清会典》卷21《户部五·田土二·荒政》，《近代中国史料丛刊三编》第72辑第713册，文海出版社1992年版，第873页。

勘灾及上报督抚的任务，但展至三月，时限似又太长。康熙七年（1668），这一规定即被废止：

> 先定例夏灾不出六月终旬，秋灾不出九月终旬。题报情形，又限一月内题报分数，后宽至三月，则报夏灾分数，直至九月，报秋灾分数直至十二月。苗根已尽，无凭踏勘，易致捏报，以后仍照先定例行。①

嗣后，勘灾仍以一月为限，终康熙一朝，未见有变，只是将顺治十年（1653）所定勘灾逾限的处罚进一步细化。康熙十五年（1676），"被灾地方抚司道府州县官迟报情形，及迟报分数，逾限半月以内者，罚俸六个月，一月以内者，罚俸一年，一月以外者，仍照前定例议处"②。直至雍正六年（1728），对勘灾时限有所延长：

> 一月内造报被灾分数，为时太迫。嗣后，造报分数，勘灾之官宽以十日察覆，上司宽以五日，总以四十五日为限。③
>
> 州县地方被灾，该督抚一面题报情形，一面于知府、同知、通判内遴委妥员，会同该州县迅诣灾所，履亩确勘，将被灾分数按照区图村庄，分别加结题报。其勘报州县官，扣除程限，统于四十五日内勘明题报。如逾限半月以内，递至三月以外者，议处。④

雍正时期，考虑到限期一月勘明灾情并完成上报，易出现官员为了不超期限而敷衍了事，不认真勘灾的情弊，遂将一月之限展至45天，并注明不含程限。但仍规定："如不依限造册题报，州县、道府、布政使、巡抚各官亦照前例（报灾逾限例）议处。"⑤

乾隆初年，勘灾仍以四十五日为限。乾隆二年（1737），题准："地方

---

① （康熙）《大清会典》卷21《户部五·田土二·荒政》，《近代中国史料丛刊三编》第72辑第713册，文海出版社1992年版，第874—875页。

② 同上书，第875页。

③ （乾隆）《钦定大清会典则例》卷55《户部·蠲恤三·严奏报之期》，文渊阁四库全书本，第74—75页。

④ （嘉庆）《大清会典事例》卷231《户部·蠲恤》，《近代中国史料丛刊三编》第66辑第660册，文海出版社1992年版，第10916—10917页。

⑤ （乾隆）《钦定大清会典则例》卷19《吏部》，文渊阁四库全书本，第32页。

倘遇水旱灾伤，督抚一面题报情形，一面遴委大员，亲至被灾地方董率属官，酌量被灾情形，视其饥民多寡，先发仓廪及时振济，仍于四十五日限内题明加振。"① 乾隆五年（1740）奏准："勘灾限期定以四十日为限，将限一月内察明句，改为按限勘明。"②

《清前期的勘灾制度及实践》③ 一文是现有对清代勘灾制度的考察中，较为详尽、系统的成果，但其中亦有可商榷之处。就其所论勘灾之时限问题，认为雍正六年（1728）勘灾期限是正限三十日，展限十五日；乾隆七年（1742）则是正限三十日，展限二十日，此说似有不妥。其文中并未见到有乾隆七年改动勘灾期限的材料，作者也并未说明。依笔者查阅，乾隆年间并未出现勘灾期限为三十日之规定。结合作者所说展限二十日，似应为乾隆十二年（1747），当时规定：

> 州县勘报续被灾伤分数，除旱灾以渐而成，仍照四十日正限勘报外，其原报被水、被霜、被风灾地续灾较重，距原报情形之日，在十五日以外者，准予正限外，展限二十日勘报；距原报情形之日，未过十五日者，统于正限内勘报请题，不准展限。若已过初灾勘报正限之后续被重灾，准另起限期勘报。④

这则材料中确实有展限二十日之说，但材料中明确说明正限为四十日，而非三十日。另外，这里首次出现了勘灾"正限"和"展限"之说，规定在一定情况下，勘灾限期可以在正限之外再展延二十日。但这种展限是在初次勘灾上报之后，地方再次发生灾害之时的规定。也就是说，正限和展限是针对续被灾伤的情况而规定的，对于初次勘灾来说，并无正限、展限之分。雍正六年（1728），仅将初次勘灾的时间由一月之内宽至四十五日，并无对续被灾伤勘灾日期作规定，自然也就无正限、展限之说。

---

① （乾隆）《钦定大清会典则例》卷55《户部·蠲恤三·严奏报之期》，文渊阁四库全书本，第75页。

② （嘉庆）《大清会典事例》卷603《户部二十·户律田宅·检踏灾伤田粮》，《近代中国史料丛刊三编》第69辑，文海出版社1992年版，第1121页。

③ 周琼：《清前期的勘灾制度及实践》，《中国高校社会科学》2015年第3期。

④ （乾隆）《钦定户部则例》第三册卷109《蠲恤·灾蠲》，故宫博物院编：《故宫珍本丛刊》第286册，海南出版社2000年版，第187页；（清）杨景仁编，郝秉键点校：《筹济编》，李文海、夏明方、朱浒主编：《中国荒政书集成》，天津古籍出版社2010年版，第3123页。

乾隆中后期，勘灾的时限由四十日又展至四十五日。乾隆《大清会典》所列十二项荒政措施中，第九项为"严奏报之期"：

> 州县官遇水旱，即申知府，直隶州、布政使司达于巡抚，巡抚具疏以闻。夏灾不出六月，秋灾不出九月，愆期及匿灾不奏报者，论如法。巡抚疏闻，下部，部行覆勘，逮其察实，请拯也，以四十五日为期，其报可，举行造册，达部也，以两月为期，逾期者论。至督抚奏报水旱，每降旨先事绸缪，则较具疏部核之期更为迅速。①

此后，勘灾以四十五日为限，未见再有变化。嘉庆、光绪《大清会典》中规定：

> 凡地方有灾者，必速以闻。题报被灾情形，夏灾限六月尽，秋灾限于九月尽。甘肃夏灾不出七月半，秋灾不出十月半。遂定其灾分而题焉。督抚于题报情形时，一面委员勘定被灾分数，自六分至十分者，为成灾，五分以下为勘不成灾。结报督抚扣除程限，统限四十五日内具题。如被灾寻常之区，令督抚一人亲勘，即以应行赈恤事宜奏闻。②

《清前期的勘灾制度及实践》一文，作者所列对清代勘灾期限梳理之表也有遗漏、不准确之处，兹在原表基础之上修改如下（见表 6-1）。

表 6-1　　　　　　　　　　清代勘灾期限变动

时间	勘灾期限
顺治十年	一月之内
康熙三年	三个月内
康熙七年	一个月内
雍正六年	四十五日
乾隆五年	四十日
乾隆十二年	四十日，续被灾伤，可至六十日

---

① （乾隆）《钦定大清会典》卷19《户部》，文渊阁四库全书本，第10—11页。

② （嘉庆）《大清会典》卷12《户部》，《近代中国史料丛刊三编》第64辑第632册，文海出版社1992年版，第642—643页；（光绪）《钦定大清会典》卷19《户部》，清光绪二十五年原刻本影印，新文丰出版公司1976年版，第205页。

三　勘灾过程

勘灾的具体过程就是由有关官员核查受灾的面积、分数、划分极贫、次贫等，以备后期进行赈济。周琼等详细梳理了乾隆时期勘灾的各道程序，又专文对清代审户程序做了研究，杨明也对勘灾程序有过论述。①

勘灾过程中，最核心、最困难的两项内容，一是确定成灾分数，二是划分户口等级。这两项是之后赈济的主要依据，最为紧要。

勘灾的目的是确定具体受灾的程度，以分数来表示，"成灾五分以至十分，此指收成之分数也。假如被水被旱田亩收成止有一分，则为成灾九分；有二分，则为成灾八分；无收成者，则为成灾十分"②。勘灾后就需要将各地受灾分数分别上报，以便核查后赈恤。救灾时，或缓征或蠲免或赈济，都需要根据受灾的程度，也就是成灾分数来确定。一般来说，灾害发生时，经常出现虽同在一地，但受灾轻重不同的情况，故勘灾结果不以州县为单位，而以村庄为单位上报。康熙八年（1669）规定："直省州县灾伤，不得以阖境地亩总算分数，仍按区图村庄地亩被灾分数蠲免"③。这样做主要是为了在赈济之时能够有所区分。

但并非只要受灾就可以得到政府的蠲免或赈恤，必须达到一定的标准。关于清代成灾的标准，从清初到清中期，发生了一系列的变化。以受灾几分定为成灾，直接关系着缓征、蠲免和赈济的标准划分。杨明认为："在乾隆之前，清代以六分为成灾，至乾隆三年方改为五分"④。从文献记载来看，这一说法并不完全准确。

雍正六年（1728），世宗皇帝在回顾清初灾蠲数额时说：

> 我朝顺治初年，凡被荒之地或全免，或免半，或免十分之三，以

---

① 可参见周琼《清代审户程序研究》，《郑州大学学报》（哲学社会科学版）2011 年第 6 期；周琼：《清前期的勘灾制度及实践》，《中国高校社会科学》2015 年第 3 期；杨明：《清代救荒法律制度研究》，中国政法大学出版社 2014 年版。

② （清）语石生：《办灾赘言》，杨西明编著：《灾赈全书》卷 3，李文海、夏明方主编：《中国荒政全书（第二辑）》卷 3，北京古籍出版社 2004 年版，第 529 页。

③ （康熙）《大清会典》卷 21《户部五·田土二·荒政》，《近代中国史料丛刊三编》第 72 辑第 713 册，文海出版社 1992 年版，第 885 页。

④ 杨明：《清代救荒法律制度研究》，中国政法大学出版社 2014 年版，第 48 页。

被灾之轻重，定蠲数之多寡。顺治十年议定，被灾八九十分者，免十分之三，五六七分者，免十分之二，四分者，免十分之一。康熙十七年议定，歉收地方，除五分以下不成灾外，六分者免十分之一，七分八分者，免十分之二，九分十分者，免十分之三。①

又如乾隆三年（1738）上谕：

> 朕思田禾被灾五分，则收成仅得其半，输将国赋，未免艰难。所当推广皇仁，使被灾较轻之地亩，亦得均沾恩泽者。嗣后著将被灾五分之处，亦准报灾，地方官查勘明确，蠲免钱粮十分之一。永著为例。②

从这两条材料中可知，清代的成灾标准，顺治初年，并无定例。顺治十年至康熙十七年间（1653—1678），以四分成灾；康熙十七年后至乾隆三年间（1678—1738），以六分成灾。乾隆三年后，以五分成灾。另，道光二十七年（1847），议定，"嗣后成灾五分以上，仍照例缓征，至五分以下，勘不成灾，其中偶有一二村庄，实应请缓者，该督抚务另折声叙，并将何区何图，及村庄名目，明晰开列，毋得笼统"③。这里所谓的"成灾"是指对于政府而言，只有农作物受灾减产到一定程度，才能符合政府缓征、蠲免或赈济的底线要求。

查赈就是根据勘灾的实际情况，结合灾民的经济能力，划分灾户等级，同时查明灾户内大小口人数，登记造册，以此作为随后赈济的依据。

《户部则例》中规定："凡地方被灾，该管官一面将田地成灾分数依限勘报，一面将应赈户口迅查开赈，另详请题。若灾户少，易于查察者，即于踏勘灾田限内带查并报。"同时规定："凡灾地应赈户口，应委正佐官分地确查，亲填入册，不得假手胥役。其灾户内有贡监生员，赤贫应赈者，责成该学教官册报入赈，倘有不肖绅衿及吏役人等，串通捏冒，察出革

---

① 《清世宗实录》卷67，雍正六年三月癸丑，中华书局1985年影印本，《清实录》第7册，第1019—1020页。

② 中国第一历史档案馆：《乾隆朝上谕档》第一册，乾隆三年五月十五日，档案出版社1991年版，第274页。

③ （光绪）《大清会典事例》第四册卷288《户部一三七·蠲恤·灾伤之等》，中华书局据清光绪二十五年石印本影印，第371页。

究。若查赈官开报不实，或徇从冒滥，或挟私妄驳者，均以不职参治"①。

实际查赈过程中，划分极贫、次贫是比较困难的一环。同样的自然灾害，因灾民的家庭经济条件不同，灾害造成的损失也就不同，家有余粮者或尚可勉力支撑，家无盖藏者则濒临破产。

从整体来看，清代一直将灾户等级划分为极贫和次贫两等。② 关于划分依据，全国并没有一个明确统一的标准。一般而言，"凡无地无力无牛具农器者为极贫，地仅十数亩，已被水淹，虽有牛具农器无力为次贫"③。又言"贫民当分极、次，全在察看情形。如产微力薄，家无担石，或房倾业废，孤寡老弱，鹄面鸠形，朝不谋夕者，是为极贫。如田虽被灾，盖藏未尽，或有微业可营，尚非急不及待者，是为次贫"④。但这样的标准可操作性较差，赈济时是应一视同仁还是有所倾斜，一直存在争议。乾隆时，官员王恕曾上疏指出：

> 救灾之法有三：曰赈，曰粜，曰借。此三者，实心办理则益民，奉行不善则害政。以赈而论，地方有司，于仓猝查报时，分极贫、次贫。一有差等，便启弊端。里甲于此酬恩怨，胥役于此得上下，而民之冀幸而生觊望者，更不待言。盖贫富易辨，极次难分。如以有田为次贫，无田为极贫，一遇旱涝，颗粒皆无，有田与无田等也。如以有家为次贫，无家为极贫，则无从得食，相忍守饥，完聚与茕独同也。与其仓猝分别，开争竞之门，莫如一视同仁，绝觊觎之望。⑤

曾任两广总督的王庆云也认为：

> 臣以为民有贫富之差，固也。至于均之贫民，均之被灾，则极贫

---

① （乾隆）《钦定户部则例》第三册卷110《蠲恤·赈济》，故宫博物院编：《故宫珍本丛刊》第286册，海南出版社2000年版，第193页。

② 个别省份情况较特殊，如山西、湖广等不划分等级，浙江等地则曾划分为三等，因不涉及宁夏地区，故不再赘述。可参考《光绪大清会典事例》卷271，《清文献通考》卷46《国用考》。

③ （清）吴元炜：《赈略》卷上，《开给委员查赈规条单式》，李文海、夏明方主编：《中国荒政全书（第二辑）》卷1，北京古籍出版社2004年版，第687页。

④ （清）汪志伊：《荒政辑要》卷3《查勘》，李文海、夏明方主编：《中国荒政全书（第二辑）》卷2，北京古籍出版社2004年版，第572页。

⑤ （民国）赵尔巽：《清史稿》卷308《王恕传》，中华书局1977年版，第1641页。

与次贫，其辨甚微，况区之以又次贫之目。是徒使吏胥上下操纵，以市其升合之恩，岂朝廷救灾意乎！①

从中可以看出，地方官员在实际划分等级时遇到的两难困境。宁夏地区所属的甘肃省的划分标准，则兼顾了户中的人口数和收获量，即以人均收获量为标准，"甘省贫民，盖藏本鲜，现值荒岁，度日皆难。论贫乃无所不极，应以人口众多而地亩全荒者为极贫，人口本少而地亩尚有薄收者为次贫"②。从赈灾记录来看，在实际执行过程中，经常有不按极贫、次贫等级，按统一标准发放的情况发生。乾隆二十九年（1764），乾隆帝谕：

> 甘省皋兰等属，上年夏秋俱有偏灾较重之处。虽经该督抚等照例抚赈，灾黎自可不致失所。第念该省土瘠民贫，生计维艰，时届春和，若使饔飧不继，何以课其尽力田畴。著再加恩，将夏秋两次被灾之永昌、西宁、碾伯三县，无论极次贫民，俱各展赈两个月。其夏禾被旱之皋兰县，并所属之红水，张掖县并所属之东乐以及抚彝厅、山丹、庄浪厅、武威、镇番、古浪、平番、中卫，秋禾被灾之狄道、河州、靖远、平凉、华亭、固原、隆德、盐茶厅、摆羊戎厅等十九厅、州、县，无论极次贫民，俱各展赈一个月，以资接济。③

这是以皇帝额外施以恩典的形式，对经济落后地区不划分极贫与次贫，但仍然有一定的区别，夏秋两季受灾展赈两月，单季受灾展赈一月。

查赈时，除了区分极次贫，还要查明大小口数。一般而言，"以十六岁以上为大口，十六岁以下至能行走者为小口。其在襁褓者，不准入册"④。此外，文献中亦有记载以十二岁以下为小口。⑤ 查赈结束后，将灾

---

① （清）王庆云：《石渠余纪》卷1《纪赈贷》，北京古籍出版社1985年版，第5页。

② （清）吴元炜：《赈略》卷1《开给委员查赈规条单式》，载李文海、夏明方主编《中国荒政全书（第二辑）》卷1，北京古籍出版社2004年版，第687页。

③ 《清高宗实录》卷702，乾隆二十九年正月甲寅，中华书局1986年影印本，《清实录》第17册，第845—846页。

④ （清）汪志伊：《荒政辑要》卷3《查勘》，李文海、夏明方主编：《中国荒政全书（第二辑）》卷2，北京古籍出版社2004年版，第572页。

⑤ （清）方观承：《赈纪》卷2《核赈》，李文海、夏明方主编：《中国荒政全书（第二辑）》卷1，北京古籍出版社2004年版，第503页；（清）吴元炜：《赈略》卷上《开给委员查赈规条单式》，李文海、夏明方主编：《中国荒政全书（第二辑）》卷1，北京古籍出版社2004年版，第686页。

户内大小口、极、次贫等信息登记造册，同时向灾民发放赈票，作为之后发赈的依据。

第三节　发放赈济

发赈即向灾民以日给或月给，发放赈粮、赈银或银粮兼赈。乾隆以前，一般是在勘灾之后，根据勘灾结果发放赈济。从乾隆时起，建立了边勘边赈制度，即勘灾的同时先发放一定的赈济，勘灾之后再根据灾情进行后续赈济。

鉴于发赈既是勘灾的程序，也是救灾的重要措施之一，后文章节将对其详细论述，本节仅对其做一个初步梳理。

一　乾隆以前的发赈

乾隆以前，发赈一般是在地方官员将勘灾结果上报中央，中央政府批准之后，地方官员再对灾民进行赈济，一般称为散赈。而勘灾及公文往来都需要一定的时间，所以灾民往往不能在灾后得到及时的赈济。散赈的时长和标准，一直没有统一的规定，一般由督抚视具体灾情向中央题请。

清人王庆云考察清前期荒政时指出：

> 国初赈务，于旗地加详，间及直隶。康熙九年，淮扬水，人给米五斗。又分设米厂，人日一升，三日一给。自是以后，各省赈灾，大率口日以合计。时频年赈恤，发帑数十万或百万，遣部院堂司官往司其事。至被灾地广，惟恐恩泽或遗，则分命大臣往赈。①

考察康熙《大清会典》所记，顺治年间进行赈济的对象一般以旗地为主。王庆云所言"间及直隶"，应指顺治十一年（1654），"特命发户礼兵工四部库贮银十六万两，并官中节省银八万两，分给赈济直隶各府饥

---

① （清）王庆云：《石渠余纪》卷1《纪赈贷》，北京古籍出版社2000年版，第4页。

民"①。

康熙九年（1670），江南江西总督麻勒吉奏报，淮、扬二府发生水灾，但各属粮食，已为上年赈灾所用，题请"暂那正项钱粮。俟劝输捐纳，补还正项"。户部议覆认为："正项不便动支，应将凤阳仓存贮及捐输扣存各项银米，交贤能官员散赈。如有不足，劝谕通省各官，设法捐输。"康熙皇帝最后决定："著差部院廉能大臣一员，作速前往踏勘。果系被灾已甚，无以为生，即会同督抚，一面将正项钱粮动用赈济。若系次灾，即照部议，将各项粮米赈济"②。此时，地方督抚遇灾，无权自行动用正项钱粮进行赈济，而是需要向中央题请。次年，"特遣部臣会同督抚，截留漕米，并凤徐各仓米，赈济淮扬灾民。每名给米五斗，六岁以上十岁以下半给，各处约同日散票，以杜重冒之弊，两河岸乞食者，酌量加给"③。同时，山东道御史徐越疏言：

> 淮扬饥民，现议赈恤。臣谓及今赈济之法，宜于各府州县，分设米厂。厂不一处，使饥民无奔赴守候拥挤之患。然后计人给米，每日人各一升，每三日一放。则一石米，可以养活一人于百日矣。万石米，即可以养活万人于百日矣。即多至十万灾黎，亦止需十万石米耳。伏乞敕部差贤能司官，每府各一员，协同地方官，亲身遍历，如法赈济，至麦收后停止。疏入，上是其言。命差往赈济侍郎田逢吉等速如议行。④

二　乾隆及以后

乾隆时期，发赈程序逐渐完善，赈济的阶段性区分亦更加明显。每个阶段的赈济，都有明显的不同适用情况和各自的特点。

---

① （康熙）《大清会典》卷21《户部五·田土二·荒政》，《近代中国史料丛刊三编》第72辑第713册，文海出版社1992年版，第897页。

② 《清圣祖实录》卷33，康熙九年七月丁巳，中华书局1985年影印本，《清实录》第4册，第450页。

③ （康熙）《大清会典》卷21《户部五·田土二·荒政》，《近代中国史料丛刊三编》第72辑第713册，文海出版社1992年版，第899页。

④ 《清圣祖实录》卷35，康熙十年四月癸未，中华书局1985年影印本，《清实录》第4册，第478页。

　　乾隆初年，建立了边勘边赈的制度，谓之正赈或急赈，使得赈济更具时效性。此阶段一般情况下，乏食者皆可得到赈济，覆盖面较广。勘灾之后根据勘灾结果，以成灾分数和极贫、次贫的不同再次赈济一至五月不等，一般谓之加赈。加赈亦可根据具体情况展限，仍称为加赈。初次或再次加赈之后，一般赈期已至次年，若遇青黄不接之时，仍可再次进行赈济。一般谓之展赈或概赈，但有时没有严格区分，仍称为加赈。此阶段一般亦不严格按照成灾分数和极贫、次贫进行赈济。

　　　　民田秋月水旱成灾，该督抚一面题报情形，一面饬属发仓，将乏食贫民，不论成灾分数，均先行正赈一个月。仍于四十五日限内，按查明成灾分数，分析极贫、次贫，具题加赈。被灾十分者，极贫加赈四个月，次贫加赈三个月；九分者，极贫加赈三个月，次贫加赈两个月；八分七分者，极贫加赈两个月，次贫加赈一个月；被灾六分者，极贫加赈一个月；被灾五分者，酌借来春口粮。应赈每口米数，大口日给米五合，小口二合五勺，按日合月小建扣除，银米兼给谷则倍之。闲散贫民，同力田灾民，一体给赈。闻赈归来者，并准入册赈恤。贫生赈粮，由该学校教官散给。灾民赈粮，由州县亲身散给。州县不能兼顾，该督抚委员协同办理。凡散赈处所，在城设厂之外，仍于四乡分厂，其运米脚费，同赈济银米，事竣一体题销。若赈毕之后，间遇青黄不接，仍准该州县详请平粜或酌借口粮。其有连年积歉，及当年灾出非常，须于正赈，加赈之外，再加赈续者，该督抚临时题请。①

　　从救灾制度层面来看，清代的荒政制度经过顺治、康熙、雍正三朝的不断细化和补充，至乾隆中期，已经较为完善。完备齐全的救灾制度，主要来源于清前期的救灾实践。虽有成规俱在，但是在实际的救灾过程中，仍然需要地方官员因时因灾的不同而变通处理，最高统治者也多次强调这一点。

---

　　① （乾隆）《钦定户部则例》第三册卷110《蠲恤·赈济》，故宫博物院编：《故宫珍本丛刊》第286册，海南出版社2000年版，第193—194页；（乾隆）《钦定大清会典》卷19《户部》，文渊阁四库全书本，第5—7页。

第七章　清代宁夏地区主要救灾措施及实施情况

　　《周礼》较早对古代荒政的内容作了总结和构想："以荒政十有二聚万民：一曰散利，二曰薄征，三曰缓刑，四曰弛力，五曰舍禁，六曰去几，七曰眚礼，八曰杀哀，九曰蕃乐，十曰多昏，十有一曰索鬼神，十有二曰除盗贼。"① 清代的各项救灾措施中，明显受此影响。五朝《会典》中所列各项荒政之策，大都可以在《周礼》的十二条荒政之中找到其源流。乾隆、嘉庆、光绪三朝《会典》中以荒政条，下列十二项荒政措施，以对应《周礼》中的荒政十二条。如乾隆《大清会典》载，凡荒政十有二：一曰救灾、二曰拯饥、三曰平粜、四曰贷粟、五曰蠲赋、六曰缓征、七曰通商、八曰劝输、九曰严奏报之期、十曰辨灾伤之等、十有一曰兴土功使民就佣、十有二曰反流亡使民生聚。② 嘉庆、光绪《大清会典》中，虽然个别条目名称有所变化，但其内容基本一致。③

　　清代的救灾措施，源于之前历代积累，但内容上更加丰富，程序上更加严格、规范。顺、康、雍时期，是清代救灾制度的建立和发展时期。至乾隆前期，各项救灾制度已经较为完备，救灾之时，基本是各项条规俱在，有例可依。本章主要考察在宁夏地区进行的几项重要的救灾措施，如缓征、蠲免、赈济、借贷等。

---

　　① 杨天宇译注：《周礼译注》，上海古籍出版社 2016 年版，第 204 页。
　　② （乾隆）《钦定大清会典》卷 19《户部·蠲恤》，清文渊阁四库全书本。
　　③ （嘉庆）《钦定大清会典》卷 12《户部》，《近代中国史料丛刊三编》第 64 辑，第 632 册，文海出版社 1992 年版；（清）昆冈：（光绪）《钦定大清会典》卷 19《户部》，新文丰出版公司据清光绪二十五年原刻本 1976 年影印。

第一节　缓征

缓征，即在遇灾之后，政府允许受灾户将本年应征的钱粮缓至来年缴纳，或摊至几年内缴纳。这样可以在一定时间内减轻灾民的负担，一般适用于受灾较轻的情形。缓征主要涉及的问题有停征、缓征的标准和范围等。

一　停征

自然灾害发生后，灾民度日艰难，沦为需要救助的对象，自然难以完纳国家赋税。故灾害发生后，首先需要停征受灾地区的赋税。顺治八年（1651），刑科给事中赵进美上奏指出：

> 浙江财赋重地，今岁荒涝异常。山东洪水肆虐，民不堪命。查蠲恤旧例，必经勘明灾伤分数，部行之督抚，按下至监司府州县。文移往来，动经时月。请饬抚按，照道里远近，严定限期，蚤报蚤覆，违者参究。勘过州县，暂停征比，以俟恩命。其各省备赈仓谷，及养士学田，当速为赈发。他如通粜平价，劝施煮粥之类，苟行之不力，究无实济。请敕抚按，择廉能方面官，专董其事，巡历查访，不时举报，以为有司考成，则灾黎得以全生矣。得旨，所司查议速行。①

赵进美认为，旧例需要勘明受灾分数才能进行蠲恤，贻误时日，不利于救灾，建议此后勘过灾的州县，即将钱粮暂停征收。这一建议得到批准，并收入《大清会典》当中。②但此时并未提出具体停征的数额，直到康熙四年（1665），户部提出：

> 凡被灾地方，夏灾不出六月，秋灾不出九月。各抚具题，差官履亩踏勘，将被灾分数，详造册结，题照分数蠲免。但本年钱粮，有司

---

① 《清世祖实录》卷59，顺治八年八月辛亥，中华书局1985年影印本，《清实录》第3册，第464页。

② （康熙）《大清会典》卷21《户部五·田土二·荒政》，《近代中国史料丛刊三编》第72辑，第713册，文海出版社1992年版，第892页。

畏于考成，必已敲扑全完，则有蠲免之名，而民不得实惠。以后被灾州县，将本年钱粮，先暂行停征十分之三，候题明分数，照例蠲免，庶小民得沾实惠。①

户部建议将受灾州县的钱粮先停征十分之三，康熙帝批准后，将此纳入会典当中，同时增加了相应的处罚办法："遇灾地方，督抚一面题报，一面行令州县，停征钱粮十分之三。如州县故将告示迟延，不即行晓谕者，以违旨侵欺从重议罪，道府降三级调用，抚司降一级调用。"②

二　缓征的标准

勘灾之后，根据各户具体受灾情况，决定将钱粮税赋暂缓征收或是免征。若灾情较轻，则缓征钱粮。自康熙《大清会典》始，五朝《会典》中均列了"缓征"一项。但康熙、雍正二朝《会典》仅列举了历年缓征事例，并未对缓征的标准及分为几年带征做出制度性的规定。从这一时期各省份的救灾事例中看，清初缓征一般分作一至三年不等。

乾隆朝会典中载：

六曰缓征。如屡丰之后，忽遇偏灾，虽民不重困，而输赋维艰；或积歉之岁，旧负未偿，新逋又至，乃缓其催科之期，以宽民力。被灾八分以上者，分作三年带输；被灾五分以上者，分作二年带输。均期至次年麦熟起征。若次年又无麦，则期至秋收后征之，仍按其应缓之年麦后递缓。至秋后带其征之数已多，亦视督抚奏请特旨，均与豁除。③

乾隆时期，虽对缓征的标准作了规定。但对标准确立的时间，却没有提及。杨明④据《钦定大清会典则例》中的记载：

乾隆元年，又谕各省缓征钱粮，例于下年带征，以完国课。朕思

---

① 《清圣祖实录》卷14，康熙四年正月丙申，中华书局1985年影印本，《清实录》第4册，第218页。

② （康熙）《大清会典》卷21《户部五·田土二·荒政》，《近代中国史料丛刊三编》第72辑，第713册，文海出版社1992年版，第892—893页。

③ （乾隆）《钦定大清会典》卷19《户部·蠲恤·拯饥》，清文渊阁四库全书本，第9—10页。

④ 杨明：《清代救荒法律制度研究》，中国政法大学出版社2014年版，第94—95页。

年谷荒歉，有分数多寡不同。若本年被灾尚轻，次年幸值丰收，则带征尚不致竭力。若本年被灾较重，则民间元气已亏，次年即遇丰收，小民既完本年应输钱粮，又完从前带征之项，必致竭蹶。著勘明被灾不及五分者，缓至次年征收。其被灾较重者，分作三年带征。被灾稍轻者，分作二年带征，以纾民力。①

认为乾隆元年（1736）即定缓征的分数标准，又引《大清律例》中乾隆二年（1737），议复安徽布政使晏斯盛的条奏时定例：

凡各省地方被灾，不及五分，有奉旨及督抚题请缓征者，于次年麦熟后，只令催征旧欠，其本年钱粮，准于九月后催征。若深冬方得雨雪及积水退者，缓至次年秋收催征。如被灾八分、九分、十分者，将该年缓征钱粮，俱分作三年带征。被灾五分、六分、七分者，分作两年带征，以纾民力。②

认为乾隆二年（1737）即定以成灾八分以上为被灾较重，成灾五至七分为被灾稍轻。笔者查《清实录》中，对缓征标准的确定时间上与杨明的考察有冲突。据《清实录》载，乾隆三年（1738），乾隆帝命酌定各省缓征钱粮，分别带征之例，谕曰：

各省缓征钱粮，例于下年带征，以完国课。朕思年谷荒歉，有分数多寡不同。若本年被灾尚轻，次年幸值丰收，则完纳带征之项，尚不至于竭力。若本年被灾较重，则民间元气已亏。次年即遇丰收，小民既完本年应输钱粮，又欲完从前带征之项，力量岂能有余，必至竭蹶从事。朕念切养民，闾阎生计，日筹于怀。今朕虑及此，其如何酌量变通，著为定例，惠济斯民之处，九卿定议具奏。③

同年八月，户部等衙门遵旨议覆：

① （乾隆）《钦定大清会典则例》卷55《户部·蠲恤·缓征》，文渊阁四库全书本，第47页。

② 《大清律例》卷9《户律·田宅·检踏灾伤钱粮》，清文渊阁四库全书本，第9页。

③ 《清高宗实录》卷74，乾隆三年八月戊子，中华书局1985年影印本，《清实录》第10册，第181页。

直省缓征钱粮，虽有缓至次年麦熟，及秋后征收之例。但一年之内，仍属新旧全征，民力未免拮据。请嗣后分别被灾之轻重，以为带征之年限。如本年被灾八分九分十分者，缓作三年带征；其止五分六分七分者，缓作二年带征；俾小民得以从容完纳。得旨，允行。①

《清实录》中对缓征标准确定的时间，记载很明确，应为乾隆三年（1738）。但即便在此标准确立之后，在各地的救灾实践过程中，经常出现不按常规的做法。尤其宁夏地区所属的甘肃一省，统治者向来认为属于"地瘠民贫"之地，缓征的标准执行起来往往较为宽松。

三　缓征的范围

关于缓征是以州县为单位还是具体到州县内的村庄进行？这一问题已有学者注意到。② 前文曾提及，为了使受灾较重地区得到更好的救济，康熙八年（1669）规定："直省州县灾伤，不得以阖境地亩总算分数，仍按区图村庄地亩被灾分数蠲免。"③ 雍正六年（1728），雍正帝又强调："州县地方被灾，该督抚一面题报情形，一面于知府、同知、通判内遴委妥员，会同该州县迅诣灾所，履亩确勘，将被灾分数按照区图村庄，分别加结题报。"④

杨明主要以乾隆四十六年（1781），乾隆帝在询问山东办赈事宜为例，对这一问题作了论述。⑤ 乾隆四十七年（1782）十一月，乾隆帝谕曰：

明兴来京陛见，面询以该省办灾事宜。据称济宁、曹州等府所属各州县中，其被水淹浸之乡，所有村庄，查明分数，即遵照恩旨，不

①《清高宗实录》卷75，乾隆三年八月丙午，中华书局1985年影印本，《清实录》第10册，第193页。

②杨明：《清代救荒法律制度研究》，中国政法大学出版社2014年版，第95页。

③（康熙）《大清会典》卷21《户部五·田土二·荒政》，《近代中国史料丛刊三编》第72辑，第713册，文海出版社1992年版，第885页。

④（嘉庆）《大清会典事例》卷231《户部·蠲恤》，《近代中国史料丛刊三编》第66辑，第660册，文海出版社1992年版，第10916页。

⑤杨明所据材料为（嘉庆）《大清会典事例》卷227《户部·蠲恤·缓征二》，笔者查阅此书，实载为乾隆四十七年（1782），《清实录》中亦载此事为乾隆四十七年。

拘月分，给予常川赈恤。至未经被水各乡，所有庄户，收成原属丰稔，是以仍照例征收地丁银粮等语。各省办理灾赈事务，虽例应确查实在被水乡庄，给予赈恤，毋致冒滥。但一州一邑之中，其未经被水乡庄，究与灾地不远。该处乡邻，敦任恤之谊，有无相通，自所必有。是未被灾之邻村，亦应加意休养，使得分其有余，以济不足。著将山东被水各州县中，成灾在五分以上者，其成熟之各乡庄，概予缓至明岁秋季征收，以纾民力。其与东省毗连之江南徐州等属，并著萨载等查明，遵照一体办理。嗣后各直省遇有灾赈事务，将成灾五分以上州县之成熟乡庄，俱著照例一体缓征。俾得通融周济，以示朕轸念灾黎，有加无已之至意，著为令。①

乾隆帝认为，山东办灾过程中，"未经被水各乡所有庄户，收成原属丰稔，是以仍照例征收地丁银粮"的办法不妥，即定嗣后各省缓征以州县为单位。但杨明由此推测："乾隆帝在这次接见之前恐怕也不曾得知地方办赈中如此操作"②，恐怕不妥。据笔者查阅文献，早在乾隆二十二年（1757）豫省办灾之时，乾隆帝就下令对未成灾地进行一体缓征：

豫省今岁被灾较重，前经降旨，将被灾各州县应征漕项、地丁、银米，分别蠲缓。其地本高阜，未经被水者，原应照数输纳，不在应缓之例。但念此等地亩，虽无积水淹浸，而与灾地毗连，收成自属歉薄，民力未免拮据。著加恩将该省被水州县内，分出之未被灾地亩本年应征漕项及地丁银两，一体缓至次年麦熟后征收。俾小民得以从容完纳，以示优恤至意，该部即遵谕行。③

只是此次处理的办法并未成为规定，推及各省，而是在乾隆四十七年（1782）后著为定例。嘉庆和光绪朝会典中，则将此规定收入：

---

　　①《清高宗实录》卷1168，乾隆四十七年十一月戊戌，中华书局1986年影印本，《清实录》第23册，第664页。

　　② 杨明：《清代救荒法律制度研究》，中国政法大学出版社2014年版，第95页。

　　③《清高宗实录》卷545，乾隆二十二年八月己丑，中华书局1986年影印本，《清实录》第15册，第937页。

八曰缓征。灾地勘报之日即行停征，所停钱粮系被灾十分、九分、八分者，三年带征；系受灾七分、六分、五分者，二年带征；五分以下勘不成灾，有奉旨缓征，其次年麦熟后应征钱粮递行缓至秋成。若被灾之年，深冬方得雨雪，及积水方退者，另疏题明，将应缓至麦熟钱粮再缓至秋成，新旧并纳。又成灾五分以上州县中之成熟乡庄，应征钱粮，亦一体缓征。①

四　宁夏地区缓征情况的考察

宁夏所属甘肃一省，地瘠民贫，遇有灾年，清朝统治者往往对其格外照顾。乾隆初年缓征标准确定之前即是如此。

康熙四十年（1701），甘肃宁夏等处被旱，"将钱粮暂行停征。又议准，甘属本年钱粮于四十二年带征"②。有的年份甚至将未成灾的地区，也予以缓征。乾隆元年（1736），乾隆帝谕：

雍正十三年，平凉府所属厅州县，并巩昌府属西固厅、庆阳府属环县及宁夏府属灵州之花马池、石沟等堡、中卫之香山一带，收成稍歉，彼时朕即降旨，令该督抚加意轸恤，并将各该处额征本色粮石，缓至次年夏收后，看年岁光景奏闻，再行征收。今据该督抚奏报各处收成，有六七分者，亦有八九分者。朕思此等地方，上年收成歉薄，今虽收获，民力未必宽余。若新旧并征，小民不无窘迫。著将缓征本色粮石，自本年为始，分作五年带征还项。③

此年花马池、中卫等地农作物俱有收获，六至九分不等，按当时的标准并未成灾。但因上年受灾，仍将钱粮分作五年征收。从清代缓征的时限来看，一般为一至三年，五年完纳应属较长。

---

① （嘉庆）《大清会典》卷 12《户部》，《近代中国史料丛刊三编》第 64 辑，第 632 册，文海出版社 1992 年版，第 641—642 页。

② （雍正）《钦定大清会典》卷 38《户部·蠲恤三·缓征》，《近代中国史料丛刊三编》第 77 辑，第 766 册，文海出版社 1994 年版，第 2073 页。

③ 《清高宗实录》卷 26，乾隆元年九月丙午，中华书局 1985 年影印本，《清实录》第 9 册，第 582 页。

乾隆三年（1738）缓征的标准确定，但对甘肃一地，清廷仍时常加恩。以下按时间顺序作一个梳理：

乾隆七年（1742）四月：

> 朕念甘省地瘠民贫，前特降旨，将民欠借粮，自雍正六年至十三年者，一概蠲免。其乾隆元年以后借欠之项，从壬戌年（乾隆七年）为始，分作六年带征。至最寒苦之武威、平番、永昌、古浪、西宁、碾伯等六县，则将带征之项一并豁免。①

乾隆八年（1743）四月：

> 甘省地方，山土硗瘠，风气苦寒，民力艰难，甚于他省。一遇歉收，所有应征钱粮，往往不能按期完纳。如……平凉府属之平凉、泾州、灵台、固原、盐茶厅、镇原、静宁、华亭，庆阳府属之安化，宁夏府属之中卫、花马池，甘州府属之张掖等处。既有本年正额银粮，及本年借贷籽种口粮，又有从前借欠籽种口粮，分作六年带征之项，统应完纳。加以积年旧欠地丁银粮，为数繁多，一时交集，小民力难兼营，深可轸念。朕思本年额赋，系惟正之供，例应输纳。本年所借籽种口粮，春贷秋偿，亦应如数交还。至于从前借欠之籽种口粮，已分作六年带征，无庸再缓。惟有旧欠地丁银粮，自乾隆元年起，至二三四五六七等年积算，其数较之一岁正额，几至加倍。若责令一时输将，民力实为竭蹶。著将皋兰等十六厅州县，节年旧欠地丁银粮，分作四年带征。②

乾隆九年（1744）三月：

> 甘肃地方，向来民间积欠繁多。朕曾降旨，将张掖……中卫九州县民欠，自乾隆八年为始，分作四年带征。……此外应征旧欠钱粮，

---

① 《清高宗实录》卷165，乾隆七年四月丁未，中华书局1985年影印本，《清实录》第11册，第81页。

② 《清高宗实录》卷191，乾隆八年四月戊寅，中华书局1985年影印本，《清实录》第11册，第456—457页。

理宜按期输纳，但念该省土瘠民贫，地处边陲，非内地可比，一年而清积年之欠，未免艰难。著将张掖……灵州、中卫十三州县及武威、西宁二县，累年未完积欠银粮草束等项，再行宽缓。自乾隆九年为始，分作六年带征，以纾民力。①

乾隆十二年（1747），宁夏盐茶厅、中卫、灵州等地发生旱灾，次年（1748）二月赋税开征之时，未及确定今年是否有灾害发生，乾隆帝就下令将当年钱粮缓征：

> 上年甘省兰州等府属有被旱成灾之处，已加恩赈恤。俾灾黎不致失所，惟是本年地丁银两，例于二月开征，朕念入春以来，现在加赈，去麦秋尚远，其应纳额银，即于此时征输，小民未免拮据。著将兰州等府属之皋兰……西固厅、盐茶厅、平番、中卫、灵州十三处被灾地方，所有本年应纳钱粮，缓至秋成后再行征收，以纾民力。②

乾隆十四年（1749），甘肃巡抚鄂昌奏报宁夏、宁朔、中卫三县受灾，收成五分以上，乾隆帝亦格外加恩，予以缓征：

> 宁夏府属之宁夏、宁朔、中卫三县……秋收俱仅五分以上，实属歉薄等语。收成五分以上，例不蠲免钱粮。但该省土瘠民贫，偶值歉收民力不无拮据，宜量加体恤。著将张掖……宁夏、宁朔、中卫、肃州、高台等州县堡属本年未完正赋，及带征各年正借钱粮，暂予缓征，俟明岁麦熟后照例催纳。③

据清代成灾标准，收成五分以上，未达缓征的最低标准，并未成灾。但乾隆顾念此地贫瘠，仍令将新旧钱粮缓征。

乾隆三十六年（1771），陕甘总督明山上奏，因甘肃省连年灾歉，奏

---

　① 《清高宗实录》卷213，乾隆九年三月甲辰，中华书局1985年影印本，《清实录》第11册，第737页。

　② 《清高宗实录》卷309，乾隆十三年二月辛未，中华书局1986年影印本，《清实录》第13册，第39页。

　③ 《清高宗实录》卷352，乾隆十四年十一月丙午，中华书局1986年影印本，《清实录》第13册，第858—859页。

请将历年民借籽种口粮牛本等项钱粮缓作四至六年征收。乾隆皇帝表示：

> 该省边陲地瘠，民乏盖藏。从前因办理军需，岁予蠲贷，间阎几不知有输将。自大功告成以后，无从格外施恩，而常时所借籽种等项，例应按年偿纳，乃比岁叠被偏灾，收成歉薄，致旧欠日积日多，在小民固属分所应完，即带征已为体恤。第念各该州县民间借欠，究属因灾，若令其新旧并完，贫民未免拮据。著加恩，将甘省各厅州县，所有节年未完民借籽种口粮等项仓粮四百四万余石，概行蠲免，俾边氓得免追呼。其未完银一百三十二万余两，无论被灾轻重，统予分作六年带征完纳，以纾民力。①

面对甘肃省的连年灾歉，乾隆帝即下令将积欠粮四百余万石一律予以蠲免，折色银一百三十二万余两，则分作六年带征。然至乾隆四十年（1775）正月，仅完纳二十八万六千余两，不到原欠额的 22%，仍欠银上百万两。乾隆帝再次下令予以展限：

> 甘肃僻近西陲，民贫土瘠，一遇水旱偏灾，即降旨蠲赈缓带，殆无虚岁。第念该省，每年均有应征地丁籽粮等项，若同时新旧并征，民力恐不无艰窘，自应再加区别展带，用昭体恤。所有河州等二十五处，历年虽间有灾伤，不过一隅，收成尚稔。其未完银十三万六千八百余两，仍依原限带征外。其宁远等十二处，虽有偏灾，尚不致荒歉，其未完银十八万四千六百余两，于原限之外，再展限二年。至皋兰等十二处，历年被灾稍重，民力更觉拮据，其未完银七十一万九千余两，于原限之外，再展限四年，俾得从容完纳。该督务将应征应缓之处，出示晓谕。②

宁远、皋兰等二十四处被灾地方，在原期限基础上，允许再展限二至四年。次年（1776），甘肃省皋兰等二十九处又发生旱灾。乾隆帝主动询

---

① 《清高宗实录》卷881，乾隆三十六年三月庚申，中华书局1986年影印本，《清实录》第19 册，第 796—797 页。

② 《清高宗实录》卷974，乾隆四十年正月辛亥，中华书局1986年影印本，《清实录》第21 册，第5 页。

问陕甘总督勒尔谨此前所欠银两的征收情况。勒尔谨覆奏称："旧欠银一百三十余万两，征完银四十八万余两，仍未完银八十四万余两"。乾隆帝遂下令予以全部豁免。①

乾隆朝以后，对宁夏地区格外加恩的情况也比较常见，但无论范围和力度均大不如前。嘉庆六年（1801）：

> 七月戊戌，上谕内阁……甘肃自夏徂秋，雨泽愆期，被旱较重……著该督查照成灾分数，例应蠲免者，即行蠲免外，不应蠲免者，著于来岁丰收后，分作三年带征。②

嘉庆七年（1802）：

> 谕甘省宁夏等五州县，虽被水不致成灾，但收成歉薄，民力未免拮据。著加恩，将宁夏县河忠堡等十三堡、宁朔县宋澄等十三堡，平罗县外尾闸等二十三堡，中卫县头塘摊等三十三处，灵州胡家等十堡被淹地，本年应征新旧钱粮，俱缓至来岁麦收后带征，以纾民力。③

嘉庆二十年（1815）：

> 十一月丁酉，谕内阁，先福奏查明，甘肃被灾地方情形一折。本年甘肃皋兰等七县夏田被雹、被旱，盐茶厅秋禾被霜，虽俱堪不成灾而收成歉薄，民力无不拮据。加恩著将皋兰、金县、靖远、安定、陇西、平罗、西宁等七县，盐茶一厅，本年应征新旧正借钱粮俱缓至来年麦收后征收。④

以上所举事例，皆是在缓征的标准之外加恩，或是未及成灾五分之标准而缓征，或是带征年限大大超出标准中的一至三年，多者达六至十年。

---

① 《清高宗实录》卷1019，乾隆四十一年十月甲子，中华书局1986年影印本，《清实录》第21册，第671—672页。

② （宣统）《甘肃新通志》卷首之三，第3页；（嘉庆）《大清会典事例》卷231《户部·蠲恤》，《近代中国史料丛刊三编》第66辑，第660册，文海出版社1992年版，第10692—10693页。

③ （嘉庆）《大清会典事例》卷231《户部·蠲恤》，《近代中国史料丛刊三编》第66辑，第660册，文海出版社1992年版，第10721—10722页。

④ （宣统）《甘肃新通志》卷首之三，清宣统元年刻本暨石印本，第7页。

至于按标准进行的缓征则更加频繁，此处不再列举。诚然，对其他省区也时常在标准之外进行缓征，但无论频率还是程度，都较甘肃有所不及。

缓征，本身只是将当年应缴钱粮暂缓缴纳，分摊至之后的几年征还，适用于灾害较轻的情形。这些规定虽然在一定程度上减轻了农民负担，但往往发生旧欠尚未归还，新欠又至，年年累加，最后无力归还的情形。从嘉庆朝起，"由于财政困难，缓征愈加成为经常施行的救灾措施"①。

第二节　蠲免

蠲免，即勘灾之后，根据成灾的情况免除受灾民众一定的税赋，来减轻灾民的赋税负担。蠲免是比较常用的一种救灾措施。

一　蠲免标准的确定

"年不顺成，命有司察其实而蠲其租赋，视被灾之轻重以别其宜蠲之数。"② 清代仍以成灾分数，作为蠲免的标准。蠲免的核心问题是蠲免标准的确定，即被灾几分，对应蠲免几分税赋。但这一标准从清初至乾隆初年，时有变化，乾隆三年（1738）后，基本稳定下来。

（一）顺治时期

有的学者认为："蠲免的数量最初无定制，至顺治十年（1653），才将全部额赋分作十分，按田亩受灾分数酌减"③。确切来说，顺治十年（1653）前的蠲免，虽未以受灾分数作为标准，但也不是全无定制。世宗皇帝在雍正六年（1728）提及：

> 我朝顺治初年，凡被荒之地，或全免，或免半，或免十分之三，以被灾之轻重，定额数之多寡。顺治十年议定：被灾八九十分者，免

① 李向军：《清代荒政研究》，农业出版社 1995 年版，第 31 页。
② （乾隆）《钦定大清会典》卷 19《户部·蠲恤·蠲赋》，清文渊阁四库全书本，第 8 页。
③ 李向军：《清代荒政研究》，中国农业出版社 1995 年版，第 29 页。

十分之三；五六七分者，免十分之二；四分者，免十分之一。①

顺治时期的蠲免标准，基本可以以顺治十年（1653）为界。康熙《大清会典》中列举了顺治时期的部分蠲免事例：

> 顺治元年，宣镇寇乱，加以冰雹，应征额赋，被灾轻者半免，重者全豁。② 三年，延镇所属，冰雹蝗蝻，被灾田亩，免本年额赋之半。顺治五年，覆准，陕西临洮府属冰雹被灾重者，全蠲本年额赋；稍重者蠲三分之二，稍轻者蠲三分之一。又覆准陕西水患蝗虫冰雹相继，被灾一等者蠲一年额赋，二等者免一年之半，三等者免三分之一。③ 十年覆准，江南浙江各属旱灾，被灾八九十分者，免十分之三；五六七分者，免十分之二，四分者，免十分之一。④

综合来看，顺治朝蠲免可以分为三个等级，但前后蠲免差别较大。顺治十年（1653）之前，蠲免力度较大，但不知其以被灾几分为限进行蠲免，其蠲免能覆盖的范围也就无从得知。顺治十年（1653）后，仍分为三等，但蠲免力度大不如前，被灾最重者的蠲免标准同之前被灾最轻者相同。但蠲免门槛较低，受灾四分即属蠲免行列。对于雍正六年（1728）世宗所言，顺治十年议定之三等免灾之例，李向军认为应是通行全国之标准。但从实际情况来看，在之后救灾实践中，并未见到照此进行蠲免的事例，似仅为覆准此年江南旱灾的蠲免办法。杨明也认为，此标准"应是针对江南地区，而非普遍实行的蠲免办法"⑤。

（二）康熙时期

康熙前期的蠲免标准较为复杂，主要是康熙十七年（1678）前的蠲免"定例繁多，规则并不统一"。杨明通过分析康熙四年（1665）、九年

---

① 《清世宗实录》卷67，雍正六年三月癸丑，中华书局1985年影印本，《清实录》第7册，第1020页。

② （康熙）《大清会典》卷21《户部五·田土二·荒政》，《近代中国史料丛刊三编》第72辑，第713册，文海出版社1992年版，第877页。

③ 同上书，第878页。

④ 同上书，第880页。

⑤ 杨明：《清代救荒法律制度研究》，中国政法大学出版社2014年版，第88页。

（1670）、十一年（1672）的蠲灾事例，对此问题做了梳理，认为"康熙初年的蠲免并无划一之规则"①。事实上，康熙初年的蠲免虽比较混乱，但也能梳理出一个基本的标准。

康熙四年（1665）三月，工部尚书傅维鳞对救灾事宜提议：

> 向来定例：荒至十分者，止免三分；八九分者，免二分；六七分者，免一分，此皆朝廷德惠。然而灾至十分，则全荒矣。田既全荒，赋何由办？臣请此后灾伤几分，即免几分。又部覆报灾之疏，复下督抚，取结取册，动经岁月，及奉旨蠲免，而完纳已久，不得不于次年流抵。迨至次年，照旧催科，徒饱官吏之腹。臣以为凡遇灾伤，督抚即委廉能官确勘，并册结一同入奏，该部即照分数请蠲。庶小民受实惠，而官吏无由滋弊。②

傅维鳞所言"向来定例"不知是由何时所定，但照此说法，康熙四年（1665），蠲免标准已不同于顺治十年（1653）所作之规定。虽仍分三等，但标准较之前严苛了许多，成灾八分、九分，减免数额由十分之三降至十分之二；将蠲免的成灾分数由顺治十年议定的四分提至六分，成灾四分、五分不再蠲免。傅维鳞虽时任工部尚书，但他曾任户部左侍郎，应对蠲免之例十分熟悉，又是给皇帝的上疏，所言应较为可靠。但令人费解的是，在笔者见到的救灾事例中，提及蠲免的标准均与他提到的定例不符。

就在傅维鳞上疏的同年（1665）六月，户部商议赈济山东旱灾：

> 山东济南、兖州、东昌、青州四府旱灾十分，应照例蠲额赋十之三。登州、莱州二府旱灾七八分，应照例蠲十之二。得旨，山东济南等六府所属地方，既已被灾，将康熙四年分应征钱粮，俱著蠲免，张榜通行晓谕众民。③

---

① （康熙）《大清会典》卷21《户部五·田土二·荒政》，《近代中国史料丛刊三编》第72辑，第713册，文海出版社1992年版，第88—89页。

② 《清圣祖实录》卷14，康熙四年三月己亥，中华书局1985年影印本，《清实录》第4册，第219页。

③ 《清圣祖实录》卷15，康熙四年六月戊午，中华书局1985年影印本，《清实录》第4册，第231页。

即户部依定例，以受灾十分免三分，七分、八分免二分。对被灾九分未提及，但笔者认为应与十分是同一赈济标准。康熙七年（1668），保定等府发生水灾，户部商议时认为蠲免标准应"照例再加一分"，康熙帝认为不妥：

> 朕闻保定府、真定府、霸易道所属州县地方，被灾特甚，殊为可悯。今若照尔部所议，于定例外，止增一分，蠲免四分，恐百姓不能输纳钱粮，以致困苦。其被灾十分九分者，著将今年应征钱粮全免。其被灾八分七分者，著再增一分，免四分。此内钱粮，有已经征收者，著留抵来年应征钱粮。尔部于此蠲免钱粮地方，刊示晓谕，令小民均沾实惠。[①]

此例中，圣祖认为于定例外，止增一分，最多蠲免四分仍不妥，而将十分、九分全免，八分、七分再加一分，至四分。那常例应为：被灾十分、九分蠲三分，八分、七分免二分。随后，江宁巡抚韩世琦奏报淮扬所属发生水灾，户部商议仍照定例加一分蠲免，康熙帝仍下令照保定府之例处置。康熙九年（1670）十月：

> 户部议覆，山东巡抚袁懋功疏言，曹县牛市屯决口，冲没金乡、鱼台、单县、城武、曹县、临清卫村庄房屋田土，非寻常水旱灾荒可比，请破格蠲恤。查定例，被灾九分十分者，全蠲本年额赋；被灾七分八分者，于应蠲外，加免二分，并令该抚发常平仓谷赈济。从之。[②]

笔者认为，此处所言之"定例"实际上应是遭遇严重灾害时的"旧例"，而非处理日常灾害的"常例"，材料中亦言此灾"非寻常水旱灾荒可比"，所以采取与康熙七年（1668）保定府水灾一样的处理办法。据此可推测，康熙七年处理保定府和淮扬水灾时，户部均议定在定例外加一分赈恤，被康熙帝驳回，改为被灾九分、十分全免，七分、八分在定例外加二分蠲免，此后，这次处理的结果就成为灾害严重时蠲免的一种"定例"，

---

① 《清圣祖实录》卷27，康熙七年十一月壬寅，中华书局1985年影印本，《清实录》第4册，第377页。

② 《清圣祖实录》卷34，康熙九年十月甲辰，中华书局1985年影印本，《清实录》第4册，第462页。

但平常灾害仍照旧例处理，所以户部此次直接援引，也得到了康熙帝的认可。康熙十一年（1672）十二月：

> 以江南兴化等五县并大河卫，连年灾荒，又本年水灾十分，将应征本年分地丁银及漕粮漕项并带征康熙十年分漕粮漕项，一并蠲免。其邳州、沭阳等五州县，连年灾荒，较兴化等县卫稍减，将本年分被灾十分九分者，于蠲免定例外加免二分，作五分蠲免；八分七分者，于蠲免定例外加免二分，作四分蠲免。①

此例也是于定例外加恩蠲免，不难推断定例也是九分、十分者，免三分，七分、八分者免二分。以上几例，是笔者找到的仅有的康熙十七年（1660）前照分数蠲免实例。综合来看，可以确定的是，康熙十七年前蠲免的标准不同于顺治十年（1653）之规定。

从康熙四年（1665）、七年（1668）、九年（1670）、十一年（1672）的事例来看：受灾九分、十分，应为一个等级，免十分之三；七分、八分，应为一个等级，免十分之二；七分之下没有提到蠲免标准。笔者认为应该不至于将蠲免的起始标准定在七分，但囿于未见实际例证，不好妄下结论。但这样一个标准是定于何时，具体是顺治时期就已制定还是康熙初年才改定，则未能确定。

陈锋认为："康熙年间的规定比顺治年间的规定略有后退，这是因为三藩之乱期间国家财政的紧张。"② 笔者认为确有这方面的因素，但同时也应注意到，虽然康熙时的定例确实低于顺治时期的标准，但在遇到严重灾害（如上文所提到的几例）经常上调蠲免的标准，即在常例之上加一分，加二分甚至将成灾九分、十分者予以全免。据笔者推测这一标准在康熙七年处理保定旱灾后应多次实行，所以在康熙九年处理山东水灾时才会被引为"定例"。

这样一来，康熙十七年（1678）所议定："歉收地方，除五分以下不成灾外，六分者，免十分之一；七八分者，免十分之二；九分十分者，免十分之三。"变化仅是确定了五分以下不成灾，补充了六分免十分之一等

---

① 《清圣祖实录》卷40，康熙十一年十二月辛亥，中华书局1985年影印本，《清实录》第4册，第541页。

② 陈锋：《清代"康乾盛世"时期的田赋蠲免》，《中国史研究》2008年第4期。

内容，而七八分者，免十分之二；九分、十分者，免十分之三在早年的救灾中已多次被作为标准引用。此年议定之标准在康熙一朝未再有更改。

（三）雍正、乾隆时期

清代蠲免标准变化最大的时期是在雍正年间，而最终确定则是在乾隆时期。雍正时期，改变了之前蠲免三个等级的划分，同时将蠲免的标准大大提高。雍正六年（1728），世宗皇帝在上谕中回顾了清前期的蠲免政策：

> 我朝顺治初年，凡被荒之地，或全免，或免半，或免十分之三，以被灾之轻重，定额数之多寡。顺治十年议定，被灾八九十分者，免十分之三；五六七分者，免十分之二；四分者，免十分之一。康熙十七年议定，歉收地方，除五分以下不成灾外。六分者，免十分之一；七八分者，免十分之二；九分十分者、免十分之三，此例现在遵行。凡此多寡不同之数，或旋减而旋增，皆因其时势为之，亦非先后互异，意为增损也。数十年来，虽定三分之例，然圣祖仁皇帝深仁厚泽，爱养斯民，或因偶有水旱而全蠲本地之租，亦且并无荒歉，而轮免天下之赋，浩荡之恩，不可胜举。而特未曾更改旧例者，盖恐国家经费或有不敷，故仍存成法，而加恩于常格之外耳。
>
> 朕即位以来，命怡亲王等管理户部事务，清查亏项，剔除弊端，悉心经理。数年之中，库帑渐见充裕。以是观之，治赋若得其人，则经费无不敷之事。用沛特恩，将蠲免之例，加增分数，以惠烝黎。其被灾十分者，著免七分；九分者，著免六分；八分者，著免四分；七分者，著免二分；六分者，著免一分。将此通行各省知之，朕视万民实为一体，恫瘝念切，怀保情殷。
>
> 因思自古无不爱民恤下之人君，亦断无不急公亲上之黎庶，祗以时势所值，各有不同。今就目前国用计之可以加惠吾民，使沾渥泽，是以斟酌分数，定为规条。倘将来国用益饶，更可加增于此数之外。假若经费或有不足，凡尔百姓，自然踊跃输将，则此例又可变通，必不因朝廷格外之恩，而遂妄奉公之本念也。①

---

① 《清世宗实录》卷67，雍正六年三月癸丑，中华书局1985年影印本，《清实录》第7册，第1019—1020页。

　　雍正时期，政府对财政亏空情况大力清查，雍正六年已见成效，国家财政状况明显好转。在这一背景下，雍正帝将蠲免标准进一步细化，成灾六分及以上，各自蠲免相应的分数，并且较之前的蠲免力度大大增加。

　　乾隆三年（1738）四月，甘肃布政使徐培深奏请将成灾五分，也纳入蠲免的序列：

> 　　敬悉顺治年间议定，被灾八、九、十分者免十分之三，五、六、七分者免十分之二，四分者免十分之一。臣愚以为被灾四分者，所收之数浮于所歉，公私俱尚可支持。惟是被灾五分者，收成既仅得其半，而就一半之中，颗粒又不甚坚好，一经碾磑，更多糠秕，不特难以交仓，即粜卖亦多耗折，而上供国赋，下顾室家，均取给于五分收成之内，诸事竭蹶，动多拮据，可否仰恳天恩，被灾五分者，仍照顺治年间旧例，准报灾免其十分之一。①

　　五月，乾隆帝即发上谕：

> 　　各省地方，偶有水旱。朕查蠲免旧例，被灾十分者，免钱粮十分之三；八分七分者，免十分之二；六分者，免十分之一。雍正年间，我皇考特降谕旨，凡被灾十分者，免钱粮十分之七；九分者，免十分之六；八分者，免十分之四；七分者，免十分之二；六分者，免十分之一，实爱养黎元，轸恤民隐之至意也。朕思田禾被灾五分，则收成仅得其半，输将国赋，未免艰难。所当推广皇仁，使被灾较轻之地亩，亦得均沾恩泽者。嗣后著将被灾五分之处，亦准报灾，地方官查勘明确，蠲免钱粮十分之一。永著为例。②

　　自乾隆三年（1738）后，清代蠲免的标准最终确定下来。为了更加明晰，兹将上文所梳理的蠲免标准以表格形式加以表示（见表7-1）。

---

① 《甘肃布政使徐培深奏请蠲免甘肃被灾地方钱粮折》，乾隆三年四月十八日，中国第一历史档案馆藏清代灾赈史料汇编，档案号：01-00022。
② 中国第一历史档案馆：《乾隆朝上谕档》第一册，乾隆三年五月十五日，档案出版社1991年版，第274页。

表 7 - 1　　　　　　　　　　　清代因灾蠲免标准变化

时间＼被灾分数	十分	九分	八分	七分	六分	五分	四分
顺治十年前	凡被荒之地或全免，或免半，或免十分之三，以被灾之轻重，定蠲数之多寡						
顺治十年	十分之三			十分之二			十分之一
康熙十七年	十分之三		十分之二		十分之一	不免	
雍正六年	十分之七	十分之六	十分之四	十分之二	十分之一	不免	
乾隆三年	十分之七	十分之六	十分之四	十分之二	十分之一		不免

蠲免标准的确定，是为了让各地在救灾之时有例可循。但在实际救灾过程中，不同地区、不同灾情下，也往往不会拘泥于所定之标准。若灾情异常严重，地方长官可据实上奏朝廷，请求于标准之外进行蠲免，一般由户部做出批复。皇帝也经常以格外加恩的形式，于标准之外进行蠲免，或提高蠲免分数，或扩大蠲免地区有时甚至将税赋全免。如上文所举康熙四年（1665）、七年（1668）、九年（1670）、十一年（1672）各省蠲免之例，均是在标准之外进行了蠲免。乾隆三年（1738），蠲免标准确定之后，也常常于标准之外加恩蠲免，且在乾隆时期，额外加恩蠲免的情况更是经常出现，特别是对地处边地的甘肃一省，格外照顾。

乾隆四年（1739），川陕总督鄂弥达、甘肃巡抚元展成奏报甘属灾情：

> 甘省五月以来，连得大雨，间有山水冲压及雨中带雹之处。如秦州所属之秦安县、凉州府属之平番县，有被水淹浸之村庄。又西宁、渭源、河州三州县，有被雹灾之村庄。又阶州、宁远、秦州、陇西、伏羌、会宁、皋兰等处亦被雹伤，约二三分不等。又武威、古浪、永昌等处，有水冲淤压之田亩。现在分别抚恤，俟验勘是否成灾，再行题报。

乾隆皇帝批复道：

> 朕念甘省灾伤之余，即使年谷顺成，尚恐地方未有起色。今复有此被水被雹之事，朕心实切惶悚。著该督抚董率有司，加意料理，毋

使一夫失所。虽据该督抚奏称此数州县中，被灾者不过村庄几处，即一村之内，亦轻重不等。但一州县中既有被灾之所，则通州县内，料必不能十分丰收，米粮未必宽裕，必须格外加恩，间阎始能乐业。著将凡被水雹之州县，不论成灾不成灾，所有乾隆四年应征地丁钱粮，悉行宽免，以示优恤甘民之至意。①

此例中，甘肃个别州县的个别村庄受灾，亦不过二三分，甚至还未勘明是否成灾，乾隆帝即下令将整个受灾州县的地丁钱粮全部蠲免。又乾隆二十四年（1759）：

> 甘省远处边陲，地方寒瘠，比岁收成歉薄，生计未免拮据。……业经叠次加恩，将近年正供杂项，并历年积欠带缓银粮草束，概予豁免。惟昨春曾被偏灾之地，尚有官借牛具籽种口粮，及积年应交官项，为从前恩旨所未及者。若照例征收，无力贫黎，仍复艰于输纳。
>
> 著再加恩，将甘省上年曾被偏灾及勘不成灾各州县，所有未完籽种粮九万六千余石，又折给银一千余两；未完口粮四万四千七百余石，又折给银五千八百余两。又各属被旱及被雹处所，内有勘不成灾地亩，原借籽种粮一万一千三百余石，又折给银二千五百余两；口粮一百余石，又折给银四千七百余两。又甘州、凉州、肃州未完牛价银一万一千五百余两。乾隆二十三年，各属借给牛本粮一万五千九百余石，银八千余两。皋兰县借制水车未完银两，及雍正七年起至乾隆二十二年止，未完牙税、磨课等银两，普行蠲免。其乾隆元年至二十二年止，带征民欠未完各官养廉公费银三万九千二百余两，粮一十二万三千三百余石，并雍正十三年未完耗羡银粮，均属远年积欠，概予豁除。②

此次蠲免，主要是针对部分勘不成灾的地区，即虽有灾情发生但未及政府赈济的最低标准的一些地区。

---

① 《清高宗实录》卷96，乾隆四年七月庚戌，中华书局1985年影印本，《清实录》第10册，第460页。

② 《清高宗实录》卷578，乾隆二十四年正月甲申，中华书局1986年影印本，《清实录》第16册，第369—370页。

二　宁夏地区蠲免情况的考察

宁夏地区地瘠民贫，时常遭受各种自然灾害的袭扰。灾后，清政府经常对其进行蠲免，以减轻该地人民的负担。康熙五十四年（1715），甘肃巡抚绰奇奏报固原等十八处旱灾，请求"分年带征"。圣祖考虑到"灾民逋赋即带征亦力难完纳"，故下令"悉行蠲免"。① 而清代对宁夏地区蠲免次数最多、力度最大是在乾隆时期。

乾隆三年（1739），宁夏地区发生 8.0 级大地震，灾情惨烈。乾隆帝在得到奏报后，即派钦差前往灾区，会同甘肃地方官员办理赈灾事宜。同时他又下令：

> 朕思民人等，困苦播迁之后，纵能勉力耕耘，岂能复输租税。著将宁夏、宁朔、平罗、新渠、宝丰五县，本年应征地丁及粮米草束杂税等项，悉行豁免。如有旧欠，亦著蠲除。倘附近州县有被灾之处，应加恩免赋者，著钦差及督抚等，查明奏闻请旨。②

因此次灾情异常严重，乾隆帝下令将地丁及粮米草束等税赋全部蠲免，并且将旧欠也一并免除。此后，他又下令："甘肃宁夏地震之后，必加意休养，方能培复元气，著将宁夏、宁朔、平罗三县额征银草，再宽免一年"③。乾隆五年（1740），高宗又谕："从前宁夏等处地震为灾，本年平罗地方，又有被水旱之处，著将赋银粮草全行豁免，并将夏朔二县及平罗未被灾村庄，所有乾隆六年额征赋银粮草，亦宽免一半。"④

乾隆二十九年（1764），陕甘总督杨应琚奏报本年甘肃各属受旱灾情形，乾隆皇帝得到奏报后，再次下令破格蠲免：

> 将被旱较重之皋兰、金县、渭源、靖远、红水县丞、沙泥州判、

---

① （清）王先谦、朱寿朋：《东华录 东华续录》康熙九五，康熙五十四年六月乙酉，上海古籍出版社 2008 年版，第 578 页上。

② 《清高宗实录》卷 85，乾隆四年正月丁卯，中华书局 1985 年影印本，《清实录》第 10 册，第 334 页。

③ （乾隆）《钦定大清会典则例》卷 55《户部·蠲恤三·蠲赋》，文渊阁四库全书本，第 22 页。

④ 同上书，第 22—23 页。

陇西、通渭、会宁、盐茶厅、山丹、东乐县丞等十二州县厅，并被旱稍轻之河州、狄道、漳县、安定、平凉、固原、静宁、隆德、庄浪、张掖、武威、镇番、平番、古浪、永昌、西宁、碾伯、花马池州同等十八州县厅及灵州、中卫县属之被灾旱地，所有本年应征地丁钱粮，概予蠲免。①

再次将三十多个受灾州、县、厅的地丁钱粮，不论成灾与否全部蠲免。乾隆三十一年（1766）正月又谕：

> 昨岁河东河西，间有偏灾，业经降旨，于例赈之外，加恩分别展赈抚恤，期穷黎不致失所。复念甘省土瘠民贫，而被灾各属，尚有历年缓带借欠未完等项，例须新旧并征，同时输纳，民力未免拮据。是用特沛恩膏，将甘肃省之靖远、红水县丞、会宁、固原、盐茶厅……花马池州同一十四厅州县，自乾隆二十三年至二十九年民欠地丁银，及折借籽种口粮牛本等项银，共三十七万四千余两；民欠地丁粮及籽种口粮牛本等项，粮共一百二十四万五千余石……普行豁免。②

这是豁免旧欠的情形。乾隆三十六年（1771），陕甘总督明山上奏，因甘省连年灾歉，奏请将历年民借籽种口粮牛本等项钱粮缓至四至六年征收。对此，乾隆皇帝表示：

> 第念各该州县民间借欠，究属因灾，若令其新旧并完，贫民未免拮据。著加恩，将甘省各厅州县，所有节年未完民借籽种口粮等项仓粮四百四万余石，概行豁免，俾边氓得免追呼。其未完银一百三十二万余两，无论被灾轻重，统予分作六年带征完纳，以纾民力。③

乾隆帝下令将积欠粮四百余万石予以豁免，折色银一百三十二万余

①《清高宗实录》卷716，乾隆二十九年八月辛巳，中华书局1986年影印本，《清实录》第17册，第986页。

②《清高宗实录》卷752，乾隆三十一年正月甲戌，中华书局1986年影印本，《清实录》第18册，第274—275页。

③《清高宗实录》卷881，乾隆三十六年三月庚申，中华书局1986年影印本，《清实录》第19册，第796—797页。

两，分作六年待征。然而，至乾隆四十年（1775）正月，仅完纳二十八万六千余两，不到原欠额的22%，仍欠银上百万两。乾隆帝再次同意展限，将宁远、皋兰等二十四处被灾地方，在原期限基础上，再展限二至四年。①次年（1776），甘肃省皋兰等二十九处又发生旱灾。乾隆帝主动询问陕甘总督勒尔谨此前所欠银两的征收情况。勒尔谨覆奏，"旧欠银一百三十余万两，征完银四十八万余两，仍未完银八十四万余两"，乾隆帝遂下令予以全部豁免。②

另外，还涉及一个问题，就是蠲免的范围。自然灾害所造成的多种影响中，以农业的减产最为直接和常见，所以蠲免的范围自然主要针对农业生产。陈锋认为："清代的赋税主要是田赋，占国家赋税收入的大部分，蠲免也自然主要针对田赋而言。以乾隆十八年（1753）为例，田赋占财政收入的69.5%。"③从清前期历次蠲免的事例来看，确实是这样。但甘肃一地，除了地丁银外，还需要例行缴纳谷草、秋青等以供军需，以宁夏府为例，地方志中记载了每年应缴纳粮草的数目（见表7-2）。

表7-2　　　　　　　乾隆中期宁夏府各州县应征草束

地区	应征谷草、秋青
宁夏县	谷草一十四万二千七百四十二束九厘二毫一丝九忽二纤五尘一渺九漠五埃、秋青一万五千四百二十束
宁朔县	谷草一十五万一千三百二束二分二厘、秋青一万二百八十束
平罗县	谷草四万四千二百二十束四分七厘
灵州	谷草六万一千二百七十二束五分六厘
中卫县	谷草八万七千五百七十一束五分

资料来源：（清）张金城修，胡玉冰、韩超校注：（乾隆）《宁夏府志》卷7《田赋》，中国社会科学出版社2015年，第146—155页。

那么，草束一项是否在蠲免之列呢？从乾隆元年（1736）的一道上谕中可以得知：

---

① 《清高宗实录》卷974，乾隆四十年正月辛亥，中华书局1986年影印本，《清实录》第21册，第5页。

② 《清高宗实录》卷1019，乾隆四十一年十月甲子，中华书局1986年影印本，《清实录》第21册，第671—672页。

③ 陈锋：《清代财政政策与货币政策研究》，武汉大学出版社2008年版，第365—366页。

甘省从前多系卫所管辖屯户。其屯户额征，悉系粮料、草束，为兵丁必需之物。是以蠲免地丁时，此项不在蠲免之内。惟雍正十年，皇考格外加恩，将民户屯户应征各色粮草，一概豁免，此从来未有之旷典也。朕意民屯均为赤子，所当一视同仁，兵食或有不敷，再当别为筹画。嗣后遇有蠲免地丁之年，著将屯户应纳之粮草蠲免三分之一，永著为例。①

据此来看，应征各色粮草，例不在蠲免序列当中。雍正十年（1732）的蠲免属于"格外加恩"的情况。另据乾隆十年（1745）的一次普免中所提及：

向来蠲免钱粮之例，止系地丁，而粮草不在其内。朕前降旨，将乾隆丙寅年直省应征钱粮，通行蠲免。惟是甘省地处边隅，所征地丁少而粮草多。其临边各属丙寅年应征番粮一万二千六百余石，草五百余束，著格外加恩，一体蠲免。再河东、河西额征屯粮草束，亦著蠲免三分之一。②

乾隆皇帝提到甘肃"所征地丁少而粮草多"，那草束的蠲免，对甘肃地区来说，应具有很重要的意义。

除了免除当年应征的银粮草束外，历年所欠和分年带征的各项银粮草束，以及借贷的籽种口粮等项，亦在蠲免之列。这一点在考察宁夏地区的蠲免情况时已经可以看出。另外，雍正年间耗羡归公以后，逐渐将耗羡也加入了蠲免的序列当中，这一点也有学者已经注意到。③

第三节　赈济

赈济，是政府向达到一定成灾标准的受灾民众无偿发放粮食（或折银

---

① 《清高宗实录》卷19，乾隆元年五月庚申，中华书局1985年影印本，《清实录》第9册，第481—482页。

② 《清高宗实录》卷247，乾隆十年八月丁卯，中华书局1985年影印本，《清实录》第12册，第187页；《钦定大清会典则例》，《钦定四库全书·史部》卷53《户部·蠲恤一》一赐复36—37。

③ 陈锋：《清代财政通史》上册，湖南人民出版社2015年版，第416—417页。

发放），以助其维持生计，度过灾年的一种常规性救灾措施。赈济的形式，主要是发放粮食、银钱。

一　赈济的类型

文献中关于赈济的名目十分繁杂，有先赈、正赈、散赈、普赈、急赈、加赈、展赈、抚恤、赈恤等。各类文献中对这些名称的使用也很不严格，经常混用。清人在研究当时灾赈的情况时，尚不能明辨。这就使得后人在研读文献时，难以判断到底实行了何种类型的赈济。

笔者认为，鉴于文献、档案等材料中对赈济名称使用的不规范，如乾隆以前的散赈与之后性质截然不同。所以，对灾赈类型的研究不能再单以赈济名称来区分，而应以各种赈济适用情况及特点来区分。

（一）报灾之后——边勘边赈的出现和确立

顺、康、雍时期，赈济通常需要在勘灾之后，由督抚奏报中央政府，题明成灾分数，以确定赈济办法。督抚等地方长官并无权限自行赈济钱粮。正如前文所述，报灾、勘灾等程序都需要相当的时间才能够完成，而受灾民众却急待救济，这样的做法并不利于及时救灾。因此乾隆初年，建立了边勘边赈的赈济制度。报灾之后，勘灾期间先进行一定的赈济，一般称为正赈、先赈、散赈、普赈、急赈，有时也记载为"抚恤"①。涉及的主要问题是，这一制度确立的时间及其适用情况。

灾害发生后，灾民难以度日，急需救济。而报灾、勘灾公文传递往来，耗费时日，等政府救济到时，其赈济效果已经大打折扣。这样，灾民既不能得到实惠，也未能达到政府救灾的本意。较为合理的做法则是，在地方官勘查灾情之时，即对乏食灾民进行一定的赈济。待勘灾完成，再根据中央核准的办法进行赈济。但是按照清前期的规定，地方官员未经题请，并无权限动用库存钱粮赈济。

康熙十一年（1672），巩昌府所属西和、礼县发生疫灾，牛驴等牲畜多有倒毙。甘肃巡抚花善考虑到："若待请旨，始行散赈，恐播种愆期"，

---

① （乾隆）《钦定大清会典则例》卷54《户部·蠲恤二·拯饥》，文渊阁四库全书本，第27页载："被灾六分者，极贫加振一月，连抚恤共两月。被灾七八分者，极贫加振两月，连抚恤共三月；次贫加振一月，连抚恤共两月。被灾九分者，极贫加振三月，连抚恤共四月；次贫加振两月，连抚恤共三月。被灾十分者，极贫加振四月，连抚恤共五月；次贫加振三月，连抚恤共四月。"

故未经请示，将"康熙十一年征解银内发买耕牛，积贮屯粮内散给籽种"。户部认为："民间倒毙牛驴，无动正项钱粮买补之例。至动支钱粮赈济，必先行题请。今该抚任意违例，不合，应将抚藩道府，交吏部议处。其擅动银谷，应令赔补。"康熙帝最后下旨："银谷既经给发小民，该抚司道府等官，免其赔补议处。"①按照旧制，"动支钱粮赈济、必先行题请"，而甘肃巡抚不待请旨而先行散赈，属于违例。据此可以推断，此时督抚等地方长官遇灾并无先行赈济钱粮的权力。可以看出，在地方的救灾实践中，地方官员已经意识到繁复的救灾程序，并不利于及时救济灾民。但有勇气冒着被处罚的风险，擅动钱粮先行赈济的官员毕竟只是少数。

雍正二年（1724），江浙地区海潮泛溢，冲决堤岸，沿海州县受灾。雍正帝考虑到，"被灾小民，望赈孔迫。若待奏请，方行赈恤，致时日耽延，灾民不能即沾实惠"。故令"该督抚委遣大员，踏勘被灾小民，即动仓库钱粮，速行赈济，务使灾黎不致失所。其应免钱粮田亩，即详细察明请蠲"②。此次办理灾务时，督抚在委派大员勘灾之时，可动用仓库钱粮先行赈济。这是皇帝主动提出赋予督抚先行动用钱粮的权限。但此时的边勘边赈，仍属于个别事例，并未在制度层面予以确认，也并非通行全国的常规做法。边勘边赈在制度层面得以确认及在救灾实践中得以普遍实行，是在乾隆初年。

关于边勘边赈出现的时间，李向军③认为出现在乾隆七年（1742）。依据是《清朝文献通考》载：乾隆七年（1742），"定地方凡遇水旱，即行抚恤，先赈一月"④。张祥稳、余林媛⑤则认为乾隆三年（1738）这一制度就已出台，但其所述并无赈济以一月为限之说的材料。经笔者考察发现，先行赈济的救灾方式在乾隆二年（1737）就已经定为规制。

乾隆二年（1737），安徽布政使晏斯盛条奏赈灾事宜，其疏曰：

---

① 《清圣祖实录》卷42，康熙十二年四月壬戌，中华书局1985年影印本，《清实录》第4册，第558页。

② 中国第一历史档案馆：《雍正朝汉文谕旨汇编》第10册，《世宗圣训》卷28《蠲恤一》，雍正二年八月甲午，广西师范大学出版社1999年版，第426页。

③ 李向军：《清代荒政研究》，农业出版社1995年版，第32页。

④ 《清朝文献通考》卷46《国用八》，浙江古籍出版社1988年影印本，第5292页。

⑤ 张祥稳、余林媛：《乾隆朝灾赈类型考论》，《南京农业大学学报》（社会科学版）2012年第4期。

勘灾宜先查报应赈户口，以速赈济也。查地方遇有水旱，先行题报情形，一面委员履勘，定限四十五日内，将成灾分数、田地顷亩、应免钱粮数目，具疏题报，声明请赈，此定例也。但水旱初报到官，则一切钱粮即行暂为停征，而灾民嗷嗷待哺。若稍稽时日，不无有四散觅食之苦。迫至闻赈归来，已滋跋涉之艰，且生捏冒混淆之弊，况应赈户口，并非只就有田及佃种之户，凡被灾村庄无业穷民，俱宜抚恤，是查赈宜急，而请蠲可缓。今印委各员，但知于限内查奏请蠲钱粮数目，日无余暇，不得不将应赈饥口，暂且缓查，俟蠲案办出始行查报，计已迟至两月有余矣。次查赈请蠲先后缓急之序，似应酌改，以恤灾黎。应请嗣后如遇地方水旱，一面题报情形，一面查明应赈饥口，即遵定例，先发仓廪赈济，于四十五日限内题明。①

晏斯盛指出了以往赈灾实践中灾民不能及时得到救济的弊端，提出了边勘边赈的建议。乾隆帝令九卿议奏，最终通过并"通行各省，一体遵照"②。后《大清会典》将此条收入：

乾隆二年题准，地方倘遇水旱灾伤，督抚一面题报情形，一面遴委大员，亲至被灾地方，董率属官，酌量被灾情形，视其饥民多寡，先发仓廪，及时振济。仍于四十五日限内，题明加振。竢振务告竣之日，将振过户口、需用米粮造册题销。③

但此时并无先行赈济之时具体应赈多长时间的规定。次年（1738），四川地方发生水灾。四川巡抚硕色，即将"偏灾较重之处，一面题报，一面查勘赈济"④，同样未提及先行赈济的时长。乾隆四年（1739），河南水

---

① 《安徽布政使晏斯盛奏陈酌筹被灾地方蠲赈事宜四条事》，乾隆二年六月二十六日，中国第一历史档案馆藏宫中朱批奏折，档案号：04-01-35-0003-043。
② 《清高宗实录》卷47，乾隆二年七月辛亥，中华书局1985年影印本，《清实录》第9册，第816页。
③ （乾隆）《钦定大清会典则例》卷55《户部·蠲恤三·严奏报之期》，文渊阁四库全书本，第75页。
④ 《清高宗实录》卷72，乾隆三年七月丙辰，中华书局1985年影印本，《清实录》第10册，第151页。

灾，巡抚尹会一奏道：

> 豫省六月十二、十三、十六等日，雷雨交作，昼夜如注，山水骤
> 发，平地水深三四五尺不等，田禾被淹，官署民房，在在倒塌。请将
> 开封府之祥符、陈留……新郑等四十七州县，其房屋倒塌者，动用公
> 项，极贫一两，次贫五钱，以资修葺。糊口无资者，动常平仓谷，大
> 口三斗，小口一斗五升，先赈一月。①

同年八月，山东单县、菏泽等地发生水灾，巡抚黄叔琳在办理赈济
时，将"极贫者先赈一月，加赈四月，次贫者加赈三月"②。由此来看，乾
隆四年各省在办灾之时，已经有先赈一月的做法。另据王庆云记述：

> （乾隆）七年（1742）定，地方凡遇水旱，即行抚恤。先赈一月，
> 谓之正赈，亦曰急赈。既察明灾分户口，被灾六分极贫，加赈一月；
> 七八分极贫，加两月；次贫加一月，九分十分，以次递加一月，谓之
> 加赈。或地方积欠，或灾出非常，得将极贫加赈至七八月，次贫五六
> 月。或赈期已满而有旨格外加恩者，亦谓之加赈。凡加赈，则正赈时
> 遗漏贫民，并可先糊口，而后力不能支者，亦得增入。③

乾隆八年（1743），直隶总督高斌在办理赈务时提到："现在委员先将
极次贫民户口，分别查明，以为办赈之地。但先经奏明，十一月开赈。届
赈期尚有三月余，贫民实有迫不及待之势。应请照先赈一月之例，每于查
明一州县之后，即先赈一月，以安民心。"④ 由此可知，乾隆八年时，先赈
一月已经成为可引之例，那王庆云所言先赈一月定于乾隆七年（1742），
应是可信的。

---

① 《清高宗实录》卷97，乾隆四年七月壬申，中华书局1985年影印本，《清实录》第10册，
第475—476页。
② 《清高宗实录》卷99，乾隆四年八月丙申，中华书局1985年影印本，《清实录》第10册，
第501页。
③ （清）王庆云：《石渠余纪》卷1《纪赈贷》，北京古籍出版社1985年版，第4页。
④ 《清高宗实录》卷196，乾隆八年七月甲午，中华书局1985年影印本，《清实录》第11
册，第525页。

关于正赈的发放条件。李向军认为正赈发放不论成灾分数①，而张祥稳、余林媛则提出只有田亩成灾的灾民才可以得到正赈②。另外，在何时进行正赈上，也有争议。笔者认为，以上争议出现的问题在于没有把握正赈制度的实质。正赈实质上是一项边勘边赈的制度，强调在最短的时间内给灾民以及时救济，具有很强的时效性和普遍性。正赈是在报灾之后，勘灾期间实施的，既然勘灾尚未完成，何来成灾分数一说？乾隆时期的《户部则例》中载：

> 民田秋月水旱成灾，该督抚一面题报情形，一面饬属发仓，将乏食贫民，不论成灾分数，均先行正赈一个月，仍于四十五日限内，按查明成灾分数，分晰极贫、次贫，具题加赈。③

综上，正赈制度的实施没有严格的发放期限，不需要以成灾分数而论，也不区分极贫、次贫。

（二）勘灾之后——加赈和展赈

勘灾完成之后，按照登记的赈票进行后续赈济。一般先依据成灾分数和极贫、次贫情况区分进行赈济，称为大振、加赈，这一时期的赈济持续时间最长。

乾隆二年（1737），宁夏府之灵州、中卫县、花马池等处受灾严重，赈济时：

> 花马池秋禾被灾尤甚，乏食极贫民共一千二百九十三户，七千一百一十口，赈济四个月，乏食次贫民共七百七十四户，四千八百五十九口，赈三个月。……中卫县之香山秋禾被灾稍轻，乏食极贫穷民一千五百七十户，一万一千二百九十四口，赈三月，次贫民三百六十四户，三千一百三十六口，赈两月。灵州极贫民九千零八户，三万零八百九十一口，赈四个月，乏食次贫民三千二百零八户，一万二千七百

① 李向军：《清代荒政研究》，农业出版社1995年版，第32页。

② 张祥稳、余林媛：《乾隆朝灾赈类型考论》，《南京农业大学学报》（社会科学版）2012年第4期。

③ （乾隆）《钦定户部则例》第三册卷110《蠲恤·赈济》，故宫博物院编：《故宫珍本丛刊》第286册，海南出版社2000年版，第193页。

五十五口，赈三个月。①

从这次赈灾来看，将对受灾较重之花马池、灵州两地，极贫赈四个月、次贫赈三个月；受灾稍轻之中卫香山，极贫赈三个月、次贫赈二个月。乾隆五年（1740）议准：

> 嗣后凡被灾地方，勘明五分，于春月酌借口粮。六分，极贫者加赈一个月。七、八分，极贫者加赈两个月；次贫者，加赈一个月。九分，极贫者加赈三个月；次贫者加赈两个月。十分，极贫者加赈四个月；次贫者加赈三个月。②

由上条可知，乾隆五年（1740），明确了区别成灾分数与极次贫等级进行加赈，只有成灾六分以上的灾民才能得到时间不等的无偿救济。其中成灾十分之极贫者，可得四个月赈济。加赈过后，视灾情轻重，经地方长官奏请，可再行加赈，这种情况一般称为展赈。清人王庆云记述：

> （乾隆）二十二年（1757），山东、江南水。谕曰："豫省之夏邑、商丘四县，与萧、砀、曹、单灾地，犬牙相错，岂独无灾？此中州之民淳朴忠厚，不敢言灾，是以赈恤未及，益用嘉悯。著该抚即勘明加赈。"寻命侍郎裘日修往，相度疏浚，以工代赈，引沟塍积水达于河。自十月至明年二月，赈垂毕。谕曰："譬如赤子出慈母之怀，未能强饭，遂断其乳，其何以堪！"其再加赈一月，自后加赈之外，复有展赈或概赈。贫民则不分极次，或谷食不足，则本折相兼。③

据其所言，自乾隆二十二年此次赈灾之后，出现了展赈一说。此年"自十月至明年二月"赈恤五个月，正好是乾隆五年（1740）议准赈恤的最高标准。对照《清实录》中对此次赈灾的记载：

---

① 《户部尚书海望奏为查取甘肃省乾隆二年被灾地方秋禾收成分数事》，乾隆二年十二月二十五日，中国第一历史档案馆藏宫中朱批奏折，档案号：04-01-01-0013-013。
② 《清高宗实录》卷126，乾隆五年九月己卯，中华书局1985年影印本，《清实录》第10册，第848页。
③ （清）王庆云：《石渠余纪》卷1《纪赈贷》，北京古籍出版社1985年版，第5页。

去岁豫省卫辉等府被灾地方，屡降恩旨，将应征钱粮蠲免，并于普赈一月之外，叠予加赈四次，计费帑金三百余万。自去岁十月起，可至今岁二月矣。但自仲春以至麦收，为时尚远，赈毕之后，二麦未及登场。譬如赤子出慈母之怀，未能强饭，遽断其乳，其何以堪。朕心深用恻然，著加恩将被灾十分之极次贫民，暨被灾九分之极贫民，再行加赈一月，俾得接至麦收。①

结合来看，展赈自乾隆二十二年（1757）出现，应是较为准确的，之前并无展赈一说，正因为超出了最长四个月的赈期，所以需要乾隆帝亲自再强调加赈。关于展赈实行的具体情形，《实录》中记载仅是将被灾十分之极次贫民，及被灾九分之极贫者加赈一月，而王庆云则说不区分极次进行加赈，二者相左。笔者在查阅实录中发现，乾隆三十年（1765）对甘肃的展赈中，并没有区分极贫、次贫：

前因甘肃河东、河西各属，有秋禾偏旱及间被雹、水、风、霜之处，业经照例赈恤，但念偏灾处所，盖藏未必充裕，特令该督再行悉心查勘具奏。今据查明奏到所有被灾较重稍重之各州县，于例赈完毕之后，正值青黄不接之时，民力不无拮据，著加恩，将被灾较重之靖远、红水县丞……宁州等十三处，无论极、次贫民，俱展赈两个月。被灾稍重之皋兰……固原州、盐茶厅、隆德……中卫等十五处，无论极、次贫民，俱展赈一个月，以副朕优恤边氓至意。②

可见，在展赈实际执行过程中，往往也不以极贫、次贫区别，而视州县的受灾情况轻重，以州、县为单位一体赈济。《清实录》中所载区分极次贫民，应是专指乾隆二十二年赈灾的做法，而在后来各地的救灾实践中，多数是不区分极次的。所以，王庆云在多年后进行总结时，记述为不分极次贫进行赈济（见表7-3）。

---

① 《清高宗实录》卷554，乾隆二十三年正月己丑，中华书局1986年影印本，《清实录》第16册，第1页。

② 《清高宗实录》卷752，乾隆三十一年正月癸酉，中华书局1986年影印本，《清实录》第18册，第273—274页。

表 7 – 3　　　　　　　　　　清代灾赈类型

赈济方式	赈济时间	赈济标准	成灾分数	赈济时长	
正赈	灾害发生后即进行	乏食者即赈	不论成灾分数	一个月	
加赈	正赈之后，查明成灾分数	一般按成灾分数，极贫、次贫区别发放	一	极贫	次贫
			十分	四个月	三个月
			九分	三个月	两个月
			七、八分	两个月	一个月
			六分	一个月	无
展赈	加赈之后	灾情严重，加赈之后，仍需赈济	一般以州县为单位，不以具体分数	无定例，视情况而定	

二　赈粮及折银的标准

赈济一般是发放粮食，粮食不足也折放赈银，多数时候是银粮兼赈。

（一）赈粮的标准

文献中并未见到对清初赈粮数标准的规定。从各地的救灾事例中看，清初赈银似并无统一标准。

时人考察清前期荒政时言："国初赈务，于旗地加详，间及直隶。康熙九年，淮扬水，人给米五斗。又分设米厂，人日一升，三日一给。自是以后，各省赈灾，大率口日以合计。"① 又，《文献通考》中载此次赈灾："人给五斗，六岁以上十岁以下半之"，似可推断，康熙九年（1670）后，赈粮一般区分大小口，以日计算。② 笔者现将此后康熙时期各地赈灾中赈粮的发放情形作一个简单梳理（见表 7 – 4）。

---

① （清）王庆云：《石渠余纪》卷 1《纪赈贷》，北京古籍出版社 1985 年版，第 4 页。
② 个别情形也有按月发放的情况，康熙四十年，甘肃河州所属土司被旱，每大口月给米一仓斗小口半之，参见（雍正）《钦定大清会典》卷 37《户部·蠲恤三·赈济》，《近代中国史料丛刊三编》第 77 辑，第 766 册，文海出版社 1994 年版，第 1987—1988 页。

表 7 - 4　　　　　　　　　　康熙时期各地赈灾赈粮发放情形

时间	受灾地区	赈济情况					文献来源
		方式	粮食种类	大口	小口	时长	
康熙三十年	陕西	日给	米	三合	一合五勺	至明年四月终	（雍正）《钦定大清会典》卷37，第1975页
康熙三十年	直隶	日给	米	四合	二合		（雍正）《钦定大清会典》卷37，第1976页
康熙三十三年	直隶	日给	米	三合	一合五勺	自二月初一日至四月终止	（雍正）《钦定大清会典》卷37，第1982页
康熙四十二年	江南	日给	谷	五合	二合、三合		（雍正）《钦定大清会典》卷37，第1982页载小口二合；《清文献通考》卷46《国用考》载小口三合
康熙四十三年	湖广	日给	谷	一升	六合	自十一月至明年二月止	（雍正）《钦定大清会典》卷37，第1999页
康熙四十四年	安徽	日给	谷	五合	二合五勺	灾重者散赈六个月，次重者散赈五个月，灾轻者散赈四个月	《安徽巡抚刘光美奏为凤属散赈情形折》，《康熙朝汉文朱批奏折》第一册，第265页

　　从表 7 - 4 来看，康熙年间，各地赈粮的标准各不一样，同一省区在不同年份也不相同，多因灾情而定。下面就宁夏地区的实际赈济情况做一下考察。

　　康熙五十三年（1714），"陕西甘属去岁薄收，于附近存贮粮内发赈，

自二月起至六月终止，每日大口给粮三合，小口二合"①。雍正十三年
（1735），固原、环县等地发生旱灾。兰州巡抚许容，"檄行藩司转行该道
府，将在固环本地无业之民，及移就临封随地安插之民实在无计营生者，
查明人口数目，按照定例动发社仓粮石，自本年十二月初一日起至来年二
月底止，大口日给三合，小口日给二合，赈给三个月口粮"②。乾隆帝得到
奏报后，申斥甘肃巡抚许容救灾不力：

> 谕甘省巡抚许容，据刘于义奏，汝赈济固环等处贫民，大口日给
> 米三合，小口日给米二合，不敷度日，难以充饥，目下穷民，尚复逃
> 散四出等语。汝为地方大员，既不能先事豫防于前，又不能竭力赈救
> 于后。而且一经奏报，遂谓了事。恐甘省之灾荒二字，再入朕耳。如
> 此轻视民命，为民父母之谓何？汝意固为国家惜费乎？夫民之元气，
> 乃国家之根本也，传曰，百姓足，君孰与不足，岂汝未之闻乎？③

又谕：

> 上年闻甘省固原环县等处收成歉薄，穷民乏食。朕知许容性情褊
> 隘，识见卑庸，恐但知节省钱粮，不思惠养百姓。屡次亲批谕旨，令
> 其宽裕料理，勿使灾民稍有失所。又令资其安插之费，宽其散赈之
> 期。朕之训谕已频，朕之心力亦竭矣。乃许容刻核性成，不但无痌瘝
> 乃身之意，并朕旨亦不祗遵。不过循照往例，苟且塞责，罔计百姓之
> 实能安堵与否，是以正当赈济之时，而流移他郡者，尚千百为群，相
> 望于道。④

上谕中，乾隆帝批评许容在此次赈灾中"不过循照往例"，结合之前

---

① （雍正）《钦定大清会典》卷 37《户部·蠲恤三·赈济》，《近代中国史料丛刊三编》第
77 辑，第 766 册，文海出版社 1994 年版，第 2011 页。

② 《兰州巡抚许容奏报查明甘省民数动拨社仓粮石赈给三个月口粮事》，雍正十三年十一月
二十一日，中国第一历史档案馆藏宫中朱批奏折，档案号：04 - 01 - 35 - 1102 - 011。

③ 《清高宗实录》卷 10，乾隆元年正月丁酉，中华书局 1985 年影印本，《清实录》第 9 册，
第 338 页。

④ 《清高宗实录》卷 14，乾隆元年三月戊戌，中华书局 1985 年影印本，《清实录》第 9 册，
第 395—396 页。

的材料，可以推断从康熙晚期至雍乾之际，甘肃宁夏地区的发赈标准，大体就是大口日给粮三合、小口日给粮二合。

乾隆二年（1737），宁夏灵州等地被灾，地方政府先行赈济和加赈时，均以"大口日给粮五合，小口日给粮三合"① 的标准发放。次年（1738），甘肃巡抚元展成赈恤新渠、宝丰二县被水灾民时，"除经赈给口粮外，自本年十一月至次年二月，大口日赈五合，小口三合"②。此时赈粮的标准，较雍正十三年（1735）固原受灾时的"大口日给三合，小口二合"已经大为提高。

关于赈粮发放标准统一的时间。王庆云记载为乾隆三年（1738），"先是，赈济之米每口日支三四合至七八合无定数。是年（乾隆三年）定凡赈大口，日给五合，小口半之"③。李向军据《户部则例》所载认为，是在乾隆四年（1739）④。魏丕信⑤、杨明⑥据《钦定大清会典则例》中所载："各省振济米数，每名日支三四合，或至七八合不等，其间数目参差，见无成规。嗣后，大口日给米五合，小口日给二合五勺，多少适中，著为定例"⑦，认为应在乾隆五年（1740）。笔者考察后认为，赈济的标准统一于乾隆五年（1740），应无疑义。

《清实录》中对此事记载十分明确。乾隆五年（1740）七月，大学士等遵旨查奏，甘肃巡抚元展成奏报各属旱灾一折中提到：

> 查各省凡遇旱灾，按限题报，并勘明被灾分数，将本年钱粮暂停征收，俱系照例办理。惟灾民应赈济者，向来各省，或请散赈，或请借赈，或秋苗虽经得雨而麦收不足接济仍请散赈，总因赈济未有定

① 《户部尚书海望奏为查取甘肃省乾隆二年被灾地方秋禾收成分数事》，乾隆二年十二月二十五日，中国第一历史档案馆藏宫中朱批奏折，档案号：04-01-01-0013-013。
② 《清高宗实录》卷83，乾隆三年十二月甲午，中华书局1985年影印本，《清实录》第10册，第306页。
③ （清）王庆云：《石渠余纪》卷1《纪赈贷》，北京古籍出版社1985年版，第4页。
④ 李向军：《清代荒政研究》，农业出版社1995年版，第31页。
⑤ ［法］魏丕信：《18世纪中国的官僚制度与荒政》，徐建青译，江苏人民出版社2002年版，第106页。
⑥ 杨明：《清代救荒法律制度研究》，中国政法大学出版社2014年版，第63页。
⑦ （乾隆）《钦定大清会典则例》卷54《户部·蠲恤二·拯饥》，文渊阁四库全书本，第22页。

例。是以从前各省督抚，有将情形入告请赈者，亦有未经奏请奉旨赈恤者，或动正项，或捐俸工或动存公银两，办理俱不画一。请交部将夏灾秋灾，应如何分别加赈，及应给应借籽种，补种秋禾，并秋禾虽经得雨，而待食艰难，应否仍行接济，俱斟酌定例，详悉议奏。①

同年九月，户部议覆，大学士等奏请夏灾、秋灾赈恤办法：

查夏月被灾，除补种秋禾者，应俟秋间勘明分数，另行办理外。或有得雨稍迟，布种较晚者，应令该督抚酌量接济。至秋月被灾，固非夏灾可比。嗣后凡被灾地方，勘明五分，于春月酌借口粮。六分，极贫者加赈一个月。七、八分，极贫者加赈两个月；次贫者，加赈一个月。九分，极贫者加赈三个月；次贫者加赈两个月。十分，极贫者加赈四个月；次贫者加赈三个月。其余一切应行赈恤事宜，仍令该督抚因时因地，题明办理。再各省赈给米数，多有参差。请嗣后每大口日给米五合，小口减半，以归画一。得旨，此奏依议。②

(乾隆)《钦定户部则例》亦将此条收入：

民田秋月水旱成灾，该督抚一面题报情形，一面饬属发仓将乏食贫民不论成灾分数均线行正赈一个月。仍于四十五日限内按查明成灾分数分析极贫、次贫具题加赈。应赈每口米数大口日给米五合，小口二合五勺，按日合月小建扣除，银米兼给谷则倍之。③

当然，标准制定之后，各地在办赈之时，仍可视灾情轻重办理，如"嘉庆元年，陕西延安旱，加恩每口日给六合，亦小口给半"④。

(二) 折银的标准

灾害发生后，灾民急需粮食度日，但经常出现当地粮食仓储不足的情

① 《清高宗实录》卷123，乾隆五年七月辛卯，中华书局1985年影印本，《清实录》第10册，第807—808页。
② 《清高宗实录》卷126，乾隆五年九月己卯，中华书局1985年影印本，《清实录》第10册，第848页。
③ (乾隆)《钦定户部则例》第三册卷110《蠲恤·赈济》，故宫博物院编：《故宫珍本丛刊》第286册，海南出版社2000年版，第193页。
④ (清) 王庆云：《石渠余纪》卷1《纪赈贷》，北京古籍出版社1985年版，第6页。

况，加之交通不便，短时间内难以调集足够粮食赈济灾民，所以折银发放或者银粮兼赈非常普遍。从清前期各省的折银事例来看，各地标准并不统一。

顺治二年（1645），题准"游牧地方被灾人户，每名月给米一斗，在张家口者给米，古北口者给银"①。这是较早区分粮、银赈济的事例。康熙年间，银粮兼赈的情况也较多。康熙五十四年（1715），甘肃地方被灾，朝廷即"派大臣一员，巡查甘肃被灾地方，银米兼行赈济"②。康熙五十九年（1720），"以陕西、甘肃欠收，命银粮兼赈，以麦收为止"③。但均未指出折银的标准。

赈米与赈银之间的折算比例，长期以来一直没有固定的标准。康熙四十六年（1707），淮扬受灾，仓无存谷，"折给大口月三钱，小口半之"④。又（乾隆）《钦定大清会典》中载，赈济之时："每户计口日授米五合，幼弱半之。如米谷不足，则依时价以银代给"⑤，表明是以当时的物价为折银标准。具体折价几何，清人王庆云谈及乾隆二十二年（1757）前后的赈济情况时说："谷食不足，则本色相兼。折价自五钱加至一两。被灾重者，再加四钱。"⑥依此说法，折价标准各地差别较大，视被灾轻重，还可追加。李向军认为："各省均有折赈定价，大致康熙、雍正时期米一石折银一两，乾隆以后米一石折银一两二钱，嘉庆以后米一石折银一两四钱。"⑦李向军的说法只是一个大概的情形，具体的折银标准还要以各地的具体情况来看。

乾隆七年（1742），湖北巡抚范灿奏称："被灾各州县卫，散赈不敷谷一十余万石，自应动项折赈。……应请在封贮银内借给十万两，照每石五钱之例，分给折赈。"⑧次年（1743）正月，两淮盐政准泰奏："扬州附郭

---

① （雍正）《钦定大清会典》卷37《户部·蠲恤三·赈济》，《近代中国史料丛刊三编》第77辑，第766册，文海出版社1994年版，第1963页。

② 同上书，第2012页。

③ （民国）赵尔巽：《清史稿》卷8《圣祖纪》，中华书局1977年版，第300页。

④ （清）王庆云：《石渠余纪》卷1《纪赈贷》，北京古籍出版社1985年版，第4页。

⑤ （乾隆）《钦定大清会典》卷19《户部·蠲恤二·拯饥》，清文渊阁四库全书本，第7页。

⑥ （清）王庆云：《石渠余纪》卷1《纪赈贷》，北京古籍出版社1985年版，第5页。

⑦ 李向军：《清代荒政研究》，农业出版社1995年版，第31页。

⑧ 《清高宗实录》卷181，乾隆七年十二月己酉，中华书局1985年影印本，《清实录》第11册，第341页。

贫民……上年九月间，奏明动用运库银两，量加矜恤，应照折赈之例，每大口月给折银一钱八分，小口减半。"① 九月，江苏巡抚陈大受奏："海州、赣榆、沭阳三州县，叠遭荒歉，米价颇昂，赈恤口粮。请照上年折赈之案，每斗仍折银一钱二分。其余溧水、高淳等县偏灾，仍照定例，每斗折银一钱。"② 综上所述，乾隆初期，各地折赈的标准基本已有定例。折赈之时，一般以月为标准，仍区分大小口，同一地区视灾情不等，折赈标准也有差别。乾隆四十一年（1776）议准，各省折赈标准见表7－5。

表 7 –5　　　　　　　　乾隆四十一年议准各省赈银折算标准

省　份	具体折赈情况（单位：石）	
	米	谷
山西	一两六钱	九钱六分
直隶	贫民一两二钱、贫生一两	
奉天、河南、浙江、江西	一两二钱	六钱
山东、江苏、安徽、湖北、湖南、　甘肃、云南	一两	五钱
陕西、广东、广西、福建、四川、贵州	概支本色，向不折赈	

资料来源：（嘉庆）《大清会典事例》卷29《户部·蠲恤·赈饥二》，第10126—10127页。

乾隆初年各地已经有折赈的固定标准，此年议准的折赈标准，事实上只是将多数地区实行多年的标准加以确定。其中，宁夏地区所属的甘肃一省，谷一石折银五钱米一石折银一两，在全国来看，折价标准较低。考虑到灾害发生时，物价时常上涨，那政府折赈的标准是否够灾民买到相应标准的粮食？如不敷买粮，又如何处理？

乾隆十年（1745），安徽巡抚准泰奏称：上年歙县、休宁、婺源三县受灾，而该地产米素少，奏请将照乾隆七年米贵折赈之例，每石给银一两二钱。但户部未同意。后经再请，"所需赈粮，颇觉浩繁，该地山环岭障，不通舟楫，挽运维艰。目今豫拨之米，已经散给，尚多不敷，而灾歉之

---

① 《清高宗实录》卷183，乾隆八年正月是月，中华书局1985年影印本，《清实录》第11册，第367页。

② 《清高宗实录》卷201，乾隆八年九月是月，中华书局1985年影印本，《清实录》第11册，第590页。

后，粮价渐昂"①。这才得到乾隆帝同意。

又，乾隆十一年（1746）的一则上谕中说：

> 山东省东平等州县，秋禾偶被偏灾。现在降旨赈恤，照例银谷兼
> 赈。惟是折赈银两，向例每谷一石，折银五钱。今被灾较重，谷价必
> 昂。恐灾民所领折价，不敷买食。上年济宁等处，被水赈济，曾降旨
> 每石六钱折给。此次东平等州县卫折赈银两，亦着加恩照前增给，俾
> 灾民从容购买。②

从宁夏地区来看，乾隆二十三年（1758），甘肃遇灾，乾隆帝表示：

> 甘省连岁办理军需，继以雨泽愆期，不及播种，粮价自不免昂
> 贵。即照例银粮兼赈，不敷买食，著加恩于部价外，河东每石加银三
> 钱，河西每石加银四钱，俾民间买食宽裕。③

次年（1759）又谕：

> 甘省折赈，向例每石给银一两。上年因该地方岁事歉收，恐贫黎
> 买食不敷，已降旨河东每石加银三钱，河西每石加银四钱。今皋兰等
> 各属被灾地方，粮价尚未平减，朕心深为轸念。著再加恩，将皋兰、
> 靖远、金县、平番、固原、盐茶厅……隆德、灵州、花马池、中卫、
> 狄道、河州、碾伯等各州县赈粮折价，俱于前加每石三钱、四钱外，
> 河西、河东每石再各加给银三钱，俾穷黎足敷买食。④

此次在甘肃、宁夏地区赈灾时，先后两次提高银米折赈的标准，河东
地区加至一两六钱、河西一两七钱，已属难得。

---

① 《清高宗实录》卷232，乾隆十年正月庚辰，中华书局1985年影印本，《清实录》第12
册，第3页。

② 《清高宗实录》卷273，乾隆十一年八月庚辰，中华书局1985年影印本，《清实录》第12
册，第559页。

③ （嘉庆）《大清会典事例》卷218《户部·蠲恤·赈饥一》，《近代中国史料丛刊三编》第
66辑，第659册，文海出版社1992年版，第10098—10099页。

④ 《清高宗实录》卷601，乾隆二十四年十一月甲子，中华书局1986年影印本，《清实录》
第16册，第735页。

　　综上来看，各地在折赈过程中，可视灾情轻重，向中央提请适当提高折赈标准。一般由各地督抚提出，但并不一定会得到中央的同意。

　　正如各地督抚题请提高折赈时提到的，遇有灾年，粮价上涨。那提高标准后，灾民是否可以买到足够的粮食呢？以上文提到的乾隆二十三、二十四年（1758—1759）甘肃地区为例。当时，甘肃布政使蒋炳奏报灾情的奏折中，提到了当时甘肃各属的粮价：

> 　　各属粮价，以仓斗米麦计算，惟秦、阶二州属、在一两以外二两之内。庆阳府属在二、两以外三两以内，巩昌平凉两府属即有在三两以外，兰凉两府属贵至四两五两不等，甘州西宁两府俱在四两内外。宁夏素称产米之区，亦在二两以外三两之内。①

　　从奏折中来看，甘肃各地的粮价遇灾上涨，即便是向来产米较多的宁夏地区，此时粮价亦在二、三两之间。而朝廷两次提高标准之后，不过是一两六七钱，较同时期大部分地区粮价相去甚远。另外，这是二十四年七月的粮价，而上文第二次提高折赈标准的上谕是在十一月，也就是说，当时的折赈标准还是之前的一两三四钱。查询王业键建立的"清代粮价资料库"②，从中不难看出，就宁夏府而言，一两的折赈标准，较市价总是略有不足，若遇有灾年，则更加拮据。

第四节　借贷

　　借贷是一种常见的接济民众的手段，有常年之贷，也有灾年之贷，此处专指灾年的借贷。遇有灾年，政府借贷给灾民粮食，帮助其度过灾年；灾后也借贷籽种、农具、耕牛等，帮助其恢复生产。

　　康熙《大清会典》所列各项荒政中，并未见到与借贷相关的措施。雍正《大清会典》中列"借给"一项，梳理了康熙三十年至雍正四年间

---

　　① 《甘肃布政使蒋炳奏为甘肃各属本年被灾情形并加赈遵旨减价平粜民情安贴事》，乾隆二十四年七月二十一日，中国第一历史档案馆藏宫中朱批奏折，档案号：04 - 01 - 23 - 0035 - 036。
　　② "清代粮价资料库"（http：//mhdb. mh. sinica. edu. tw/foodprice/）。

（1691—1726），各省灾年借贷的情形。①（乾隆）《大清会典》中所列十二项荒政，第四项为"贷粟"："或歉收之后，方春，民乏籽种，贫不能耕；或早禾初插，夏遇水旱，及既雨既霁，民贫不能补种。乃命府州县开常平仓，或社仓出谷贷之，俾耕插有资，以待秋熟。"②

一　借贷的范围、对象

借贷涉及的首要问题就是借贷的适用对象和情形。清前期在这一问题上并无定制，多经督抚遇灾后临时题请进行借贷。乾隆五年（1740），甘肃巡抚元展成奏报各属旱灾，同时提出："夏灾、秋灾，应如何分别加赈，及应给应借籽种，补种秋禾，并秋禾虽经得雨，而待食艰难，应否仍行接济，俱斟酌定例，详悉议奏。"③ 不久，户部议覆，大学士等奏请夏灾、秋灾赈恤办法："秋月被灾，固非夏灾可比。嗣后凡被灾地方，勘明五分，于春月酌借口粮。六分，极贫者加赈一个月……其余一切应行赈恤事宜，仍令该督抚因时因地，题明办理。"④ 得到乾隆皇帝的批准。

由此来看，受灾六分及以上，可以得到政府不同标准的无偿赈济，而受灾五分，则可以有偿向政府借贷口粮。有学者认为："与赈米、赈粥不同的是，借贷粮食的地区虽然遭受灾害，但一般并未达到官方所定的受灾标准，因而无法享受赈米、赈粥等措施。"⑤ 就是说借贷口粮适用于没有得到无偿赈济的人群。事实上借贷的范围不止于此。乾隆六年（1741），上江凤、颍等地夏秋连被水灾。政府在已经按被灾轻重，分别加赈。但仍在

凤、颍、泗三属已赈贫民，再借与口粮一个月。其正月止赈之处，去麦秋尚遥。应查明最贫之民，借与口粮两个月。至五分灾不赈者，定例于春月酌借口粮。应同六分灾不赈之次贫，一体照例酌借，

---

①（雍正）《钦定大清会典》卷38《户部·蠲恤四·借给》，《近代中国史料丛刊三编》第77辑，第766册，文海出版社1994年版，第2051—2062页。

②（乾隆）《钦定大清会典》卷19《户部·蠲恤》，清文渊阁四库全书本。

③《清高宗实录》卷123，乾隆五年七月辛卯，中华书局1985年影印本，《清实录》第10册，第807—808页。

④《清高宗实录》卷126，乾隆五年九月己卯，中华书局1985年影印本，《清实录》第10册，第848页。

⑤ 杨明：《清代救荒法律制度研究》，中国政法大学出版社2014年版，第79页。

以接济之，统于秋成交谷还仓。若近处谷石不敷，由远处拨运。恐缓不济急，即照上年之例，用银折给。俾小民买食大麦秫秫等杂粮，以糊其口。①

此例中，政府在赈济时，已经按成灾分数分别进行了赈济，但之后仍施行了不同程度的借贷。借贷的对象既包括已经加赈、展赈的灾民，也包括成灾五分未得赈济及成灾六分得到正赈未得加赈的次贫灾民。李向军将借贷的范围归纳为：一是受灾五分之贫民；二是蠲、赈之后，尚未完全恢复之灾民；三是青黄不接之际，缺乏子种、口粮的灾民。② 从笔者的考察来看，借贷的对象要比李向军所言更为宽泛，有时还包括五分以下勘不成灾的贫民。康熙三十一年（1692），在赈恤高平、临川等州县时，"去年虽未成灾，亦俱歉收。该州县各有颁发分贮米价，令借给穷民，以为口食籽种之资，俱于本年秋成偿还"③。乾隆五十一年（1786）正月，乾隆皇帝谕：

> 上年江苏淮安、徐州、海州所属，雨泽愆期。夏秋二熟，均属失收。……第念今春正赈已毕，青黄不接之时，民食恐不无拮据。著再加恩，将被灾较重之徐属萧县、砀山二县，十分灾极次贫民，展赈两个月。……其余各府、州、县七分灾以下，及勘不成灾地方，所有实在乏食农民，酌借籽种口粮，俾艰食者得资糊口，乏种者无误翻犁。④

此例中，借贷的对象则是成灾七分以下，及勘不成灾地区的乏食灾民。通过以上的考察不难看出，借贷的范围十分宽泛，并不拘泥于成灾分数，而是因时因事，视其灾情需要而定。当然一般仍需要督抚题奏，皇帝恩准之后施行。

所借贷的口粮、籽种及农具耕牛等，有时也折银发放。康熙六十年

---

① 《清高宗实录》卷159，乾隆七年正月甲申，中华书局1985年影印本，《清实录》第11册，第11页。

② 李向军：《清代荒政研究》，农业出版社1995年版，第37页。

③ （雍正）《钦定大清会典》卷38《户部·蠲恤四·借给》，《近代中国史料丛刊三编》第77辑，第766册，文海出版社1994年版，第2052页。

④ 《清高宗实录》卷1246，乾隆五十一年正月己酉，中华书局1986年影印本，《清实录》第24册，第744页。

（1721）时，因陕西、甘肃二省康熙五十九年（1720）被灾，"今值春耕，拨解库银二十万两，借给籽种"①。

二　灾民所借贷生产、生活资料的征还

借贷与前文所述的赈济措施不同，是一种有偿的救灾手段。灾民所借贷的口粮、籽种、牛具等均需要偿还。（乾隆）《大清会典》中载：

> 及秋，视其收成之丰歉，收成在八分以上者，加息征还；七分者，免息征还；六分者，本年征还其半，来年再征其半；五分以下者，均缓征，以待来秋之熟。若上年被灾稍重，初得丰收，其还仓也，亦准免息。直省有向不加息者，各从其土俗之宜。特旨本息均免者，率视督抚奏请，即与豁除。②

归还时间，一般为秋熟后。"各省仓储，向例春借秋还。青黄不接之时，贫民既得资其接济，而秋收后即照数征收谷石，可以出陈易新。"③ 起初，灾民借贷粮食，一般还需要支付一定的利息。乾隆二年（1737），乾隆帝在上谕中说：

> 朕闻各省出借仓谷，于秋后还仓。时有每石加息谷一斗之例。朕思借谷各有不同，如地方本非歉岁，祇因春月青黄不接，民间循例借领，出陈易新，则应照例加息。若值歉收之年，其乏食贫民，国家方赈恤抚绥之不遑，所有借领仓粮之人，非平时贷谷者可比。至秋后还仓时，止应完纳正谷，不应令其加息。将此永著为例，各省一体遵行。④

乾隆帝认为，应该将常年之贷和灾年之贷区别对待，灾年所贷不应加

---

① （嘉庆）《大清会典事例》卷222《户部·蠲恤·贷粟》，《近代中国史料丛刊三编》第66辑，第660册，文海出版社1992年版，第10338页。

② （乾隆）《钦定大清会典》卷19《户部·蠲恤》，清文渊阁四库全书本。

③ 《清高宗实录》卷559，乾隆二十三年三月辛亥，中华书局1986年影印本，《清实录》第16册，第84页。

④ 中国第一历史档案馆：《乾隆朝上谕档》第1册，乾隆二年六月初九日，档案出版社1991年版，第195页。

息。自此正式确立了灾年借贷粮食免息征还的规定。乾隆十七年（1752）又奏准："各省被灾贫民，借给籽种口粮，夏灾借给者，于秋后免息还仓；秋灾借给者，于次年麦熟后免息还仓。均扣限一年，自十七年为始，扣限造报，以昭画一。"①

偿还之时，既可以交本色，也可以折色或者折银交纳。乾隆二十七年（1762），甘肃布政使吴绍诗奏请，将上年所借仓粮折色征还：

> 查甘省地寒，岁止一收，民间种植，各随土宜。必令交还原色，势致售此易彼，辗转亏折。应如所请，原借上色者，准以小麦粟米抵交；下色者，准以大豆、青稞抵交。至豌豆一项，河西地方，皆驻重兵，需用既多，民间又皆磨面作食，价值与米麦无异，应准与米麦并抵。河东各属，不得援此为例。又二十六年，折借银二万余两，现岁丰，民有余粟，亦应令愿完本色者，照时价改征，愿交银者听。②

又，乾隆二十八年（1763），甘肃巡抚常钧奏：

> 甘省仓粮，向贮米、麦、谷、豆四色。遇借给籽种口粮等项，各照原借色样征还。但甘省种植，又有糜子一种，民间种食者多，价与粟谷相等，而有糜无谷者，情愿以糜抵谷。地方官因违例不准抵交，民多未便。请令通融交纳，除米、麦、豆仍各收原借本色外，其原借粟谷一种，听民以糜抵交。至下年借出糜子，有欲以粟谷还仓者，亦听。从之。③

从甘肃地方官的奏请来看，此前甘肃地区因仓储并无糜子一项，故灾民若借粟谷，并不能直接以糜子还仓。

借贷之后，若遇灾民无力偿还的情形，经督抚奏准后，可将借贷的银粮缓征或蠲免。雍正十二年（1734），经陕西总督刘于义、甘肃巡抚许容

---

① （乾隆）《钦定大清会典则例》卷54《户部·蠲恤二·贷粟》，文渊阁四库全书本，第68页。
② 《清高宗实录》卷653，乾隆二十七年正月是月，中华书局1986年影印本，《清实录》第17册，第316—317页。
③ 《清高宗实录》卷697，乾隆二十八年十月是月，中华书局1986年影印本，《清实录》第17册，第812—813页。

奏请，"免陕西固原属之平原所下马关及灵州属之花马池中卫县属之香山、礼县属之大潭一里，本年分秋禾歉收额赋，并乏食贫民所借口粮，一体赏给"①。乾隆十年（1745），"甘肃宁夏、宁朔、平罗三县于乾隆三年地震之后，借给牛价银两，以资耕种，分作四年带征，又经展限。其力能完纳者，已如数还项，尚有未完万余，皆系无力贫民。若与本年额赋及带征之项一并输纳，未免拮据。著该部查明，加恩豁免，以纾民力"②。

有时也将借贷之粮，改为无偿赈济，免其来年偿还。乾隆元年（1736），宁夏府所属之宁夏、新渠、宝丰等县因夏间雨水较多，黄河涨溢，堤岸民田等多有淹浸。地方官员考虑到灾民冬季及来年春季缺乏口粮，即动支社仓公用银粮，按受灾轻重借给六个月及三个月口粮不等。乾隆帝在得到奏报后表示："著将各该处额征粮石，确查豁免。所借六个月三个月口粮，俱准抵作赈给之项，免其来岁交还。"③

综上所述，缓征、蠲免、赈济、借贷等是清政府在宁夏地区灾后应对的主要措施。宁夏所属的甘肃地区，在清代统治者眼中向属"地瘠民贫"的偏远之地，所以在对其进行遇灾赈恤之时，往往格外加恩。所以，以上所论各种救灾措施在宁夏地区实行时往往尺度较宽。当然，清代宁夏地区的救灾措施，除了以上所论缓征、蠲免、赈济、借贷外，还有借粜、以工代赈等等，皆有专人所论，此处不再赘述。

关于对清代荒政实施情况的评价，李向军认为："清代救荒措施集历代之大成，最为全面完备。"④ 魏丕信则认为，18 世纪中叶的几十年是一个高峰，"灾害勘查与赈灾物资分配的章程和法规比以往任何时候都更加完善和标准化、制度化"，遇灾之年赈济灾民，"一定程度上成为地方政府的一件例行公事，至少从理论上说，它所遵循的是一套近乎自动化的程

---

① 《清世宗实录》卷 150，雍正十二年十二月辛酉，中华书局 1985 年影印本，《清实录》第 8 册，第 861 页。

② 《清高宗实录》卷 244，乾隆十年七月辛未，中华书局 1985 年影印本，《清实录》第 12 册，第 148 页。

③ 《清高宗实录》卷 30，乾隆元年十一月，中华书局 1985 年影印本，《清实录》第 9 册，第 619—620 页。

④ 李向军：《清代荒政研究》，农业出版社 1995 年版，第 28 页。

序"①。从宁夏地区的考察来看，这一时期清政府对自然灾害发生后的应对是比较得力的，给予的重视和投入的力度都较大。但不能忽视的是，赈灾过程中，官员贪渎等各种弊病，往往使得赈济的实际效果大打折扣。最高统治者也深知这一点，在皇帝给地方督抚奏报灾情公文批复的最后，经常见到"毋任不肖官吏侵渔中饱"、"务使小民均沾实惠"等叮嘱，几乎成为一种固定的格式。

---

　　① ［法］魏丕信：《18 世纪中国的官僚制度与荒政》，徐建青译，江苏人民出版社 2002 年版，第 2 页。

结　　语

　　宁夏地处我国西北内陆，同时处于黄土高原与蒙古高原，季风区与干旱区的交汇地带，气候条件复杂。水、旱等各种自然灾害频发。清代是宁夏地区的自然灾害较为严重的一个时期。据笔者统计，清代268年间，干旱年份有128年、水灾年份有151年、雹灾年份有132年，地震、低温等灾害发生也较为频繁，由于文献记载的缺失和笔者统计的遗漏，灾害实际发生的情形远比笔者统计的更加严重。频发的自然灾害对宁夏地区的社会经济造成了巨大的破坏。

　　人们在遭受各种自然灾害袭扰的同时，也在总结和积累防灾、备灾和救灾的经验教训，以最大限度减轻灾害带来的损失。传统的防灾、备灾方式，主要是兴修水利、修建仓储等。宁夏地处内陆，干旱缺水是其基本气候特征，诸种自然灾害中，以旱灾对宁夏地区影响最大。幸黄河自中卫入宁夏境，加之地形平坦，易于引水，宁夏发展灌溉农业有着独特的优势。自秦汉以来，宁夏人民就在此修渠引水，发展农业经济。清以前，宁夏就已经形成了以汉、唐而渠为主的渠道灌溉系统。清代在前代汉、唐等渠的基础上，新开凿了大清、惠农、昌润三条大的引水渠和其他一些规模较小的引水渠，进一步完善了宁夏地区的灌溉系统。同时，清政府还多次组织对旧有渠道进行维护整修。

　　宁夏地区虽得引黄河水灌溉之利，但因黄河水泥沙含量较高，导致开通的引水渠道容易沉积淤堵，这就需要经常进行疏通，就是所谓的岁修。岁修主要是官督民办，由受水民户自备材料，出夫役，在地方官员组织下进行修浚。每年例行修浚各渠给地方民户带了沉重的负担，加之期间弊病丛生，经常并不能达到预期的效果。虽然康雍乾时期政府出资进行过一些较大规模的整修，但从整个清代来看，修渠的费用主要仍由民间负担。

　　传统小农经济的脆弱性，决定了其在遭受自然灾害时，仅靠自身力量往往难以应对灾年。这就需要政府出面，维持社会再生产的顺利进行。政府救灾的法令、制度及措施，就构成了荒政的主要内容。清代的荒政在前代的基础上有了进一步发展，较之前更加规范和完整。经过了顺康雍时期救灾活动的不断实践，到了乾隆前期，清代的荒政趋于成熟。

　　清代赈灾的基本程序，主要是题报灾情、勘灾灾况和发放赈济。各环节中，清政府对报灾、勘灾的期限、勘灾的人选、发放赈济的标准等问题，都有着严格的规定。清代救灾的主要措施则有缓征、蠲免、赈济、借贷等，均有具体的执行标准。清代的荒政，以其规范化、制度化、系统化为学界所认同。当然，荒政在具体实行的过程当中，仍然存在很多弊病，但这不能抹杀其起到的救荒拯民的作用。从宁夏地区的考察来看，清代的荒政实施基本是得力的。

　　值得注意的一点是，清晚期，随着中央政府统治力量的衰弱，荒政的实施也得到不保障。在东南沿海等经济较发达地区，地方义赈随之兴起，成为官方赈济的一种重要补充，在一些地区甚至成为赈灾中的主导力量。然而宁夏所在的甘肃地区，其民间救灾力量却始终未能发展起来。

附 表

附表1　　　　　　　　　　　清代宁夏地区干旱灾害一览

序号	灾年	灾况	资料来源
1	顺治十一年（1654）	顺治十二年二月十九日，准吏部资："本年正月十九日奉上谕'谕吏部……乃年来水旱相寻，干戈未靖，民穷莫极，共食不充'"	乾隆《宁夏府志》卷18，第476页
2	顺治十三年（1656）	十三年，静宁州、灵台县自春徂夏不雨……是年冬热无雪，平、庆连旱二年	宣统《甘肃新通志》卷2《天文志（附祥异）》，第38页
		固原旱	《中国气象灾害大典·宁夏卷》，第25页
3	顺治十四年（1657）	十三年，静宁州、灵台县自春徂夏不雨……是年冬热无雪，平、庆连旱二年	宣统《甘肃新通志》卷2《天文志（附祥异）》，第38页
		固原旱	《中国气象灾害大典·宁夏卷》，第25页
4	康熙六年（1667）	十二月甲申，免湖广通城等七州、县，陕西平凉、兰州等十二州、县、卫、所，本年分旱灾额赋有差	《清圣祖实录》卷24，第341页下
		康熙七年二月庚午，甘肃巡抚奏刘斗疏言：平、庆、临、巩四府属，去岁夏旱秋涝，人民饥馑	《清圣祖实录》卷25，第349页上
5	康熙九年（1670）	隆德大旱	《中国气象灾害大典·宁夏卷》，第25页
6	康熙二十四年（1685）	化平川厅旱	《中国气象灾害大典·宁夏卷》，第25页
7	康熙二十七年（1688）	张琔，宁朔县汉壩堡人……康熙二十七八年，各堡荒旱，饥者比户	乾隆《宁夏府志》卷16，第435页

序号	灾年	灾况	资料来源
8	康熙二十八年（1689）	张琏，宁朔县汉壩堡人……康熙二十七八年，各堡荒旱，饥者比户	乾隆《宁夏府志》卷16，第435页
9	康熙四十年（1701）	七月己丑，谕大学士等……见有居住贺兰山后公云木春来朝见，朕问河西雨泽、黄河水势。云木春奏，今岁自正月至六月滴雨未降，黄河水消二丈有余	《清圣祖实录》卷205，第86—87页
		十一月丙申，免陕西灵州、宁夏二所本年分旱灾额赋有差	《清圣祖实录》卷206，第98页上
		又覆准甘肃宁夏等处被旱，将钱粮暂行停征	乾隆《甘肃通志》卷17《蠲恤》，第4页
		康熙四十年间，香山旱饥	道光《中卫县志》卷8《轶事》，第1页
10	康熙四十一年（1702）	四十一年六月初六日，陕甘总兵官李林盛奏：宁夏地方虽雨泽微细，然藉渠水稍资灌溉，或可以无虞矣	《康熙朝汉文朱批奏折汇编》第1册，第76页
11	康熙四十六年（1707）	七月二十六日，甘肃提督殷泰奏，本年四月起至六月终止，宁夏镇属雨泽虽稀，藉赖黄河浇灌，禾稼亦获有秋	《康熙朝汉文朱批奏折汇编》第1册，第692页
12	康熙四十九年（1710）	六月初八日，提督陕西甘肃等处地方总兵官江琦奏，四十九年入夏以来，四月至今六月初旬……惟宁夏所属地方雨泽稍微，俱赖渠水疏通，引灌得济	《宫中档康熙朝奏折》第2辑，第577—578页
13	康熙五十年（1711）	六月初六日，提督甘肃总兵官江琦奏……宁夏镇所属地方先时少雨，赖有渠水通灌，至五月中旬又得调雨沾足，田禾见俱茂盛，丰亨有兆	《宫中档康熙朝奏折》第3辑，第162页
		康熙五十年中，香山饥，土人掘草根为食	道光《中卫县志》卷8《轶事》，第1页

序号	灾年	灾况	资料来源
14	康熙五十二年 （1713）	六月初一日，提督甘肃总兵官江琦奏，今岁自入夏以来，至今闰五月终旬，宁夏虽雨泽稍稀，赖有河水引灌浇足，惟花马池与兴武数处无渠水之地，稍觉干旱	《康熙朝汉文朱批奏折汇编》第4册，第926页
		八月初六日，甘肃提督江琦奏：甘肃一带夏田均已俱收成……至宁夏地方深得渠水灌溉，大概丰收有至九分十分之处，惟因花马池与兴武营及香山、古水等处邻近薄收，搬运就食者多	《康熙朝汉文朱批奏折汇编》第5册，第123—124页
		十一月己酉，谕户部……甘肃靖远卫、环县、镇原县、固原州、固原卫、平凉县、平凉卫、崇信县、庆阳卫、灵州所、会宁县、宁夏中卫、宁夏所、古浪所一十四处，今岁夏秋被灾	《清圣祖实录》卷257，第539页下
		固原等地夏田少雨，秋禾失收，饥荒民乏食。化平川厅旱。隆德等处旱，禾歉收，民饥，斗粟银三钱	《中国气象灾害大典·宁夏卷》，第25—26页
		康熙五十三年二月初七日甘肃巡抚乐拜奏：甘肃所属……惟固原州、靖远卫等地，去（1713）夏雨泽稀少，冬雪无多，故心益不可懈弛	《清代干旱档案史料》，第18页
		去秋（五十二年）西鄙旱荒，所在流离饥饿	乾隆《宁夏府志》卷20，第567页
15	康熙五十三年 （1714）	六月十八日，署甘肃提督路振声奏：自四月以至六月中旬……花马池与兴武、古水、同心数处雨泽愆期，田苗稍薄	《康熙朝汉文朱批奏折汇编》第5册，第651—652页
		十月壬辰，甘肃巡抚绰奇疏言：甘肃宁夏等处今岁被灾穷民，请计口散赈至明年夏收时停止	《清圣祖实录》卷260，第568页上
		十一月戊申，命赈宁夏灾民，其流移者所在发廪赈之	《东华录》康熙卷94，第570页上
		宁夏等地旱致灾，禾无收，民大饥，流移者甚多	《中国气象灾害大典·宁夏卷》，第26页

续表

序号	灾年	灾况	资料来源
16	康熙五十四年（1715）	六月二十四日，提督陕西甘肃等处地方总兵官师懿德奏：甘肃地方去冬大雪，自春至夏雨水及时，而宁属亦渠水充足，俱属有收……惟宁夏之花马（池）与兴武、古水、同心、洪广……各处五月雨稀，禾苗觉旱	《宫中档康熙朝奏折》第5辑，第553—554页
		六月乙酉，谕大学士等：甘肃巡抚绰奇上言，固原等十八处今岁旱灾未完额赋请分年带征，朕思民逋赋即带征亦力难完纳其悉行蠲免	《东华录》康熙卷95，第578页上
		七月十七日甘肃巡抚绰奇奏：六月初三日……续据布政使觉罗折尔金报称，兰州厅、兰州、兰州卫、河州、河州卫、金县、狄道县、渭源县、临洮卫、安定县、陇西县、泾源卫、灵州所、宁夏所、盐茶厅、固原卫等十六处夏禾被旱被灾，等语	《清代干旱档案史料》，第22页
		五十四年，临洮、靖远、固原旱	乾隆《甘肃通志》卷24《祥异》，第19页
		固原等十八州连年旱，秋禾被灾，无收，民饥	《中国气象灾害大典·宁夏卷》，第26页
17	康熙五十八年（1719）	崇信、隆德、静宁、环县旱，饥	宣统《甘肃新通志》卷2《天文志（附祥异）》，第42页
18	康熙五十九年（1720）	十月戊午，以陕西、甘肃欠收，命银粮兼赈，以麦收为止	《清史稿》卷8《圣祖本纪三》，第300页
		十月庚戌，谕户部……近闻二年欠收，民有艰于粒食者……甘肃地方，数年欠收，粮草价值腾贵	《清圣祖实录》卷289，第815页
		是年至次年夏，临、巩、平、庆等处旱，饥	宣统《甘肃新通志》卷2《天文志（附祥异）》，第42页
		又覆准甘肃固原州等二十州、县、卫夏禾被灾，动粮借赈	乾隆《甘肃通志》卷17《蠲恤》，第19页
19	康熙六十年（1721）	是年至次年夏，临、巩、平、庆等处旱，饥	宣统《甘肃新通志》卷2《天文志（附祥异）》，第42页
		固原州卫旱成灾禾歉收，民多饥困	《中国气象灾害大典·宁夏卷》，第26页

序号	灾年	灾况	资料来源
20	康熙六十一年（1722）	七月丙申，免陕西固原州、固原卫，本年分旱灾额赋有差	《清圣祖实录》卷298，第886页下
		覆准固原等州、县、卫秋禾被灾钱粮，照分数蠲免	乾隆《甘肃通志》卷17《蠲恤》，第22页
21	雍正二年（1724）	李宗儒，灵州花马池监生。雍正二年，荒旱，山堡人皆逃窜	乾隆《宁夏府志》卷16，第434页
22	雍正三年（1725）	臣于四月二十日自西宁起程，经过河西地方麦俱好，至兰州地方无雨苦旱，夏麦已是失望，秋禾亦难布种。至安定县、会宁县、静宁州、隆德县四处地方，虽得微雨不能沾足，夏麦必致歉收	《署理川陕总督岳钟琪奏报本年四月途经西宁兰州等地路见雨水禾苗情形事》，雍正三年五月初六日，档案号：04-01-30-0271-015
23	雍正四年（1726）	六月以来，各府俱报秋禾滋长，间有缺雨之州县，如临洮府属之兰州，平凉府属之固原州、盐茶厅……目下秋禾望雨甚殷	《宫中档雍正朝奏折》第6辑，第246页
24	雍正七年（1729）	宁夏地方自今年二月以至四月，雨泽甚少，黄河水亦小，唐汉二渠浇灌微艰	《兵部右侍郎通智奏报宁夏雨泽田禾及黄河水情情形事》，雍正七年六月十八日，档案号：04-01-30-0337-022
25	雍正九年（1731）	宁夏上岁冬间雪大，今岁春间无雨，米价稍觉腾贵	《兵部右侍郎通智奏报宁夏本年四月得雨日期事》，雍正九年五月初六日，档案号：04-01-30-0286-022
26	雍正十年（1732）	河西甘、凉、宁、西、肃各属水地居多，渠流充足，惟旱田藉资雨水，五月十八、九及二十一、二等日各报，得雨一二三寸不等，而望雨较急者，惟……宁夏之中卫，灵州等处	《甘肃巡抚许容奏报甘省及时雨泽事》，雍正十年五月二十七日，档案号：03-0029-005
		又据宁夏府禀报，入夏以来雨泽愆期，河水浅落倍常，以致渠水不能足用	《署理陕西总督查郎阿奏报各属雨泽情形事》，雍正十年闰五月十三日，档案号：03-0029-009

序号	灾年	灾况	资料来源
27	雍正十二年（1734）	五月十二日，兰州巡抚许容奏：甘、肃、宁夏及凉属之武、水、镇三县据报得雨仍属有限，内宁夏府属灵州、中卫各有山田，望雨较急	《宫中档雍正朝奏折》第23辑，第25页
		六月初十日甘肃巡抚许容奏：平凉府属之隆德、静宁、庄浪、固原、庆阳府之环县气候较迟，麦豆尚未收割，夏秋均望雨水，而河西宁夏府属之宁夏、宁朔、平罗、新渠、宝丰全藉渠流，取资黄河，虽雨水稀少，并不苦旱，夏秋两禾俱极茂盛，灵州、中卫水田与夏、朔等县无异，旱田望雨颇殷，而灵州所属花马池一带六水头旱地五月十八九偏得雨五六寸，极为应时	《宫中档雍正朝奏折》第23辑，第194页
		十二月辛酉，免陕西固原属之平原所、下马关及灵州属之花马池，中卫县属之香山，礼县属之大潭、一里本年分秋禾歉收额赋	《清世宗实录》卷150，第861页上
		乾隆元年二月己巳，又谕大学士鄂尔泰、张廷玉，上年甘肃所属固原、环县等处，收成歉薄，穷民乏食，乃朕所知者，已降旨切谕该督抚，加意筹画，赈恤抚绥。今又闻得甘州、凉州、巩昌、临洮、平凉、庆阳、宁夏、西安等府，雍正十二年、十三年收成俱歉，且有牛疫之厄，米麦之价，较昔昂贵，百姓艰窘。此朕得之访闻者，该督抚并未奏闻	《清高宗实录》卷12，第364页下
28	雍正十三年（1735）	闰四月二十九日，固原提督李绳武奏：固原所属地方今春三月内虽已得雨，夏禾有望，至今两月以来，间有微雨，究属无济，田亩亢旱。固原以南亦有得雨之处，至固原以北地方未得雨泽，各乡百姓多有携家搬移，随带牲畜，前往各处……今天道不雨，不特食用缺乏，且大半苦于无水，牲畜亦乏水草	《宫中档雍正朝奏折》第24辑，第620页
		六月十五日户部尚书史贻直等奏：臣等伏查，甘省之会宁、靖远、固原、环县等处民间多食窖水，今岁（1735）春夏之间雨泽愆期，水草缺乏，诚恐彼地百姓有就移邻封者，自应仰体……一体照料。臣等业经飞饬各属，如有甘民到陕务须照料安插。兹据陇州、千阳二州县已报有固原等处就食贫民一百五十三名口	《清代干旱档案史料》，第51页

序号	灾年	灾况	资料来源
28	雍正十三年（1735）	八月二十二日，兰州巡抚许容奏：灵州之花马池及石沟等八山堡，又中卫之香山一带地多山坡，未及种夏……花马池、石沟、香山等堡因雨后赶种无多，分数仍有不及……平凉多系五分，其中固原厅、州及巩属西固、庆属之环县不及五分……花马池、石沟、香山等处百姓……乏食之家，借散两月口粮，如有不足，再酌给一两个月	《宫中档雍正朝奏折》第25辑，第210页
		乾隆元年正月癸亥，赈甘肃固原、四川忠等州县旱灾	《清史稿》卷10《高宗本纪一》，第347页
		乾隆元年二月己巳，又谕大学士鄂尔泰、张廷玉，上年甘肃所属固原、环县等处，收成歉薄、穷民乏食，乃朕所知者，已降旨切谕该督抚，加意筹画，赈恤抚绥。今又闻得甘州、凉州、巩昌、临洮、平凉、庆阳、宁夏、西安等府，雍正十二年、十三年收成俱歉，且有牛疫之厄，米麦之价，较昔昂贵，百姓艰窘。此朕得之访闻者，该督抚并未奏闻	《清高宗实录》卷12，第364页下
29	乾隆二年（1737）	宁夏府属之灵州、中卫县并花马池以及庆阳府属之环县，临洮府属之兰州，今岁入夏以后雨泽愆期，各色秋禾播种稍迟，而边地陨霜独早，晚发之禾多属枯萎。查明灵州沿边等堡，播种最早者收成约有二分，其余收获全无	《户部尚书海望奏为查取甘肃省乾隆二年被灾地方秋禾收成分数事》，乾隆二年十二月二十五日，档案号：04-01-01-0013-013
30	乾隆三年（1738）	三月辛未，免甘肃兰州、环县、灵州、中卫县、花马池旱灾额赋有差	《清高宗实录》卷65，第55页上
31	乾隆四年（1739）	雨泽尚未充足者，系兰州、甘州、凉州、宁夏四府并直隶肃州所属，此四府一州多系水田，现有渠水可资灌溉，尚不至于干旱……又宁夏府属之灵州之花马池，中卫香山独有旱地，无水田，亦望雨甚殷。甘属山高气寒，春夏节气较迟，而秋间陨霜独早，故历来民间种夏者居多而种秋出者居少。今岁八月初间，会宁、安定、固原厅州及赤金所等处，间有降霜较早地方，晚收微有伤损	《川陕总督鄂弥达奏报本年甘肃秋禾收成情形事》，乾隆四年八月二十五日，档案号：04-01-22-0006-029
		五月，是月，川陕总督鄂弥达奏，各属缺雨并宁夏地复微动，宜预筹民事。得旨，所奏俱悉，宁夏灾伤之余，如何再禁得旱干之厄，所有赈恤之策，早为筹画方可	《清高宗实录》卷93，第433页上

续表

序号	灾年	灾况	资料来源
31	乾隆四年（1739）	六月己卯，又谕，据川陕总督鄂弥达奏报，甘省郡县有雨泽不敷之处，而宁夏亦在缺雨之内。朕思宁夏当去年地动灾伤之余，又值今岁旱干之厄，吾民何能堪此。夙夜焦劳，切加修省，仰冀感召天和。该地方督抚有司，更当恐惧警惕，勤修人事，以消灾沴。而抚恤安全之策，尤当先事豫筹，方为有备无患，至于一方之中，灾荒叠见，天心仁爱，断未有无端降罚者。凡尔小民，亦当思所以致此之由，或平日人心邪僻，风俗浇漓，或于地动之后，不知悔过省愆，而转有怨天尤人之意，有一于此，皆足以上干天怒，垂象示儆。该督抚等当以至诚之心，勤勤恳恳，宣谕劝导，俾群黎百姓，各矢天良，努力向善，以为弭灾求福之本。书曰，作善降之百祥，其理固有断然不爽者，思之、勉之	《清高宗实录》卷94，第436—437页
		再中卫县之白马寺滩亦被水冲，而香山一堡，因夏雨不足，收成欠薄	《川陕总督鄂弥达奏请蠲免甘肃被灾各属钱粮带征西碾平三县旧欠事》，乾隆四年八月二十五日，档案号：04-01-35-0005-047
32	乾隆五年（1740）	宁夏一府，五月得雨未透，渠水不敷灌溉，平罗一邑，介在诸渠尾，渠水未能即达，民情惶迫	《川陕总督尹继善奏报甘川两省本年四月至六月雨水禾苗情形事》，乾隆五年六月二十九日，档案号：04-01-24-0014-047
		宁夏府之平罗地处渠梢，得水微细，不足灌溉，夏禾亦成旱灾	《甘肃巡抚元展成奏报甘省河东等府属本年六月下旬雨水苗情形事》，乾隆五年闰六月初九日，档案号：04-01-24-0015-061
		甘肃一省，五六月间，惟会宁、武威、永昌、古浪、平番、平罗六县，得雨未周，夏禾被旱	《陕总督尹继善奏报三省地方本年六月以来雨水及夏禾收成分数事》，乾隆五年七月初九日，档案号：04-01-24-0015-052

序号	灾年	灾况	资料来源
32	乾隆五年 （1740）	乾隆六年十一月，是月，甘肃巡抚黄廷桂……又奏宁夏府属中卫县旧有七星渠，灌溉民田千余顷，近因山水冲塌，应量建水闸三座，但士民因上年亢旱，不能修补。请动项暂修，嗣后仍照往例，民间自行修筑	《清高宗实录》卷155，第1222页上
33	乾隆六年 （1741）	宁夏各属本年夏禾收成，惟灵州因各山堡稍旱，仅止六分以上	《护理甘肃巡抚徐杞奏报宁夏采买粮石事》，乾隆六年八月三十日，档案号：04-01-35-1117-019
		平凉府属盐茶厅报到，北乡白套子等处秋禾缺雨，宁夏府属宁夏、宁朔二县报到张政、大新二渠秋禾被水，灵州报到同心城等处山堡秋禾被旱……查盐茶厅、灵州秋禾被旱，据勘收成止可二三分，已属成灾	《护理甘肃巡抚徐杞奏为秋禾被伤处所并现在办理情形事》，乾隆六年八月三十日，档案号：04-01-01-0069-044
		九月……己酉，赈甘肃灵州等处饥	《清史稿》卷10《高宗本纪一》，第369页
		十月己酉，赈恤甘肃灵州、中卫县、盐茶厅被旱灾贫民	《清高宗实录》卷153，第1181页下
34	乾隆九年 （1744）	六月初九、初十等日据报，各得雨二三四五六寸不等，有沾足者，亦有尚未沾足者。查山丹、武威、永昌、灵台、伏羌、宁远、清水、中卫、灵州此数州县，水地渠田获雨俱已润泽，惟山坡旱地未为深透，仍望续沛	《甘肃巡抚黄廷桂奏报甘省本年五六月雨水麦禾情形事》，乾隆九年六月十八日，档案号：04-01-24-0032-070
35	乾隆十年 （1745）	兰、巩二府并宁夏府属花马池、中卫、灵州一带山堡地方，气候略迟，麦豆播种将毕，亦因晴干日久，夏禾秋田俱在待泽	《甘肃巡抚黄廷桂奏为本年二月河东各属望雨情形及现在率同祈雨事》，乾隆十年三月十六日，档案号：04-01-24-0035-052
36	乾隆十一年 （1746）	宁夏府属中卫之香山旱地，亦因四月内雨泽不降，夏禾不无欠收	《甘肃巡抚黄廷桂奏为甘省皋兰等州县本年四月份二禾被旱酌借籽种督种莜穈事》，乾隆十一年五月十五日，档案号：04-01-24-0043-032

序号	灾年	灾况	资料来源
37	乾隆十二年 （1747）	宁夏中卫县属之香山、灵州属之同心城一带旱堡缺雨干燥	《甘肃巡抚黄廷桂奏为恭报甘肃省河东各府属望雨情形并预筹借赈米粮事》，乾隆十二年三月十九日，档案号：04-01-22-0024-018
		乾隆十三年二月辛未，谕，上年甘省兰州等府属有被旱成灾之处，已加恩赈恤。俾灾黎不致失所，惟是本年地丁银两，例于二月开征，朕念入春以来，现在加赈，去麦秋尚远，其应纳额银，即于此时徵输，小民未免拮据。着将兰州等府属之皋兰、金县、狄道、靖远、安定、会宁、陇西、通渭、西固厅、盐茶厅、平番、中卫、灵州十三处被灾地方，所有本年应纳钱粮，缓至秋成后再行征收，以纾民力	《清高宗实录》卷309，第39页
		乾隆十三年六月辛未，缓甘肃环县、静宁、庄浪、隆德、镇原、华亭、崇信等七州、县十二年分旱灾额赋有差	《清高宗实录》卷317，第205页上
		乾隆十四年五月乙卯，免甘肃皋兰、狄道、靖远、金县、陇西、安定、会宁、通渭、西固、盐茶厅、平番、灵州、中卫等十三厅州县，乾隆十二年分旱灾地亩，银五千五百二十两有奇，粮五千二百二十石有奇，草四千六百二十束有奇	《清高宗实录》卷340，第706页
38	乾隆十四年 （1749）	五月，是月，甘肃巡抚鄂昌奏，宁夏府属于四月下旬，据报得雨，田禾茂发，其各山堡不通渠道之处，仅可洒润，未能沾足。查彼处多不种夏田，若秋田得雨，仍可望有丰收。得旨，览奏俱悉，宁夏望雨颇切，觉所奏不无避就之意，此不可也，且所奏亦略觉迟，目下究属如何，速奏以慰朕怀	《清高宗实录》卷341，第729页上
		八月十八日甘肃巡抚鄂昌奏：窃查，宁夏府属五六月间雨泽未足，渠水亦缺，并七月半前仍未得雨各情形，经臣屡次奏闻在案。兹查宁夏、宁朔、中卫、灵州四属于七月二十一、二十三四、二十六七等日连次得雨四五六七寸不等。汉渠并惠农、昌润二渠水已渐足……但其从前被旱田禾今虽赖以沾濡，然恐不能全行救济。其平罗县得雨不过二寸余，渠水未足之旧户一十四堡，现报旱灾	《清代干旱档案史料》，第135页

序号	灾年	灾况	资料来源
38	乾隆十四年 (1749)	河东之靖远、狄道、河州、盐茶厅、平凉、静宁、隆德、镇原、固原、清水，河西之张掖、永昌、宁夏、宁朔、中卫、平罗……等州县，夏秋以来，间有被雹、被水、被旱、被霜	《甘肃布政使张若震奏为陈明地方年岁情形偏灾赈恤事宜事》，乾隆十四年十一月二十日，档案号：04－01－01－0171－022
		乾隆十四年旧户一十四堡被旱，诏赈饥	道光九年《平罗纪略》卷5《蠲免》，第129页
		乾隆十六年四月己卯，免甘肃狄道、河州、靖远、平凉、镇原、隆德、固原、静宁、灵台、盐茶厅、清水、张掖、永昌、中卫、宁夏、宁朔、西宁、平罗、碾伯、高台等二十厅、州、县乾隆十四年被水、旱、雹、霜灾民额赋有差	《清高宗实录》卷386，第76页
39	乾隆十五年 (1750)	本年平罗又有被旱、被水之处	《中国气象灾害大典·宁夏卷》，第28页
40	乾隆十八年 (1753)	乾隆十九年四月丁未，赈恤甘肃省皋兰、狄道、河州、渭源、金县、靖远、环县、镇番、平番、宁夏、宁朔、灵州、中卫、平罗、西宁等二十五州、县乾隆十八年分被旱灾户有差	《清高宗实录》卷461，第991页上
41	乾隆二十二年 (1757)	又据灵州详报，州属胡家、吴忠秦坝等堡秋禾内生长黑虫，糜谷被损，并石沟、隰宁等堡秋禾现在旱象已形等情。又据平罗县及花马池州同各禀报，六月内缺雨，秋禾受旱等情	《甘肃巡抚吴达善奏报甘省各属本年六月内得雨分寸日期及续被灾伤之处事》，乾隆二十二年七月二十七日，档案号：04－01－25－0070－026
42	乾隆二十三年 (1758)	七月初八日甘肃巡抚吴达善奏：六月上半月（7月5日—19日）以前大势缺雨，续据镇番、庄浪厅、灵州、西宁、摆羊戎等厅州县及归德所、花马池州同具报所属内或一二乡庄，或山阜地亩夏禾受旱轻重不等	《清代干旱档案史料》，第149页

续表

序号	灾年	灾况	资料来源
42	乾隆二十三年（1758）	八月丁丑，赈贷甘肃皋兰、金县、河州、渭源、狄道、靖远、会宁、环县、山丹、武威、古浪、平番、永昌、镇番、中卫、灵州、平凉、镇原、凉州、甘州、西宁、宁夏等二十二府、州、县，平凉、镇原二厅，旱灾户口籽种、口粮	《清高宗实录》卷569，第219页上
		十月辛酉，又奏，甘省河西一带运送军粮，向例每石每百里给脚费银二钱。今岁兰、凉、宁、西、甘、肃等府州属歉收，食物腾贵，例价不敷	《清高宗实录》卷572，第269页上
		甘肃河东、河西本年夏禾偏旱，各处例应银粮兼赈……河东如环县、河州、盐茶厅并河西碾伯、花马池等五处……应请无论初赈加赈，概以银两散给	《陕甘总督黄廷桂奏为查明甘省河东河西本年夏禾被旱等处情形分别赈给事》，乾隆二十三年十月十七日，档案号：04-01-02-0047-021
		乾隆二十四年四月乙丑，赈恤甘肃狄道、河州、靖远、陇西、岷州、安定、会宁、泾州、盐茶厅、环县、正宁、平番、宁朔、宁夏、中卫、平罗、灵州、花马池、摆羊戎、西宁、大通、秦州、清水二十三厅、州、县、卫乾隆二十三年旱灾、雹灾饥民，并给葺屋银两	《清高宗实录》卷584，第484页上
		乾隆二十四年十月乙未，豁免甘肃狄道、河州、靖远、岷州、安定、会宁、泾州、盐茶、环县、正宁、平番、宁朔、宁夏、中卫、平罗、灵州、花马池、摆羊戎、西宁、大通、秦州、清州等二十二厅、州、县、卫，乾隆二十三年被雹、被水、被旱灾地额赋	《清高宗实录》卷599，第692—693页
43	乾隆二十四年（1759）	五月十六日陕甘总督吴达善奏：兰州府属之皋兰、金县、靖远三县，巩昌府属之安定、会宁二县，平凉府属之平凉、泾州、崇信、灵台、隆德、庄浪、固原①、盐茶八厅州县，庆阳府属之灵州、安化、环县、兰州皆因雨泽前后不继，验其夏禾、麦豆情形大概多不能畅茂，兼有渐就黄萎者。再如河西各州县田亩均系导引渠水以资浇灌。惟平番、古浪、永昌、镇番四县中之旱地以及渠尾浇灌不周之处，并灵州、中卫各山堡目前亦望时雨润泽	《清代干旱档案史料》，第165页

―――――――――

① 此处"固原"，原作"固源"，疑误。

序号	灾年	灾况	资料来源
43	乾隆二十四年（1759）	闰六月十三日吴达善奏：兹届大暑大局已定，臣通查各属详禀被旱之处，其中皋兰、金县、靖远、平番、固原、盐茶、环县七处为甚。平凉、静宁、会宁、安化、碾伯五处次之，狄道、河州、渭源、陇西、伏羌、漳县、宁远、安定、隆德、泾州、灵台、崇信、镇原、庄浪、宁州、合水、武威、古浪、山丹、东乐、中卫、灵州、花马池、西宁等二十四处又次之。兼有雹水偏灾之处。顷据固原州、盐茶厅、灵州禀报，甘民惟以耕牧为生，凡于山堡居住者人畜多饮窖水，本年五六月间亢旱特甚，夏禾麦豆失望，水草并致缺乏，居山之民人畜不能存，渐有逐水就草迁移外出之户	《清代干旱档案史料》，第 167 页
		八月壬午，赈贷甘肃皋兰、金县、靖远、河州、狄道、渭源、陇西、宁远、伏羌、会宁、安定、漳县、岷州、平凉、崇信、静宁、泾州、灵台、隆德、镇原、庄浪、固原、安化、宁州、合水、环县、山丹、武威、古浪、平番、永昌、中卫、灵州、西宁、碾伯、大通、庄浪同知、盐同知、东乐县丞、花马池州同等四十厅、州、县、卫本年旱灾饥民	《清高宗实录》卷 594，第 615—616 页
		十二月初二日吴达善奏：甘省地方连岁歉收……今岁兰、凉、平、庆一带间被旱伤……固原一州兵民杂处，今岁夏麦秋禾被灾颇重，靖远、环县、盐茶厅三属，地瘠民贫连被重灾，以上十属，民情尤觉窘迫，内间有蓬蒿等子掺和米面充食者。其次重之八属内如静宁、隆德、狄道三州县，今岁被灾较之皋兰等处虽称稍次，而比诸灵河等州为极重。兼系路当大道，粮运往来食指浩繁，米粮腾贵民情亦属艰窘	《清代干旱档案史料》，第 169 页
		十二月甲申，赈甘肃皋兰、河州、靖远、金县、安定、岷州、盐茶厅、环县、山丹、武威、古浪、平番、庄浪、碾伯等十四厅、州、县及东乐县丞属，本年旱灾贫民	《清高宗实录》卷 602，第 758 页下
		己卯（乾隆二十四年）至庚辰（乾隆二十五年），灾旱几同于昔，良有司虽申请发粟，按月计口以赈，而山民之众亦复资蓬实以辅	乾隆《中卫县志》卷 9《艺文》，第 165 页

续表

序号	灾年	灾况	资料来源
44	乾隆二十五年（1760）	己卯（乾隆二十四年）至庚辰（乾隆二十五年），灾旱几同于昔，良有司虽申请发粟，按月计口以赈，而山民之众亦复资蓬实以辅	乾隆《中卫县志》卷9《艺文》，第165页
45	乾隆二十七年（1762）	九月戊辰，贷给甘肃陇西、靖远、宁远、伏羌、安定、漳县、通渭、安化、武威、平番、永昌、古浪、中卫、花马池等十四厅、县，本年被旱贫民口粮籽种，缓征新旧额赋	《清高宗实录》卷670，第491页上
		乾隆二十八年六月壬辰，赈恤甘肃狄道、渭源、皋兰、河州、金县、靖远、陇西、宁远、会宁、通渭、平凉、泾州、固原、崇信、镇原、灵台、华亭、静宁、庄浪、张掖、武威、永昌、镇番、平番、灵州、花马池、中卫、平罗、摆羊戎、西宁等三十厅、州、县，乾隆二十七年分水、旱、霜、雹、灾饥民，并缓应征额赋	《清高宗实录》卷688，第705—706页
46	乾隆二十八年（1763）	六月初七日，甘肃巡抚常钧奏：据固原州报称，早种夏禾旱象已成……中卫、花马池等处或以渠水不充，或以山地高亢，所种夏禾麦豆俱已受旱	《宫中档乾隆朝奏折》第18辑，第127页
		六月初十日甘肃巡抚常钧奏：嗣因天气久晴，夏至（6月21日）之后正麦豆吐穗、糜谷滋长之际，农民望泽甚殷。而风日甚烈，禾苗顿为减色。止有省城附近暨河、西、甘、凉、宁、肃等属未能沾足。内甘、凉二府属以渠流微细，灌溉不周，山川地亩干燥尤甚。……节据河东之固原、狄道、皋兰、金县、环县报称，早种夏禾旱象已成。又河西之武威、平番、古浪、永昌、山丹、张掖、高台、中卫、花马池等处或以渠水不充，或以山地高亢所种夏禾麦豆俱以受旱具报	《清代干旱档案史料》，第180—181页
		八月十五日，甘肃巡抚常钧奏：中卫县之香山一带与灵州、花马池州同地方山堡旱地，收成不免歉薄	《宫中档乾隆朝奏折》第18辑，第705页
		十二月丁亥，蠲赈甘肃皋兰、抚彝、张掖、山丹、庄浪、武威、永昌、镇番、古浪、中卫、西宁、碾伯等十二厅、县旱灾饥民	《清高宗实录》卷700，第831页上

序号	灾年	灾况	资料来源
46	乾隆二十八年（1763）	乾隆二十九年正月甲寅，又谕，甘省皋兰等属，上年夏秋俱有偏灾较重之处。虽经该督抚等照例抚赈，灾黎自可不致失所，第念该省土瘠民贫、生计维艰，时届春和，若使饔飧不继，何以课其尽力田畴。著再加恩，将夏秋两次被灾之永昌、西宁、碾伯三县，无论极次贫民，俱各展赈两个月。其夏禾被旱之皋兰县并所属之红水，张掖县并所属之东乐以及抚彝厅、山丹、庄浪厅、武威、镇番、古浪、平番、中卫，秋禾被灾之狄道、河州、靖远、平凉、华亭、固原、隆德、盐茶厅、摆羊戎厅等十九厅、州、县，无论极次贫民，俱各展赈一个月，以资接济	《清高宗实录》卷702，第845—846页
47	乾隆二十九年（1764）	七月十一日，陕甘总督杨应琚奏：宁夏，安西二府并宁夏属灵州、中卫之水地亦皆雨水不缺，渠流是敷灌溉，夏禾俱属有收，秋禾现在长发……会宁、盐茶厅、山丹、东乐县丞等十二州县厅及灵州、中卫县属之旱地俱被旱稍轻	《宫中档乾隆朝奏折》第22辑，第163页
		此外，雨泽未获普遍夏禾受旱轻重不一，如……隆德、固原等处被旱少轻。宁夏府属之中卫、灵州并属之花马池除水田尚有可收外，旱田亦有被伤之处。盐茶厅等处雨泽愆期，节候已迟，不能补种晚禾	《甘肃布政使王检奏报甘省雨水苗情事》，乾隆二十九年七月八日，档案号：03-0819-018
		八月辛巳，谕，甘省……著特加恩，将被旱较重之皋兰、金县、渭源、靖远、红水县丞、沙泥州判、陇西、通渭、会宁、盐茶厅、山丹、东乐县丞等十二州、县、厅并被旱稍轻之河州、狄道、漳县、安定、平凉、固原、静宁、隆德、庄浪、张掖、武威、镇番、平番、古浪、永昌、西宁、碾伯、花马池州同等十八州、县、厅及灵州、中卫县属之被灾旱地，所有本年应征地丁钱粮，概予蠲免	《清高宗实录》卷716，第985—986页

续表

序号	灾年	灾况	资料来源
47	乾隆二十九年（1764）	八月二十六日陕甘总督杨应琚奏：臣就各具报情形详加确核内皋兰、金县、渭源、靖远并皋兰之红水县丞，狄道州之沙泥州判、陇西、通渭、会宁、盐茶厅、山丹、东乐县丞等十二州县厅被旱稍重。其河州、狄道、漳县、安定、平凉、固原、静宁、隆德、庄浪、张掖、武威、镇番、平番、古浪、永昌、西宁、碾伯、花马池州同等十八州县厅及灵州、中卫县属之旱地俱被旱稍轻	《清代干旱档案史料》，第182页
		十一月初四日，陕甘总督杨应琚奏：因得雨已迟，未能补种秋禾，或种有秋禾之处续被水旱雹霜，勘明已成灾者系皋兰……盐茶厅、固原、中卫等三十二厅州县……又改种秋禾，照例俟秋成勘办，因续被水旱雹霜，勘明成灾者系……隆德、花马池州同、灵州等九厅州县	《宫中档乾隆朝奏折》第23辑，第100页
		十一月壬子，赈恤甘肃皋兰、金县、渭源、靖远、平凉、固原、盐茶、张掖、山丹、庄浪、武威、永昌、镇番、古浪、平番、中卫、西宁、红水县丞、沙泥州判、东乐县丞等二十厅、州、县旱灾贫民，缓征新旧额粮有差	《清高宗实录》卷722，第1047页下
		乾隆三十年四月丙午，赈恤甘肃河州、渭源、陇西、会宁、安定、漳县、通渭、平凉、静宁、华亭、隆德、泾州、灵台、镇原、庄浪、固原、张掖、山丹、平番、灵州、花马池州同、巴燕戎格厅、西宁、碾伯、三岔州判、高台等二十六厅、州、县乾隆二十九年分雹、水、旱、霜灾民	《清高宗实录》卷734，第80页下
48	乾隆三十年（1765）	八月庚申，赈恤甘肃红水、靖远、会宁、山丹、东乐、武威、永昌、镇番、古浪、平番、中卫等十一县夏旱灾民，并贷皋兰、金县贫户籽种	《清高宗实录》卷743，第175页上
		十二月戊申，赈贷甘肃红水、靖远、会宁、山丹、东乐、武威①、永昌、镇番、古浪、平番、中卫等十一县本年旱灾饥民，并蠲应征额赋，缓征蠲剩及旧欠钱粮有差	《清高宗实录》卷750，第256页

---

① 此处"武威"，原作"武成"，疑误。

序号	灾年	灾况	资料来源
48	乾隆三十年（1765）	十二月大学士管陕甘总督杨应琚奏：被灾稍重地方十五处：皋兰县、金县、陇西县、漳县、华亭县、庄浪县、固原州、盐茶厅、隆德县、灵台县、合水县、武威县、镇番县、平番县、中卫县。以上各属亦系夏禾偏旱，不能改种秋禾	《清代干旱档案史料》，第185页
		三十一年正月癸酉，谕，前因甘肃河东河西各属，有秋禾偏旱及间被雹、水、风、霜之处，业经照例赈恤，但念偏灾处所盖藏未必充裕，特令该督再行悉心查勘具奏。今据查明奏到所有被灾较重稍重之各州县，于例赈完毕之后正值青黄不接之时，民力不无拮据，著加恩，将被灾较重之靖远、红水县丞、安定、会宁、通渭、宁远、伏羌、镇原、平凉、安化等县，静宁州、泾州、宁州等十三处，无论极次贫民，俱展赈两个月。被灾稍重之皋兰、金县、陇西、漳县、华亭、庄浪、固原州、盐茶厅、隆德、灵台、合水、武威、镇番、平番、中卫等十五处，无论极次贫民，俱展赈一个月，以副朕优恤边氓至意	《清高宗实录》卷752，第273—274页
49	乾隆三十一年（1766）	入五月以来，据各属具报，水田较多之宁夏、西宁……一带渠水流通，禾苗滋长，但雨泽未能沾足，渠水不到之田，间有干旱。……尚未深透者则有狄道、河州、岷州、安定、会宁、固原、泾州……等处，以上各属麦苗未甚畅遂，而大田均布种齐全。……其余各州县虽亦据报先后得雨，但多者不过二寸余，少者或竟不成分寸	《暂署陕甘总督舒赫德奏报甘省各属五月份以来雨水分寸苗情并四月份粮价开单恭呈事》，乾隆三十一年五月十八日，档案号：04-01-25-0125-045
		八月癸丑，赈恤甘肃红水县丞、沙泥州判、盐茶厅本年旱灾饥民。缓皋兰、金县、会宁、固原、盐茶厅、武威、平番、中卫、花马池州同、碾伯等十一厅、州、县额赋，并贷给籽粮	《清高宗实录》卷767，第418页上
		九月初十日陕甘总督兼管巡抚事吴达善奏：甘省本年夏禾被旱之皋兰、红水县丞、沙泥州判、金县、渭源、靖远、会宁、固原、盐茶厅、武威、古浪、平番、中卫、花马池州同、碾伯等十五厅州县，内除勘不成灾及仓储充裕无须筹备外，今按被灾之轻重，仓粮之多寡，应于邻邑酌量拨运以资接济	《清代干旱档案史料》，第187页
		又灵州属花马池州同地方连年被灾，仓无积贮，应请酌拨宁夏县仓粮七千石运备接济	《中国气象灾害大典·宁夏卷》，第31页

续表

序号	灾年	灾况	资料来源
50	乾隆三十二年（1767）	十一月壬寅，抚恤甘肃平凉、灵台、庄浪、合水、环县、西宁、碾伯、大通、河州、泾州、平罗、安化、武威、宁夏、宁朔、灵州、肃州、高台、花马池、漳县、狄道、伏羌、安定、西和、洮州、崇信、静宁、隆德、固原、宁州、抚彝、古浪、中卫、敦煌等三十四州、县、厅，本年旱、雹灾民，并蠲缓额赋有差	《清高宗实录》卷798，第772页下
51	乾隆三十三年（1768）	九月丙戌，缓征甘肃皋兰、金县、渭源、靖远、陇西、伏羌、会宁、通渭、镇原、庄浪、固原、盐茶、安化、武威等十四厅、州、县本年旱灾额赋	《清高宗实录》卷818，第1089页上
		十二月壬申，户部议准，调任陕甘总督吴达善疏称，皋兰、金县、会宁、靖远、通渭、固原、安化、盐茶等州、县、厅所属村庄本年叠被旱、霜等灾，所有极次贫民，应先行赈恤	《清高宗实录》卷825，第1204页上
		乾隆三十四年三月戊申，赈恤甘肃皋兰、金县、狄道、渭源、靖远、陇西、安定、会宁、通渭、平凉、华亭、灵台、固原、盐茶厅、安化、宁州、合水、张掖、武威、古浪、平番、宁夏、宁朔、灵州、中卫、巴燕戎格厅、西宁、碾伯、肃州等二十九州、县、厅乾隆三十三年分水、旱、霜、雹灾民	《清高宗实录》卷831，第83页上
52	乾隆三十四年（1769）	十一月己丑，赈恤甘肃渭源、河州、狄道、金县、陇西、宁远、安定、伏羌、通渭、岷州、平凉、静宁、泾州、庄浪、隆德、镇原、秦州①、古浪、庄浪厅、宁朔、宁夏、巴燕戎格、西宁、大通等二十四州、县、厅本年水、旱、霜、雹灾饥民，并蠲缓新旧额赋	《清高宗实录》卷846，第335页上
		乾隆三十五年三月癸卯，赈抚甘肃狄道、河州、渭源、金县、陇西、宁远、伏羌、安定、会宁、平凉、静宁、泾州、灵台、镇原、隆德、庄浪、盐茶、宁州、环县、正宁、古浪、平番、庄浪、宁夏、宁朔、灵州、中卫、平罗、巴燕戎格厅、西宁、大通、秦州、通渭、花马池州同等三十四厅、州、县，乾隆三十四年水、旱、霜、雹等灾贫民，缓征额赋	《清高宗实录》卷855，第457页下

---

① 此处"秦州"，原作"泰州"，疑误。

序号	灾年	灾况	资料来源
53	乾隆三十五年（1770）	陕甘总督明山七月二十六日（9 月 15 日）奏：甘肃省本年五六月（5 月 25 日—8 月 20 日）间雨水缺少，各属夏禾间有被旱成灾之处……其兰州、巩昌、平凉、庆阳、甘州、凉州、宁夏、秦州、阶州各府州属，所种水地秋禾均属滋长；其山旱地亩及偏被旱雹翻种晚荞等项均称地土干燥，望雨甚殷，并有具报黄萎者	《清代奏折汇编——农业·环境》，第 238 页
		十一月辛酉，赈恤甘肃伏羌、会宁、通渭、岷州、平凉、崇信、灵台、隆德、镇原、固原、盐茶厅、礼县、徽县、平番、庄浪、陇西、漳县、静宁、正宁、东乐、中卫二十一厅、州、县、卫本年水、旱、雹、霜等灾贫民，并蠲缓额赋	《清高宗实录》卷 873，第 707 页上
		顾光旭……寻出为甘肃宁夏知府，调平凉。三十五年，大旱，请赈，初为上官所格。光旭亲察灾户，亟发银米，煮粥以赈，邻县饥者率就之。时载黎鬻妻子，道殣相望……自秋至次年三月始雨。平凉、隆德、固原、静宁各设粥厂，已民日增	《清史稿》卷 336《顾光旭传》，第 11040 页
		固原、隆德等地大旱，饥民流散	《中国气象灾害大典·宁夏卷》，第 31 页
		乾隆三十六年十二月乙亥，蠲免甘肃陇西、宁远、通渭、岷州、会宁、安定、伏羌、漳县、平凉、崇信、静宁、灵台、隆德、镇原、庄浪、固原、盐茶、安化、宁州、正宁、合水、环县、平番、宁夏、宁朔、灵州、中卫、平罗、花马池州同、秦州、秦安、礼县、西固等三十三厅、州、县乾隆三十五年夏秋雹、水、旱、霜等灾地亩额赋有差	《清高宗实录》卷 898，第 1096 页下
54	乾隆三十六年（1771）	五月十九日直隶布政使杨景素奏：惟皋兰、狄道、金县、沙泥州判、安定、会宁、平凉、崇信、华亭、泾州、隆德、环县、抚彝厅、张掖、山丹、东乐县丞、武威、永昌、镇番、古浪、平番、花马池州同等二十二州县厅所属高地皆因得雨已迟，夏禾受旱较重难免收成歉薄	《清代干旱档案史料》，第 197 页

续表

序号	灾年	灾况	资料来源
54	乾隆三十六年（1771）	五月癸卯，谕军机大臣等，据明山奏报，甘省……四五月得雨后，赶种秋禾，现已长发。除各属夏秋田禾可望收者不计外，夏禾被灾如泾州、固原、静宁、盐茶厅、隆德、红水县丞、循化厅、安定、会宁、金县、皋兰、平凉、平番、古浪、狄道州、沙泥州判、崇信、华亭、环县、抚彝厅、张掖、山丹、东乐县丞、武威、镇番、花马池州同、河州、宁远、漳县、岷县、宁夏、宁朔、平罗、清水三十四州县厅，所拨甘粮二十万石，陕粮十万石，现在次第起运，按被灾轻重之处，分别运往，以备接济	《清高宗实录》卷884，第841—842页
		八月癸巳，赈恤甘肃皋兰、红水县丞、金县、循化、安定、会宁、平凉、泾州、静宁、隆德、固原、盐茶厅、张掖、山丹、东乐县丞、武威、永昌、镇番、古浪、平番等二十厅、州、县本年旱灾贫民，并予缓征	《清高宗实录》卷891，第950页下
		乾隆三十七年正月戊戌，又谕，甘肃省当积歉之余，上年春夏短雨，河东、河西各属成灾轻重不同，业经分别加恩抚恤，曾降旨拨帑运粮，多方赈赡。前据该督查奏，被灾次重及稍轻之处，今春酌借口粮，均已足资接济。第念河东属之安定、会宁、皋兰、金县、静宁、隆德等六州县，地止一熟，值频年歉收之后，去岁未能补种秋禾，专待夏田糊口，当此青黄不接之际，农民未免待哺。著加恩，将此六州县再行赈一月，该督等其董率各属，善为经理，务俾贫黎均沾实惠，该部即遵谕行	《清高宗实录》卷900，第1—2页
55	乾隆三十七年（1772）	九月初九日勒尔谨奏：甘省今岁（1772）春夏雨水不缺，惟七月（8月）间正当紧要之时兼旬无雨……惟皋兰、金县、靖远、狄道、渭源、安定、会宁、平凉、隆德、固原、静宁、盐茶厅、泾州、华亭、环县、平番、灵州、中卫、西宁、肃州、高台等先后报到计共二十一厅州县，其已成偏灾之处较多	《清代干旱档案史料》，第200页
		十一月癸卯，赈贷甘肃皋兰、红水县丞、渭源、狄道、靖远、陇西、安定、会宁、平凉、华亭、泾州、隆德、镇原、固原、盐茶厅、安化、环县、正宁、宁夏、灵州、平罗、中卫、大通、肃州、王子庄、高台、金县、静宁、平番、巴燕戎格厅、西宁等三十一厅州县，本年水、旱、雹灾饥民	《清高宗实录》卷920，第343—344页

序号	灾年	灾况	资料来源
56	乾隆三十九年（1774）	九月丁巳，赈甘肃皋兰、沙泥州判、武威、镇番、宁朔、灵州、平罗七州县水、旱、风灾饥民	《清高宗实录》卷966，第1118页下
		乾隆四十年七月己巳，蠲免甘肃皋兰、武威、镇番、宁朔、灵州、平罗等六州县并沙泥州判，乾隆三十九年分水灾旱灾额赋	《清高宗实录》卷987，第174页
57	乾隆四十年（1775）	入夏以来雨泽稀少，宁夏府所属之灵州、中卫、盐茶厅、固原州等十四处地土干燥，已有受旱	《中国气象灾害大典·宁夏卷》，第32页
		八月丁酉，赈恤甘肃皋兰、河州、狄道、渭源、金县、靖远、循化厅、红水县丞、沙泥州判、安定、固原、盐茶厅、张掖、抚彝厅、山丹、东乐县丞、武威、平番、古浪、永昌、镇番、庄浪、灵州、中卫、西宁、碾伯、大通、巴燕戎格、肃州、高台、安西等三十一厅州县，本年旱灾、雹灾饥民，并予缓征	《清高宗实录》卷989，第200—201页
		乾隆四十二年四月庚申，赈恤甘肃循化、皋兰、红水县丞、金县、狄道、沙泥州判、渭源、靖远、河州、盐茶厅、固原、安定、灵州、中卫、巴燕戎格、西宁、碾伯、大通、庄浪、武威、镇番、永昌、古浪、平番、抚彝厅、张掖、山丹、东乐、肃州、高台、安西三十一厅、州、县乾隆四十年旱、雹灾饥民	《清高宗实录》卷1031，第824页上
58	乾隆四十一年（1776）	十二月丙午，赈恤甘肃皋兰、金县、狄道、河州、渭源、靖远、沙泥州判、红水县丞、陇西、安定、会宁、通渭、平凉、隆德、静宁、固原、盐茶厅、抚彝厅、张掖、山丹、武威、永昌、平番、古浪、灵州、西宁、秦州、肃州、高台等二十九厅、州、县、分防州判、县丞、本年旱灾贫民	《清高宗实录》卷1022，第700页
		宁夏府属之灵州等厅州县禾苗被旱	《中国气象灾害大典·宁夏卷》，第33页
		入夏以来雨泽愆期，被旱较重之盐茶厅、固原、隆德、高阜山田间多受旱，已属成灾	

续表

序号	灾年	灾况	资料来源
59	乾隆四十二年 （1777）	八月庚戌，赈恤甘肃皋兰、河州、渭源、金县、靖远、红水县丞、安定、会宁、平凉、静宁、固原、隆德、华亭、张掖、山丹、武威、永昌、镇番、平番、西宁、碾伯、大通、巴燕戎格、泾州、肃州、安西、玉门、陇西、漳县、灵州、中卫、狄道三十二厅、州、县本年旱灾贫民，并予缓征	《清高宗实录》卷1039，第917—918页
		乾隆四十三年十月丙子，蠲免甘肃皋兰、金县、狄道、河州、渭源、靖远、红水县丞、陇西、安定、会宁、漳县、平凉、静宁、隆德、固原、华亭、张掖、山丹、武威、永昌、镇番、平番、灵州、中卫、巴燕戎格、西宁、碾伯、大通、泾州、肃州、安西、玉门等三十二厅、州、县乾隆四十二年旱灾地亩额赋有差	《清高宗实录》卷1069，第320页上
		盐茶、中卫县受旱、霜、雹灾，命赈一个月口粮	《中国气象灾害大典·宁夏卷》，第33页
60	乾隆四十三年 （1778）	七月乙巳，赈恤甘肃皋兰、红水县丞、金县、渭源、循化、陇西、宁远、安定、会宁、通渭、漳县、平凉、静宁、隆德、固原、合水、武威、镇番、平番、灵州、花马池州同、泾州、镇原、灵台、清水、肃州、高台、安西、玉门、敦煌、狄道、河州、靖远、沙泥州判、岷州、洮州、中卫等三十七厅、州、县本年旱灾饥民	《清高宗实录》卷1063，第211页上
		十二月辛酉，赈恤甘肃宁夏、宁朔、平罗、秦州、秦安、庄浪、安化、正宁、环县、抚彝、张掖、古浪、西宁、盐茶厅、礼县、山丹、永昌等十七厅、州、县本年水、旱、雹、霜灾贫民，并蠲缓额赋有差	《清高宗实录》卷1072，第390页下
		乾隆四十四年正月己丑，又谕，昨岁甘肃皋兰等三十六厅、州、县，因夏间雨泽愆期，以致田亩被旱成灾，节经降旨，令该督等切实查勘，赈恤兼施，俾无失所。第念皋兰、河州、静宁、固原、平番、安定、泾州等七州县，被旱情形较重，开春正赈既毕，民食未免拮据，著加恩各展赈一个月，用敷春泽。其余被灾较轻地方，虽亦经照例赈恤，如今春尚有缺乏籽种口粮之户，并著该督随时体察酌借，以资接济。勒尔谨，务董率所属，实心料理，俾得均沾实惠，以副朕轸恤灾黎至意，该部遵谕速行	《清高宗实录》卷1074，第417页上

序号	灾年	灾况	资料来源
60	乾隆四十三年（1778）	乾隆四十四年十月乙亥，户部议覆，陕甘总督勒尔谨疏称，庄浪、盐茶厅、安化、正宁、环县、抚彝厅、张掖、山丹、永昌、古浪、宁夏、宁朔、平罗、西宁、秦州、秦安、礼县十七厅、州、县四十三年秋禾被灾，额征正银番①粮，应请蠲免，惟上年已奉旨全行免征，应如所请，照例于四十四年如数补免，从之	《清高宗实录》卷1093，第674页上
61	乾隆四十五年（1780）	八月戊辰，户部议复，陕甘总督勒尔谨奏称，甘省皋兰、金县、狄道、靖远、河州、华亭、安定、会宁、漳县、洮州厅、文县、西宁、武威、平番、山丹、泾州、肃州等厅、州、县，夏田被旱成灾，陇西县被雹成灾，应分别赈恤，缓征新旧正借钱粮。其循化厅、红水县丞、盐茶厅、固原、静宁、隆德、张掖、永昌等厅、州、县虽勘不成灾，收成未免歉薄，亦一体缓征，应如所请，得旨，依议速行	《清高宗实录》卷1113，第880—881页
62	乾隆五十一年（1786）	十一月初十日奏：盐茶厅被旱较重	《中国气象灾害大典·宁夏卷》，第34页
63	乾隆五十八年（1793）	七月初五日陕甘总督勒保奏：兰州府属之皋兰、金县、循化、狄道②、靖远，平凉府属之平凉、静宁、隆德，巩昌府属之安定、会宁、泾州暨所属崇信等十二厅州县，自五月十五六（6月22、23日）得有透雨以后至今月余，虽间有得雨之处，仅止一二三寸不等，未能一律沾足。地土渐形干燥，秋禾未免受伤	《清代干旱档案史料》，第287页
64	乾隆五十九年（1794）	六月二十九日勒保奏：惟皋兰、河州、平罗、花马池州同、金县、盐茶、庄浪县丞③、灵州、中卫、平凉、静宁、华亭、隆德、固原、宁州、安化、正宁、合水、环县、泾州、崇信、灵台、镇原等二十三厅州县，自五月初旬至六月初旬（5月29日—7月6日）将及一月未经得雨，维时正值麦豆等项结实之际不获普沾渥澍，颗粒未能饱绽，收成不免稍形歉薄	《清代干旱档案史料》，第293页

----

① 此处"番"，原作"畨"，疑误。
② 此处"狄道"，原作"秋道"，疑误。
③ 此处"县丞"，原作"县亟"，疑误。

续表

序号	灾年	灾况	资料来源
65	嘉庆元年（1796）	七月初一日甘肃布政使陆有仁奏：惟查得兰州府属之皋兰县、金县、靖远县、沙泥州判所辖地方，巩昌府属之陇西县、宁远县、伏羌县、安定县、会宁县、通渭县、漳县、洮州厅，平凉府属之平凉县、静宁州、固原州、盐茶厅、隆德县，凉州府属之平番县，以上十八处，缘去岁（1795）冬雪既少，今春（1796）雨泽又总复愆期，以致夏田麦豆俱已黄萎无收	《清代干旱档案史料》，第303页
		九月癸卯，赈甘肃皋兰、金、靖远、陇西、宁远、伏羌、安定、会宁、通渭、漳、洮、平凉、盐茶、隆德、静宁、固原、平番十七厅、州、县并沙泥州判所属被旱灾民，缓征安化、合水、环、泾、灵台、镇原六州县新旧银粮草束	《清仁宗实录》卷9，第150页下
		嘉庆二年八月戊戌，免甘肃皋兰、金、靖远、陇西、宁远、伏羌、安定、会宁、通渭、漳、洮、平凉、静宁、固原、隆德、盐茶、平番十七厅州、县并沙泥州判所属，元年旱灾额赋	《清仁宗实录》卷21，第267页下
		嘉庆元年大旱，赈穷	道光《隆德县续志》，第17页
66	嘉庆二年（1797）	九月乙酉，缓征甘肃皋兰、武威、永昌、镇番、古浪、平番、宁夏、灵八州县及花马池同所属，旱灾本年额赋	《清仁宗实录》卷22，第281页上
67	嘉庆五年（1800）	十月壬戌，缓征甘肃皋兰、金、安定、平凉、泾、宁夏、宁朔、平罗、镇原、环、靖远、安化、河、崇信、狄道、渭源十六州、县并庄浪县丞、沙泥州判所属本年被霜、被雹、被旱各灾民额赋	《清仁宗实录》卷75，第1006页上
68	嘉庆六年（1801）	五月甲午，缓征甘肃阶、文、武威、镇番、永昌、岷、西和、陇西、宁远、伏羌、洮、通渭、安定、漳、会宁、平凉、静宁、隆德、华亭、庄浪、秦、秦安、清水、礼、徽、两当、成、狄道、河、皋兰、金、渭源、靖远、泾、崇信、镇原、环、安化、宁夏、宁朔、平罗、山丹、平番、古浪四十四厅、州、县并西固、三岔、二州同、沙泥州判所属，旱灾新旧额赋	《清仁宗实录》卷83，第85—86页

序号	灾年	灾况	资料来源
68	嘉庆六年 （1801）	七月戊戌，上谕内阁……甘肃自夏徂秋，雨泽愆期，被旱较重……著该督查照成灾分数，例应蠲免者，即行蠲免外，不应蠲免者，著于来岁丰收后，分作三年带征	宣统《甘肃新通志》卷首之3，第3页
		十二月甲寅，加赈甘肃皋兰、狄道、渭源、金、靖远、陇西、宁远、伏羌、安定、会宁、通渭、岷、西和、漳、平凉、固原、隆德、静宁、华亭、安化、宁、正宁、合水、环、山丹、东乐、永昌、镇番、古浪、平番、秦、秦安、清水、礼、阶、文、泾、崇信、灵台、镇原四十厅、州、县并西固州同、沙泥州判、庄浪、红水二县丞所属，被水、被旱灾民	《清仁宗实录》卷92，第220页上
		嘉庆六年，大旱，赈穷	道光《隆德县续志》，第17页
		嘉庆七年三月丙子，缓征甘肃皋兰、渭源、金、靖远、狄道、陇西、安定、会宁、岷、通渭、漳、西和、伏羌、宁远、平凉、静宁、华亭、隆德、固原、庄浪、安化、宁、正宁、合水、环、秦、礼、清水、秦安、阶、文、泾、灵台、崇信、镇原、山丹、东乐、永昌、镇番、古浪、平番四十一厅、州、县并西固州同沙泥州判、红水县丞所属，上年旱灾及被旱之河、盐茶、武威、西宁、碾伯、成、徽、两当八厅州县、三岔州判所属本年春征额赋	《清仁宗实录》卷95，第269—270页
		嘉庆七年六月辛丑，谕军机大臣等，铁保等奏……惟黄河水势大小，总以甘省上游雨泽多少为准。上年甘省夏秋被旱，水势较减，下游工扫，普庆安澜。今春甘省春雨优足，收成丰稔，现即据吴璥奏交夏令后、河水略有增长，各工闲有埽段蛰坍，并溜势移注堤根之处，诚恐夏问雨水盛行之际，上游万锦滩一带水势增长，下游即不免涨盛，此亦盈虚消息之道，不可不先事豫防	《清仁宗实录》卷99，第320—321页
69	嘉庆九年 （1804）	王明理，字复之，附生，寄固原籍，居西乡。嘉庆九年大旱，粟贵如金，明理出粟为赈，活人甚众	宣统《新修固原直隶州志》卷6《人物志》，第688—689页

续表

序号	灾年	灾况	资料来源
70	嘉庆十年（1805）	七月癸丑，缓征甘肃狄道、河、渭源、金、安定、会宁、漳、平凉、隆德、固原、华亭、庄浪、盐茶、宁、安化、正宁、合水、武威、永昌、秦、清水、礼、徽、两当、秦安、泾、崇信、灵台、镇原二十九厅、州、县并三岔州同、沙泥州判、红水东乐二县丞所属，旱灾新旧额赋	《清仁宗实录》卷147，第1016页
		闰六月及七月，宁夏等州县水旱成灾，民饥	《中国气象灾害大典·宁夏卷》，第35页
71	嘉庆十五年（1810）	五月二十七日陕甘总督那彦成奏：兹据皋兰、金县、靖远、沙泥州判、红水县丞、宁远、会宁、漳县、盐茶、固原、环县、文县、成县、灵台、灵州及花马池州同、中卫、平番十八厅州县禀报，夏禾已多黄萎，秋禾尚未播种，灾象已成	《清代干旱档案史料》，第359页
		六月初七日那彦成奏：兹据藩臬两司详称，日内又有静宁、隆德、陇西、通渭、安定、碾伯六州县续报被旱较重	《清代干旱档案史料》，第359页
		六月壬寅，缓征甘肃皋兰、金、靖远、宁远、会宁、漳、盐茶、固原、环成、文、灵台、灵、中卫、平番、静宁、隆德、陇西、通渭、安定、碾伯二十一厅、州、县及花马池州同、沙泥州判、红水县丞所属，被旱灾民新旧正借银粮草束，并拨附近各省银一百万两备赈	《清仁宗实录》卷231，第102—103页
		甘肃提督蒲尚佐十月二十二日（11月18日）奏：甘州一带水田居多，时雨虽少，渠水尚能接济。……查有被旱成灾之红水、平番、中卫、灵州、花马池……均分别赈济缓征	《清代奏折汇编——农业·环境》，第366页
		嘉庆十五年，大旱，赈穷	道光《隆德县续志》，第17页
		嘉庆十六年正月甲寅，展赈甘肃皋兰、金、靖远、陇西、会宁、安定、通渭、固原、盐茶、静宁、隆德、平番、灵、中卫、灵台十五厅、州、县及花马池州同、沙泥州判、红水县丞所属，上年被水、被旱灾民，并贷籽种口粮	《清仁宗实录》卷238，第211页下

序号	灾年	灾况	资料来源
72	嘉庆十六年（1811）	五月甲申，以甘肃春夏缺雨，粮价昂贵，命于省城减价平粜	《清仁宗实录》卷243，第276页上
		国朝嘉庆十六年，陕甘总督那文毅公因年岁荒旱，人民饥困，而城垣倾圮，难资防御，奏请以工代赈	宣统《新修固原直隶州志》卷2《地舆志》，第142页
73	嘉庆十七年（1812）	化平川厅旱	《中国气象灾害大典·宁夏卷》，第35页
74	嘉庆十九年（1814）	六月十三日署陕甘总督高杞奏：惟查省城迤北一带，入夏以来雨泽较少，内兰州府属之靖远，平凉府属之盐茶及宁夏府属灵州、中卫各州县地方间有被旱之处所	《清代干旱档案史料》，第407页
		署陕甘总督高杞八月十二日（9月25日）奏：甘省入秋以后，各属得雨之处深透居多，秋禾藉资畅茂。盐茶厅之北乡、新堡子等处村庄夏收仅止一二分及三四分不等，虽不过一隅中之一隅，系属成灾	《清代奏折汇编——农业·环境》，第381页
		九月壬子，缓征甘肃皋兰、靖远、盐茶、灵、中卫五厅、州、县及红水县丞所属，本年旱灾新旧额赋	《清仁宗实录》卷297，第1083页上
		嘉庆二十年正月丁亥，贷甘肃皋兰、靖远、盐茶、灵、中卫、平罗、宁朔七厅、州、县及红水县丞所属上年被旱、被霜、被水灾民籽种口粮	《清仁宗实录》卷302，第2页上
75	嘉庆二十年（1815）	十月二十八日陕甘总督先福奏……被旱之灵州、碾伯、大通三州县……或夏田间被灾伤，秋禾收成六七分	《清代黄河流域洪涝档案史料》，第462页
		十一月丁酉，缓征甘肃皋兰、金、靖远、安定、陇西、平罗、西宁、盐茶八厅县雹灾、旱灾、霜灾新旧额赋	《清仁宗实录》卷312，第147页上
		十一月丁酉，谕内阁，先福奏查明，甘肃被灾地方情形一折。本年甘肃皋兰等七县夏田被雹、被旱，盐茶厅秋禾被霜，虽俱堪不成灾而收成歉薄，民力无不拮据，加恩著将皋兰、金县、靖远、安定、陇西、平罗、西宁等七县，盐茶一厅，本年应征新旧正借钱粮俱缓至来年麦收后征收	宣统《甘肃新通志》卷首之3，第7页

序号	灾年	灾况	资料来源
75	嘉庆二十年 （1815）	嘉庆二十一年四月丙子，贷甘肃皋兰、靖远、陇西、安定、盐茶、平罗、西宁、会宁、宁远、漳、宁夏、静宁、宁朔、大通、碾伯十五厅、州、县，上年旱灾及歉收地方贫民口粮	《清仁宗实录》卷318，第218页下
76	嘉庆二十二年 （1817）	八月二十二日陕甘总督长龄奏：窃照，皋兰、泾州、灵州、平凉、平罗、狄道、渭源、宁远、漳县、宁夏、宁朔、镇原、灵台、徽县、静宁、红水、陇西、庄浪、安定、中卫、洮州、固原等二十二厅州县及县丞地方禀报，夏秋田禾间有被旱、被水、被雹	《清代干旱档案史料》，第424页
		十一月乙卯，缓征甘肃皋兰、狄道、平凉、静宁、宁夏、宁朔、灵、中卫、平罗、泾、徽十一州、县旱灾、水灾、雹灾新旧额赋，并贷灾民口粮	《清仁宗实录》卷336，第433页上
		嘉庆二十三年正月丙午，贷甘肃灵、中卫、泾、灵台、镇原、宁远、武威、秦、秦安、肃、安西十一州、县上年被旱灾民籽种口粮	《清仁宗实录》卷338，第463页下
77	嘉庆二十三年 （1818）	十月二十四日长龄奏：又有秋禾被旱、被雹之金县、靖远、陇西、安定、盐茶、灵州、灵台等七处，收成俱不丰稔	《清代干旱档案史料》，第433页
		十一月乙巳，缓征甘肃渭源、平罗、古浪、金、靖远、陇西、安定、盐茶、灵、灵台十厅、州、县及东乐县丞、沙泥州判所属雹灾、水灾、旱灾新旧额赋	《清仁宗实录》卷349，第615页上
		嘉庆二十四年正月丁酉，贷甘肃皋兰、西和、徽、灵台、盐茶、武威、肃、高台八厅、州、县及肃州州同、东乐县丞所属上年被旱灾民籽种口粮	《清仁宗实录》卷353，第655页上
78	道光元年 （1821）	七月初九日陕甘总督长龄奏：惟缘五月（6月）间雨泽愆期，皋兰并红水县丞、狄道及沙泥州判、河州、渭源、靖远、会宁、安定、陇西、盐茶、武威、平番、古浪等厅州县，夏麦受旱，收成歉薄	《清代干旱档案史料》，第455页
		九月甲子，缓征甘肃河、狄道、金、靖远、灵、宁夏、宁朔、平罗、平番九州、县被旱、被雹、被水村庄新旧钱粮草束厂租	《清宣宗实录》卷23，第420页下

序号	灾年	灾况	资料来源
79	道光三年 （1823）	北乡之……玉门、海城等十一处共一百八十九户本年被旱，歉收四分以上	《乌鲁木齐都统英惠奏报宜禾县歉收分别蠲缓新旧粮石并借口粮事》，道光三年十月十四日，档案号：04-01-35-0058-008
80	道光四年 （1824）	王明理……道光四年又大旱，仍施济如前	宣统《新修固原直隶州志》卷6《人物志》，第689页
		道光四年，大荒，穷民多鬻妻子，蠲征赈恤	道光《隆德县续志》，第17页
81	道光五年 （1825）	六年正月，缓征灵州等五州、县水灾、旱灾、雹灾新旧额赋	《中国气象灾害大典·宁夏卷》，第37页
82	道光六年 （1826）	六月初九日署陕甘总督杨遇春奏：五月内……惟崇信、镇原、灵台、隆德、武威、张掖、西和、漳县、会宁、静宁等州县间有偏被雹水及受旱之处	《清代干旱档案史料》，第474—475页
		八月丙子，缓征甘肃宁夏、宁朔、灵、平罗、镇原五州、县被水、被旱、被雹灾民新旧额赋草束	《清宣宗实录》卷104，第720页上
83	道光九年 （1829）	九月十八日陕甘总督杨遇春奏：复查甘肃各厅州县禀报，八月（8月29日—9月27日）内……至皋兰、碾伯、宁夏、宁朔、平罗、灵州、陇西、静宁、金县、泾州、灵台、崇信、庄浪县丞等处地方，间有续被雹水并受旱之处	《清代黄河流域洪涝档案史料》，第570—571页
		十一月甲寅，缓征甘肃陇西、狄道、张掖、武威、宁、碾伯、宁夏、宁朔、中卫、平罗、灵、皋兰、泾、灵台、崇信十五州、县被水、被旱村庄新旧额赋	《清宣宗实录》卷162，第516页上

续表

序号	灾年	灾况	资料来源
84	道光十一年（1831）	七月有初九日杨遇春奏：查，甘肃各属本年六月……惟据皋兰、河州、金县、沙泥、渭源、狄道、会宁、宁远、安定、灵州、中卫、盐茶、固原、碾伯、张掖、永昌、平番、镇番、平罗、花马池等厅州县、州同、州判具报，夏秋禾间有被雹、被水、被旱之处	《清代干旱档案史料》，第497页
		十一月癸丑，缓征甘肃河、靖远、陇西、宁远、安定、会宁、洮、安化、武威、平番、古浪、灵、秦、礼、灵台、镇原、通渭、固原十八州、县暨盐茶同知、沙泥州判所属被雹、被水、被旱村庄新旧正借银粮草束	《清宣宗实录》卷200，第1144页下
85	道光十二年（1832）	道光十三年正月丙子，给甘肃秦、泾、皋兰、隆德、华亭五州、县上年被雹、被水、被旱灾民口粮，并贷籽种	《清宣宗实录》卷229，第424页上
86	道光十三年（1833）	韩世贵……道光癸巳（1833），岁大旱，斗粟数千。贫民向其立券借贷者，累数百家，世贵悉给之，次年岁熟，亦不索还	宣统《新修固原直隶州志》卷6《人物志》，第689—690页
87	道光十四年（1834）	六月初四日陕甘总督杨遇春奏：臣查甘肃各属，本年五月（6月7日—7月6日）内……惟皋兰、文县、靖远、伏羌、安定、平凉、盐茶、静宁、华亭、庄浪县丞、安化、秦州、礼县、两当、镇原、平番、碾伯、正宁、宁州、灵台、中卫、平罗、沙泥等厅州县县丞、州判，现据报间有被雹、被旱、被水地方	《清代黄河流域洪涝档案史料》，第588页
		六月内，灵州、狄道、固原、会宁、隆德、张掖等州县现据具报，间有被雹、被旱地方	《陕甘总督杨遇春奏报本年甘肃各属五月份粮价及六月得雨情形事》，道光十四年七月十二日，档案号：04－01－24－0132－104
		八月乙未，贷甘肃皋兰、狄道、靖远、盐茶、西宁、碾伯六厅、州、县被旱灾民仓粮	《清宣宗实录》卷255，第881页上

序号	灾年	灾况	资料来源
87	道光十四年（1834）	十月庚戌，贷甘肃皋兰、金、安定、会宁、固原、安化、泾、灵台八州、县被旱、被雹、被水灾民口粮	《清宣宗实录》卷259，第944页上
		十一月戊辰，缓征甘肃皋兰、河、狄道、渭源、金、靖远、安定、会宁、平凉、静宁、隆德、张掖、武威、平番、宁夏、宁朔、灵、固原、中卫、平罗、碾伯、大通、秦、泾、灵台、镇原、礼二十七州、县暨沙泥州判、盐茶同知，所属被雹、被水、被旱歉区新旧额赋	《清宣宗实录》卷260，第961页上
88	道光十六年（1836）	六月十一日陕甘总督瑚松额奏：本年五月（6月14日—7月13日）内……惟秦州、静宁、通渭、伏羌、秦安、礼县、靖远、皋兰、平番、盐茶、平凉、安定、中卫、平罗、庄浪等厅州县、县丞，据报间有被雹、被旱、被水地方	《清代黄河流域洪涝档案史料》，第600页
		七月初七日瑚松额奏：本年六月（7月14日—8月11日）内……惟河州、渭源、狄道、洮州、张掖、宁夏、宁朔、灵州、碾伯、沙泥、东乐等厅州县、州判、县丞，据报间有旱、被雹、被水地方	
		道光十七年正月癸未，贷甘肃皋兰、渭源、金、靖远、伏羌、通渭、西和、固原、安化、永昌、古浪、碾伯、秦安十三州县并庄浪县丞所属，上年被水、被旱、被雹灾民籽种口粮	《清宣宗实录》卷293，第535页下
89	道光十七年（1837）	七月初九日陕甘总督瑚松额奏：本年六月（7月3—31日）内……惟河州、徽县、会宁、清水、西和、皋兰、金县、陇西、宁州、镇原、隆德、正宁、华亭、平凉、安化、古浪、固原、宁朔、张掖、东乐等州县、县丞，据报间有被雹、被旱、被水地方	《清代黄河流域洪涝档案史料》，第604—605页
		十一月壬午，缓征甘肃河、狄道、渭源、靖远、安定、会宁、洮、固原、盐茶、宁、平番、宁夏、宁朔、灵、中卫、平罗、碾伯十七厅、州、县被雹、被水、被旱、被霜灾区新旧额赋，贷皋兰、金、靖远、会宁、固原、安化、宁、平番、秦九州县灾民冬月口粮	《清宣宗实录》卷303，第721页上
		道光十七年奉恩诏，固原旱灾，将钱、粮、草束分别蠲缓	宣统《新修固原直隶州志》卷3《贡赋志》，第368页

序号	灾年	灾况	资料来源
90	道光十八年（1838）	七月初六日陕甘总督瑚松额奏：甘肃各属本年六月（7月21日—8月19日）内……惟查灵州、秦州、洮州、礼县、清水、西和、华亭、张掖、环县、徽县、宁远、庄浪等州厅县、县丞，据报间有被雹、被旱、被水地方	《清代黄河流域洪涝档案史料》，第607页
		八月初六日瑚松额奏：查盐茶等二十五厅州县、县丞地方，本年夏秋田禾，前于五六月间，据报间有偏被雹水并受旱之处	《清代黄河流域洪涝档案史料》，第607页
		十一月初七日瑚松额奏：本年皋兰等二十二厅州县、县丞地方，间有被雹、被水、被灾之区……又据宁夏等十二厅州县、州同、州判具报，秋禾被雹、被水、被霜、被旱……查本年夏间被灾各地方……惟被灾较重之固原、盐茶、宁夏、宁朔、灵州、平罗、花马池州同等一十九厅州县、州同、州判地方，收成歉薄	《清代黄河流域洪涝档案史料》，第608页
		十一月丙寅，缓征甘肃皋兰、河、狄道、渭源、金、靖远、固原、盐茶、安化、张掖、宁夏、宁朔、灵、平罗、泾、灵台、镇原十七厅、州、县及花马池州同、沙泥州判所属歉区新旧额赋	《清宣宗实录》卷316，第940页上
		十九年正月……是月，贷湖南武陵县、陕西葭州等九州县、甘肃固原等五州县水旱灾，雹灾口粮籽种	《清史稿》卷18《宣宗本纪二》，第674页
91	道光十九年（1839）	七月初七日陕甘总督瑚松额奏：查，甘肃各属本年（1839）六月（7月11日—8月8日）内……惟灵州、安定县、沙泥州判、渭源县、宁远县据报，有被水、被旱、被雹地方	《清代干旱档案史料》，第564—565页
		十一月庚申，缓征甘肃皋兰、河、狄道、靖远、陇西、华亭、静宁、安化、武威、平番、宁夏、宁朔、灵、中卫、平罗、崇信、灵台、镇原十八州、县暨沙泥州判所属被旱、被雹、被霜歉区新旧正杂额赋	《清宣宗实录》卷328，第1165页下

序号	灾年	灾况	资料来源
92	道光二十年 （1840）	十月初八日瑚松额奏：本年安定等一十二州县、州判地方间有被雹、被旱之区……嗣又据渭源、陇西、通渭、宁远、会宁、平凉、华亭、盐茶、隆德、固原、武威、镇番、宁夏、宁朔、灵州、平罗、花马池、两当、阶州、崇信等二十厅州县、州同具报，夏秋禾苗被雹、被旱、被水、被霜，亦即委员一并勘办	《清代干旱档案史料》，第 573 页
		十一月己丑，缓征甘肃皋兰、渭源、金、靖远、宁远、安定、会宁、隆德、固原、环、宁夏、宁朔、灵、平罗、崇信、灵台、镇原十七州、县及花马池州同、沙泥州判所属灾区新旧额赋	《清宣宗实录》卷 341，第 183 页下
		道光二十年，沿堤等堡被旱，诏缓征	道光二十四年《续增平罗纪略》卷 2《蠲免》，第 309 页
93	道光二十三年 （1843）	七月二十八日陕甘总督富呢扬阿奏：臣查，甘肃各属本年（1843）六月（7 月）内……惟皋兰、狄道、河州、金县、渭源、贵德、陇西、宁远、伏羌、安定、岷州、会宁、静宁、固原、宁州、安化、灵州、宁朔、礼县、平番、宁夏、隆德、环县、泾州、灵台、洮州、文县、陇西县丞等厅州县、县丞，据报间有被雹、被水、被旱地方	《清代干旱档案史料》，第 582 页
		十一月乙酉，缓征甘肃远、陇西、宁远、安定、会宁、环、武威、平番、宁夏、宁朔、碾伯、皋兰、狄道、渭源、金、隆德、固原、华亭、灵、中卫、平罗、泾、灵台、镇原二十四州、县并花马池州同、沙泥州判所属歉收村庄新旧额赋	《清宣宗实录》卷 399，第 1145 页上
94	道光二十四年 （1844）	六月二十五日陕甘总督富呢扬阿奏：甘肃各属本年五月（6 月 16 日—7 月 14 日）内……惟泾州、河州、西和、西宁、碾伯、平凉、固原、镇原、金县、皋兰、靖远等州县，具报间有被雹、被水、被旱地方	《清代黄河流域洪涝档案史料》，第 639 页

序号	灾年	灾况	资料来源
95	道光二十六年（1846）	陕甘总督布彦泰七月十二日（9月2日）奏：陇西、灵州、碾伯、皋兰、河州、隆德、徽县、崇信、平番、西宁、狄道等州县先后具报间有被雹、被水、被旱地方	《清代奏折汇编——农业·环境》，第467页
		十一月庚子，缓征甘肃河、狄道、渭源、西和、固原、合水、灵、碾伯、崇信、皋兰、陇西、伏羌、安定、会宁、平凉、灵台十六州、县暨陇西县丞所属被雹、被水、被旱、被霜灾区新旧额赋	《清宣宗实录》卷436，第457页下
96	道光二十七年（1847）	十一月甲辰，缓征甘肃河、宁远、伏羌、安定、会宁、洮、隆德、固原、安化、宁、张掖、古浪、宁夏、宁朔、平罗、崇信、皋兰、平番、西宁、碾伯、大通二十一州、县及盐茶同知、陇西县丞所属被雹、被水、被旱、被霜村庄新旧正杂额赋	《清宣宗实录》卷449，第660页上
97	道光二十八年（1848）	七月十七日陕甘总督布彦泰奏：臣查，甘省各属本年六月内……惟河州、岷州、宁远、灵州、碾伯、隆德、西宁、中卫、平番、盐茶、渭源、会宁、秦州、洮州①、西和、伏羌、大通、平罗、花马池州同等厅州厅县、州同先后具报，间有被雹、被水、被旱处所	《清代干旱档案史料》，第602页
98	道光三十年（1850）	陕甘总督琦善八月二十七日（10月2日）……皋兰、河州、狄道、金县、陇西、灵川等六州县县丞被水、被旱之区虽系一隅中之一隅，被灾较重，现多已改种晚秋	《清代奏折汇编——农业·环境》，第477页
		十二月戊午，缓征甘肃河、陇西、灵、西宁、灵台五州县及陇西县丞所属，被水、被旱、被雹、被霜灾区旧欠额赋，并皋兰、靖远、宁夏、宁朔、中卫、平罗六县新旧额赋	《清文宗实录》卷23，第326页下
99	咸丰元年（1851）	八月十五日萨迎阿奏：本年甘省夏秋田禾被水、被雹、被旱之皋兰、河州、狄道、靖远、固原、华亭等州县……连年偏被灾伤，民力不无拮据	《清代黄河流域洪涝档案史料》，第658页

---

① 此处"洮州"，原作"兆州"，疑误。

序号	灾年	灾况	资料来源
99	咸丰元年 （1851）	十一月癸酉，缓征甘肃皋兰、宁夏、宁朔、西宁、大通、河、狄道、固原、灵、泾、崇信、灵台、镇原、碾伯十四州、县暨陇西县丞所属被水、被雪、被风、被旱灾区未完新旧银粮草束	《清文宗实录》卷48，第651—652页
100	咸丰二年 （1852）	十二月丁亥，缓征甘肃河、靖远、安定、静宁、泾、崇信、镇原、灵台、皋兰、狄道、渭源、固原、宁夏、宁朔、灵、中卫、平罗、西宁、大同十九州、县及陇西县丞所属被旱、被水、被雹、被霜地方新旧额赋	《清文宗实录》卷79，第1044页下
101	咸丰三年 （1853）	十一月己巳，缓征甘肃皋兰、渭源、靖远、陇西、安定、会宁、平凉、静宁、隆德、固原、碾伯十一州县及陇西县丞所属被水、被旱、被霜、被雹地方旧欠额赋，河、狄道、安化、宁、宁夏、灵、中卫、平罗、崇信、镇原十州县新旧额赋	《清文宗实录》卷113，第775页上
102	咸丰四年 （1854）	四年夏，大旱，田禾枯萎	宣统《新修固原直隶州志》卷12《硝河城志》，第1269页
		陕甘总督易棠十月二十九日（12月18日）奏：甘肃省陇西等县州判地方，本年夏秋田禾间有被雹、被旱、被水之区。又据盐茶等厅州县续报秋禾间被霜、雹、水、旱……均系一隅中之一隅，例不成灾	《清代奏折汇编——农业·环境》，第485页
		十一月乙酉，缓征甘肃皋兰、河、渭源、静宁、隆德、宁夏、灵、平罗八州、县被水、被旱、被雹、被霜节年旧欠银粮及靖远、陇西、会宁、西和、安化、宁、泾、崇信、灵台、九州、县新旧银粮草束	《清文宗实录》卷151，第640—641页
103	咸丰五年 （1855）	十一月乙亥，缓征甘肃皋兰、河、陇西、固原、宁夏、宁朔、灵、中卫、镇原、洮、静宁、平罗、渭源、安定、盐茶、宁、灵台十七厅、州、县被水、被旱、被雹、被霜地方新旧额赋	《清文宗实录》卷183，第1047页下
		吕际韶，进士，陕西咸宁人，咸丰五年任，治尚简明。岁旱，亲往城外神庙祷雨，雨亦随至，民皆德之	民国《重修隆德县志》卷3《职官》，第11页

续表

序号	灾年	灾况	资料来源
104	咸丰六年（1856）	七月二十一日陕甘总督易棠奏：至被雹之盐茶，被水之宁夏、宁朔、灵州、碾伯，被水、被雹之西宁，被水、被旱、被霜之平罗等处……归入秋成案内汇核办理	《清代黄河流域洪涝档案史料》，第668页
		十一月丙子，展缓甘肃皋兰、靖远、静宁、宁夏、宁朔、平罗、碾伯、泾、崇信、镇原、西宁、河、狄道、隆德、宁、武威、灵、灵台十八州、县并沙泥州判所属被水、被雹、被旱灾区新旧额赋	《清文宗实录》卷213，第350页下
105	咸丰七年（1857）	十二月戊申，缓征甘肃皋兰、靖远、陇西、西和、安化、平罗、徽、崇信、灵台、镇原、河、狄道、安定、固原、宁夏、宁朔、灵、中卫、碾伯、泾二十州、县及盐茶厅、沙泥州判、陇西县丞所属被雹、被水、被旱灾区，新旧银粮草束	《清文宗实录》卷241，第725页下
		是年夏秋，宁夏二十州县遭受旱灾，又加冰雹、虫相继为害，庄稼几乎绝收，各地饥荒严重，缓征受灾地区新旧额赋及草束	《中国气象灾害大典·宁夏卷》，第42页
106	咸丰八年（1858）	陕甘总督乐斌七月二十八日（9月5日）奏：甘肃省各属，本年夏秋田禾间有被雹、被水、被旱之区……被雹之河州、狄道、红水县丞、静宁、固原、古浪、平番、灵州，被旱之盐茶、中卫，被水之宁夏，被雹、被旱之靖远，并续报被旱之渭源等处，亦饬委员前往会勘	《清代奏折汇编——农业·环境》，第494页
107	咸丰九年（1859）	窃查甘肃各属，本年夏秋田禾，间有被雹、被旱、被水之区。臣查被雹之沙泥州判、静宁、固原、盐茶、安西，被旱之中卫，被水之宁夏、红水县丞，并续报被雹之皋兰等处，亦经饬司委员前往会勘	《陕甘总督乐斌奏为甘省夏秋田禾间有被灾情形事》，咸丰九年七月二十八日，档案号：03-4509-091
108	咸丰十年（1860）	查甘肃靖远、灵州、固原、盐茶……本年夏秋田禾间有被旱、被雹、被水之区，宁夏、平罗间有秋禾被霜、被水、被旱、被雹之区	《暂署陕甘总督福济奏为甘肃省皋兰等县请缓征新旧钱粮事》，咸丰十年十一月二十四日，档案号：03-4357-057
		十二月乙酉，缓征甘肃皋兰、河、狄道、渭源、金、靖远、陇西、安定、固原、安化、宁、宁夏、平罗、灵、灵台、镇原十六州、县被雹、被旱、被水灾区，新旧额赋有差	《清文宗实录》卷339，第1046页下

序号	灾年	灾况	资料来源
109	咸丰十一年 （1861）	连丰，隆德人，乡饮耆宝，好义乐施。咸丰十一年大旱荒，乡民乏食者十余村，丰出积粟就饥，全活甚众，人为立碑志之	民国《重修隆德县志》卷 3《人物》，第 41 页
110	同治七年 （1868）	是年，自秋经冬，皋兰、靖远大疫，死者甚众。平凉、静宁、庄浪、固原、灵台、巩、秦属及永昌等处大旱，饥	宣统《甘肃新通志》卷 2《天文志（附祥异）》，第 51 页
		同治七年，岁大歉，斗米二十五六千文不等，人相食，死者塞路	民国《重修隆德县志》卷 4《拾遗》，第 43 页
		同治七年，岁大歉，斗米二十五六千文不等	宣统《新修固原直隶州志》卷 11《轶事志》，第 1204 页
		是年，固原等州县大旱成灾，所属村庄十室九空，饥民死亡无数	《中国气象灾害大典·宁夏卷》，第 43 页
111	同治十年 （1871）	五月，宁夏旱	《中国气象灾害大典·宁夏卷》，第 43 页
112	同治十三年 （1874）	盐池大旱遍及全县，民多饿殍，据说城内有饿死人的万人坑	《中国气象灾害大典·宁夏卷》，第 43 页
113	光绪三年 （1877）	光绪三年，灵州蝗飞蔽天，是年又大旱	民国《朔方道志》卷 1《祥异》，第 25 页
		本年惠农因渠道引不上水，旱象严重，群众食菜糠，并有饥死人现象。本年盐池麻黄山大旱	《中国气象灾害大典·宁夏卷》，第 43 页
114	光绪四年 （1878）	是年……灵州蝗飞蔽天。庄浪、阶、成、灵州等处及秦、巩属大旱，饥，至次年四月乃雨	宣统《甘肃新通志》卷 2《天文志（附祥异）》，第 53 页
		八月，是月灵州大旱又兼飞蝗成灾，人民饥不得食	《中国气象灾害大典·宁夏卷》，第 44 页
115	光绪五年 （1879）	春至四月，宁夏府旱	《中国气象灾害大典·宁夏卷》，第 44 页
		七月初六日陕甘总督左宗棠片：吐鲁番厅及关内外之安西、玉门、敦煌、金塔、高台、宁夏、宁朔、灵州各州县并各营局文武陆续禀报，本年夏间少雨，湖泽芦苇中虫蟊滋生	《清代干旱档案史料》，第 806 页

续表

序号	灾年	灾况	资料来源
116	光绪十七年（1891）	固原州、中卫、平罗等厅州县先后具报，被旱、被雹、被水	《中国气象灾害大典·宁夏卷》，第44页
		大旱遍及盐池全县	《中国气象灾害大典·宁夏卷》，第44页
117	光绪十八年（1892）	十一月二十二杨昌濬片：甘肃本年春夏雨泽愆期……其兰州府属之皋兰、金县，巩昌府属之会宁，平凉府属之平凉、隆德，泾州直隶州并所属镇原、崇信、灵台，固原直隶州及所属海城、平远、打拉池县丞，西宁府属之西宁、碾伯、巴燕戎格，凉州府属之古浪等厅州县、县丞，被旱、被霜、被雹、被水	《清代干旱档案史料》，第912页
		自春徂夏，雨泽稀少，隆德、固原、海城、平远均因天旱，夏收歉薄。本年盐池麻黄山旱	《中国气象灾害大典·宁夏卷》，第44页
		光绪十九年二月乙亥，蠲缓甘肃安化、宁、合水、环、固原、狄道、董志原县丞等七属被旱、被水、被雹、被霜地方钱粮草束	《清德宗实录》卷321，第163页上
118	光绪二十年（1894）	宁夏府属宁灵厅等厅、州、县、州判间有被雹、被旱	《中国气象灾害大典·宁夏卷》，第44页
119	光绪二十二年（1896）	其夏禾被水、被雹之礼县、秦安县、静宁州、清水县、碾伯县、宁州、阶州、固原州、徽县、成县、循化厅、会宁县、河州、皋兰、金县、平番县、安定县等十七属。此外秋禾水旱雹霜各灾，尚有固原州、环县、宁夏县、宁朔县、中卫县、东乐县丞等六属情形轻重不一	《陕甘总督陶模奏为遵查甘肃被兵各属来春亟需接济暨礼县等处水雹灾案情形事》，光绪二十二年十一月二十四日，档案号：04-01-05-0302-014
120	光绪二十四年（1898）	十二月甲午，蠲缓甘肃皋兰、固原、碾伯、泾、靖远、中卫、永昌、宁灵、宁夏、宁朔十州、县应征正耗银两并粮草	《清德宗实录》卷435，第729页上
		化平川厅旱	《中国气象灾害大典·宁夏卷》，第44页
		十二月初二日陕甘总督陶模奏：中卫县今年渠水浅少，夏禾受旱	《清代黄河流域洪涝档案史料》，第850页

序号	灾年	灾况	资料来源
120	光绪二十四年（1898）	八月初二日，陕甘总督陶模奏。甘肃各属自春徂夏，雨泽愆期，业将夏禾被旱大概情形奏报在案。……先后据阶州、文县、礼县、环县、皋兰、成县、固原州、碾伯县、宁州、泾州、西固州同、海城县、静宁州、大通县、丹噶尔厅、西宁县、巴燕戎格厅、靖远县、中卫县、永昌县、平远县、金县、安定县、宁灵厅、宁夏县、宁朔县等二十六属禀详申报被旱、被雹、被水、地动倾陷，禾苗罂粟枯槁……就情形而论，旱灾以阶、文为最	《宫中档光绪朝奏折》第12辑，第158页
121	光绪二十五年（1899）	本年雨泽愆期，禾苗大半受旱，并有雨雹、大水、天降黑霜，夏灾者有隆德、固原州、化平厅等十一属	《中国气象灾害大典·宁夏卷》，第44页
		萧承恩，字锡三，湖北钟祥人。光绪二十五年署任，二十六年卸……在任时，适有旱灾，徒步祈祷，尤极诚	宣统《新修固原直隶州志》卷3《官师志》，第280页
		二十五、六两年大旱、斗麦市银二两	民国《化平县志》卷3《灾异》，第466页
122	光绪二十六年（1900）	皋兰、平凉、庄浪、固原、洮州等处自春徂夏俱大旱	宣统《甘肃新通志》卷2《天文志（附祥异）》，第58页
		马元章……光绪二十六年，岁旱，啼饥者踵于道。元章出积粟赡贫乏者众	宣统《新修固原直隶州志》卷6《人物志》，第697—698页
		光绪二十六、七两年大旱	宣统《新修固原直隶州志》卷11《轶事志》，第1205页
		二十五、六两年大旱、斗麦市银二两	民国《化平县志》卷3《灾异》，第466页
		二十六年六月，泾州、皋兰、平凉、庄浪、固原、洮州旱	《清史稿》卷43《灾异四》，第1607页
		六月，固原、隆德、平远、化平等三十余州县亢旱，民大饥，灾区树皮草根被挖剥充饥，饿殍载道，人相食。隆德大旱，牛害瘟黄半死，驴犬多伤	《中国气象灾害大典·宁夏卷》，第45页

续表

序号	灾年	灾况	资料来源
123	光绪二十七年（1901）	十月，时秦、晋及甘肃平、庆、泾等处大饥	《甘宁青史略》卷26，第4页
		二十七年春，皋兰、平凉、庄浪、固原、洮州大旱	《清史稿》卷43《灾异四》，第1607页
		固原大旱	宣统《甘肃新通志》卷2《天文志（附祥异）》，第58页
		光绪二十六、七两年大旱	宣统《新修固原直隶州志》卷11《轶事志》，第1205页
		大旱遍及盐池全县。二十七年，隆德大旱，牛害瘟黄半死，驴犬多伤	《中国气象灾害大典·宁夏卷》，第45页
124	光绪二十八年（1902）	盐池麻黄山大旱	《中国气象灾害大典·宁夏卷》，第45页
125	光绪三十二年（1906）	化平川厅旱	《中国气象灾害大典·宁夏卷》，第45页
126	光绪三十四年（1908）	自春徂夏天气亢阳，雨泽稀少，平罗县市口等堡自渠梢至渠口长四百余里，皆因河水低落，未能及时灌足，以致麦豆多受旱伤，统计成灾六分。固原等十四州县，禾苗、罂粟被旱被雹	《中国气象灾害大典·宁夏卷》，第46页
127	宣统元年（1909）	本岁二麦既未播种，节交夏令，又未得有透雨，加以连年旱歉，户鲜盖藏，各处饥民，至剥取草根树皮为食，乡间牲畜多致饿踣，哀鸿遍野，惨目伤心。被灾州、县十余处之多，亢旱历三年之久，灾区甚广	《陕甘总督升允奏为甘省旱灾奇重设局筹办赈抚事》，宣统元年四月二十八日，档案号：04-01-02-0102-008
		甘肃全省春夏亢旱，兰州五月乃雨	宣统《甘肃新通志》卷2《天文志（附祥异）》，第61页
128	宣统二年（1910）	甘肃夏灾期内皋兰……海城等州县被雹、被水、被旱情形……入秋以后，中卫、宁夏二县具报被水、被旱前来，统计夏秋被灾一十六处	《陕甘总督长庚奏为江报上年甘肃各属夏秋禾苗被灾情形请分别蠲缓豁免钱粮数目事》，宣统三年二月二十四日，档案号：03-7502-037

附表2　　　　　　　　　清代宁夏地区水涝灾害一览

序号	灾年	灾况	资料来源
1	顺治十一年 （1654）	顺治十二年二月十九日，准吏部资："本年正月十九日奉上谕'谕吏部……乃年来水旱相寻，干戈未靖，民穷莫极，共食不充……'"	乾隆《宁夏府志》卷18，第476页
2	顺治十六年 （1659）	大清顺治十六七年间，土城为淫雨倾圮	康熙《隆德县志》卷1《沿革》，第130页
3	顺治十七年 （1660）	大清顺治十六七年间，土城为淫雨倾圮	康熙《隆德县志》卷1《沿革》，第130页
4	康熙元年 （1662）	七月十二日，静宁州大水，雷雨连昼夜，文朝坊吻长源河（今宁夏西吉境内）水大发，自北峡泛涨，夏禾尽没，稍杀，复排山出，淹没庄堡人畜无数	宣统《甘肃新通志》卷2《天文志（附祥异）》，第38页
5	康熙六年 （1667）	康熙七年二月庚午，甘肃巡抚奏刘斗疏言：平、庆、临、巩四府属，去岁夏旱秋涝，人民饥馑	《清圣祖实录》卷25，第349页上
6	康熙九年 （1670）	皇清康熙九年，宁夏河溢，淹灵州南关居民	嘉庆《灵州志迹》卷4《历代祥异》，第67页
7	康熙十七年 （1678）	孙应举，平罗参将……又康熙十七年，大水淹城，不及垛者数尺，人多移城外高阜以避患	乾隆《宁夏府志》卷12，第291页
8	康熙二十二年 （1683）	九月甲申，免宁夏平罗所，水淹沙压田赋	《清圣祖实录》卷112，第151页下
9	康熙四十二年 （1703）	又覆准陕西宁夏卫秋被水灾，行令该督抚将存贮粮动支赈济	乾隆《甘肃通志》卷17《蠲恤》，第6页
10	雍正五年 （1727）	七月二十四日，提督陕西固原等处地方总兵官路振杨奏：固原州于本年五月二十四日午未二时天降大雨，带有冰雹。州城东南地势低下，临河不远，河水泛涨，直冲城下，将城根砌石被水浸松，以致上截包砖剥落，高有五丈，长有八丈。城中雨水流聚北关最低之处，约有二、三尺，浸塌兵民房屋二百五十间	《宫中档雍正朝奏折》第8辑，第586页
		七月壬戌，赈陕西固原州水灾饥民	《清世宗实录》卷59，第900页下
11	雍正十年 （1732）	六月癸未，署陕西总督查郎阿、甘肃巡府许容奏言，闰五月间，临、巩、平凉、西宁所属州、县暴雨水（冰）雹，伤损田禾	《清世宗实录》卷120，第591页上

续表

序号	灾年	灾况	资料来源
12	乾隆元年（1736）	六月十三日，据新渠县通吉堡约顾恺报称，本月十二日夜，黄河水势暴涨，大风大雨，冲断围埝，淹泡堡内庄房田禾等情。……讵十六日河水又复暴涨，于通吉堡北界十三塘上，冲塌旧埝六十余丈。……前后两次……约淹田禾一百余分，庄房一百余家，人畜俱无损伤，每家捐给米一斗，暂令糊口。宝丰县六月十三日黄河水势暴涨，水冲该县之红岗渠坝及西润渠埝，民田约淹损三十四分。宁夏县六月十四日黄河水暴涨，淹泡堡内田地，王ㄨ堡东西沿河田地，淹泡三千余亩，小庄房八家，共倒房五十四间。何忠堡沿河田地淹泡四千余亩，小庄房三十六家，共倒土房一百三十六间。平罗县六月十六日黄河水涨，水冲周家、闫家、章子等堡，田禾被淹十分之一，庄房并未冲倒。臣查甘省今岁雨泽甚多，黄河大涨	《吏部尚书署理川陕总督刘於义奏报宁夏府各属被水并赈抚情形事》，乾隆元年七月初六日，档案号：04 - 01 - 01 - 0009 - 014
		七月，是月，吏部尚书署川陕总督兼甘肃巡抚刘于义，奏报宁夏府各属水灾赈贷情形。得旨，知道了，被水穷民，加意抚恤，勿致失所	《清高宗实录》卷23，第546页下
		十一月辛丑，谕总理事务王大臣，据陕西署督刘于义奏称，宁夏府属之宁夏、新渠、宝丰等县，今夏雨水甚多，黄河泛涨，以致冲决堤岸、淹浸民田	《清高宗实录》卷30，第619页下
13	乾隆二年（1737）	九月辛亥，户部议覆，升任甘肃巡抚宗室德沛疏报，宁夏县属河忠堡张口堰本年河水冲决、淹没田禾，有被灾男妇无论大小，每名给与社仓粮三斗，应如所请。得旨，依议速行	《清高宗实录》卷51，第871页上
		十二月己亥，续免甘肃宁夏县河忠堡，水灾十分丁耗银粮	《清高宗实录》卷59，第952页上
		乾隆二年夏，黄河决，宁夏边河新、宝两邑各堡被水冲淹	乾隆《盐城县志》卷13《仕迹》，第15页
14	乾隆三年（1738）	六月十八日川陕总督查郎阿等奏：宁夏之新（渠）、宝（丰）二县，于六月初二、初五、初七、八（7月18、21、23、24日）等日风狂雨骤，河水暴涨，冲溢堤埝。新渠之清水、通义二堡，宝丰之上省嵬、下省嵬、灵沙、庙台等四堡，虽居民无恙，而庐舍田禾不无淹泡倒塌之处	《清代黄河流域洪涝档案史料》，第136页

序号	灾年	灾况	资料来源
14	乾隆三年（1738）	八月丁亥，赈甘肃新渠、宝丰二县本年水灾饥民	《清高宗实录》卷74，第180页上
		十一月壬申，甘肃宁夏地震，水涌新渠，宝丰县治沉没，发兰州库银二十万两，命兵部侍郎班第往赈之	《清史稿》卷10《高宗本纪一》，第359页
		十二月壬辰，豁免甘肃宁夏县通和堡地方，本年水灾额赋	《清高宗实录》卷83，第304页上
15	乾隆四年（1739）	七月初三日川陕总督鄂弥达奏：新渠、宝丰二邑，系上年（1738）震陷特甚，已经裁汰之县，于本年（1739）五月二十三、四（6月28、29日）等日，因雨后水发，黄河泛涨，淹及地亩，旋即消退	《清代黄河流域洪涝档案史料》，第141页
		七月初六日元展成奏：兹据灵州报称，六月十三、四（7月18、19日）等日，天降雷雨，有芦洞涝河等处山水陡发，冲淹胡家吴忠等村堡田禾，民户幸无损伤，房屋不无倒塌……又据宁朔县禀称，六月十三日雨后，山水冲溢渠口，淹浸靖益等堡秋田，查勘并不成灾，内有秋禾被伤较重者六户	
		九月庚午，又谕，据鄂弥达、元展成奏称，西宁府属之碾伯县、宁夏府属之灵州、中卫县，俱续有被水被雹之处……今碾伯、灵州、中卫亦有被灾之处，而碾伯上年已属歉收，灵州、中卫又当宁夏灾伤之后，著将此三州县应征银粮草束与秦安等州县一体加恩，分别宽免	《清高宗实录》卷101，第527—528页
16	乾隆五年（1740）	七月丁酉，缓征甘肃武威、古浪二县本年分旱灾额赋，兼赈饥民并平罗县属东永惠、红岗等堡被水饥民，一体赈恤	《清高宗实录》卷123，第813页上

序号	灾年	灾况	资料来源
16	乾隆五年（1740）	八月初六日甘肃布政使徐杞奏：甘省……今年五、六月间……宁夏府属之平罗县，先因渠水微细，其在渠梢之夏田，偏受干旱，嗣河水骤长，淹及低注地方，田禾皆属偏灾	《清代黄河流域洪涝档案史料》，第 151 页
		八月十八日甘肃巡抚元展成奏：六月以后，黄河泛涨冲溢新、宝临河堤埝，水淹东永惠红岗等堡……查，宁郡素藉河水引渠以资灌溉，而泛溢为灾，亦时所不免。历来黄河水汛，例从宁夏开明尺寸，飞报江南河东等处河道总督，以便预为防护。往年水长止七八尺不等，今年长至丈余，其水势奔放，所有奉裁新渠、宝丰废地归并平罗、宁夏二县者次第淹泡，直抵去岁新筑平罗旧界老埝之下，即新修之惠农渠亦间被冲溢，急难修筑	
		十月丙寅，赈恤甘肃平罗县本年被水偏灾饥民，并予葺屋银两	《清高宗实录》卷129，第 888 页下
		冬十月……甲寅，免甘肃平罗本年水灾额赋，仍免宁夏、宁朔半赋	《清史稿》卷 10《高宗本纪一》，第 366 页
17	乾隆六年（1741）	平凉府属盐茶厅报到，北乡白套子等处秋禾缺雨，宁夏府属宁夏、宁朔二县报到张政、大新二渠秋禾被水，灵州报到同心城等处山堡秋禾被旱……查盐茶厅、灵州秋禾被旱，据勘收成止可二三分，已属成灾	《护理甘肃巡抚徐杞奏为秋禾被伤处所并现在办理情形事》，乾隆六年八月三十日，档案号：04-01-01-0069-044
		十一月丁卯，赈甘肃平番、碾伯、宁朔、真宁、皋兰、金县、华亭、镇原、固原、礼县、狄道、宁州、合水、宁夏十四州、县被雹、水灾贫民	《清高宗实录》卷154，第 1199 页下
		十一月，是月，甘肃巡抚黄廷桂……又奏宁夏府属中卫县旧有七星渠，灌溉民田千余顷，近因山水冲塌，应量建水闸三座，但士民因上年亢旱，不能修补。请动项暂修，嗣后仍照往例，民间自行修筑	《清高宗实录》卷155，第 1222 页上
		乾隆七年三月己丑，赈甘肃平番、碾伯、宁朔、真宁、皋兰、金县、华亭、镇原、固原、礼县、狄道、宁州十二州县乾隆六年分被水、被雹灾民	《清高宗实录》卷163，第 56 页上

序号	灾年	灾况	资料来源
18	乾隆七年（1742）	七月二十七日甘肃巡抚黄廷桂奏：又宁夏府属中卫县之白马滩，威武段堡于六月二十一日（7月23日）水冲夏禾地一十七顷余亩，约计受伤四、五分不等，被水民人二十八户。以上水冲各处，俱系沿河傍沟地亩，零星压漫成伤	《清代黄河流域洪涝档案史料》，第154—155页
		七月，是月，甘肃巡抚黄廷桂奏，甘省狄道州、宁远县、西固厅、中卫县被水冲漫，田禾被淹，房屋坍倒，已饬各属分别赈恤。得旨，知道了，被水处所，虽系偏灾，亦应加意抚恤，盖甘省非他省可比也	《清高宗实录》卷171，第184页上
19	乾隆八年（1743）	十一月壬午，分别赈贷甘肃皋兰、狄道金县、河州、靖远、宁远、通县、会宁、真宁、合水、平番、清水、秦安、西宁、安定、碾伯、阶州、灵州、中卫、宁夏、花马池、礼县、成县、高台等二十四厅、州、县水、虫、风、雹灾民，暂缓新旧额征	《清高宗实录》卷204，第628页上
		乾隆九年正月丙申，工部议覆，甘肃巡抚黄廷桂奏称，宁夏府属灵州之永宁暗洞，泄汉渠尾水及上游东南一带，苏家湖等处山水之去路，横穿秦渠之下，上年山水陡发，冲塌秦渠中断	《清高宗实录》卷209，第687页上
		乾隆十三年五月壬辰，豁除甘肃灵州、中卫县八年分水冲田地无征额赋	《清高宗实录》卷314，第158页下
20	乾隆九年（1744）	甘省今春雨泽调匀，夏禾丰收，秋禾现在茂盛。五、六两月，得雨应时，古浪、崇信、平番、狄道、文县、宁州、西宁、灵台、阶州、镇番、岷州、真宁、河州、花马池、固原、华亭、隆德、环县、灵州等处，或报一、二里被雹，或报一、二村被水，间有冲损土窑人畜	《川陕总督庆复奏报西安省城本年六七月雨水并川陕甘三省秋禾情形事》，乾隆九年七月十二日，档案号：04－01－24－0033－016
		宁夏府属夏朔二县之阳和、镇河、通吉等堡，于七月初八、九等日阴雨连绵，河水漫溢，淹泡田地一顷余亩，压房一十五间。宁夏县之王铉堡等处，于七月初八、九等日阴雨连朝，汉渠支流溢出陡口，泡伤洼地田禾一百余亩。宁朔县于七月十三、十四等日阴雨，长湖水泛，洼地田禾微伤	《甘肃巡抚黄廷桂奏为河州二十里铺等地被水及霜雹为害情形事》，乾隆九年八月二十一日，档案号：04－01－01－0116－006

续表

序号	灾年	灾况	资料来源
20	乾隆九年（1744）	中卫县之枣园堡于七月初四被水淹田四十余亩。又张义堡野猪滩于七月十八日，水冲民人十三户，压房五十余间，淹田二顷零。永康堡于七月十一日被水，淹田二十余亩，乏马滩于七月十一日被水，冲淤田一顷余亩。平罗县于七月二十一日黄水泛溢，将正闸堡新堤冲决一口	《甘肃巡抚黄廷桂奏为河州二十里铺等地被水及霜雹为害情形事》，乾隆九年八月二十一日，档案号：04-01-01-0116-006
		十一月丁亥，赈贷甘肃河州、平凉、平番、岷州、西宁、宁夏、大通、灵台、华亭、狄道、西固、阶州、漳县、西和、隆德、盐茶、固原、靖远、崇信、安化、真宁、合水、环县、宁州、文县、古浪、镇番、灵川、花马池、碾伯、礼县、陇西、平罗、宁朔、中卫等三十五厅、州、县、卫被雹及水、风、霜、虫等灾民，并分别蠲缓新旧额征	《清高宗实录》卷228，第951页
21	乾隆十年（1745）	五月下旬、六月初旬，中卫正值夏麦结实之际，被雹水所伤，农民实属艰苦	《中国气象灾害大典·宁夏卷》，第76—77页
		七月以来，宁夏大雨叠降，经旬不止，山水、河水一时并发，冲陷良田。黪除宁夏叶盛、任春等堡河水涌涨，冲陷良田地五点五三多公顷	
		七月初三日黄廷桂奏：平凉府属固原州之陈家庄等处，于六月初十日（7月9日）被雹伤禾，又中家沙窝等处，被山水冲压田亩	《清代黄河流域洪涝档案史料》，第159页
		七月，是月，甘肃巡抚黄廷桂奏，甘省阶州、固原、镇番、肃州、灵台、山丹、碾伯、中卫、河州、秦州、清水、等州、县被雹、被水，夏禾损伤。现在委员确勘，酌借籽种口粮，暂行停征，其淹毙人口，照例赈恤，地亩坍压者，查明题豁，得旨所奏俱悉，其成灾之处，加意抚恤，毋致失所，斯慰朕志矣	《清高宗实录》卷245，第172页
22	乾隆十一年（1746）	六月，是月，甘肃巡抚黄廷桂奏，平番、河州、安定等属被旱、被雹各村庄，可补种者，借给籽种，如有成灾处，饬司委勘详报。又宁夏县属王洪堡，淹地六顷，或应借籽种，或应贷口粮	《清高宗实录》卷269，第512页上

序号	灾年	灾况	资料来源
22	乾隆十一年（1746）	七月，是月，甘肃巡抚黄廷桂奏报……宁夏县之通贵堡等处，夏间先后被雹伤禾，又中卫县之白马滩、暴雨冲决	《清高宗实录》卷272，第548页上
		七月十二日甘肃巡抚黄廷桂奏：本年七月十一日据宁夏知府……禀称，据广武马夫飞报，七月初三日（8月19日）未刻，雷雨卒起，山水猛发，将近山居住之疃庄一处，冲去房屋甚多，淹死人口未及查确，冲塌刘姓庄房一座，在地田禾并登场麦堆俱有冲淹	《清代黄河流域洪涝档案史料》，第165页
		八月十二日黄廷桂奏：宁夏府属疃庄一处陡被山水，淹毙人口，冲损房屋，……今据详称，查明疃庄共住居民十七户，被水冲伤八户，内淹毙大小男妇十七名口，余俱无恙	《清代黄河流域洪涝档案史料》，第166页
		十二月己卯，户部议准，甘肃巡抚黄廷桂疏称，甘省各属，夏秋二季，叠被水雹。请将安定、狄道、平番、礼县、中卫、灵州、高台、西宁八州县属成灾村堡先行赈恤。其勘不成灾之会宁、安定、漳县、西固、陇西、隆德、庄浪、皋兰、狄道、河州、真宁、合水、礼县、花马池、中卫、山丹、永昌、高台等十八州县厅卫各村堡，酌量借给籽种口粮	《清高宗实录》卷281，第666页上
23	乾隆十三年（1748）	七月二十一日黄廷桂奏：灵州属之红寺、萌城等堡，六月二十八日（7月23日）秋禾被雹。又州属之胡家堡等处山水湍聚，下流分泄不及，淹泡庄田	《清代黄河流域洪涝档案史料》，第176—177页
		十二月己亥，赈恤甘肃渭源、固原州、盐茶厅、宁夏、宁朔、灵州、礼县、秦安等八州县被雹、被水灾地贫民。其不成灾之秦州、庄浪、碾伯、真宁、河州、陇西、漳县、平凉、泾州、灵台、宁州、灵州、皋兰、狄道州、金县、陇西、宁远、安定、漳县、通渭、西和、渭源、静宁、秦安、隆德、镇原、盐茶厅、安化、合水、环县、徽县、成县、武威、平番、宁夏、花马池、中卫、西宁、大通卫、归化所等三十九厅州县，借给籽种口粮	《清高宗实录》卷331，第515页上

续表

序号	灾年	灾况	资料来源
23	乾隆十三年（1748）	乾隆十四年六月丙申，户部议覆，甘肃巡抚鄂昌疏称，渭源、固原、盐茶厅、灵州、宁夏、宁朔、碾伯、平番、西宁等厅、州、县，乾隆十三年夏秋被灾，请分别极次贫民，照例初赈加赈，并庄浪、真宁、秦州、礼县、秦安、平番、灵州等州县被淹人口牲畜等项，应如所请，于司库备贮及各属仓贮内动给。其灵州、西宁、皋兰本年被灾之新旧钱粮，应同渭源等州县，一体缓征，从之	《清高宗实录》卷343，第747页上
24	乾隆十四年（1749）	夏秋以来，盐茶厅、隆德、固原、宁夏、宁朔、中卫、平罗、灵州等地，间有被雹、被水、被旱、被霜	《中国气象灾害大典·宁夏卷》，第77页
		乾隆十五年四月戊戌，缓征甘肃续报之河州、平凉、灵台、中卫、西宁、张掖、高台、靖远、狄道、静宁等十州县乾隆十四年分水灾新旧额赋有差	《清高宗实录》卷363，第1003页上
		乾隆十六年四月己卯，免甘肃狄道、河州、靖远、平凉、镇原、隆德、固原、静宁、灵台、盐茶厅、清水、张掖、永昌、中卫、宁夏、宁朔、西宁、平罗、碾伯、高台等二十厅、州、县乾隆十四年被水、旱、雹、霜灾民额赋有差	《清高宗实录》卷386，第76页
25	乾隆十五年（1750）	本年平罗又有被旱、被水之处	《中国气象灾害大典·宁夏卷》，第77页
26	乾隆十六年（1751）	九月壬申，豁除甘肃宁夏府属灵州，水冲碱废田地额征、二千二百九十亩有奇	《清高宗实录》卷398，第239页上
		九月甲戌，豁除甘肃灵州之羊马湖滩，沙碛碱废地，额征三千六百八十亩有奇	《清高宗实录》卷398，第241页上
		十一月丙子，户部议准，甘肃巡抚杨应琚疏称，狄道、河州、渭源、靖远、会宁、平凉、静宁、永昌、平番、宁夏、宁朔、灵州、西宁、碾伯等十四州县，本年水、雹成灾饥民，已行赈恤。其勘不成灾之皋兰、狄道、渭源、金县、陇西、会宁、安定、岷州、伏羌、通渭、漳县、平凉、静宁、庄浪、华亭、隆德、盐茶厅、宁州、合水、环县、宁夏、灵州、平罗、摆羊戎厅、西宁、碾伯、大通卫、归德所、礼县、阶州、成县等三十一厅州、县、卫、所村庄饥民，应贷给籽种口粮	《清高宗实录》卷402，第290页下

序号	灾年	灾况	资料来源
26	乾隆十六年 （1751）	乾隆十七年五月己丑，赈恤甘肃狄道、渭源、靖远、会宁、平凉、静宁、庄浪、永昌、平番、宁夏、宁朔、灵州、西宁、碾伯等十四州、县乾隆十六年水灾饥民	《清高宗实录》卷415，第438页上
		七星渠……红柳环洞下山水冲崩八十九丈	乾隆《中卫县志》卷1《水利》，第31页
27	乾隆十七年 （1752）	十二月戊子，赈贷甘肃皋兰、河州、金县、狄道、渭源①、靖远、通渭、岷州、镇原、灵台、安化、西宁、碾伯、大通、清水、徽县等十六州、县、卫及狄道、伏羌、西和、平凉、崇信、隆德、华亭、固原、安化、正宁、灵州、秦川、秦安、河州、岷州、盐茶厅、镇原、合水、环县、宁夏、西宁等二十一厅、州、县本年水灾、雹灾饥民，并缓征新旧正借额赋	《清高宗实录》卷428，第593—594页
28	乾隆十八年 （1753）	五月己卯，豁除甘肃中卫县白马寺滩，水冲、沙压麒亢地，一万八千四百九十亩有奇额赋	《清高宗实录》卷439，第717页上
		七月十六日署理陕甘总督革职留任尹继善奏：宁夏府属之宁夏、平罗、中卫、灵州四州县，俱环绕黄河，六月初七、八、九（7月7、8、9日）等日，河水长至九尺有余，两岸近河田庐、堤埂，均有淹没、冲坍，人口俱已迁移，并无损伤	《清代黄河流域洪涝档案史料》，第192页
		十一月甲子，赈贷甘肃皋兰、狄道、渭源、河州、金县、靖远、环县、安化、镇番、平番、灵州、宁夏、中卫、平罗、西宁、宁朔、陇西、安定、会宁、静宁、崇信、华亭、合水、秦州、清水、徽县、武威、碾伯、大通等二十九州、县、卫本年水、雹灾民，并蠲缓额赋有差	《清高宗实录》卷450，第868页上
		中邑（中卫）自癸酉（乾隆十八年）大水以后，河势稍趋西北岸，而广武为甚	乾隆《中卫县志》卷1《河防》，第32页
		（宁朔县）乾隆十八年……豁除河水冲崩地十顷四十三亩一分	乾隆《宁夏府志》卷7，第147页
		乾隆二十年九月癸未，豁除甘肃灵州乾隆十八年水冲沙压地九百八十四亩有奇，应征银粮草束	《清高宗实录》卷496，第238—239页
		乾隆二十一年九月辛巳，豁除甘肃灵州里仁、张大等二渠十八年分水冲地，一千七百六十九亩额赋	《清高宗实录》卷521，第568页下

---

① 此处"渭源"，原作"渭原"，疑误。

序号	灾年	灾况	资料来源
29	乾隆十九年（1754）	甘肃巡抚鄂乐舜六月初三日（7月22日）奏：甘省地处边陲，节候不齐，风雨靡定，虽在丰稔之年间有雹水偏灾。……平凉、狄道、河州、固原、华亭、岷州、漳县等七州县夏禾偏被雹水	《清代奏折汇编——农业·环境》，第138页
		六月二十八日甘肃巡抚鄂昌奏：宁夏府属灵州之西路一带，于六月十一日（7月30日），因山水猛发，漕河泛滥，淹泡秋田，民房亦有倒塌	《清代黄河流域洪涝档案史料》，第202页
		十二月癸亥，赈恤甘肃河州、狄道、皋兰、金县、会宁、平凉、泾州、静宁、抚彝、平番、灵州①、西宁、大通等十三厅、州、县、卫水灾饥民，并予蠲缓	《清高宗实录》卷479，第1182页上
30	乾隆二十年（1755）	七月初五日，宁朔县玉泉等堡被②暴水淹伤田禾。七月十三日，宁夏县通朔，通贵二堡，因雨水过多，河水泛涨，漫过堤埂，秋禾田地被淹	《中国气象灾害大典·宁夏卷》，第78页
		甘肃巡抚鄂昌十二月十六日（1755年1月27日）奏：甘省今岁风雨调匀之处固多，而偶被偏灾之处亦有。如河东兰、巩、平等府属夏禾被旱，秋禾被水、被雹、被霜者共十州县，计村庄二百八十余处。至于河西凉、甘、宁、西、肃属秋禾亦有被水、被雹、被霜之处	《清代奏折汇编——农业·环境》，第143页
		十二月壬子，赈恤甘肃皋兰、河州、渭源、隆德、静宁、宁夏、宁朔、西宁、碾伯、高台等十州县本年被雹、水灾饥民，并缓征新旧钱粮	《清高宗实录》卷502，第340页上
31	乾隆二十一年（1756）	六月二十四日，甘肃巡抚吴达善奏：中卫县报称，永康、宣和二堡于五月二十一日天降骤雨，山水陡发，冲淤地亩	《宫中档乾隆朝奏折》第14辑，第709页
		八月二十六日，甘肃巡抚吴达善奏：花马池州同报称，六月二十九、三十日被水……宁夏府西路厅暨中卫县报称，七月初八日被水……宁夏、宁朔二县报称，七月初八日被水……灵州报称，七月十二、二十一日被雹水	《宫中档乾隆朝奏折》第15辑，第242页

---

① 此处"灵州"，原作"灵川"，疑误。
② 此处"被"，原作"备"，疑误。

序号	灾年	灾况	资料来源
31	乾隆二十一年（1756）	九月二十八日，甘肃巡抚吴达善奏……隆德县报称雨多，秋禾受伤	《宫中档乾隆朝奏折》第 15 辑，第 424—425 页
		闰九月二十四日，甘肃巡抚吴达善奏……宁朔县之张亮等堡于九月初四日被水，中卫县属之宣和堡于九月初五日被水	《宫中档乾隆朝奏折》第 15 辑，第 598 页
		秋，山雨水涨，白马滩以冲塌红柳河环洞飞槽三十七丈余，具报又冯城沟环洞异遭冲决，仅存故址	乾隆《中卫县志》卷 9《艺文》，第 159—160 页
		十一月丁未，赈贷甘肃皋兰、狄道、河州、渭源、靖远、平凉、崇信、镇原、盐茶、抚彝、张掖、平番、中卫、碾伯、高台、岷州、洮州、抚番、庄浪、宁州、正宁、合水、大通、归德、礼县、西固等二十六厅州县，本年水雹灾民籽粮有差	《清高宗实录》卷 526，第 630 页上
		乾隆二十二年三月癸丑，工部议覆甘肃巡抚吴达善疏称、中卫县属白马寺滩之红柳沟、冯城沟于乾隆二十一年七月内，因山水陡发，飞槽环洞均彼（被）冲坏	《清高宗实录》卷 535，第 746 页下
32	乾隆二十二年（1757）	五月二十八日甘肃巡抚吴达善奏：又据中卫县详报，县属之城北邵家桥、常乐堡、香山堡、红石峡沟等处，于五月初六日（6 月 21 日），夏禾被雹并被山水暴发，冲死大小男人四口，牛七只，冲没车六辆，京斗粮二十四石，夹布毛口袋九十六条，驴四头，羊九百五十三只，泡倒房屋六间等情。……又据隆德县详报，县属东西南北四乡之水头沟、西番沟、李家湾、权家岔等处，于五月十三、四、十五（6 月 28、29、30 日）等日，夏禾被雹，并被水冲去男二口，羊驴一百余只头各等情	《清代黄河流域洪涝档案史料》，第 211 页
		八月初旬，宁朔、宁夏等县秋禾被水冲伤，并冲崩地亩房屋	《中国气象灾害大典·宁夏卷》，第 78 页

续表

序号	灾年	灾况	资料来源
33	乾隆二十三年（1758）	钱桶堡长永渠……乾隆二十三年秋，渠坝尽为河流冲刷崩坏，约有四里有余	乾隆《中卫县志》卷1《水利》，第29页
		（中卫县）乾隆二十三年……奉旨：豁除河崩地一百二十顷八十三亩二分一厘七毫	乾隆《宁夏府志》卷7，第154页
		乾隆二十四年十月乙未，豁免甘肃狄道、河州、靖远、岷州、安定、会宁、泾州、盐茶、环县、正宁、平番、宁朔、宁夏、中卫、平罗、灵州、花马池、摆羊戎、西宁、大通、秦州、清州等二十二厅、州、县、卫，乾隆二十三年被雹、被水、被旱灾地额赋	《清高宗实录》卷599，第692—693页
34	乾隆二十四年（1759）	隆德、中卫、灵州、花马池等二十四处又次之（旱），兼有雹水偏灾之处。平罗水冲征粮。横城望监黄河河水上涨塌毁西南角楼城垣	《中国气象灾害大典·宁夏卷》，第78页
35	乾隆二十五年（1760）	二十五年，夏五月，大水涨，崩岸覆堤，兵民震惊，日夜守护	乾隆《中卫县志》卷9《艺文》，第160页
		八月二十日，吴达善奏：盐茶、固原、灵州、中卫等处于七月初中二旬间有村庄偏被雹水，秋禾未免受伤，房屋亦有冲坏	《中国气象灾害大典·宁夏卷》，第79页
		十一月戊午，抚恤甘肃洮州、古浪、灵州、中卫、摆羊戎、西宁、皋兰、金县、河州、渭源、靖远、狄道、陇西、通渭、安定、宁远、盐茶、华亭、静宁、环县、张掖、永昌、平番、平罗、大通、秦安、徽县等二十七厅、州、县卫，本年水灾饥民	《清高宗实录》卷625，第1020页
		横城……乾隆二十五年，河水泛涨冲塌	嘉庆《灵州志迹》卷1《城池堡寨》，第14—15页
		乾隆二十六年八月丁亥，户部议准，甘肃巡抚明德疏称，环县、中卫、灵州、摆羊戎、西宁、碾伯等六厅、州、县上年被雹水偏灾，应免银粮草束，查甘省乾隆二十五、六两年额赋，节奉恩旨蠲免，请俟壬午年补豁，从之	《清高宗实录》卷643，第193页上
		乾隆三十二年十一月壬寅，豁除甘肃灵州，乾隆二十五、六、七、八、九等年被水冲塌不能垦复田，四十四顷五十八亩有奇额赋	《清高宗实录》卷798，第772页下

续表

序号	灾年	灾况	资料来源
36	乾隆二十六年（1761）	乾隆三十二年十一月壬寅，豁除甘肃灵州，乾隆二十五、六、七、八、九等年被水冲塌不能垦复田，四十四顷五十八亩有奇额赋	《清高宗实录》卷798，第772页下
37	乾隆二十七年（1762）	十一月甲申，赈恤甘肃狄道、皋兰、金县、河州、靖远、渭源、陇西、宁远、会宁、通渭、平凉、镇原、泾州、镇番、武威、永昌、平番、中卫、摆羊戎、西宁等二十厅、州、县本年水、雹、霜灾饥民，并借给籽种	《清高宗实录》卷675，第550页下
		乾隆二十八年六月壬辰，赈恤甘肃狄道、渭源、皋兰、河州、金县、靖远、陇西、宁远、会宁、通渭、平凉、泾州、固原、崇信、镇原、灵台、华亭、静宁、庄浪、张掖、武威、永昌、镇番、平番、灵州、花马池、中卫、平罗、摆羊戎、西宁等三十厅、州、县，乾隆二十七年分水、旱、霜、雹、灾饥民，并缓应征额赋	《清高宗实录》卷688，第705—706页
		乾隆三十二年十一月壬寅，豁除甘肃灵州，乾隆二十五、六、七、八、九等年被水冲塌不能垦复田，四十四顷五十八亩有奇额赋	《清高宗实录》卷798，第772页下
38	乾隆二十八年（1763）	乾隆三十二年十一月壬寅，豁除甘肃灵州，乾隆二十五、六、七、八、九等年被水冲塌不能垦复田，四十四顷五十八亩有奇额赋	《清高宗实录》卷798，第772页下
39	乾隆二十九年（1764）	十一月初四日，陕甘总督杨应琚奏：因得雨已迟，未能补种秋禾，或种有秋禾之处续被水旱雹霜，勘明已成灾者系皋兰……盐茶厅、固原、中卫等三十二厅州县……又改种秋禾，照例俟秋成勘办，因续被水旱雹霜，勘明成灾者系……隆德、花马池州同、灵州等九厅州县	《宫中档乾隆朝奏折》第23辑，第100页
		乾隆三十年四月丙午，赈恤甘肃河州、渭源、陇西、会宁、安定、漳县、通渭、平凉、静宁、华亭、隆德、泾州、灵台、镇原、庄浪、固原、张掖、山丹、平番、灵州、花马池州同、巴燕戎格厅、西宁、碾伯、三岔州判、高台等二十六厅、州、县乾隆二十九年分雹、水、旱、霜灾民	《清高宗实录》卷734，第80页下
		乾隆三十二年十一月壬寅，豁除甘肃灵州，乾隆二十五、六、七、八、九等年被水冲塌不能垦复田，四十四顷五十八亩有奇额赋	《清高宗实录》卷798，第772页下

续表

序号	灾年	灾况	资料来源
40	乾隆三十年（1765）	九月二十六日，上总督杨应琚奏……宁夏、宁朔、中卫、灵州……等处亦有一隅被雹水处所	《宫中档乾隆朝奏折》第26辑，第171页
		奉旨豁除广武等堡被水淤成沙壖不能垦复地一顷八十二亩	道光《中卫县志》卷3《贡赋》，第5页
		十一月辛卯，赈甘肃河州、狄道、陇西、泾州、安化、宁州、永昌、平番、中卫、巴燕戎格厅、西宁、碾伯等十二厅、州、县，本年水、雹、霜灾饥民，并蠲应征钱粮	《清高宗实录》卷749，第244页下
		乾隆三十一年正月癸酉，谕，前因甘肃河东河西各属，有秋禾偏旱及间被雹、水、风、霜之处，业经照例赈恤，但念偏灾处所盖藏未必充裕，特令该督再行悉心查勘具奏。今据查明奏到所有被灾较重稍重之各州县，于例赈完毕之后正值青黄不接之时民力不无拮据，著加恩，将被灾较重之靖远、红水县丞、安定、会宁、通渭、宁远、伏羌、镇原、平凉、安化等县，静宁州、泾州、宁州等十三处，无论极次贫民，俱展赈两个月。被灾稍重之皋兰、金县、陇西、漳县、华亭、庄浪、固原州、盐茶厅、隆德、灵台、合水、武威、镇番、平番、中卫等十五处，无论极次贫民，俱展赈一个月，以副朕优恤边氓至意	《清高宗实录》卷752，第273—274页
41	乾隆三十一年（1766）	六月初四日奏：固原、隆德、盐茶厅等处各报有被雹、被水村堡，轻重不一	《中国气象灾害大典·宁夏卷》，第79页
		六月二十一日陕甘总督兼管巡抚事吴达善奏：本年河东河西各属，陆续据报被雹被水州县共计三十三处。就其所报情形核计，陇西、宁远、伏羌、秦安、礼县、宁夏、宁朔七县田禾受伤较重，金县、会宁、安定、漳县、盐茶厅五处次之，河州、狄道、徽县、固原四处虽被雹村堡无多，而受伤分数稍重	《清代黄河流域洪涝档案史料》，第258页

序号	灾年	灾况	资料来源
41	乾隆三十一年（1766）	十一月辛巳，赈恤甘肃循化、河州、镇原、环县、戎格、西宁、碾伯、岷州、文县、山丹、中卫、陇西、徽县等十三厅、州、县本年被雹、被水、被虫偏灾贫民，蠲免额赋如例。豁除中卫县沙压地亩额粮。其勘不成灾之狄道、渭源、安定、会宁、宁远、伏羌、西和、通渭、漳县、三岔州判、礼县、秦安、阶州、固原、静宁、华亭、平凉、灵台、隆德、崇信、庄浪、宁州、平番、盐茶等二十四厅州县，并予缓征	《清高宗实录》卷772，第484页
		固原、盐茶、隆德等州县秋禾受旱，又遭雹、水、风、霜灾，命赈一个月口粮	《中国气象灾害大典·宁夏卷》，第80页
		（宁夏县）乾隆三十一年……豁除叶升、任春等堡地八十三顷七十一亩八分	乾隆《宁夏府志》卷7，第145页
42	乾隆三十二年（1767）	除乾隆三十二年新旧户东永惠等二十七堡水冲、沙压地一百二十八顷九十一亩一分	道光九年《平罗纪略》卷5《民田》，第120页
		宁朔县水冲地一百四十八公顷零，额征并予豁免	《中国气象灾害大典·宁夏卷》，第80页
		乾隆三十三年十月己未，免甘肃平凉、灵台、庄浪、安化、合水、环县、平罗、西宁、碾伯、大通、肃州、高台等十二州、县乾隆三十二年，冰雹、水、霜灾地银五百两有奇，粮三千五百石有奇，草三万九百束有奇，武威、宁朔二县水冲地二千二百二十亩零额征，并予豁免	《清高宗实录》卷820，第1128页上
43	乾隆三十三年（1768）	乾隆三十四年三月戊申，赈恤甘肃皋兰、金县、狄道、渭源、靖远、陇西、安定、会宁、通渭、平凉、华亭、灵台、固原、盐茶厅、安化、宁州、合水、张掖、武威、古浪、平番、宁夏、宁朔、灵州、中卫、巴燕戎格厅、西宁、碾伯、肃州等二十九州、县、厅乾隆三十三年分水、旱、霜、雹灾民	《清高宗实录》卷831，第83页上
		奉旨豁除常乐、宣和等堡被水冲压地六顷五十九亩	道光《中卫县志》卷3《贡赋》，第5—6页

续表

序号	灾年	灾况	资料来源
44	乾隆三十四年（1769）	十一月己丑，赈恤甘肃渭源、河州、狄道、金县、陇西、宁远、安定、伏羌、通渭、岷州、平凉、静宁、泾州、庄浪、隆德、镇原、秦州、古浪、庄浪厅、宁朔、宁夏、巴燕戎格、西宁、大通等二十四州、县、厅本年水、旱、霜、雹灾饥民，并蠲缓新旧额赋	《清高宗实录》卷846，第335页上
		乾隆三十五年三月癸卯，赈抚甘肃狄道、河州、渭源、金县、陇西、宁远、伏羌、安定、会宁、平凉、静宁、泾州、灵台、镇原、隆德、庄浪、盐茶、宁州、环县、正宁、古浪、平番、庄浪、宁夏、宁朔、灵州、中卫、平罗、巴燕戎格厅、西宁、大通、秦州、通渭、花马池州同等三十四厅、州、县乾隆三十四年水、旱、霜、雹等灾贫民，缓征额赋	《清高宗实录》卷855，第457页下
45	乾隆三十五年（1770）	十一月辛酉，赈恤甘肃伏羌、会宁、通渭、岷州、平凉、崇信、灵台、隆德、镇原、固原、盐茶厅、礼县、徽县、平番、庄浪、陇西、漳县、静宁、正宁、东乐①、中卫二十一厅、州、县、卫本年水、旱、雹、霜等灾贫民，并蠲缓额赋	《清高宗实录》卷873，第707页上
		乾隆三十六年十二月乙亥，蠲免甘肃陇西、宁远、通渭、岷州、会宁、安定、伏羌、漳县、平凉、崇信、静宁、灵台、隆德、镇原、庄浪、固原、盐茶、安化、宁州、正宁、合水、环县、平番、宁夏、宁朔、灵州、中卫、平罗、花马池州同、秦州、秦安、礼县、西固等三十三厅、州、县乾隆三十五年夏秋雹、水、旱、霜等灾地亩额赋有差	《清高宗实录》卷898，第1096页下
46	乾隆三十六年（1771）	五月十九日直隶布政使杨景素奏：再有河州、宁远、漳县、岷州、静宁、固原、宁夏、宁朔、平罗、清水等十州县，于四月十二、三、四、二十一、二并二十四、五月初六（5月25、26、27日、6月3、4、6、18日）等日，有偏被雹水冲坏田庐，损伤人畜之处	《清代黄河流域洪涝档案史料》，第283页
		乾隆三十七年四月丁卯，赈恤甘肃河州、沙泥州判、岷州、宁远、漳县、洮州厅、平凉、静宁、华亭、盐茶厅、山丹、东乐县丞、古浪、平番、宁夏、宁朔、中卫、平罗、秦州、秦安、高台等二十一厅、州、县三十六年夏秋水灾贫民	《清高宗实录》卷906，第109页上

① 此处"东乐"，原作"东安"，疑误。

序号	灾年	灾况	资料来源
47	乾隆三十七年（1772）	七月二十五日陕甘总督勒尔谨奏：据宁夏府之中卫县禀报，六月十七、八（7月17、18日）等日，天降雷雨，山水陡发，将红柳沟环洞冲塌，以致渠水断流，白马滩等处地亩不能浇灌，秋禾现已受旱，等情	《清代黄河流域洪涝档案史料》，第295页
		七月癸丑，豁免甘肃中卫县属南滩、南河沿、恩河等堡水冲沙压田一千九百九十四亩额赋	《清高宗实录》卷913，第233页上
		十一月癸卯，赈贷甘肃皋兰、红水县丞、渭源、狄道、靖远、陇西、安定、会宁、平凉、华亭、泾州、隆德、镇原、固原、盐茶厅、安化、环县、正宁、宁夏、灵州、平罗、中卫、大通、肃州、王子庄、高台、金县、静宁、平番、巴燕戎格厅、西宁等三十一厅州县，本年水、旱、雹灾饥民	《清高宗实录》卷920，第343—344页
		奉旨豁除宣和、石空等堡被水冲压不能垦复地八十七亩	道光《中卫县志》卷3《贡赋》，第6页
		乾隆三十七年，北长渠等堡被水，诏蠲免钱、粮	道光九年《平罗纪略》卷5《蠲免》，第129页
48	乾隆三十八年（1773）	乾隆三十八年，西永固池等堡被水，诏蠲免钱粮	道光九年《平罗纪略》卷5《蠲免》，第129页
49	乾隆三十九年（1774）	四月二十七、八日，中卫县雷雨交作，山水陡发，将红柳沟洞冲塌，不能过水灌地	《中国气象灾害大典·宁夏卷》，第81页
		四月二十九日，灵州山水陡发，将汉伯等五堡居民所种田禾并被水淹	
		六月，是月，陕甘总督勒尔谨奏，五月二十三日夜，雨势甚大，黄河暴涨，据附近省城各乡农民禀称，夏秋二禾多被冲损，并有淹没人口房屋牲畜之处。臣飞饬甘肃驿传道福川，亲往各乡村履勘，应抚恤者，一面照例抚恤，一面据实详报。得旨，览奏俱悉，有成灾者，善为抚恤	《清高宗实录》卷961，第1038页下
		九月丁巳，赈甘肃皋兰、沙泥州判、武威、镇番、宁朔、灵州、平罗七州县水、旱、风灾饥民	《清高宗实录》卷966，第1118页下

续表

序号	灾年	灾况	资料来源
49	乾隆三十九年（1774）	奉旨豁除本城镇靖、常乐等堡被水冲崩不能垦复地二十九顷二十八亩	道光《中卫县志》卷3《贡赋》，第6页
		（平罗县）乾隆三十九年，奉旨：豁除新户、渠口等堡河崩地一百二十五顷七十亩	乾隆《宁夏府志》卷7，第150页
		乾隆四十年二月癸未，豁甘肃宁朔县，水冲民地二千三百一十六亩有奇额赋	《清高宗实录》卷976，第30页上
		乾隆四十年七月己巳，蠲免甘肃皋兰、武威、镇番、宁朔、灵州、平罗等六州县并沙泥州判，乾隆三十九年分水灾旱灾额赋，并豁免镇番、平罗二县水冲沙淤地，一百六十六顷九十亩有奇额赋	《清高宗实录》卷987，第174页
		乾隆四十年十月庚寅，蠲免甘肃皋兰、狄道、金县、安定、会宁、抚彝、山丹、东乐、古浪、平番、宁夏、中卫、西宁、大通、肃州、河州、高台等十七州、县、厅乾隆三十九年水、雹、霜灾额赋有差，豁除抚彝、宁夏、中卫等厅、县、坍没田地七十六顷三十六亩有奇额赋	《清高宗实录》卷993，第262页上
50	乾隆四十年（1775）	十月庚寅，豁除抚彝、宁夏、中卫等厅、县、坍没田地七十六顷三十六亩有奇额赋	《清高宗实录》卷993，第262页上
		除乾隆四十年新户、渠口、正闸、东永惠、红岗等堡河崩地一百二十五顷七十亩	道光九年《平罗纪略》卷5《民田》，第121页
		乾隆四十一年三月丁酉，赈恤甘肃陇西、伏羌、会宁、漳县、平凉、华亭、泾州、灵台、隆德、宁夏、平罗、秦州、玉门十三州、县乾隆四十年分雹、水、霜灾饥民	《清高宗实录》卷1005，第493—494页
51	乾隆四十一年（1776）	十一月乙亥，赈恤甘肃皋兰、金县、西和、漳县、泾州、崇信、灵台、镇原、宁州、环县、东乐县丞、镇番、宁夏、宁朔、中卫、平罗、礼县等十七州县及分防县丞，本年水、雹、霜灾贫民。其宁远、伏羌、华亭、安化、正宁、合水、花马池州同、碾伯、大通、秦安、清水、安西、玉门、敦煌①等十四州县及分防州同，并予缓征	《清高宗实录》卷1020，第677页下
		乾隆四十二年五月庚午，赈恤甘肃皋兰、金县、西和、漳县、泾州、崇信、镇原、灵台、宁州、正宁、环县、东乐县丞、镇番、宁夏、宁朔、中卫、平罗、礼县十八厅、州、县乾隆四十一年雹、水、霜灾饥民，并予缓征	《清高宗实录》卷1032，第835页下

① 此处"敦煌"，原作"燉煌"，疑误。

序号	灾年	灾况	资料来源
52	乾隆四十二年（1777）	十一月乙酉，蠲免甘肃宁夏、宁朔、盐茶、安化、合水、环县、古浪等七厅、县本年夏秋雹、水、霜灾额赋有差，并予赈恤。缓征洮州、岷州、伏羌、宁远、宁州、平罗、清水、礼县、崇信等九州、县、新旧额赋	《清高宗实录》卷1045，第1000页下
		十二月己酉，豁除甘肃宁朔县水冲地二千三百五十一亩有奇额赋	《清高宗实录》卷1047，第1025—1026页
		乾隆四十二年，河水涨发，横城堡（在今宁夏灵武）沿河堤岸间被冲汕	《中国气象灾害大典·宁夏卷》，第82页
53	乾隆四十三年（1778）	七月己亥谕：谕军机大臣曰：勒尔谨奏，甘省雨水情形一折，览奏已悉。甘省皋兰等州县，被旱成有偏灾，业据该督勘办题报，今宁夏所属三县，又因河水泛涨被淹。而秦州、秦安县亦因山水暴发，田禾间有冲淤之处，自应饬属实力勘查，照例分别妥办，使被灾边氓，不致失所，毋稍粉饰。至黄河未入龙门以前，向无泛溢，何以前岁陕西之朝邑县及今岁甘肃之宁夏等县，俱有黄河泛涨为灾之事，其故安在，并著该督查明具奏。寻奏，本年兰州等府秋雨过多，山水汇入黄流，宣泄不及，致宁夏等县濒河地亩，间被淹浸，其前岁朝邑县，因黄河由龙门径行朝邑，直注潼关，兼因彼时渭洛二河，同时并涨，汇入黄河，淹及民田，非尽由黄河泛溢，报闻	《清高宗实录》卷1062，第205页
		十二月辛酉，赈恤甘肃宁夏、宁朔、平罗、秦州、秦安、庄浪、安化、正宁、环县、抚彝、张掖、古浪、西宁、盐茶厅、礼县、山丹、永昌等十七厅、州、县本年水、旱、雹、霜灾贫民，并蠲缓额赋有差	《清高宗实录》卷1072，第390页下
		奉旨豁除本城并河南北各堡滩被水冲压不能垦复地六十三顷一十八亩	道光《中卫县志》卷3《贡赋》，第6页
		横城堡黄河于四十二、三等年涨发冲堤，随时抢修完固	《中国气象灾害大典·宁夏卷》，第82页

序号	灾年	灾况	资料来源
54	乾隆四十四年（1779）	四月丁卯，豁除甘肃灵州属河水冲坍废田十五顷三十四亩有奇额赋	《清高宗实录》卷1080，第520页
		四月壬申，赈甘肃庄浪县丞、盐茶厅、安化、正宁、环县、抚彝厅、张掖、山丹、永昌、古浪、宁夏、宁朔、平罗、西宁、秦州、秦安、礼县等十七州、县、厅本年雹、水、霜灾饥民	《清高宗实录》卷1081，第523页下
		七月十日前，宁夏黄河节次涨发，水势盛涨，秋水决唐、汉二坝	《中国气象灾害大典·宁夏卷》，第82页
		六、七月间，因雨水过多，伏秋水势异涨，致将（横城）堤岸防风冲塌数十丈	
		七月，是月，署陕甘总督陕西巡抚毕沅奏，甘省兰州、西宁、凉州、宁夏等府属，六七月间多雨，低洼被淹，高阜西成可望。惟皋兰、狄道等州县，夏禾受黄疸虫伤，兼被冰雹，不能翻种，民情未免拮据。现委员确勘结报后，奏明办理，得旨，妥为之，俾受实惠	《清高宗实录》卷1087，第610页上
		八月辛未，赈恤甘肃皋兰、河州、狄道、金县、靖远、红水县丞、陇西、安定、会宁、通渭、岷州、平凉、静宁、隆德、固原、盐茶厅、张掖、山丹、武威、永昌、古浪、平番、西宁、碾伯、泾州、秦州、清水、肃州、安西、玉门、渭源、中卫、环县、洮州、东乐等三十五厅、州、县虫、雹、水灾贫户，并蠲缓本年额赋有差	《清高宗实录》卷1089，第627页上
55	乾隆四十五年（1780）	七月二十四日陕甘总督勒尔谨奏：兹据该府禀复，该府属宁夏、宁朔、灵州、中卫、平罗等五州县，于六月二十八、九，七月初六、七（7月29、30日，8月5、6日）等日黄河泛涨，渠水漫溢，附近河渠村庄田禾多有被淹。且连日阴雨，山水陡发，离河稍远各村堡秋禾亦间有被水之处	《清代黄河流域洪涝档案史料》，第317页
		十月壬戌，蠲免甘肃皋兰、河州、狄道、渭源、金县、靖远、红水县丞、陇西、安定、会宁、岷州、通渭、洮州厅、平凉、静宁、隆德、固原、盐茶厅、环县、张掖、山丹、东乐县丞、武威、永昌、古浪、平番、中卫、西宁、碾伯、秦州、清水、泾州、肃州、安西、玉门三十五厅、州、县并灵州属之下马关营，乾隆四十四年水灾地亩额赋	《清高宗实录》卷1117，第923页上

序号	灾年	灾况	资料来源
55	乾隆四十五年（1780）	乾隆四十六年三月己丑，蠲甘肃皋兰、静宁、固原、盐茶厅、张掖、古浪、宁夏、宁朔、灵州、中卫、平罗、崇信、碾伯、秦安、礼县等十五厅、州、县，乾隆四十五年水、雹等灾额赋有差，蠲剩银并予缓征	《清高宗实录》卷1127，第57页上
		乾隆四十六年十月丙子，豁除甘肃平罗县，乾隆四十五年分被水冲坍民田，九十八顷七十亩有奇额赋	《清高宗实录》卷1142，第298页上
		乾隆四十八年五月戊申，豁免甘肃灵州，乾隆四十五年水冲地，三十六顷十亩有奇额赋	《清高宗实录》卷1181，第820页上
		乾隆四十八年七月癸巳，豁除甘肃皋兰、静宁、固原、盐茶厅、张掖、古浪、宁夏、宁朔、灵州、中卫、平罗、碾伯、秦安、礼县、崇信等十五厅、州、县，乾隆四十五年，秋禾水灾额赋	《清高宗实录》卷1184，第854页上
56	乾隆四十六年（1781）	八月甲戌，谕，所有甘肃猝被黄水涨溢之陇西、宁夏、宁朔、平罗等四县，贫民口食，未免拮据，著该督即董率所属，先行加意抚恤，其房屋牲畜，亦有冲倒淹毙之处，并著即行查明，照例办理	《清高宗实录》卷1138，第224页
		十一月初二日陕甘总督李侍尧奏：伏查本年甘省陇西、宁夏、宁朔、平罗等四县，秋禾偏被水灾。……查陇西、宁夏二县被水不过一隅，尚属较轻……惟查宁朔、平罗二县，因河水泛溢，被灾较重，房屋多有倒塌	《清代黄河流域洪涝档案史料》，第326页
		十一月戊午，赈恤甘肃陇西、宁夏、宁朔、平罗四县本年被水灾民	《清高宗实录》卷1145，第348页上
		乾隆四十六年，李纲等堡被水，诏蠲缓银、粮有差	道光九年《平罗纪略》卷5《蠲免》，第129页
		除乾隆四十六年新户、东永惠、东永润、庙台、永屏被水塌没地九十八顷七十亩	道光九年《平罗纪略》卷5《民田》，第121页

续表

序号	灾年	灾况	资料来源
56	乾隆四十六年（1781）	乾隆四十七年壬寅正月癸卯，谕内阁，上年甘肃宁朔、平罗等县因河水泛滥，秋禾被灾，屡经降旨，今该督切实查勘照例给赈，第今春赈已毕，尚届青黄不接之时，民力未免拮据，著再加恩，将被灾较重之宁朔、平罗二县贫民展赈一个月，其陇西、宁夏二县被灾较轻，仍著该督饬令地方官留心体察，如有缺籽乏食之户，即行酌借籽种口粮，以资接济，务使灾黎共庆安全用敷春泽	宣统《甘肃新通志》卷首之2，第58页
57	乾隆第四十八年（1783）	十月丁亥，谕曰，李侍尧奏，本年甘省收成，通计约有八分，惟宁夏府属之宁夏、宁朔、灵州暨花马池四处，八九月间秋霖过多，收成未免减薄，于明春酌量出借平粜，以资接济等语。甘省地瘠民贫，遇有灾荒，一经奏闻，朕无不即谕令加意抚恤，自勒尔谨、王亶望等上下通同，捏灾冒赈，甘省几于无岁不旱，朕彼时亦非不风闻其弊，第以念切民依，恐降旨查询，转启讳灾之渐，是以无不俯允所请。迨四十六年查办之后，朕尚恐该省有冒赈一案，嗣后匿灾不报，屡经传谕李侍尧，如有欺饰之处，仍当据实入告，不可因噎废食。乃两年以来，俱据该督奏报雨旸时若，收成丰稔。本年秋收通计复有八分，宁夏等四处，转因阴雨过多，以致减收。更可见从前该省每岁报旱，悉属虚捏，所有本日李侍尧奏到之折，并着发交大学士九卿阅看	《清高宗实录》卷1191，第936页
		除乾隆四十八年新户、东永惠被水塌没地五十五顷一十四亩五分	道光九年《平罗纪略》卷5《民田》，第121页
58	乾隆五十年（1785）	十月癸未，又谕，据福康安奏，甘肃皋兰、金县、伏羌、安定、会宁、平凉、静宁、隆德、盐茶、秦安、平番、庄浪等十二厅、州、县、县丞地方，间被雹水偏灾，请将银粮草束蠲免等语。甘省地瘠民贫，上年逆回滋扰，业经降旨，将通省额赋，概免征输，以纾民力。其皋兰等十二厅州县，复间有雹水偏灾之处，着再加恩，将皋兰、金县、伏羌、安定、会宁、平凉、静宁、隆德、盐茶、秦安、平番、庄浪等十二厅、州、县、县丞地方，所有应征正耗银二千七百一十两六钱七分，粮一千一百八十二石七斗七升，草二千三百四十二束，概行蠲免	《清高宗实录》卷1240，第683页

序号	灾年	灾况	资料来源
58	乾隆五十年 （1785）	十一月丁卯，赈恤甘肃河州、靖远、宁夏、宁朔、灵州、中卫、平罗等七州、县本年水、雹灾贫民	《清高宗实录》卷1243，第712页下
		十一月初一日甘肃提督阎正祥奏：巡阅经过宁夏府属之中卫、灵州、平罗、宁夏、宁朔等五州县，本年夏间雨水稍多，山水骤发，上游洪水下注，一时宣泄不及，渠口冲塌，近河低洼田地、房屋间被浸淹。宁夏、宁朔二县田禾，又有一隅被雹	《清代黄河流域洪涝档案史料》，第331页
		十一月十八日甘肃布政使福宁奏：查宁夏府属汉延、唐来、大清、惠农四渠，攸关农田水利，必须一律深通庶足，以资浇溉。本年夏间，因上游雨水稍多，黄河泛涨，将该四渠埧岸冲开泄流，灌入渠内，淤沙高垫……又灵州横城堡地方，原筑堵水梭坝三道，石防风三道，系为保护城墙而设。本年夏间亦因山水骤发，河流异涨，将头道梭坝全行冲坏，二道、三道梭坝及石防风俱各冲损	
		十一月十八日甘肃布政使福宁奏：查宁夏、宁朔、灵州、中卫、平罗、靖远、河州等七州县，本年夏秋禾被水被雹，致成偏灾	
59	乾隆五十一年 （1786）	豁除东永润、永屏二堡河坍并灵沙、苦菜沟、圈湾子、灰条沟、犁花尖等五堡一田两赋地共一百二顷八十三亩一分	道光九年《平罗纪略》卷5《厂租》，第124页
60	乾隆五十三年 （1788）	十月戊申，谕，据勒保奏，甘肃各属秋禾分数，通计收成八分有余，内惟平凉等八州县间有被雹、被旱之处，又平罗一县，濒河地亩，间被水涨淹浸，委员查勘，俱不成灾，惟收成未免歉薄等语。平凉等州县，本年夏秋以来，间被雹旱漫水，虽不致成灾，但田禾未免受伤，收成稍为歉薄，民力不无拮据，著加恩将平凉、华亭、武威、平番、古浪、皋兰、金县、狄道、平罗九州县本年应征正借银粮及旧欠银两草束，俱缓至来岁征收，俾从容完纳，以纾民力。仍著该署督于今年明春，察看情形，如有缺籽乏食者，酌量借给接济，以示朕惠爱边黎，格外体恤至意	《清高宗实录》卷1315，第771页上

序号	灾年	灾况	资料来源
61	嘉庆元年（1796）	九月二十一日奏：臣据宁夏府属之平罗县禀报，该县近城唐渠及昌、惠二渠，于八月十五日（9月15日）河水暴涨，淹浸秋禾，冲倒房屋等情	《清代黄河流域洪涝档案史料》，第367—368页
		九月戊午，除甘肃灵州新接、早元二堡冲塌地额赋	《清仁宗实录》卷9，第153页上
		十月初七日陕甘总督宜绵奏：九月初二日奉上谕……又宁夏、中卫、西宁、碾伯等县，间有被水淹浸之处。九月二十一日奉上谕……其宁夏等府所属之平罗、环县等处，因河水暴涨，并猝被冰雹，秋禾受伤	《清代黄河流域洪涝档案史料》，第368页
		十月初七日陕甘总督宜绵奏：本年岷州、巴燕戎格厅夏禾被雹，西宁偶被水冲，并崇信、镇原、宁夏、灵州、中卫、平罗、花马池州同、碾伯秋禾猝被水雹，勘明俱未成灾，但民力不无拮据，业经酌量缓征接济，妥为办理	
62	嘉庆四年（1799）	嘉庆四年秋七月，宁夏大水，冲决唐渠四十八口	民国《朔方道志》卷1《祥异》，第24页
63	嘉庆五年（1800）	中卫河流暴涨，冲塌一房屋——将钱粮挪至白马滩存贮	《中国气象灾害大典·宁夏卷》，第85页
		陕西巡抚惠龄奏：顷据宁夏、平罗、古浪、皋兰、泾州、河州等属禀报，本年七月中旬（8月30日—9月8日）雨水过多，河渠泛涨，沿河滩地均有淹没之处，并冲塌房屋桥梁，各等情	《清代黄河流域洪涝档案史料》，第377页
64	嘉庆六年（1801）	十二月甲寅，加赈甘肃皋兰、狄道、渭源、金、靖远、陇西、宁远、伏羌、安定、会宁、通渭、岷、西和、漳、平凉、固原、隆德、静宁、华亭、安化、宁、正宁、合水、环、山丹、东乐、永昌、镇番、古浪、平番、秦、秦安、清水、礼、阶、文、泾、崇信、灵台、镇原四十厅、州、县并西固州同、沙泥州判、庄浪、红水二县丞所属，被水、被旱灾民	《清仁宗实录》卷92，第220页上

序号	灾年	灾况	资料来源
65	嘉庆七年（1802）	六月十五日奏：先后接据隆德、固原等州县雨中带雹，伤损夏禾，籽种口食缺乏堪虞，民力不免拮据	《中国气象灾害大典·宁夏卷》，第85页
		九月二十二日陕甘总督惠龄奏附清单：准将宁夏、宁朔、平罗、中卫、灵州等州县被淹较重之河忠等堡地亩二千七百五十顷，应征新旧钱粮，一并缓至来岁（1803）麦后征收，以抒民力	《清代黄河流域洪涝档案史料》，第381页
		惟七月以来，甘肃阴雨稍多。据兰州府属皋兰、河州、狄道、渭源、靖远，宁夏府属宁夏、宁朔、平罗、中卫、灵州，凉州府属古浪、镇番、永昌及肃州之高台等州县，俱禀报七月中旬大雨时行，山水长发，河渠泛涨，宣泄不及，致低洼滩地田禾，均有淹浸之处，并冲散浮桥、坍塌渠坝、房屋等情	《甘肃布政使王文湧奏请将被水宁夏府属五州县本年钱粮缓征事》，嘉庆七年九月十七日，档案号：03－1727－048
		九月十七日王文涌奏：惟宁夏府属一州四县田亩，均赖河渠灌溉，因七月中积水相仍，渠口冲决，加以河流涨发，低洼滩地被水淹泡。查宁夏县属之河忠等十三堡，共计被淹地二百八十顷，马厂租地五百四十顷。宁朔县属之宋澄等十二堡，计被淹地四百二十顷。平罗县属之外尾闸等二十三堡，计被淹地六百八十顷，马厂租地三百三十顷。中卫县属之头塘滩三十三处，计被淹地二百五十顷。灵州属之胡家等十堡，计被淹地二百五十顷	《清代黄河流域洪涝档案史料》，第383页
		九月乙未，缓征甘肃宁夏、平罗、宁朔、灵、中卫五州县属水灾本年额赋	《清仁宗实录》卷103，第387—388页
		嘉庆七年，灵沙等堡被水，诏缓征	道光九年《平罗纪略》卷5《蠲免》，第129页
		嘉庆八年正月庚午，贷甘肃宁夏、宁朔、平罗、中卫、灵五州县被水灾民籽种口粮	《清仁宗实录》卷107，第434页上

序号	灾年	灾况	资料来源
66	嘉庆八年 （1803）	九月癸巳朔，谕内阁，惠龄奏各州县秋雨过多、山水漫溢情形一折，据称……宁夏府属民田，亦被黄河猛涨漫淹，此外平凉等府属地方城垣衙署民房，多有被山水冲塌等语。该省因雨水过多，致各属地方，间被山水冲刷，民庐田亩，多有淹没，甚至伤毙人口，此系民瘼攸关，为地方紧要事件	《清仁宗实录》卷120，第599—600页
		查得宁夏县所属李祥等八堡，濒临黄河，沿河马厂租地势本洼下，共淹浸田地五百一十四顷四十余亩，冲断堤埂淹浸额地七十三顷有零。又平罗县所属临河之通义等十九堡，被淹厂地三百二十六顷有零，额地七十一顷余亩	《陕甘总督惠龄奏为勘明秦州等处山压人户田庐实在情形等事》，嘉庆八年十月十八日，档案号：04－01－02－0070－029
		十月甲戌，缓征甘肃宁夏、平罗二县被水马厂租赋	《清仁宗实录》卷122，第638页下
		嘉庆八年，通义等堡被水，诏缓征	道光九年《平罗纪略》卷5《蠲免》，第130页
		嘉庆九年正月甲午，贷甘肃宁夏、平罗、秦、秦安、皋兰、张掖、永昌、静宁、阶九州、县并沙泥州判所属，被水灾民籽种口粮	《清仁宗实录》卷125，第680页下
		嘉庆九年（1804）十月十六日奏：固原等五处并上年（1803）续报盐茶等六处均因秋雨过多，城垣被水冲塌	《那文毅公奏议》卷9，第1205页
67	嘉庆九年 （1804）	六月初五日陕甘总督惠龄奏：据宁朔县禀报，该县所属玉泉堡地方，于五月十六日（6月23日）猝被山水，淹浸禾苗，等情	《清代黄河流域洪涝档案史料》，第402页
		查宁夏府属灵州、宁朔二州县，前于四月二十一日并五月十六日，被山水冲决渠埤，淹浸田禾。续据宁朔、中卫二县禀报，五月二十五、六等日山水暴发，冲决渠身，将宁朔所属宁化堡、中卫所属黑林头塘、马路新墩各村庄田禾淹浸。兹据禀称，查得宁朔县属前次被淹之玉泉堡及此次被淹之宁化堡并接壤之宋澄、曾刚等堡，夏秋禾苗俱被淹浸，该处地势低洼，一时不能疏泄，且土性碱卤，秋成难望有收，民力未免拮据……其中卫县属之黑林头塘、马路新墩、永康堡、鸣沙洲、白马滩、张恩堡、镇靖堡、石空寺、张义堡九处，二麦、高粱高出水面，仍堪收获，惟莞豆、糜谷等禾，淹没无存	《甘肃布政使蔡廷衡奏为查明宁朔等县被水被雹情形并办理开仓酌加抚恤等事》，嘉庆九年六月二十，档案号：04－01－10－0018－003

序号	灾年	灾况	资料来源
67	嘉庆九年 （1804）	七月甲辰，缓征甘肃皋兰、西宁、碾伯、金、宁朔五县水灾本年额赋	《清仁宗实录》卷132，第791页上
		署陕甘总督那彦成九月二十日（10月23日）奏：宁夏府属平罗县于八月初八、初九日（9月11、12日）天降大雨，山水骤发，县属之聚宝屯、万屯、宝马屯、西永固池、市口堡、通丰堡、内尾闸、外尾闸等处秋禾被淹	《清代奏折汇编——农业·环境》，第348页
		十二月初七日那彦成奏：平罗县续报被水……兹据该县详称，查得该县聚宝屯八堡，共被淹地八百三十九顷有零。山水陡发，旋退旋涸，秋禾受伤仅止二、三、四分不等，漂没夏禾亦多捞获，不致成灾	《清代黄河流域洪涝档案史料》，第403页
		十二月壬戌，缓征甘肃平罗县被水灾民银粮、草束	《清仁宗实录》卷138，第880页下
		嘉庆九年，聚家屯等堡被水，诏缓征	道光九年《平罗纪略》卷5《蠲免》，第130页
		嘉庆十年正月辛卯，给甘肃西宁、碾伯、大通、皋兰、金、灵、宁朔、中卫八州县被水灾民口粮有差	《清仁宗实录》卷139，第898页下
68	嘉庆十年 （1805）	七月间，宁夏灵州属之汉伯等处因山水猛发，未能宣泄，被灾较重。宁夏县属之王洪等十三堡，宁朔县属之玉泉营等十一堡，平罗县属之通福等四堡虽被水之后旋即疏消，而秋收究属歉薄	《甘宁青史略》卷19，第28页
		八月甲午，谕内阁，前因倭什布奏甘省宁朔县田禾被水情形，当经降旨饬令据实查办，候朕加恩。兹据覆奏，勘明宁朔县积水疏消，不致成灾……灵州属之汉柏等四堡及东路一、二、三、四、五牌等处，因山水猛发，一时未能宣泄，被灾较重，著即查明户口，加恩赏给一月口粮。其宁夏县属之王洪等十三堡，宁朔县属之玉泉等十一堡，平罗县之通福等四堡，虽被水之后旋即疏消，业据勘明不致成灾，但秋收究属欠薄，所有宁朔、宁夏、平罗、灵州四州县被水各堡，本年应征新旧正借银粮草束，缓至来年麦秋收后征收	宣统《甘肃新通志》卷首之3，第5页

续表

序号	灾年	灾况	资料来源
68	嘉庆十年（1805）	八月甲午，予甘肃灵州被水灾民及古浪县开河民夫口粮有差，缓征宁朔、宁夏、平罗、灵四州县被水庄堡新旧银粮草束	《清仁宗实录》卷148，第1033页下
		嘉庆十年，西永固池等堡被水，诏缓征	道光九年《平罗纪略》卷5《蠲免》，第130页
69	嘉庆十一年（1806）	八月十五日奏：七月以来雨泽稍多，除宁夏、宁朔等处，山水涨发，淹浸田庐。夏禾收获后，阴雨连绵，未能碾打	《中国气象灾害大典·宁夏卷》，第86页
		入秋以后，雨水频沾，十分透足，宁夏、宁朔、平罗等三县因雨水过多，宣泄不及，间被淹浸	
		九月甲子，赈甘肃宁夏、宁朔、平罗三县被水灾民，缓征宁夏、宁朔、平罗、皋兰、西宁五县新旧额赋，并贷籽种口粮	《清仁宗实录》卷167，第178页上
		宁夏县属之河忠堡向在黄河东岸，本年雨水过多，河湖盛涨，黄河东徙，致将田禾、庄屋尽被淹没，情形最为惨切……又任春堡、王洪堡、王太堡、通贵堡四处，沿河地亩、房屋多被淹浸，情形亦重。张政等七堡，秋禾被淹，现已涸出，受伤尚轻。叶升堡一处，随淹随涸，秋禾尚有可收。宁朔县属之张亮、谢宝二堡，秋禾被淹较重，冲刷房屋亦多。玉泉等三堡，秋禾被淹，旋即涸出，不致成灾。平罗县属之西永固池、通城、通伏、通惠、万宝池、东通平六堡，秋禾俱被淹浸，受伤较重。五香等六堡旋淹旋涸，尚可薄收	《甘肃布政使蔡廷衡奏为查明宁夏等处被水请蠲缓钱粮及酌借籽种事》，嘉庆十一年九月初九日，档案号：04-01-35-0039-032
		嘉庆十二年正月丙午，给甘肃宁夏、宁朔、平罗三县上年水灾贫民一月口粮，并贷被水各堡籽种	《清仁宗实录》卷173，第260页上
70	嘉庆十二年（1807）	（中卫）知县翟树滋，安徽泾县监生，十二年任，详评豁免中卫水冲地亩钱粮	道光《中卫县志》卷5职官，第6页
71	嘉庆十三年（1808）	六月十一日长龄奏：闰五月下旬大雨连绵，黄河异涨……又据中卫县禀，河水泛涨，被冲美利渠堤坝，并淹没二蒿注等三处田庐。又平罗县禀报，被淹市口堡等二十村庄，并冲断各堡堤埂	《陕甘总督长龄奏报皋兰等七县续报被水情形现已分饬抚恤勘办事》，嘉庆十三年六月十一日，档案号：03-1925-050

序号	灾年	灾况	资料来源
71	嘉庆十三年（1808）	七月十九日长龄奏：平罗县原报被淹市口等二十村堡内，通城等七庄堡勘不成灾，市口等十三庄堡勘明实已成灾。中卫县原报被淹二蒿注等三处，又续报吴家脑等四十四处，十三处勘不成灾，二蒿注等三十四处勘明实已成灾	《陕甘总督长龄奏报查明皋兰等州被水灾轻重分别赈恤等情事》，嘉庆十三年七月十九日，档案号：03-2121-061
		八月庚子，赈甘肃皋兰、金、陇西、平罗、靖远、中卫、宁夏、西宁、巴燕戎格、伏羌、宁朔、灵、大通十三厅、州、县被水、被雹灾民，并缓征新旧额赋	《清仁宗实录》卷200，第651页上
		平罗县市口等二十庄堡，中卫县二蒿注等三处、吴家脑等四十四处，被淹成灾。宁夏、宁朔、灵州三处，沿河庄堡六月内被水冲淹，宁朔县谢保等三堡、灵州新接等七堡被水。宁夏县河忠等十四庄堡被水	《中国气象灾害大典·宁夏卷》，第87页
		嘉庆十四年正月壬戌，展赈甘肃、皋兰、金、陇西、平罗、靖远、中卫、宁夏、西宁、巴燕戎格九厅、县上年被水、被雹灾民	《清仁宗实录》卷206，第745—746页
72	嘉庆十四年（1809）	固原州东北二乡共计四十三堡，内十三营堡被灾较重，二十七营堡被灾稍轻，所属五千六百五十七村庄，秋禾被水、被霜、被雹成灾	《中国气象灾害大典·宁夏卷》，第87页
73	嘉庆十五年（1810）	七月二十三日陕甘总督那彦成奏……秦州、灵州、固原、岷州、礼县、花马池六州县，续报有被水村庄	《清代黄河流域洪涝档案史料》，第435页
		八月二十七日那彦成奏……内有被旱后复被雹水之隆德、固原、灵台、灵州、花马池等五州县各村，并入旱灾区办理	
		嘉庆十六年正月甲寅，展赈甘肃皋兰、金、靖远、陇西、会宁、安定、通渭、固原、盐茶、静宁、隆德、平番、灵、中卫、灵台十五厅、州、县及花马池州同、沙泥州判、红水县丞所属，上年被水、被旱灾民，并贷籽种口粮	《清仁宗实录》卷238，第211页下
74	嘉庆十六年（1811）	固原州因十六七两年夏秋猛雨冲刷，东南里城里外水道二道，东外城坍塌砖工一段，里南门月城银台券洞一段	《中国气象灾害大典·宁夏卷》，第88页

序号	灾年	灾况	资料来源
75	嘉庆十七年（1812）	固原州因十六七两年夏秋猛雨冲刷，东南里城里外水道二道，东外城坍塌砖工一段，里南门月城银台券洞一段	《中国气象灾害大典·宁夏卷》，第88页
76	嘉庆十九年（1814）	嘉庆二十年正月丁亥，贷甘肃皋兰、靖远、盐茶、灵、中卫、平罗、宁朔七厅、州、县及红水县丞所属上年被旱、被霜、被水灾民籽种口粮	《清仁宗实录》卷302，第2页上
		据藩司盛惇崇详称前次奏报被水之平罗县，并续报被水宁朔县，均经委员勘明，被淹秋禾三、四分不等，例不成灾，等情。查平罗、宁朔二处虽勘不成灾，但甘肃岁止一收，被水地方，秋成究属歉薄，民力未免拮据。请俟明春酌借籽种、口粮，俾资接济	《陕甘总督先福奏为查明甘肃平罗宁朔二处被水地方受灾情形事》，嘉庆十九年十一月十五日，档案号：03-2129-078
		奉旨豁除吴家脑并本城河南北各堡滩被水冲压不能垦复地三百三十顷十八亩一分三厘零	道光《中卫县志》卷3贡赋，第7页
77	嘉庆二十年（1815）	十月二十八日陕甘总督先福奏……被水之秦州、两当、平凉、宁夏、宁朔五州县……酌量借给口粮、籽种	《清代黄河流域洪涝档案史料》，第462页
78	嘉庆二十一年（1816）	前据宁朔县具报，该县玉泉堡于六月初八、初十等日雷雨浩大，山水骤发，被淹二千二百余亩。当经委员会勘，禾苗受伤四、五分不等，不致成灾。嗣据该县先后详报，七月十六、二十八等日，阴雨连绵，湖水泛涨，将所属谢保堡、张亮堡淹泡一千二百二十亩，亦经委员会同该县，逐一勘明，禾苗受伤三、四分不等，例不成灾	《陕甘总督先福奏为续勘宁朔县被水歉收请缓征应完钱粮事》，嘉庆二十一年十月初九日，档案号：04-01-35-0047-003
		十月己亥，缓征甘肃宁朔县水灾新旧额赋	《清仁宗实录》卷323，第270页下
		十一月丙午朔，贷甘肃皋兰、狄道、渭源、西宁、宁朔、陇西、宁远、安定、岷、通渭、两当十一州县被雹、被水灾民口粮	《清仁宗实录》卷324，第273页下

序号	灾年	灾况	资料来源
79	嘉庆二十二年 （1817）	查甘肃……六月内，各属得雨二、三寸及深透不等……惟据宁夏、中卫二县禀报，该县地方有被水冲淹田、房处所	《陕甘总督长龄奏报甘省五月粮价及六月得雨情形事》，嘉庆二十二年七月初十日，档案号：0 4 - 01 - 25 - 0465 - 026
		八月初六日长龄奏：各属禀报，七月（8 月 13 日—9 月 10 日）内……惟据洮州厅、固原州二处禀报，该处禾苗间被水雹偏灾。并据皋兰县续报，县属之盐场堡，宁夏县续报通宁等堡，宁朔县续报曾纲、宋澄等堡，灵州续报忠营、胡家等堡，狄道州续报新添铺，复被水淹田禾、房屋等情	《清代黄河流域洪涝档案史料》，第 470 页
		八月二十二日陕甘总督长龄：窃照，皋兰、泾州、灵州、平凉、平罗、狄道、渭源、宁远、漳县、宁夏、宁朔、镇原、灵台、徽县、静宁、红水、陇西、庄浪、安定、中卫、洮州、固原等二十二厅州县及县丞地方禀报，夏秋田禾间有被旱、被水、被雹	《清代干旱档案史料》，第 424 页
		十一月乙卯，缓征甘肃皋兰、狄道、平凉、静宁、宁夏、宁朔、灵、中卫、平罗、泾、徽十一州、县旱灾、水灾、雹灾新旧额赋，并贷灾民口粮	《清仁宗实录》卷 336，第 433 页下
		嘉庆二十二年，通伏等堡被水，诏缓征	道光九年《平罗纪略》卷 5《蠲免》，第 130 页
80	嘉庆二十三年 （1818）	查各厅州县六月内，得雨一、二 、三寸及深透不等。当此秋禾长发，甘霖叠沛，可期西成丰稔。惟山丹县禀报山坡地亩颇形亢旱，固原、隆德、西宁、大通、安定、秦安六州县各禀夏秋田禾间被雹伤，秦州、平罗二州县禀报滨河之地被水，冲淹禾苗	《陕甘总督长龄奏报甘肃省嘉庆二十三年五月份各属地方粮价并六月份得雨情形事》，嘉庆二十三年七月十四，档案号：04 - 0 1 - 25 - 0475 - 025
		八月初六日陕甘总督长龄奏：查各属禀报七月（8 月 2—31 日）内，得雨一、二寸及深透不等。……据灵州详报，州属东路头四牌地方被水，淹泡禾苗	《清代黄河流域洪涝档案史料》，第 475 页

序号	灾年	灾况	资料来源
80	嘉庆二十三年（1818）	陕甘总督长龄九月十一日（10月10日）奏：各属八月（9月1日—29日）内得雨，自一寸至三寸及深透不等。皋兰、陇西、会宁、安定、盐茶、固原、庄浪县丞、宁夏、宁朔、灵州、中卫、西宁等处秋田间有被雹、被水之区，并靖远县秋禾被旱	《清代奏折汇编——农业·环境》，第395页
		十一月乙巳，缓征甘肃渭源、平罗、古浪、金、靖远、陇西、安定、盐茶、灵、灵台十厅、州、县及东乐县丞、沙泥州判所属雹灾、水灾、旱灾新旧额赋	《清仁宗实录》卷349，第615页上
		嘉庆二十四年十月壬子，缓征甘肃狄道、静宁、成、宁夏四州、县水灾、雹灾本年及上年额赋	《清仁宗实录》卷363，第798页上
81	嘉庆二十四年（1819）	六月初十日长龄奏：甘肃各厅州县禀报，五月（6月22日—7月21日）内……惟秦州、徽县、清水县、宁夏县、西宁县禀报，间有被水、被雹村庄	《清代黄河流域洪涝档案史料》，第485页
		八月初七日，固原州属瓦亭峡，大雨如注，山水骤发	《中国气象灾害大典·宁夏卷》，第89页
		陕甘总督长龄八月初十日（9月28日）奏：甘省各厅州县七月（8月21日—9月18日）内得雨一二寸至三四寸及深透不等。惟平罗、宁朔二县因大雨如注，湖水陡发，冲淹田禾	《清代奏折汇编——农业·环境》，第399页
		八月二十二日长龄奏：窃照礼县、宁远、通渭、静宁、泾州、灵台、秦安、隆德、秦州、徽县、清水、宁夏、宁朔、平罗、西宁、金县、岷州、大通、碾伯、阶州、成县、镇原等二十二州县地方禀报，夏秋禾间有被雹、被水之处	《清代黄河流域洪涝档案史料》，第485页
		八月二十二日长龄片：据宁夏县详称，河水漫溢，被淹村庄四十余处	《清代黄河流域洪涝档案史料》，第485—486页
		十月壬子，缓征甘肃狄道、静宁、成、宁夏四州县水灾、雹灾本年及上年额赋	《清仁宗实录》卷363，第798页上
		嘉庆二十四年，沿河等堡被水，诏缓征	道光九年《平罗纪略》卷5《蠲免》，第130页

序号	灾年	灾况	资料来源
81	嘉庆二十四年（1819）	奉旨豁除永康、宣和二堡被水冲压地亩虚征无着不能垦复地二十七顷六十一亩	道光《中卫县志》卷3《贡赋》，第7页
		嘉庆二十五年正月戊午，贷甘肃成、镇原、徽、秦、秦安、西宁、平凉、宁夏、伏羌、静宁、泾、灵台、宁朔、平罗、阶、狄道十六州、县及庄浪县丞所属上年被水、被雹灾民籽种口粮	《清仁宗实录》卷366，第840页上
82	嘉庆二十五年（1820）	甘肃各厅州县禀报，五月内得雨一、二寸至三、四寸及深透不等。惟据灵州详报，因河水猛涨，吴中堡被淹田房。现饬藩司委员会同查勘是否成灾，再行核办	《陕甘总督长龄奏报甘肃各属嘉庆二十五年四月份粮价及五月份得雨情形事》，嘉庆二十五年六月初四日，档案号：04－01－24－0098－053
		七月初八日长龄奏：复查甘肃各厅州县禀报，六月（7月10日—8月8日）内……惟皋兰、金县、大通、碾伯、中卫、秦安、清水、泾州、崇信等州县，间有被雹、被水村庄。续据灵州详报，东路田禾被水冲淹	《清代黄河流域洪涝档案史料》，第510—511页
		九月初七日长龄奏：其中卫县被水、被雹二十六庄堡，宁夏县被水十一堡，宁朔县被水十堡，平罗县被水七堡，大通县被雹十五庄，情形较重……而中卫、宁夏、宁朔、平罗四县，间有冲塌房屋，淹毙牲畜之户，民情尤为拮据	《清代黄河流域洪涝档案史料》，第511页
		九月丁丑，缓征甘肃中卫、宁夏、宁朔、平罗、大通五县被水、被雹庄堡新旧钱粮，并抚恤中卫、宁夏、宁朔、平罗四县冲塌房屋、淹毙牲畜各户	《清宣宗实录》卷5，第136页下
		嘉庆二十五年，李钢等堡被水，诏蠲缓银、粮、草有差	道光九年《平罗纪略》卷5《蠲免》，第130页
		道光元年正月戊午，贷甘肃皋兰、宁远、伏羌、西和、安化、宁、秦安、礼、肃、安西、中卫、固原十二州、县及肃州州同所属上年被水、被雹灾民籽种口粮有差	《清宣宗实录》卷12，第229页上
		道光元年七月戊辰，免甘肃宁夏、宁朔、中卫、平罗四县上年被水、被雹灾民额征钱粮草束，并加赈口粮及房屋修费有差	《清宣宗实录》卷21，第386页上

续表

序号	灾年	灾况	资料来源
83	道光元年（1821）	五月初九日陕甘总督长龄奏：查明本年三月分粮价及四月分得雨雪分寸、日期详情具奏前来……惟固原州具报，朵乐沟地方山水陡发，淹毙人口、牲畜等情	《清代黄河流域洪涝档案史料》，第521页
		七月初九日奏：灵州、中卫、宁夏、宁朔、平罗等厅州县间有被雹、被水村庄	《中国气象灾害大典·宁夏卷》，第90页
		据中卫县知县李寿通禀报，六月十二日大雨如注，山水陡发，冲淹林安等堡田房、人畜等情。当饬藩司委员查勘。兹据藩司卢坤详据宁夏府知府贾履中禀称，勘明中卫县林安、恩和等堡并野猪口地方据中卫县知县李寿通禀报，六月十二日大雨如注，山水陡发，冲淹林安等堡田房、人畜等情。当饬藩司委员查勘。兹据藩司虚坤详据宁夏府知府贾履中禀称，勘明中卫县林安、恩和等堡并野猪口地方，夏秋禾苗俱被山水冲淹，漂没瓦房一百九十间，冲倒瓦房四千九百五十二间，淹毙男女大口一十口、小口三十八口，牲畜九十一匹，其淹毙人口该县业已捐棺殓埋，虽系一隅偏灾，而情形实堪悯恻，请即照例抚恤，遂经檄委灵州知州丁荣熙会同该县逐处查明，分别大小口先行赈给一月口粮三千五百四十八石零，并给修理房屋、买补牲畜银二千七百一十一两零，以恤灾黎	《陕甘总督长龄奏为查明宁夏府中卫县被水村堡照例抚恤事》，道光元年七月二十六日，档案号：04－01－01－0613－038
		八月壬辰，给甘肃中卫县被水灾民一月口粮并坍塌房屋修费	《清宣宗实录》卷22，第400页上
		九月甲子，缓征甘肃河、狄道、金、靖远、灵、宁夏、宁朔、平罗、平番九州、县被旱、被雹、被水村庄新旧钱粮草束厂租	《清宣宗实录》卷23，第420页下
		（中卫）知县李棣通，直隶高阳附贡。道光元年任，详请豁除永康、宣和二堡被水淤压地亩钱粮	道光《中卫县志》卷5《职官》，第6页

序号	灾年	灾况	资料来源
84	道光二年（1822）	甘肃各厅州县禀报，六月内得雨一、二、三、四寸及深透不等。……惟洮州厅、灵州、泾州间有被雹、被水村庄	《陕甘总督长龄奏报甘省本年五月粮价并六月份雨水情形事》，道光二年七月初七日，档案号：04－01－24－0106－046
		十月壬寅，缓征甘肃静宁、灵、渭源、靖远、西宁、碾伯六州、县被水、被雹、被霜村庄新旧额赋并赈河州被水灾民	《清宣宗实录》卷42，第749页上
		道光三年二月丁巳，除甘肃陇西、岷、灵、宁夏、宁朔、中卫、平罗、西宁、高台、玉门十州县及西固州同所属，水冲沙压民屯地，九百四十三顷有奇正耗银粮草束	《清宣宗实录》卷49，第875页上
85	道光三年（1823）	道光三年，内西河等堡被水，诏缓征	道光九年《平罗纪略》卷5《蠲免》，第130页
		道光三年，雨水偏灾，缓征	道光《隆德县续志》，第17页
		甘肃宁夏镇派往乌什阿克苏换防官兵，行至中卫县属地方，猝遇暴雨，山水陡发，淹毙兵丁赵连登、李得、余丁王得喜，车夫徐自信、石万仓五名，又冲失军装包十七个带解防所及车价银九百四十两	宣统《甘肃新通志》卷首之3，第18—19页
86	道光四年（1824）	十一月初五日，兹据藩司杨健……续报，秋禾被雹被水之……平凉、宁夏、宁朔、灵州、平罗等处一并勘明	《那文毅公奏议》卷58，第6676页
87	道光五年（1825）	十一月己丑，缓征甘肃皋兰、金、陇西、安定、岷、平罗、灵台、宁夏八州、县被水、被雹村庄新旧额赋，并给皋兰、金、陇西、岷、平罗、灵台六州县灾民口粮	《清宣宗实录》卷91，第465页上
		道光六年正月戊子，贷甘肃皋兰、金、陇西、岷、安定、会宁、华亭、平罗、秦安、清水、宁夏、崇信十二州、县上年被水、被雹灾民两月口粮并籽种	《清宣宗实录》卷94，第512页下

续表

序号	灾年	灾况	资料来源
87	道光五年 （1825）	将平罗、宁夏八州县被雹被水地方应征新旧钱粮草束缓至来年秋后启征，内平罗县渠口堡地方因黄河西注，下游地亩并有冲塌之处，以上八州县内，安定、宁夏情形较轻，（借）平罗县口粮一千六百石。道光六年正月，缓征灵州等五州、县上年水灾、旱灾、雹灾新旧额赋	《中国气象灾害大典·宁夏卷》，第91页
88	道光六年 （1826）	甘省各厅州县禀报，五月内各得雨一、二、三、四寸及深透不等。惟崇信、镇原、灵台、隆德、武威、张掖、西和、漳县、会宁、静宁等州县，间有偏被雹水及受旱之处	《署理陕甘总督杨遇春奏报道光六年四月份甘省地方粮价事》，道光六年六月初九日，档案号：04 - 0 1 - 24 - 0116 - 059
		署理甘肃总督杨遇春七月初十日（8月13日）奏：甘肃省各厅州县禀报六月（7月5日—8月3日）内得雨一至四寸及深透不等。现在夏禾渐次收获，正值秋禾出穗之际，得此膏泽渥洽，收成可期丰稔。惟山丹、永昌、东乐、宁夏、平罗、灵州、宁朔、盐茶、洮州等九厅州县县丞地方间有偏被雹、水村庄	《清代奏折汇编——农业·环境》，第423页
		八月丙子，缓征甘肃宁夏、宁朔、灵、平罗、镇原五州、县被水、被旱、被雹灾民新旧额赋草束	《清宣宗实录》卷104，第720页上
		除道光六年新户渠口堡河崩地一十九顷三十四亩一分	道光九年《平罗纪略》卷5《民田》，第121页
89	道光七年 （1827）	闰五月内，又灵州等五州县被雹被水	《中国气象灾害大典·宁夏卷》，第92页
		六月二十一日，中卫县属之白马滩威武段堡水冲夏禾地十七余公顷，约计受伤四五分不等，被水灾民二十八户以上	
		查甘省各厅州县禀报，六月内得雨一、二、三、四、五寸及深透不等。……惟宁夏、宁朔、平罗、秦州、皋兰、河州等六州县具报，被水、被雹之处，饬司委员据实查勘	《署理陕甘总督鄂山奏报甘省闰五月份粮价及六月份得雨情形事》，道光七年七月初九日，档案号：04 - 01 - 24 - 0118 - 077
		九月甲辰，缓征甘肃宁夏、宁朔、灵三州、县被水村庄新旧额赋	《清宣宗实录》卷125，第1084页下

序号	灾年	灾况	资料来源
90	道光八年 （1828）	平罗、灵州、固原、宁夏、宁朔秋禾被水、被雹。灵州等处被水冲淹房屋人口牲畜，为数无多	《中国气象灾害大典·宁夏卷》，第92页
91	道光九年 （1829）	九月十八日陕甘总督杨遇春奏：复查甘肃各厅州县禀报，八月（8月29日—9月27日）内……至皋兰、碾伯、宁夏、宁朔、平罗、灵州、陇西、静宁、金县、泾州、灵台、崇信、庄浪县丞等处地方，间有续被雹水并受旱之处	《清代黄河流域洪涝档案史料》，第571页
		十一月甲寅，缓征甘肃陇西、狄道、张掖、武威、宁、碾伯、宁夏、宁朔、中卫、平罗、灵、皋兰、泾、灵台、崇信十五州、县被水、被旱村庄新旧额赋	《清宣宗实录》卷162，第516页上
92	道光十年 （1830）	六月二十日杨遇春奏：臣复查各属禀报，五月（6月20日—7月19日）内……惟皋兰、沙泥、会宁、中卫、阶州、安定、宁运、西宁等州县地方，田禾间有偏被雹水之处	《清代黄河流域洪涝档案史料》，第575页
		八月十一日杨遇春奏：前已具奏之中卫县，同续报被水被雹之宁夏、宁朔、金县、固原、清水……归入秋成案内汇核办理	
		十月甲寅，缓征甘肃皋兰、安定、会宁、贵德、碾伯、中卫、金、固原、宁夏、宁朔、灵、清水、泾、崇信十四厅、州、县被雹、被水、被霜灾民本年额赋	《清宣宗实录》卷178，第799页上
		道光十一年正月己未，贷甘肃会宁、西和、隆德三县上年被雹、被水灾民籽种并两当、崇信二县灾民两月口粮	《清宣宗实录》卷183，第886—887页
93	道光十一年 （1831）	七月初九日杨遇春奏：查，甘肃各属本年六月……惟据皋兰、河州、金县、沙泥、渭源、狄道、会宁、宁远、安定、灵州、中卫、盐茶、固原、碾伯、张掖、永昌、平番、镇番、平罗、花马池等厅州县、州同、州判具报，夏秋禾间有被雹、被水、被旱之处	《清代干旱档案史料》，第497页
		十一月癸丑，缓征甘肃河、靖远、陇西、宁远、安定、会宁、洮、安化、武威、平番、古浪、灵、秦、礼、灵台、镇原、通渭、固原十八州、县暨盐茶同知、沙泥州判所属被雹、被水、被旱村庄新旧正借银粮草束	《清宣宗实录》卷200，第1144页下

序号	灾年	灾况	资料来源
94	道光十二年（1832）	六月内，惟宁夏、宁朔间有偏被雹水地方	《中国气象灾害大典·宁夏卷》，第93页
		道光十三年正月丙子，给甘肃秦、泾、皋兰、隆德、华亭五州、县上年被雹、被水、被旱灾民口粮，并贷籽种	《清宣宗实录》卷229，第424页上
95	道光十三年（1833）	十一月壬午，缓征甘肃皋兰、金、靖远、陇西、宁远、安定、会宁、平凉、张掖、东乐、武威、平番、宁夏、宁朔、灵、中卫、平罗、秦、两当、成、泾、崇信、灵台、镇原、固原、宁、安化二十七州、县暨盐茶同知、沙泥州判所属被雹、被水、被虫灾区新旧额赋	《清宣宗实录》卷245，第692—693页
96	道光十四年（1834）	六月初四日陕甘总督杨遇春奏：臣查甘肃各属，本年五月（6月7日—7月6日）内……惟皋兰、文县、靖远、伏羌、安定、平凉、盐茶、静宁、华亭、庄浪县丞、安化、秦州、礼县、两当、镇原、平番、碾伯、正宁、宁州、灵台、中卫、平罗、沙泥等厅州县县丞、州判，现据报间有被雹、被旱、被水地方	《清代黄河流域洪涝档案史料》，第588页
		十月庚戌，贷甘肃皋兰、金、安定、会宁、固原、安化、泾、灵台八州、县被旱、被雹、被水灾民口粮	《清宣宗实录》卷259，第944页上
		十一月戊辰，缓征甘肃皋兰、河、狄道、渭源、金、靖远、安定、会宁、平凉、静宁、隆德、张掖、武威、平番、宁夏、宁朔、灵、固原、中卫、平罗、碾伯、大通、秦、泾、灵台、镇原、礼二十七州、县暨沙泥州判、盐茶同知所属被雹、被水、被旱歉区新旧额赋	《清宣宗实录》卷260，第961页上
		道光十四年，北长渠等堡被水，诏缓征	道光二十四年《续增平罗纪略》卷2《蠲免》，第308页
97	道光十五年（1835）	闰六月十四日陕甘总督瑚松额奏：甘肃各属，本年六月（6月26日—7月25日）内……惟盐茶、河州、固原、西宁、皋兰、狄道、金县、沙泥、静宁、平番、宁夏、宁朔、碾伯等厅州县州判厂据报，间有被雹、被水地方	《清代黄河流域洪涝档案史料》，第592页

序号	灾年	灾况	资料来源
97	道光十五年（1835）	七月初九日瑚松额奏：甘肃各属，本年闰六月（7月26日—8月23日）内……惟岷州、灵州、中卫、平罗、通渭等州县据报，间有被雹、被水地方	《清代黄河流域洪涝档案史料》，第592页
98	道光十六年（1836）	六月十一日陕甘总督瑚松额奏：本年五月（6月14日—7月13日）内……惟秦州、静宁、通渭、伏羌、秦安、礼县、靖远、皋兰、平番、盐茶、平凉、安定、中卫、平罗、庄浪等厅州县、县丞，据报间有被雹、被旱、被水地方	《清代黄河流域洪涝档案史料》，第600页
		七月初七日瑚松额奏：本年六月（7月14日—8月11日）内……惟河州、通渭、狄道、洮州、张掖、古浪、宁夏、宁朔、灵州、碾伯、沙泥、东乐等厅州县、州判、县丞，据报间有旱、被雹、被水地方	
		道光十七年正月癸未，贷甘肃皋兰、渭源、金、靖远、伏羌、通渭、西和、固原、安化、永昌、古浪、碾伯、秦安十三州县并庄浪县丞所属，上年被水、被旱、被雹灾民籽种口粮	《清宣宗实录》卷293，第535页下
99	道光十七年（1837）	七月初九日陕甘总督瑚松额奏：本年六月（7月3—31日）内……惟河州、徽县、会宁、清水、西和、皋兰、金县、陇西、宁州、镇原、隆德、正宁、华亭、平凉、安化、古浪、固原、宁朔、张掖、东乐等州县、县丞，据报间有被雹、被旱、被水地方	《清代黄河流域洪涝档案史料》，第604—605页
		十一月壬午，缓征甘肃河、狄道、渭源、靖远、安定、会宁、洮、固原、盐茶、宁、平番、宁夏、宁朔、灵、中卫、平罗、碾伯十七厅、州、县被雹、被水、被旱、被霜灾区新旧额赋，贷皋兰、金、靖远、会宁、固原、安化、宁、平番、秦九州县灾民冬月口粮	《清宣宗实录》卷303，第721页上
		道光十七年，上省嵬等堡被水、雹，诏缓征	道光二十四年《续增平罗纪略》卷2《蠲免》，第309页

序号	灾年	灾况	资料来源
100	道光十八年 （1838）	七月初六日陕甘总督瑚松额奏：甘肃各属本年六月（7月21日—8月19日）内……惟查灵州、秦州、洮州、礼县、清水、西和、华亭、张掖、环县、徽县、宁远、庄浪等州厅县、县丞，据报间有被雹、被旱、被水地方	《清代黄河流域洪涝档案史料》，第607页
		八月初六日瑚松额奏：查盐茶等二十五厅州县、县丞地方，本年夏秋田禾，前于五六月间，据报间有偏被雹水并受旱之处	《清代黄河流域洪涝档案史料》，第607页
		十一月初七日瑚松额奏：本年皋兰等二十二厅州县、县丞地方，间有被雹、被水、被灾之区……又据宁夏等十二厅州县、州同、州判具报，秋禾被雹、被水、被霜、被旱……查本年夏间被灾各地方……惟被灾较重之固原、盐茶、宁夏、宁朔、灵州、平罗、花马池州同等一十九厅州县、州同、州判地方，收成歉薄	《清代黄河流域洪涝档案史料》，第608页
		十一月丙寅，缓征甘肃皋兰、河、狄道、渭源、金、靖远、固原、盐茶、安化、张掖、宁夏、宁朔、灵、平罗、泾、灵台、镇原十七厅、州、县及花马池州同、沙泥州判所属歉区新旧额赋	《清宣宗实录》卷316，第940页上
		道光十八年，万宝屯堡被水，诏缓征	道光二十四年《续增平罗纪略》卷2《蠲免》，第309页
		十九年正月……是月，贷湖南武陵县、陕西葭州等九州县、甘肃固原等五州县水旱灾雹口粮籽种	《清史稿》卷18《宣宗本纪二》，第674页
101	道光十九年 （1839）	五月十八日陕甘总督瑚松额奏：臣查甘肃各属，本年四月（5月13日—6月10日）内……惟洮州、秦州、岷州、平番、宁州、真宁、华亭、固原、平凉、狄道等厅州县……据报有被雹、被水地方	《清代黄河流域洪涝档案史料》，第611页
		六月初八日瑚松额奏：臣查甘肃各属本年五月（6月11日—7月10日）内……惟泾州、灵台、崇信、静宁、皋兰、金县、陇西、清水、秦安、礼县、中卫、宁夏、宁朔、平罗、安化、正宁等州县，据报有被雹、被水地方	

序号	灾年	灾况	资料来源
101	道光十九年（1839）	七月初七日陕甘总督瑚松额奏：查，甘肃各属本年（1839）6月（7月11日—8月8日）内……惟灵州、安定县、沙泥州判、渭源县、宁远县据报，有被水、被旱、被雹地方	《清代干旱档案史料》，第564—565页
		道光十九年，万宝屯堡被水，诏缓征	道光二十四年《续增平罗纪略》卷2《蠲免》，第309页
102	道光二十年（1840）	十月初八日瑚松额奏：本年安定等一十二州县、州判地方间有被雹、被旱之区……嗣又据渭源、陇西、通渭、宁远、会宁、平凉、华亭、盐茶、隆德、固原、武威、镇番、宁夏、宁朔、灵州、平罗、花马池、两当、阶州、崇信等二十厅州县、州同具报，夏秋禾苗被雹、被旱、被水、被霜，亦即委员一并勘办	《清代干旱档案史料》，第573页
		十一月己丑，缓征甘肃皋兰、渭源、金、靖远、宁远、安定、会宁、隆德、固原、环、宁夏、宁朔、灵、平罗、崇信、灵台、镇原十七州、县及花马池州同、沙泥州判所属灾区新旧额赋	《清宣宗实录》卷341，第183页下
103	道光二十一年（1841）	十一月癸酉，缓征甘肃皋兰、河、狄道、靖远、安定、固原、安化、宁、环、武威、宁夏、宁朔、灵、中卫、平罗、西宁、碾伯、灵台十八州、县及花马池州同、沙泥州判、东乐县丞所属被雹、被霜、被水歉区旧欠额赋	《清宣宗实录》卷362，第531页上
104	道光二十二年（1842）	（道光二十二年）夏，大淫雨，其地卑湿，水淹浸渍，倾者颓，完者剥，乃慨然议重修焉	道光二十四年《续增平罗纪略》卷5《艺文》，第324页
105	道光二十三年（1843）	道光二十三年，通义、灵沙等堡被水、雹，诏缓征	道光二十四年《续增平罗纪略》卷2《蠲免》，第309页
		七月二十八日陕甘总督富呢扬阿奏：臣查，甘肃各属本年（1834）六月（7月）内……惟皋兰、狄道、河州、金县、渭源、贵德、陇西、宁远、伏羌、安定、岷州、会宁、静宁、固原、宁州、安化、灵州、宁朔、礼县、平番、宁夏、隆德、环县、泾州、灵台、洮州、文县、陇西县丞等厅州县、县丞，据报间有被雹、被水、被旱地方	《清代干旱档案史料》，第582页
		七月，行至中卫县境内，突遇山洪暴发，兵丁多人淹毙	《中国气象灾害大典·宁夏卷》，第95页

续表

序号	灾年	灾况	资料来源
106	道光二十四年（1844）	六月二十五日陕甘总督富呢扬阿奏：甘肃各属本年五月（6月6日——　）内……惟泾州、河州、西和、西宁、碾伯、平凉、固原、镇原、金县、皋兰、靖远等州县具报，间有被雹、被水、被旱地方	《清代干旱档案史料》，第585页
107	道光二十六年（1846）	陕甘总督布彦泰六月十四日（8月5日）奏：秦州、泾州、固原、静宁、礼县、西和、灵台、平凉、镇原、庄浪县丞、陇西县丞等州县县丞先后具报，间有被雹、被水地方	《清代奏折汇编——农业·环境》，第466页
		陕甘总督布彦泰七月十二日（9月2日）奏：陇西、灵州、碾伯、皋兰、河州、隆德、徽县、崇信、平番、西宁、狄道等州县先后具报间有被雹、被水、被旱地方	《清代奏折汇编——农业·环境》，第467页
		十一月庚子，缓征甘肃河、狄道、渭源、西和、固原、合水、灵、碾伯、崇信、皋兰、陇西、伏羌、安定、会宁、平凉、灵台十六州、县暨陇西县丞所属被雹、被水、被旱、被霜灾区新旧额赋	《清宣宗实录》卷436，第457页下
108	道光二十七年（1847）	十一月甲辰，缓征甘肃河、宁远、伏羌、安定、会宁、洮、隆德、固原、安化、宁、张掖、古浪、宁夏、宁朔、平罗、崇信、皋兰、平番、西宁、碾伯、大通二十一州、县及盐茶同知、陇西县丞所属被雹、被水、被旱、被霜村庄新旧正杂额赋	《清宣宗实录》卷449，第660页上
109	道光二十八年（1848）	六月初五日陕甘总督布彦泰奏：本年五月（6月）内……惟皋兰、狄道、安定、泾州、崇信、镇原、灵台、平凉、固原、静宁、陇西县丞等州县、县丞先后具报，间有被雹、被水、被霜地方	《清代黄河流域洪涝档案史料》，第646页
		六月灵州山水大发，东路数牌被灾甚众，漂没田禾房屋无算	《中国气象灾害大典·宁夏卷》，第96页
		七月十七日陕甘总督布彦泰奏：臣查，甘省各属本年六月内……惟河州、岷州、宁远、灵州、碾伯、隆德、西宁、中卫、平番、盐茶、渭源、会宁、秦州、兆①州、西和、伏羌、大通、平罗、花马池州同等厅州厅县、州同先后具报，间有被雹、被水、被旱处所	《清代干旱档案史料》，第602页
		道光二十八年，阴雨四十日，清水河涨溢	宣统《新修固原直隶州志》卷11《轶事志》，第1203页

①　应为"洮"。

序号	灾年	灾况	资料来源
110	道光二十九年（1849）	七月十五日布彦泰奏：本年六月（7 月 20 日—8 月 17 日）内……惟伏羌、狄道、西宁、大通、平凉、隆德、盐茶、宁州、宁夏、宁朔、灵州、中卫、平罗、礼县等厅州县先后具报，间有被雹、被水地方	《清代黄河流域洪涝档案史料》，第 650 页
		陕甘总督布彦泰八月初五日（9 月 21 日）奏：皋兰、河州、渭源、金县、靖远、陇西、安定、会宁、伏羌、西和、陇西县丞、平凉、静宁、隆德、固原、盐茶、宁州、灵州、崇信、灵台等二十厅州县县丞被雹、被水，或受伤较轻，或系一隅中之一隅，均不致成灾，多已改种晚禾。此外尚有前奏被雹、被水之狄道、宁夏、宁朔、礼县、中卫、平罗、西宁、大通、沙泥州和清水、泾州、镇原、安化等十三州县州判	《清代奏折汇编——农业·环境》，第 474 页
		八月，宁夏境内黄河水位暴涨，秦渠进水，大码头被水冲没	《中国气象灾害大典·宁夏卷》，第 96 页
111	道光三十年（1850）	六月，灵州山水大发，东路数牌被灾甚重，漂没田禾庐舍无算	宣统《甘肃新通志》卷 2《天文志（附祥异）》，第 48 页
		七月初二日陕甘总督琦善片：又据平罗县具报，该处渠水猛涨，冲淹田禾、庄房	《清代黄河流域洪涝档案史料》，第 655 页
		陕甘总督琦善八月二十七日（10 月 2 日）……皋兰、河州、狄道、金县、陇西、灵川等六州县、县丞被水、被旱之区虽系一隅中之一隅，被灾较重，现多已改种晚秋。……被水之平罗、被水、被雹之靖远、固原、宁夏、宁朔、西宁、礼县等八州县（往勘另报）	《清代奏折汇编——农业·环境》，第 477 页
		十二月戊午，缓征甘肃河、陇西、灵、西宁、灵台五州县及陇西县丞所属，被水、被旱、被雹、被霜灾区旧欠额赋，并皋兰、靖远、宁夏、宁朔、中卫、平罗六县新旧额赋	《清文宗实录》卷 23，第 326 页下
112	咸丰元年（1851）	八月十五日萨迎阿奏：本年甘省夏秋田禾被水、被雹、被旱之皋兰、河州、狄道、靖远、固原、华亭等州县……连年偏被灾伤，民力不无拮据	《清代黄河流域洪涝档案史料》，第 658 页

序号	灾年	灾况	资料来源
112	咸丰元年（1851）	十一月癸酉，缓征甘肃皋兰、宁夏、宁朔、西宁、大通、河、狄道、固原、灵、泾、崇信、灵台、镇原、碾伯十四州、县暨陇西县丞所属被水、被雪、被风、被旱灾区未完新旧银粮草束	《清文宗实录》卷48，第651—652页
113	咸丰二年（1852）	十二月丁亥，缓征甘肃河、靖远、安定、静宁、泾、崇信、镇原、灵台、皋兰、狄道、渭源、固原、宁夏、宁朔、灵、中卫、平罗、西宁、大同十九州、县及陇西县丞所属被旱、被水、被雹、被霜地方新旧额赋	《清文宗实录》卷79，第1044页下
114	咸丰三年（1853）	七月二十九日署理陕甘总督易棠奏：又据宁朔县先后禀报，因天降暴雨，山水陡发，渠流泛滥，淹没田禾，冲坏桥梁，民房及武职衙署，并将乡仓分储粮石被水冲没，人畜亦有淹毙及有被雹之处。并据宁夏、灵州、平罗、中卫等州县禀报，渠水泛涨，淹没田禾，民房间有倒塌	《清代黄河流域洪涝档案史料》，第664页
		八月己亥，谕内阁，易棠奏，查勘秋禾被灾情形一折，本年甘肃省宁朔、宁夏、灵州、平罗、中卫等州县，因夏秋暴雨，山水陡发，渠流泛溢，淹没田禾民房，并乡仓分储粮石，人畜均有淹毙，复有被雹之处，情形较重，殊堪悯恻，现经该署督委员驰往，会同该府县查勘，著即饬令宣泄积水，妥为抚恤。其应如何蠲缓之处，著即查明，据实具奏	《清文宗实录》卷104，第561页上
		十一月己巳，缓征甘肃皋兰、渭源、靖远、陇西、安定、会宁、平凉、静宁、隆德、固原、碾伯十一州县及陇西县丞所属被水、被旱、被霜、被雹地方旧欠额赋，河、狄道、安化、宁、宁夏、灵、中卫、平罗、崇信、镇原十州县新旧额赋	《清文宗实录》卷113，第775页上
115	咸丰四年（1854）	九月二十九日易棠奏……并据平罗、灵州、宁夏、中卫、成县、泾州、灵台、崇信等州县禀报，闰七月（8月24日—9月21日）内，阴雨连绵，山水涨发，冲决渠道堤埝，间有淹没田禾，冲倒房屋之处	《清代黄河流域洪涝档案史料》，第666页

序号	灾年	灾况	资料来源
115	咸丰四年 （1854）	陕甘总督易棠十月二十九日（12月18日）奏：甘肃省陇西等州县州判地方，本年夏秋田禾间有被雹、被旱、被水之区。又据盐茶等厅县续报秋禾间被霜、雹、水、旱……均系一隅中之一隅，例不成灾	《清代奏折汇编——农业·环境》，第485页
		十一月乙酉，缓征甘肃皋兰、河、渭源、静宁、隆德、宁夏、灵、平罗八州、县被水、被旱、被雹、被霜节年旧欠银粮及靖远、陇西、会宁、西和、安化、宁、泾、崇信、灵台九州县新旧银粮草束	《清文宗实录》卷151，第640—641页
116	咸丰五年 （1855）	十一月乙亥，缓征甘肃皋兰、河、陇西、固原、宁夏、宁朔、灵、中卫、镇原、洮、静宁、平罗、渭源、安定、盐茶、宁、灵台十七厅、州、县被水、被旱、被雹、被霜地方新旧额赋	《清文宗实录》卷183，第1047页下
117	咸丰六年 （1856）	七月二十一日陕甘总督易棠奏：至被雹之盐茶、大通，被水之宁夏、宁朔、灵州、碾伯，被水、被雹之西宁，被水、被旱、被霜之平罗等处……归入秋成案内汇核办理	《清代黄河流域洪涝档案史料》，第668页
		十一月丙子，展缓甘肃皋兰、靖远、静宁、宁夏、宁朔、平罗、碾伯、泾、崇信、镇原、西宁、河、狄道、隆德、宁、武威、灵、灵台十八州、县并沙泥州判所属被水、被雹、被旱灾区新旧额赋	《清文宗实录》卷213，第350页下
		是年，中卫县镇兴渠渠口被洪水冲毁	《中国气象灾害大典·宁夏卷》，第98页
118	咸丰七年 （1857）	十二月戊申，缓征甘肃皋兰、靖远、陇西、西和、安化、平罗、徽、崇信、灵台、镇原、河、狄道、安定、固原、宁夏、宁朔、灵、中卫、碾伯、泾二州、县及盐茶厅、沙泥州判、陇西县丞所属被雹、被水、被旱灾区，新旧银粮草束	《清文宗实录》卷241，第725页下
119	咸丰八年 （1858）	陕甘总督乐斌七月二十八日（9月5日）奏：甘肃省各属，本年夏秋田禾间有被雹、被水、被旱之区……被雹之河州、狄道、红水县丞、静宁、固原、古浪、平番、灵州，被旱之盐茶、中卫，被水之宁夏，被雹、被旱之靖远，并续报被旱之渭源等处，亦饬委员前往会勘	《清代奏折汇编——农业·环境》，第494页

续表

序号	灾年	灾况	资料来源
120	咸丰九年（1859）	七月二十八日陕甘总督乐斌奏：被水宁夏、红水县丞，并续报被雹之皋兰等处，亦经饬司委员前往会勘	《清代黄河流域洪涝档案史料》，第672页
		十二月甲辰，展缓甘肃皋兰、河、狄道、靖远、陇西、静宁、安化、宁、宁夏、宁朔、灵、中卫、泾、崇信、灵台、镇原十六州、县及沙泥州判所属被雹、被水、被霜地方旧欠额赋	《清文宗实录》卷302，第424页上
121	咸丰十年（1860）	十一月二十四日奏：查灵州、固原、盐茶本年夏秋田禾间有被旱、被雹、被水之区，宁夏、平罗间有秋禾被霜、被水、被旱、被雹之区	《中国气象灾害大典·宁夏卷》，第98页
		十二月乙酉，缓征甘肃皋兰、河、狄道、渭源、金、靖远、陇西、安定、固原、安化、宁、宁夏、平罗、灵、灵台、镇原十六州、县被雹、被旱、被水灾区，新旧额赋有差	《清文宗实录》卷339，第1046页下
122	咸丰十一年（1861）	十二月甲戌，缓征甘肃皋兰、河、狄道、渭源、靖远、陇西、安定、会宁、固原、安化、宁、宁夏、宁朔、灵、平罗、泾、崇信、灵台、镇原十九州、县被雹、被水、被霜、被冻地方节年额赋有差	《清穆宗实录》卷14，第372页下
123	同治二年（1863）	三月癸亥，缓征甘肃皋兰、固原、灵、平罗、河、狄道、渭源、靖远、陇西、安定、盐茶、安化、宁、宁夏、宁朔、碾伯、泾、崇信、灵台、镇原二十厅、州、县暨沙泥州判所属被水、被霜、被风、被冻地方新旧钱粮草束	《清穆宗实录》卷61，第192页上
124	同治十年（1871）	秋八月，雨雹为害，人民缺食	《中国气象灾害大典·宁夏卷》，第43页
125	同治十二年（1873）	八月，化平厅淫雨不止，坏民舍	《清史稿》卷42《灾异三》，第1587页
		是月（六月）至八月，化平厅霖雨不止，倾坏庐舍甚众	宣统《甘肃新通志》卷2《天文志（附祥异）》，第52页

序号	灾年	灾况	资料来源
126	光绪六年 （1880）	十二月二十一日署理甘肃布政使杨昌浚奏：甘肃各属，本年夏秋田禾，间有被雹、被水、被风之区……臣查，本年夏秋田禾被灾较轻之皋兰、安定①、岷州、通渭、陇西县丞、化平、宁州、合水、环县、平番、中卫、大通、镇原、崇信、固原等十五厅州县县丞，经印委各员会同勘明，均系一隅中之一隅，不致成灾	《清代黄河流域洪涝档案史料》，第 702 页
127	光绪九年 （1883）	六月，化平川厅大雨，水深四、五尺，伤禾稼	《中国气象灾害大典·宁夏卷》，第 99 页
128	光绪十年 （1884）	五月内，惟中卫、宁夏等州县间有被水被雹之处	《中国气象灾害大典·宁夏卷》，第 99 页
		六月，化平厅迅雷大雨，水溢五、六尺，漂牲畜，伤禾稼	宣统《甘肃新通志》卷 2《天文志（附祥异）》，第 54 页
		光绪十一年正月戊申，蠲缓甘肃皋兰、河、狄道、金、靖远、宁远、洮、平凉、崇信、山丹、武威、古浪、平番、宁夏、中卫十五厅、州、县本年被灾及水冲沙压地方额征银粮草束	《清德宗实录》卷 201，第 864—865 页
129	光绪十一年 （1885）	十一月二十九日陕甘总督谭钟麟奏：惟皋兰县等处被雹，宁夏县等处被水	《清代黄河流域洪涝档案史料》，第 733 页
		光绪十二年正月丙午，蠲缓甘肃皋兰、狄道、金、隆德、宁夏、西宁、大通等七州、县上年被灾地方银粮草束有差	《清德宗实录》卷 223，第 8 页下
130	光绪十二年 （1886）	六月，下张结（今宁夏西吉县玉桥乡）各处大雨雹，平地水深数尺，灾情惨重，民饥	《中国气象灾害大典·宁夏卷》，第 100 页
131	光绪十三年 （1887）	五月，下张结各处及秦州雨大雹，山洪暴发，冲毁田亩、民房，大伤禾稼	《中国气象灾害大典·宁夏卷》，第 100 页
		五月十三日，中卫县属西北下庄天降雨雹，打伤夏禾共地一百一十四点七三公顷	
		十二月初二日谭钟麟奏：灵州……州属早元堡、董右营、北乡古城等处，于七月十六、二十六及八月初一（9 月 3、13、17 日）等日，天雨连绵，黄河涨发，将附近河边地亩，先后沉塌共一千四百二十五亩。宁夏县……县属王洪堡，于六八月间，先后河水猛涨，被水冲刷，沉塌共屯地一百六十五亩	《清代黄河流域洪涝档案史料》，第 746 页

① 此处"安定"，原作"定定"，疑误。

续表

序号	灾年	灾况	资料来源
132	光绪十四年（1888）	十一月庚午，蠲缓甘肃皋兰、华亭、化平、泾、镇原五厅、州、县被灾地方正耗银粮	《清德宗实录》卷261，第512页上
		十四年，大淋	民国《化平县志》卷3《灾异》，第466页
133	光绪十七年（1891）	固原州、中卫、平罗等厅州县先后具报被旱、被雹、被水	《中国气象灾害大典·宁夏卷》，第100页
134	光绪十八年（1892）	十一月二十二杨昌濬片：甘肃本年春夏雨泽愆期……其兰州府属之皋兰、金县，巩昌府属之会宁，平凉府属之平凉、隆德，泾州直隶州并所属镇原、崇信、灵台，固原直隶州及所属海城、平远、打拉池县丞，西宁府属之西宁、碾伯、巴燕戎格，凉州府属之古浪等厅州县、县丞，被旱、被霜、被雹、被水	《清代干旱档案史料》，第912页
		十二月十三日陕甘总督杨昌濬奏：中卫县续报，黄河水涨，陆续冲塌水田计一百余亩	《清代黄河流域洪涝档案史料》，第798页
		光绪十九年二月乙亥，蠲缓甘肃安化、宁、合水、环、固原、狄道、董志原县丞等七属被旱、被水、被雹、被霜地方钱粮草束	《清德宗实录》卷321，第163页上
135	光绪十九年（1893）	七月二十四日杨昌濬奏：宁夏府属之宁夏县南乡王全三堡，及宁朔县西南乡杨显等四堡，均于六月初七日（7月19日），雹雨交加，三时始止，夏秋禾苗打伤净尽，颗粒无收	《清代黄河流域洪涝档案史料》，第808页
		十二月二十日陕甘总督杨昌濬奏：中卫县具报，该县石空寺堡沿河地亩，自十九年（1893）六月以后至八月底（7月13日—10月9日），河水盛涨，将黄羊等庄田亩先后冲去额田约计共七百余亩，将来恐难垦复，钱粮无从征收	
136	光绪二十一年（1895）	八月丙子，陕甘总督杨昌浚奏，甘肃阶、文、西宁、张掖、中卫、宁、灵等处被灾，现筹抚恤。得旨，所有被水、被雹之六厅、州、县，著饬属分别抚恤	《清德宗实录》卷374，第893页下
		十二月二十八日陕甘总督杨昌濬奏：并据固原直隶州、岷州、皋兰县先后具报，于七月十六七、二十、二十六（9月4、5、8、14日）等日，被雹打伤秋禾及山水冲伤人口、房屋、田禾	《清代黄河流域洪涝档案史料》，第821页

序号	灾年	灾况	资料来源
137	光绪二十二年（1896）	七月十三日陕甘总督陶模奏……庆阳府属之宁州、固原……各地方均于本年四五六等月（5月13日—8月8日）先后被雹、被水，损伤禾苗轻重不一	《清代黄河流域洪涝档案史料》，第834页
		夏禾被水被雹有固原州等十七县属。秋禾被水旱霜雹有固原州、宁夏、宁朔、中卫	《中国气象灾害大典·宁夏卷》，第101页
138	光绪二十三年（1897）	七月二十六日，陕甘总督陶模奏：固原直隶州属之海城县、打拉池县丞各地方，均于本年四五六等月先后被雹、被水，损伤禾苗罌粟轻重不一。固原直隶州之东乡白家淌、官堡台等处，于五月十二、十九等日，狂风大作，雷雨交加，中带冰雹，形如弹子，打伤白家淌等七庄夏秋禾苗。其官堡台等三十八庄夏禾亦被打伤不少。又该州南乡牛营子等七庄，于六月初九日，忽然狂风暴雨，夹带冰雹，将夏秋禾苗、烟苗均被打伤罄尽	《宫中档光绪朝奏折》第11辑，第116—117页
139	光绪二十四年（1898）	八月初二日，陕甘总督陶模奏。甘肃各属自春徂夏，雨泽愆期，业将夏禾被旱大概情形奏报在案。乃自五月下旬以后，大雨时行，又苦淫潦。先后据阶州、文县、礼县、环县、皋兰、成县、固原州、碾伯县、宁州、泾州、西固州同、海城县、静宁州、大通县、丹噶尔厅、西宁县、巴燕戎格厅、靖远县、中卫县、永昌县、平远县、金县、安定县、宁灵厅、宁夏县、宁朔县等二十六属禀详申报被旱、被雹、被水、地动倾陷，禾苗罌粟枯槁，冲没城垣、衙署、仓廒、桥梁、民房多有坍塌、人口牲畜间有淹毙，恳请蠲缓抚恤各等情。……就情形而论……水灾以碾伯、丹噶尔、宁灵为大	《宫中档光绪朝奏折》第12辑，第158页
		五月二十七日，宁夏县魏信堡沟水泛涨，被水淹没成灾十分，共地一百六十三点八七公顷	《中国气象灾害大典·宁夏卷》，第101页

序号	灾年	灾况	资料来源
139	光绪二十四年（1898）	十二月初二日陕甘总督陶模奏：中卫县今年渠水浅少，夏禾受旱，六月初四、五、六（7月22、23、24日）等日，河水涨发，两岸田亩、房屋尽行冲入河内。宁灵厅南乡汉卫堡等五处，于七月初五、六（8月21、22日）等日大雨倾盆，沟墕决口二十余丈。宁夏县魏信堡地方，于五月二十七日（7月15日）沟水泛涨，被水淹没成灾十分，共地二千五百四十八亩。宁朔县玉泉堡地方，于五月二十四、二十八、六月十二（7月12、16、30日）等日，叠降暴雨，山水陡发，被水淹泡成灾十分，共地四百八十亩……平罗县本年七月二十二日，大雨倾盆，渠道决口，南长渠堡、北长渠堡、西永固池堡、下宝闸堡等处，低洼秋禾悉被水淹，夏禾在场亦多漂流散失	《清代黄河流域洪涝档案史料》，第850页
140	光绪二十五年（1899）	七月二十日陕甘总督陶模奏：固原直隶州南关于五月初五日大雨冰雹，平地水深数尺，冲倒房屋一百五十六间	《宫中档光绪朝奏折》第13辑，第114页
		二十五年，淫雨为灾，兼地震，倾塌民房无算，逾月乃止	民国《朔方道志》卷1《祥异》，第25页
		本年雨泽愆期，禾苗大半受旱，并有雨雹、大水、天降黑霜，夏灾者有隆德、固原州、化平厅等十一属	《中国气象灾害大典·宁夏卷》，第101页
141	光绪二十七年（1901）	九月三十日，陕甘总督崧蕃奏，灵州、宁灵厅于七月初五、初六两日大雨如注，山水暴发，房屋地亩均被冲塌	《宫中档光绪朝奏折》第14辑，第409页
		光绪二十八年五月二十五日，陕甘总督崧蕃奏，宁夏县属王洪、王泰两堡于光绪二十七年五、七两月大雨滂沱，河水涨发，冲塌田地五百亩八分，房屋四十五间。	《宫中档光绪朝奏折》第15辑，第371页
		光绪二十九年八月初六日，陕甘总督崧蕃奏，灵州属之旱元堡滨河地亩于光绪二十七、八两年被河水陆续冲塌地五百八亩三分	《宫中档光绪朝奏折》第18辑，第170页

序号	灾年	灾况	资料来源
142	光绪二十八年 （1902）	十一月二十八日，陕甘总督崧蕃奏，甘省各属光绪二十八年夏秋禾苗被雹、被水、被霜……续报秋灾者有环县、中卫县、平罗县、西宁县、碾伯县等五处	《宫中档光绪朝奏折》第16辑，第404页
		光绪二十九年闰五月二十二日，陕甘总督崧蕃奏，平罗县通润堡于二十八年六月天雨连绵，二十九日，狂风大作，山水暴发，冲断渠埂，势甚汹涌，查明水冲沙压共地二百四十一亩五分	《宫中档光绪朝奏折》第17辑，第570页
		光绪二十九年八月初六日，陕甘总督崧蕃奏，灵州属之早元堡滨河地亩于光绪二十七、八两年被河水陆续冲塌地五百八亩三分	《宫中档光绪朝奏折》第18辑，第170页
143	光绪二十九年 （1903）	十月壬子，抚恤甘肃皋兰、金、渭源、洮、平番、宁夏、宁朔、中卫、平罗、西宁、碾伯、河、狄道、武威、敦煌、秦十六厅、州、县暨沙泥州判所属被雹、被水灾民	《清德宗实录》卷522，第897页上
		十一月二十八日，陕甘总督崧蕃奏，宁夏县、宁朔县、中卫县、平罗县……共十一属……成灾五分至十分不等	《宫中档光绪朝奏折》第18辑，第732页
		光绪三十年二月二十八日，陕甘总督崧蕃奏，中卫县知县朱世材禀称，县属河北西南庄黑林滩、新埠庄、东南庄、王蔡桥等处滨河地亩于光绪二十九年六月初六、七等日被河水冲洗，不能耕种地	《宫中档光绪朝奏折》第19辑，第221页
144	光绪三十年 （1904）	七月初六日，陕甘总督崧蕃奏，宁夏府属清、汉、唐、惠四渠，并所属中卫县之黄河南北两岸恩和、宁安、张义、枣园等堡，宁朔县之南北乡谢保、唐铎等堡，灵州之秦坝关近河渠口、堤埂各处，宁灵厅之秦、汉各渠，平罗县之河岸、石嘴山、上下营子各处，均自六月初一日起阴雨连旬，河水增涨，民房、地亩、渠埂、堤工及夏秋麦豆罂粟等项多被淹没，平罗县属民房倒塌尤多	《宫中档光绪朝奏折》第19辑，第725页

续表

序号	灾年	灾况	资料来源
144	光绪三十年（1904）	入夏，河水暴涨，中卫、中宁一片汪洋，田禾殆尽，灾民接踵	《中国气象灾害大典·宁夏卷》，第102页
		三十年，宁夏黄河溢，四渠均决，淹没民田、庐房舍无算，平罗、石嘴山尤甚	民国《朔方道志》卷1《祥异》，第25页
		光绪三十一年六月戊申，蠲缓甘肃靖远、平罗两县暨西固州同上年被水灾地应征钱粮	《清德宗实录》卷546，第249页上
		光绪三十一年九月二十八日陕甘总督升允奏：甘肃省光绪三十年（1904）夏秋禾被灾情形……宁灵厅之王家咀子等处，被水冲刷成河地四百九十八亩三分	《清代黄河流域洪涝档案史料》，第896页
		光绪三十三年二月己丑，豁免甘肃中卫县被水地方三十、三十一、二等年应征丁粮	《清德宗实录》卷570，第547页上
145	光绪三十一年（1905）	入夏以来，河水迭涨，节交庚伏，阴雨连绵，山水并发，水势陡涨	《中国气象灾害大典·宁夏卷》，第103页
		平远等厅县夏秋被水被雹，成灾五分至九分不等	
		入夏以来，固原等各厅州县被水、被雹	
		九月初十日属两广总督岑春煊片：据署平罗知县……该县镇朔等堡田地续被河崩沙压，不能耕种……复勘，镇朔等堡于光绪三十一年（1905）续被河崩沙压地一千七百三亩一分四厘	《清代黄河流域洪涝档案史料》，第899页
		光绪三十三年二月己丑，豁免甘肃中卫县被水地方三十、三十一、二等年应征丁粮	《清德宗实录》卷570，第547页上
146	光绪三十二年（1906）	平罗、平远等县受水、雹灾，命缓征灾区钱粮	《中国气象灾害大典·宁夏卷》，第103页
		光绪三十三年二月己丑，豁免甘肃中卫县被水地方三十、三十一、二等年应征丁粮	《清德宗实录》卷570，第547页上

序号	灾年	灾况	资料来源
147	光绪三十三年（1907）	据甘肃宁灵厅同知成谦禀报，厅属王家嘴子等处滨临黄河，于光绪三十三年被水冲刷田地三百三十三亩八分六厘	《陕甘总督升允奏报甘属滨临黄河上年被水地亩请蠲缓银粮事》，光绪三十四年六月二十三日，档案号：04－01－35－0130－068
		八月，秦渠决口，筹款四万余两，进行修复，中卫县羚羊寿渠左张坝被洪水冲崩	《中国气象灾害大典·宁夏卷》，第103页
		十二月初十日陕甘总督升允奏：甘省本年……秋禾被水者，宁远县、秦州、平罗县三处	《清代黄河流域洪涝档案史料》，第911页
148	光绪三十四年（1908）	甘肃宁夏县属之王洪、王泰、通朔、镇河等堡滨临河湖，于光绪三十四年（1808）夏秋之间屡遭水患，致将田亩冲淹，收成无望……勘得王洪、王泰两堡，被冲田地二百六亩二分，夏秋禾苗皆未收获，非特积水甚深，且犹续塌不止，实难涸出	《清代黄河流域洪涝档案史料》，第915页
149	宣统元年（1909）	六月朔日大雨滂沱，自暮达旦，为近年所未有。屡得大雨，以致山水涨发，宁灵厅等处多有川边低地因溪水宣泄不及，田禾致被淹没	《中国气象灾害大典·宁夏卷》，第103页
149	宣统元年（1909）	九月二十九日陕甘总督毛庆蕃奏：又固原直隶州禀报，钱营堡等处于五月十八日被雹，打伤田禾，并被水冲毙牧童三人、牲畜一百余只。又宁灵厅禀报，杨马湖地方，于六月十一二等日被水冲决沟坝，致将登场夏粮全行漂没，在地秋禾亦被浸伤……此外，会宁、宁州、秦安、海城等州县禀报被雹、被霜、被水，打伤禾苗，浸塌房屋	《清代黄河流域洪涝档案史料》，第915—916页
150	宣统二年（1910）	十一月二十九日陕甘总督长庚奏：查甘肃各属，本年自夏以来，据报被雹、被水、被旱者皋兰、河州、狄道、通渭、文县、阶州、平番、碾伯、金县、宁远、秦州、秦安、海城、高台等一十四州县。入秋后续报被水、被雹者宁夏、平番二县，或勘不成灾，或冲毁道路、田地，或淹毙人口、牲畜，或倒塌房屋、桥梁	《清代黄河流域洪涝档案史料》，第918页
		十月丁丑，豁免甘肃灵州被水地方银米	《清史稿》卷25《宣统皇帝本纪》，第986页

序号	灾年	灾况	资料来源
151	宣统三年（1911）	闰六月八日，大雨，洪水横流，漂没人畜	民国《化平县志》卷3《灾异》，第466页
		六月戊子，豁免宁夏县任春、王洪两堡被水地方银粮草束	《宣统政纪》卷56，第1008页下

附表3   **清代宁夏地区冰雹灾害一览**

序号	灾年	灾况	资料来源
1	顺治四年（1647）	顺治五年戊子六月甲午朔，免陕西西安、延安、平凉、临洮、庆阳、汉中等府属州县顺治四年雹灾额赋	《清世祖实录》卷39，第311页下
2	顺治十年（1653）	十一年九月己丑，免陕西西安、平凉、凤翔等府属十年分雹灾额赋	《清世祖实录》卷86，第676页上
3	康熙二年（1663）	九月乙亥，免甘肃庄浪卫、宁夏、宁州本年分雹灾额赋有差	《清圣祖实录》卷10，第157页下
4	雍正五年（1727）	七月二十四日，提督陕西固原等处地方总兵官路振扬奏：固原州于本年五月二十四日午未二时天降大雨，带有冰雹。州城东南地势低下，临河不远，河水泛涨，直冲城下，将城根砌石被水浸松，以致上截包砖剥落，高有五丈，长有八丈。城中雨水流聚北关最低之处，约有二、三尺，浸塌兵民房屋二百五十间。夏秋田禾虽被冰雹零星打伤，亦不成灾	《宫中档雍正朝奏折》第8辑，第586页
5	雍正七年（1729）	四月，高平雨雹树皆折	《中国气象灾害大典·宁夏卷》，第159页
6	雍正十年（1732）	六月癸未，署陕西总督查郎阿、甘肃巡府许容奏言，闰五月间，临、巩、平凉、西宁所属州、县暴雨水（冰）雹，伤损田禾	《清世宗实录》卷120，第591页上
7	乾隆元年（1736）	五月二十日，中卫香山北面被雹，所种夏禾无多，又冲淤渠口	《中国气象灾害大典·宁夏卷》，第159页
8	乾隆四年（1739）	宁夏府属灵州之胡家、吴忠等堡，被水冲淹，业经照例赈恤，其秦坝堡、李家梁等处，亦被冰雹	《川陕总督鄂弥达奏请蠲免甘肃被灾各属钱粮带征西碾平三县旧欠事》，乾隆四年八月二十五日，档案号：04－01－35－0005－047

序号	灾年	灾况	资料来源
8	乾隆四年（1739）	九月庚午，又谕，据鄂弥达、元展成奏称，西宁府属之碾伯县、宁夏府属之灵州、中卫县，俱续有被水被雹之处……今碾伯、灵州、中卫亦有被灾之处，而碾伯上年已属歉收，灵州、中卫又当宁夏灾伤之后，著将此三州县应征银粮草束与秦安等州县一体加恩，分别宽免	《清高宗实录》卷101，第527—528页
9	乾隆六年（1741）	十一月丁卯，赈甘肃平番、碾伯、宁朔、真宁、皋兰、金县、华亭、镇原、固原、礼县、狄道、宁州、合水、宁夏十四州、县被雹、水灾贫民	《清高宗实录》卷154，第1199页下
		乾隆七年三月己丑，赈甘肃平番、碾伯、宁朔、真宁、皋兰、金县、华亭、镇原、固原、礼县、狄道、宁州十二州县乾隆六年分被水、被雹灾民	《清高宗实录》卷163，第56页上
10	乾隆七年（1742）	八月初一、初三等日，盐茶厅之大湾堡、红羊房等处秋禾被雹，受伤轻重不等。八月十六日，固原之杨建堡、上岗子等处秋禾被雹，各伤三至十分不等	《中国气象灾害大典·宁夏卷》，第159页
		八月，是月，甘肃巡抚黄廷桂奏：皋兰、金县、陇西、安定、通渭、平凉、固原州、盐茶厅、秦州、徽县秋禾被雹	《清高宗实录》卷173，第227页上
11	乾隆八年（1743）	川陕总督庆复八月二十二日（10月9日）奏：兰州府属之狄道、皋兰、靖远，平凉府属之隆德、静宁、华亭，巩昌府属之会宁，秦州属之清水、秦安，西宁府属之西宁、碾伯，庆阳府属之正宁、合水，凉州府属之平番，俱称五月二十二（7月13日）等日被雹伤稼	《清代奏折汇编——农业·环境》，第76页
		十一月壬午，分别赈贷甘肃皋兰、狄道、金县、河州、靖远、宁远、通县、会宁、真宁、合水、平番、清水、秦安、西宁、安定、碾伯、阶州、灵州、中卫、宁夏、花马池、礼县、成县、高台等二十四厅、州、县水、虫、风、雹灾民，暂缓新旧额征	《清高宗实录》卷204，第628页上
12	乾隆九年（1744）	四月十五日、二十九日及五月二十五、六等日，固原州之黑水里等处夏禾被雹。四月二十九日，灵之同心城、花马池州同所属沙家渠、盐茶厅之平远所等处夏禾被雹	《中国气象灾害大典·宁夏卷》，第160页

续表

序号	灾年	灾况	资料来源
12	乾隆九年 (1744)	五月二十四、五日，隆德县之莲马池等处田禾被雹	《中国气象灾害大典·宁夏卷》，第 160 页
		十一月丁亥，赈贷甘肃河州、平凉、平番、岷州、西宁、宁夏、大通、灵台、华亭、狄道、西固、阶州、漳县、西和、隆德、盐茶、固原、靖远、崇信、安化、真宁、合水、环县、宁州、文县、古浪、镇番、灵川、花马池、碾伯、礼县、陇西、平罗、宁朔、中卫等三十五厅、州、县、卫被雹及水、风、霜、虫等灾民，并分别蠲缓新旧额征	《清高宗实录》卷 228，第 951 页
13	乾隆十年 (1745)	五月下旬、六月初旬，中卫正值夏麦结实之际，被雹水所伤，农民实属艰苦	《中国气象灾害大典·宁夏卷》，第 160 页
		七月初三日黄廷桂奏：平凉府属固原州之陈家庄等处，于六月初十日（7 月 9 日）被雹伤禾，又中家沙窝等处，被山水冲压田亩	《清代黄河流域洪涝档案史料》，第 159 页
		七月，是月，甘肃巡抚黄廷桂奏：甘省阶州、固原、镇番、肃州、灵台、山丹、碾伯、中卫、河州、秦州、清水等州、县被雹、被水，夏禾损伤。现在委员确勘，酌借籽种口粮，暂行停征，其淹毙人口，照例赈恤，地亩坍压者，查明题豁，得旨所奏俱悉，其成灾之处，加意抚恤，毋致失所，斯慰朕志矣	《清高宗实录》卷 245，第 172 页
14	乾隆十一年 (1746)	七月，是月，甘肃巡抚黄廷桂奏报……宁夏县之通贵堡等处，夏间先后被雹伤禾，又中卫县之白马滩、暴雨冲决	《清高宗实录》卷 272，第 548 页上
		十二月己卯，户部议准，甘肃巡抚黄廷桂疏称，甘省各属，夏秋二季，叠被水雹。请将安定、狄道、平番、礼县、中卫、灵州、高台、西宁八州县属成灾村堡先行赈恤。其勘不成灾之会宁、安定、漳县、西固、陇西、隆德、庄浪、皋兰、狄道、河州、真宁、合水、礼县、花马池、中卫、山丹、永昌、高台等十八州县厅卫各村堡，酌量借给籽种口粮	《清高宗实录》卷 281，第 666 页上

序号	灾年	灾况	资料来源
15	乾隆十二年 （1747）	六月十一日，高平大雨雹伤稼	《中国气象灾害大典·宁夏卷》，第160页
		七月初一日，固原州之干沟店，殷家堡等处被雹伤禾	
		八月初四、五两日，固原州之开城、清平等处被雹伤禾。八月初五、六两日，盐茶厅之可可水、羊房堡等处被雹伤禾。八月十四、五两日，隆德县之神林堡、马李脱、吕庆堡、岳石堡等处被雹伤禾	
		乾隆十四年四月辛卯，免甘肃皋兰、河州、狄道、金县、陇西、安定、秦安、固原州、盐茶厅、平番、西宁、碾伯等十二厅州县，乾隆十二年分雹灾地亩额征银七百五十两有奇，粮四百四十石有奇，草三百五十束有奇	《清高宗实录》卷338，第671页
16	乾隆十三年 （1748）	七月初六日，中卫县之白马滩等处秋禾被雹；固原州城官家等堡、盐茶厅南乡硝河等堡、隆德神林堡马儿岔被雹伤禾。七月十三日，隆德新店被雹伤。七月十六、七日，固原州下马关等处、盐茶厅彭家堡等处被雹，夏秋二禾俱有损伤	《中国气象灾害大典·宁夏卷》，第160页
		七月二十一日黄廷桂奏：灵州属之红寺、萌城等堡，六月二十八日（7月23日）秋禾被雹	《清代黄河流域洪涝档案史料》，第176—177页
		十二月己亥，赈恤甘肃渭源、固原州、盐茶厅、宁夏、宁朔、灵州、礼县、秦安等八州县被雹、被水灾地贫民。其不成灾之秦州、庄浪、碾伯、真宁、河州、陇西、漳县、平凉、泾州、灵台、宁州、灵州、皋兰、狄道州、金县、陇西、宁远、安定、漳县、通渭、西和、渭源、静宁、秦安、隆德、镇原、盐茶厅、安化、合水、环县、徽县、成县、武威、平番、宁夏、花马池、中卫、西宁大通卫、归化所等三十九厅州县，借给籽种口粮	《清高宗实录》卷331，第515页上

续表

序号	灾年	灾况	资料来源
17	乾隆十四年（1749）	隆德所属各村堡偏被冰雹风沙。夏秋以来，盐茶厅、隆德、固原、宁夏、宁朔、中卫、平罗、灵州等地，间有被雹、被水、被旱、被霜。固原、盐茶厅等十二州县有冰雹灾害。豁免地亩额征银七百五十两，粮四百四十石	《中国气象灾害大典·宁夏卷》，第160—161页
		乾隆十六年四月己卯，免甘肃狄道、河州、靖远、平凉、镇原、隆德、固原、静宁、灵台、盐茶厅、清水、张掖、永昌、中卫、宁夏、宁朔、西宁、平罗、碾伯、高台等二十厅、州、县乾隆十四年被水、旱、雹、霜灾民额赋有差	《清高宗实录》卷386，第76页
18	乾隆十六年（1751）	十一月丙子，户部议准，甘肃巡抚杨应琚疏称，狄道、河州、渭源、靖远、会宁、平凉、静宁、永昌、平番、宁夏、宁朔、灵州、西宁、碾伯等十四州县，本年水、雹成灾饥民，已行赈恤。其勘不成灾之皋兰、狄道、渭源、金县、陇西、会宁、安定、岷州、伏羌、通渭、漳县、平凉、静宁、庄浪、华亭、隆德、盐茶厅、宁州、合水、环县、宁夏、灵州、平罗、摆羊戎厅、西宁、碾伯、大通卫、归德所、礼县、阶州、成县等三十一厅、州、县、卫、所村庄饥民，应贷给籽种口粮	《清高宗实录》卷402，第290页下
19	乾隆十七年（1752）	十二月戊子，赈贷甘肃皋兰、河州、金县、狄道、渭源、靖远、通渭、岷州、镇原、灵台、安化、西宁、碾伯、大通、清水、徽县等十六州、县、卫及狄道、伏羌、西和、平凉、崇信、隆德、华亭、固原、安化、正宁、灵州、秦川、秦安、河州、岷州、盐茶厅、镇原、合水、环县、宁夏、西宁等二十一厅、州、县本年水灾、雹灾饥民，并缓征新旧正借额赋	《清高宗实录》卷428，第593—594页
20	乾隆十八年（1753）	十一月甲子，赈贷甘肃皋兰、狄道、渭源、河州、金县、靖远、环县、安化、镇番、平番、灵州、宁夏、中卫、平罗、西宁、宁朔、陇西、安定、会宁、静宁、崇信、华亭、合水、秦州、清水、徽县、武威、碾伯、大通等二十九州、县、卫本年水、雹灾民，并蠲缓额赋有差	《清高宗实录》卷450，第868页上
21	乾隆十九年（1754）	五月十三日，固原州之马硖等堡夏禾被雹	《中国气象灾害大典·宁夏卷》，第161页
		甘肃巡抚鄂乐舜六月初三日（7月22日）奏：甘省地处边徼，节候不齐，风雨靡定，虽在丰稔之年间有雹水偏灾。……平凉、狄道、河州、固原、华亭、岷州、漳县等七州县夏禾偏被雹水	《清代奏折汇编——农业·环境》，第138页

续表

序号	灾年	灾况	资料来源
22	乾隆二十年 （1755）	八月初一日，中卫县恩和堡等处被雹，秋禾被伤五至七分不等	《中国气象灾害大典·宁夏卷》，第 161 页
		甘肃巡抚鄂昌十二月十六日（1755 年 1 月 27 日）奏：甘省今岁风雨调匀之处固多，而偶被偏灾之处亦有。如河东兰、巩、平等府属夏禾被旱，秋禾被水、被雹、被霜者共十州县，计村庄二百八十余处。至于河西凉、甘、宁、西、肃属秋禾亦有被水、被雹、被霜之处	《清代奏折汇编——农业·环境》，第 143 页
		十二月壬子，赈恤甘肃皋兰、河州、渭源、隆德、静宁、宁夏、宁朔、西宁、碾伯、高台等十州县本年被雹、水灾饥民，并缓征新旧钱粮	《清高宗实录》卷502，第 340 页上
		乾隆二十一年五月丁亥，赈甘肃皋兰、金县、靖远、平凉、华亭、隆德、固原、盐茶厅、环县、平番、中卫、河州、渭源、静宁、宁夏、宁朔、西宁、碾伯、高台、镇原等二十厅、州、县，乾隆二十年霜、雹被灾贫民	《清高宗实录》卷513，第 483—484 页
23	乾隆二十一年 （1756）	五月二十五日，甘肃巡抚吴达善奏：平罗县西自周澄、本城两堡交界起，由沿河通城至五香堡止，于四月二十六日未申时被雹，长二十余里，宽四五里、五六里不等，夏禾麦豆胡麻扁豆俱有损伤	《宫中档乾隆朝奏折》第 14 辑，第 477 页
		六月二十四日，甘肃巡抚吴达善奏：续据固原州报称，马张堡等处于四月二十五日被雹，盐茶厅报称，杨郎中堡等处于四月二十五日被雹	《宫中档乾隆朝奏折》第 14 辑，第 680 页
		八月二十六日，甘肃巡抚吴达善奏……又据固原州报称，六月二十三日被雹……平凉府盐茶厅暨镇原县、平番县报称，七月初八九日被雹……灵州报称，七月十二日被雹……灵州报称，七月十二、二十一日被雹水	《宫中档乾隆朝奏折》第 15 辑，第 242 页
		九月二十八日，甘肃巡抚吴达善奏……盐茶厅报称，八月初七日被雹……平凉、狄道、平罗等州县八月十七日被雹……灵州、中卫、宁夏报称，八月十八日被……固原州报称，八月二十二日被雹	《宫中档乾隆朝奏折》第 15 辑，第 424—425 页
		十一月丁未，赈贷甘肃皋兰、狄道、河州、渭源、靖远、平凉、崇信、镇原、盐茶、抚彝、张掖、平番、中卫、碾伯、高台、岷州、洮州、抚番、庄浪、宁州、正宁、合水、大通、归德、礼县、西固等二十六厅州县、本年水、雹灾民籽粮有差	《清高宗实录》卷526，第 630 页上

序号	灾年	灾况	资料来源
24	乾隆二十二年（1757）	五月初三日，宁朔县靖益堡等处夏秋禾被雹。五月初六、初八、初十等日，固原州石羊、沙沟、木厂沟等处夏禾被雹。五月初七日，宁夏县任春堡夏禾被雹。五月初八日，平罗县东永润等堡夏秋禾被雹。五月初九、十一两日，盐茶厅脱烈堡、东海坝等处夏秋田禾被雹	《中国气象灾害大典·宁夏卷》，第161—162页
		五月二十八日甘肃巡抚吴达善奏：又据中卫县详报，县属之城北邵家桥、常乐堡、香山堡、红石峡沟等处，于五月初六日（6月21日），夏禾被雹并被山水暴发，冲毙大小男人四口，牛七只，冲没车六辆，京斗粮二十四石，夹布毛口袋九十六条，驴四头，羊九百五十三只，泡倒房屋六间等情。又据隆德县详报，县属东西南北四乡之水头沟、西番沟、李家湾、权家岔等处，于五月十三、四、十五（6月28、29、30）等日，夏禾被雹，并被水冲去男二口，羊驴一百余只头各等情	《清代黄河流域洪涝档案史料》，第210—211页
		十一月戊午，赈恤甘肃皋兰、狄道、金县、渭源、靖远、平凉、华亭、镇原、庄浪、泾州、灵台、安化、环县、合水、抚彝、张掖、平番、中卫、平罗、碾伯、西宁、高台等二十二厅、州、县夏秋二禾被霜、雹等灾贫民，分别蠲缓有差	《清高宗实录》卷551，第1042页下
		乾隆二十二年，五月初七日，大雨雹，伤中卫近城田禾，雹有大如鸡子、胡桃者	乾隆《中卫县志》卷2《祥异》，第66页
25	乾隆二十三年（1758）	三月二十、二十五、四月二十九等日，固原州长城塬先后被雹。三月二十四五、四月二十九、三十，五月初二三及十三等日，固原、平罗等州县天降雷雨带雹，间有村庄数处夏秋二禾偏被损伤，轻重不等	《中国气象灾害大典·宁夏卷》，第162页
		乾隆二十四年四月乙丑，赈恤甘肃狄道、河州、靖远、陇西、岷州、安定、会宁、泾州、盐茶厅、环县、正宁、平番、宁朔、宁夏、中卫、平罗、灵州、花马池、摆羊戎、西宁、大通、秦州、清水二十三厅、州、县、卫乾隆二十三年旱灾、雹灾饥民，并给茸屋银两	《清高宗实录》卷584，第484页上

序号	灾年	灾况	资料来源
25	乾隆二十三年（1758）	乾隆二十四年十月乙未，豁免甘肃狄道、河州、靖远、岷州、安定、会宁、泾州、盐茶、环县、正宁、平番、宁朔、宁夏、中卫、平罗、灵州、花马池、摆羊戎、西宁、大通、秦州、清州等二十二厅、州、县、卫，乾隆二十三年被雹、被水、被旱灾地额赋	《清高宗实录》卷599，第692—693页
26	乾隆二十四年（1759）	隆德、中卫、灵州、花马池等二十四处又次之（旱），兼有雹水偏灾之处	《中国气象灾害大典·宁夏卷》，第162页
27	乾隆二十五年（1760）	乾隆二十六年八月丁亥，户部议准，甘肃巡抚明德疏称，环县、中卫、灵州、摆羊戎、西宁、碾伯等六厅、州、县上年被雹水偏灾，应免银粮草束，查甘省乾隆二十五、六两年额赋，节奉恩旨蠲免，请俟壬午年补豁，从之	《清高宗实录》卷643，第193页上
28	乾隆二十六年（1761）	乾隆二十七年四月辛巳，赈恤甘肃安定、平凉、静宁、庄浪、华亭、平番、灵州、西宁、大通、成县等十州、县乾隆二十六年雹灾饥民，并予缓征	《清高宗实录》卷659，第374页下
29	乾隆二十七年（1762）	十一月甲申，赈恤甘肃狄道、皋兰、金县、河州、靖远、渭源、陇西、宁远、会宁、通渭、平凉、镇原、泾州、镇番、武威、永昌、平番、中卫、摆羊戎、西宁等二十厅、州、县本年水、雹、霜灾饥民，并借给籽种	《清高宗实录》卷675，第550页下
		乾隆二十八年六月壬辰，赈恤甘肃狄道、渭源、皋兰、河州、金县、靖远、陇西、宁远、会宁、通渭、平凉、泾州、固原、崇信、镇原、灵台、华亭、静宁、庄浪、张掖、武威、永昌、镇番、平番、灵州、花马池、中卫、平罗、摆羊戎、西宁等三十厅、州、县，乾隆二十七年分水、旱、霜、雹、灾饥民，并缓应征额赋	《清高宗实录》卷688，第705—706页

序号	灾年	灾况	资料来源
30	乾隆二十九年（1764）	十一月初四日，陕甘总督杨应琚奏：因得雨已迟，未能补种秋禾，或种有秋禾之处续被水旱雹霜，勘明已成灾者系皋兰……盐茶厅、固原、中卫等三十二厅州县……又改种秋禾，照例俟秋成勘办，因续被水旱雹霜，勘明成灾者系……隆德、花马池州同、灵州等九厅州县	《宫中档乾隆朝奏折》第23辑，第100页
		乾隆三十年四月丙午，赈恤甘肃河州、渭源、陇西、会宁、安定、漳县、通渭、平凉、静宁、华亭、隆德、泾州、灵台、镇原、庄浪、固原、张掖、山丹、平番、灵州、花马池州同、巴燕戎格厅、西宁、碾伯、三岔州判、高台等二十六厅、州、县乾隆二十九年分雹、水、旱、霜灾民	《清高宗实录》卷734，第80页下
31	乾隆三十年（1765）	九月二十六日奏：宁夏、宁朔、中卫、灵州等处被雹水	《中国气象灾害大典·宁夏卷》，第163页
		十一月辛卯，赈甘肃河州、狄道、陇西、泾州、安化、宁州、永昌、平番、中卫、巴燕戎格厅、西宁、碾伯等十二厅、州、县，本年水、雹、霜灾饥民，并蠲应征钱粮	《清高宗实录》卷749，第244页下
		乾隆三十一年正月癸酉，谕，前因甘肃河东河西各属，有秋禾偏旱及间被雹、水、风、霜之处，业经照例赈恤，但念偏灾处所盖藏未必充裕，特令该督再行悉心查勘具奏。今据查明奏到所有被灾较重稍重之各州县，于例赈完毕之后正值青黄不接之时民力不无拮据，著加恩，将被灾较重之靖远、红水县丞、安定、会宁、通渭、宁远、伏羌、镇原、平凉、安化等县、静宁州、泾州、宁州等十三处，无论极次贫民，俱展赈两个月。被灾稍重之皋兰、金县、陇西、漳县、华亭、庄浪、固原州、盐茶厅、隆德、灵台、合水、武威、镇番、平番、中卫等十五处，无论极次贫民，俱展赈一个月，以副朕优恤边氓至意	《清高宗实录》卷752，第273—274页

序号	灾年	灾况	资料来源
32	乾隆三十一年 (1766)	固原、盐茶、隆德等州县秋禾受旱，又遭雹、水、风、霜灾，命赈一个月口粮	《中国气象灾害大典·宁夏卷》，第163页
		五月初七日，宁夏府所属之宁朔、宁夏二县被雹，田禾受伤较重	
		六月二十一日陕甘总督兼管巡抚事吴达善奏：本年河东河西各属，陆续据报被雹被水州县共计三十三处。就其所报情形核计，陇西、宁远、伏羌、秦安、礼县、宁夏、宁朔七县田禾受伤较重，金县、会宁、安定、漳县、盐茶厅五处次之，河州、狄道、徽县、固原四处虽被雹村堡无多，而受伤分数稍重	《清代黄河流域洪涝档案史料》，第258页
		十一月辛巳，赈恤甘肃循化、河州、镇原、环县、戎格、西宁、碾伯、岷州、文县、山丹、中卫、陇西、徽县等十三厅、州、县本年被雹、被水、被虫偏灾贫民，蠲免额赋如例。豁除中卫县沙压地亩额粮。其勘不成灾之狄道、渭源、安定、会宁、宁远、伏羌、西和、通渭、漳县、三岔州判。礼县、秦安、阶州、固原、静宁、华亭、平凉、灵台、隆德、崇信、庄浪、宁州、平番、盐茶等二十四厅州县，并予缓征	《清高宗实录》卷772，第484页
33	乾隆三十二年 (1767)	十一月壬寅，抚恤甘肃平凉、灵台、庄浪、合水、环县、西宁、碾伯、大通、河州、泾州、平罗、安化、武威、宁夏、宁朔、灵州、肃州、高台、花马池、漳县、狄道、伏羌、安定、西和、洮州、崇信、静宁、隆德、固原、宁州、抚彝、古浪、中卫、敦煌等三十四州、县、厅，本年旱、雹灾民，并蠲缓额赋有差	《清高宗实录》卷798，第772页下
		乾隆三十三年十月己未，免甘肃平凉、灵台、庄浪、安化、合水、环县、平罗、西宁、碾伯、大通、肃州、高台等十二州、县乾隆三十二年，冰雹、水、霜灾地银五百两有奇，粮三千五百石有奇，草三万九百束有奇	《清高宗实录》卷820，第1128页上
34	乾隆三十三年 (1768)	乾隆三十四年三月戊申，赈恤甘肃皋兰、金县、狄道、渭源、靖远、陇西、安定、会宁、通渭、平凉、华亭、灵台、固原、盐茶厅、安化、宁州、合水、张掖、武威、古浪、平番、宁夏、宁朔、灵州、中卫、巴燕戎格厅、西宁、碾伯、肃州等二十九州、县、厅乾隆三十三年分水、旱、霜、雹灾民	《清高宗实录》卷831，第83页上

序号	灾年	灾况	资料来源
35	乾隆三十四年（1769）	十一月己丑，赈恤甘肃渭源、河州、狄道、金县、陇西、宁远、安定、伏羌、通渭、岷州、平凉、静宁、泾州、庄浪、隆德、镇原、秦州、古浪、庄浪厅、宁朔、宁夏、巴燕戎格、西宁、大通等二十四州、县、厅本年水、旱、霜、雹灾饥民，并蠲缓新旧额赋	《清高宗实录》卷846，第335页上
		乾隆三十五年三月癸卯，赈抚甘肃狄道、河州、渭源、金县、陇西、宁远、伏羌、安定、会宁、平凉、静宁、泾州、灵台、镇原、隆德、庄浪、盐茶、宁州、环县、正宁、古浪、平番、庄浪、宁夏、宁朔、灵州、中卫、平罗、巴燕戎格、西宁、大通、秦州、通渭、花马池州同等三十四厅、州、县乾隆三十四年水、旱、霜、雹等灾贫民，缓征额赋	《清高宗实录》卷855，第457页下
36	乾隆三十五年（1770）	十一月辛酉，赈恤甘肃伏羌、会宁、通渭、岷州、平凉、崇信、灵台、隆德、镇原、固原、盐茶厅、礼县、徽县、平番、庄浪、陇西、漳县、静宁、正宁、东乐、中卫二十一厅、州、县、卫本年水、旱、雹、霜等灾贫民，并蠲缓额赋	《清高宗实录》卷873，第707页上
		乾隆三十六年十二月乙亥，蠲免甘肃陇西、宁远、通渭、岷州、会宁、安定、伏羌、漳县、平凉、崇信、静宁、灵台、隆德、镇原、庄浪、固原、盐茶、安化、宁州、正宁、合水、环县、平番、宁夏、宁朔、灵州、中卫、平罗、花马池州同、秦州、秦安、礼县、西固等三十三厅、州、县乾隆三十五年夏秋雹、水、旱、霜等灾地亩额赋有差	《清高宗实录》卷898，第1096页下
37	乾隆三十六年（1771）	五月十九日直隶布政使杨景素奏：再有河州、宁远、漳县、岷州、静宁、固原、宁夏、宁朔、平罗、清水等十州县，于四月十二、三、四、二十一、二并二十四、五月初六（5月25、26、27日，6月3、4、6、18日）等日，有偏被雹水冲坏田庐，损伤人畜之处	《清代黄河流域洪涝档案史料》，第283页

序号	灾年	灾况	资料来源
38	乾隆三十七年（1772）	五月下旬暨六月二十二、二十四至二十九及七月初一等日，隆德等十八州县雨中带雹，田禾间有损伤	《中国气象灾害大典·宁夏卷》，第164页
		十一月癸卯，赈贷甘肃皋兰、红水县丞、渭源、狄道、靖远、陇西、安定、会宁、平凉、华亭、泾州、隆德、镇原、固原、盐茶厅、安化、环县、正宁、宁夏、灵州、平罗、中卫、大通、肃州、王子庄、高台、金县、静宁、平番、巴燕戎格厅、西宁等三十一厅州县，本年水、旱、雹灾饥民	《清高宗实录》卷920，第343—344页
39	乾隆三十八年（1773）	十一月丙寅，赈恤甘肃皋兰、金县、靖远、泾州、平番、宁夏、平罗、灵州、肃州、王子庄州同十厅州县雹、霜成灾饥民，并缓征隆德、合水、抚彝厅本年地丁钱粮	《清高宗实录》卷946，第818页
40	乾隆三十九年（1774）	乾隆四十年十月庚寅，蠲免甘肃皋兰、狄道、金县、安定、会宁、抚彝、山丹、东乐、古浪、平番、宁夏、中卫、西宁、大通、肃州、河州、高台等十七州、县、厅乾隆三十九年水、雹、霜灾额赋有差，豁除抚彝、宁夏、中卫等厅、县、坍没田地七十六顷三十六亩有奇额赋	《清高宗实录》卷993，第262页上
41	乾隆四十年（1775）	八月丁酉，赈恤甘肃皋兰、河州、狄道、渭源、金县、靖远、循化厅、红水县丞、沙泥州判、安定、固原、盐茶厅、张掖、抚彝厅、山丹、东乐县丞、武威、平番、古浪、永昌、镇番、庄浪、灵州、中卫、西宁、碾伯、大通、巴燕戎格厅、肃州、高台、安西等三十一厅州县，本年旱灾、雹灾饥民，并予缓征	《清高宗实录》卷989，第200—201页
		乾隆四十一年三月丁酉，赈恤甘肃陇西、伏羌、会宁、漳县、平凉、华亭、泾州、灵台、隆德、宁夏、平罗、秦州、玉门十三州、县乾隆四十年分雹、水、霜灾饥民	《清高宗实录》卷1005，第493—494页
		乾隆四十二年四月庚申，赈恤甘肃循化、皋兰、红水县丞、金县、狄道、沙泥州判、渭源、靖远、河州、盐茶厅、固原、安定、灵州、中卫、巴燕戎格、西宁、碾伯、大通、庄浪、武威、镇番、永昌、古浪、平番、抚彝厅、张掖、山丹、东乐、肃州、高台、安西三十一厅、州、县乾隆四十年旱、雹灾饥民	《清高宗实录》卷1031，第824页上

续表

序号	灾年	灾况	资料来源
42	乾隆四十一年（1776）	十一月乙亥，赈恤甘肃皋兰、金县、西和、漳县、泾州、崇信、灵台、镇原、宁州、环县、东乐县丞、镇番、宁夏、宁朔、中卫、平罗、礼县等十七州县及分防县丞，本年水、雹、霜灾贫民。其宁远、伏羌、华亭、安化、正宁、合水、花马池州同、碾伯、大通、秦安、清水、安西、玉门、燉煌等十四州县及分防州同，并予缓征	《清高宗实录》卷1020，第677页下
		乾隆四十二年五月庚午，赈恤甘肃皋兰、金县、西和、漳县、泾州、崇信、镇原、灵台、宁州、正宁、环县、东乐县丞、镇番、宁夏、宁朔、中卫、平罗、礼县十八厅、州、县乾隆四十一年雹、水、霜灾饥民，并予缓征	《清高宗实录》卷1032，第835页下
		乾隆四十二年十二月丁酉，豁甘肃皋兰、金县、西和、漳县、崇信、泾州、灵台、镇原、宁州、环县、东乐、镇番、宁夏、宁朔、中卫、平罗、礼县等十七州、县乾隆四十一年被雹、霜灾额赋	《清高宗实录》卷1046，第1012页下
43	乾隆四十二年（1777）	十一月乙酉，蠲免甘肃宁夏、宁朔、盐茶、安化、合水、环县、古浪等七厅、县本年夏秋雹、水、霜灾额赋有差，并予赈恤。缓征洮州、岷州、伏羌、宁远、宁州、平罗、清水、礼县、崇信等九州、县、新旧额赋	《清高宗实录》卷1045，第1000页下
		盐茶、中卫县受旱、霜、雹灾，命赈一个月口粮	《中国气象灾害大典·宁夏卷》，第165页
44	乾隆四十三年（1778）	十二月辛酉，赈恤甘肃宁夏、宁朔、平罗、秦州、秦安、庄浪、安化、正宁、环县、抚彝、张掖、古浪、西宁、盐茶厅、礼县、山丹、永昌等十七厅、州、县本年水、旱、雹、霜灾贫民，并蠲缓额赋有差	《清高宗实录》卷1072，第390页下
45	乾隆四十四年（1779）	四月壬申，赈甘肃庄浪县丞、盐茶厅、安化、正宁、环县、抚彝厅、张掖、山丹、永昌、古浪、宁夏、宁朔、平罗、西宁、秦州、秦安、礼县等十七州、县、厅本年雹、水、霜灾饥民	《清高宗实录》卷1081，第523页下
		八月辛未，赈恤甘肃皋兰、河州、狄道、金县、靖远、红水县丞、陇西、安定、会宁、通渭、岷州、平凉、静宁、隆德、固原、盐茶厅、张掖、山丹、武威、永昌、古浪、平番、西宁、碾伯、泾州、秦州、清水、肃州、安西、玉门、渭源、中卫、环县、洮州、东乐等三十五厅、州、县虫、雹、水灾贫户，并蠲缓本年额赋有差	《清高宗实录》卷1089，第627页上

序号	灾年	灾况	资料来源
46	乾隆四十五年（1780）	乾隆四十六年三月己丑，蠲甘肃皋兰、静宁、固原、盐茶厅、张掖、古浪、宁夏、宁朔、灵州、中卫、平罗、崇信、碾伯、秦安、礼县等十五厅、州、县，乾隆四十五年水、雹等灾额赋有差，蠲剩银并予缓征	《清高宗实录》卷1127，第57页上
47	乾隆五十年（1785）	十月癸未，又谕，据福康安奏：甘肃皋兰、金县、伏羌、安定、会宁、平凉、静宁、隆德、盐茶、秦安、平番、庄浪等十二厅、州、县、县丞地方，间被雹水偏灾，请将银粮草束蠲免等语。甘省地瘠民贫，上年逆回滋扰，业经降旨，将通省额赋，概免征输，以纾民力。其皋兰等十二厅州县，复间有雹水偏灾之处，著再加恩，将皋兰、金县、伏羌、安定、会宁、平凉、静宁、隆德、盐茶、秦安、平番、庄浪等十二厅、州、县、县丞地方……概行蠲免	《清高宗实录》卷1240，第683页
		十一月丁卯，赈恤甘肃河州、靖远、宁夏、宁朔、灵州、中卫、平罗等七州、县本年水、雹灾贫民	《清高宗实录》卷1243，第712页下
		十一月十八日甘肃布政使福宁奏：查宁夏、宁朔、灵州、中卫、平罗、靖远、河州等七州县，本年夏秋禾被水被雹，致成偏灾	
		十一月初一日甘肃提督阎正祥奏：巡阅经过宁夏府属之中卫、灵州、平罗、宁夏、宁朔等五州县，本年夏间雨水稍多，山水骤发，上游洪水下注，一时宣泄不及，渠口冲塌，近河低洼田地、房屋间被浸淹。宁夏、宁朔二县田禾，又有一隅被雹	《清代黄河流域洪涝档案史料》，第331页
48	乾隆五十二年（1787）	十二月癸丑，缓征甘肃隆德、静宁、张掖、河州、陇西、伏羌、平番、平凉、镇原、崇信、王子庄州同等十一州厅县，本年霜、雹灾地额赋	《清高宗实录》卷1295，第386页下
49	乾隆五十三年（1788）	十一月丙寅，缓甘肃武威、古浪、平番、平凉、华亭、皋兰、金县、狄道、平罗等九州、县本年被雹灾民应征额赋	《清高宗实录》卷1316，第790页上

续表

序号	灾年	灾况	资料来源
50	嘉庆元年（1796）	十月初七日陕甘总督宜绵奏：九月初二日奉上谕……又宁夏、中卫、西宁、碾伯等县，间有被水淹浸之处。九月二十一日奉上谕……其宁夏等府所属之平罗、环县等处，因河水暴涨，并猝被冰雹，秋禾受伤	《清代黄河流域洪涝档案史料》，第368页
		十月初七日陕甘总督宜绵奏：本年岷州、巴燕戎格厅夏禾被雹，西宁偶被水冲，并崇信、镇原、宁夏、灵州、中卫、平罗、花马池州同、碾伯秋禾猝被水雹，勘明俱未成灾，但民力不无拮据，业经酌量缓征接济，妥为办理	
51	嘉庆四年（1799）	八月二十七日奏：隆德等五州县田禾间被雹伤	《中国气象灾害大典·宁夏卷》，第166页
52	嘉庆五年（1800）	七月二十及二十二、三等日，隆德、宁夏、宁朔、平罗等十一州县并庄浪县雨中带雹，秋禾间有受伤	《中国气象灾害大典·宁夏卷》，第166页
		十月壬戌，缓征甘肃皋兰、金、安定、平凉、泾、宁夏、宁朔、平罗、镇原、环、靖远、安化、河、崇信、狄道、渭源十六州、县并庄浪县丞、沙泥州判所属本年被霜、被雹、被旱各灾民额赋	《清仁宗实录》卷75，第1006页上
		李纲等堡被雹，诏缓征	道光九年《平罗纪略》卷5蠲免，第129页
53	嘉庆七年（1802）	六月十五日奏：先后接据隆德、固原等州县雨中带雹，伤损夏禾	《中国气象灾害大典·宁夏卷》，第166页
54	嘉庆十三年（1808）	陕甘总督长龄奏闰五月二十三日（7月16日）奉朱批：固原、陇西、安定三州县报五月十四、十五（6月7、8日）等日雨中带雹，田禾、房屋间被打伤	《清代奏折汇编——农业·环境》，第359页
		八月庚子，赈甘肃皋兰、金、陇西、平罗、靖远、中卫、宁夏、西宁、巴燕戎格、伏羌、宁朔、灵、大通十三厅、州、县被水、被雹灾民，并缓征新旧额赋	《清仁宗实录》卷200，第651页上
		嘉庆十四年正月壬戌，展赈甘肃、皋兰、金、陇西、平罗、靖远、中卫、宁夏、西宁、巴燕戎格九厅、县上年被水、被雹灾民	《清仁宗实录》卷206，第745—746页

序号	灾年	灾况	资料来源
55	嘉庆十四年（1809）	固原州东北二乡共计四十三营堡，内十三营堡被灾较重，二十七营堡被灾较轻，所属五千六百五十七村庄，秋禾被水、被霜、被雹成灾，粮食歉收	《中国气象灾害大典·宁夏卷》，第166页
		八月间，固原州东乡万头营等十一营堡，北乡开头营等五营堡乡约赴州呈报，秋禾均被霜雹损伤，虽有轻重不同，而夏收均属歉薄	
56	嘉庆十五年（1810）	七月二十三日陕甘总督那彦成奏……秦州、灵州、固原、岷州、礼县、花马池六州县，续报有被水村庄。隆德、华亭、西宁、灵台四县，续报有被雹村庄	《清代黄河流域洪涝档案史料》，第435页
		八月二十七日那彦成奏……内有被旱后复被雹水之隆德、固原、灵台、灵州、花马池等五州县各村，并入旱灾区办理	
57	嘉庆十六年（1811）	盐茶厅之四乡蒙古堡等四十五村庄，中卫县之东南香山等四十三村庄，花马池州同之安定堡等五十五村庄，夏秋禾均被雹、被霜，收成仅止五分有余	《中国气象灾害大典·宁夏卷》，第167页
		十月癸酉，缓征甘肃皋兰、河、靖远、盐茶、中卫五厅、州、县及花马池州同所属雹灾新旧额赋	《清仁宗实录》卷249，第371页上
58	嘉庆十九年（1814）	八月二十二日署陕甘总督高杞奏：至前此被旱及偏被雹之皋兰、宁远、通渭、岷州、固原、徽县、镇原、巴燕戎格各厅州县，均经委员会同勘明不致成灾。已经饬令销案外，惟盐茶厅之北乡新堡子等处村庄，夏收仅止一二分及三四分不等	《清代干旱档案史料》，第408页
59	嘉庆二十年（1815）	十月二十八日陕甘总督先福奏：查夏田被雹之皋兰、金县、靖远、安定、陇西、平罗六县……虽勘不成灾，而收成未免歉薄，民力实形拮据	《清代黄河流域洪涝档案史料》，第462页
		十一月丁酉，缓征甘肃皋兰、金、靖远、安定、陇西、平罗、西宁、盐茶八厅县雹灾、旱灾、霜灾新旧额赋	《清仁宗实录》卷312，第147页上

序号	灾年	灾况	资料来源
60	嘉庆二十一年（1816）	十一月丙午朔，贷甘肃皋兰、狄道、渭源、西宁、宁朔、陇西、宁远、安定、岷、通渭、两当十一州县被雹、被水灾民口粮	《清仁宗实录》卷324，第273页下
		安定并盐茶厅被雹打伤禾苗	《中国气象灾害大典·宁夏卷》，第167页
61	嘉庆二十二年（1817）	八月初六日长龄奏：各属禀报，七月（8月13日—9月10日）内……惟据洮州厅、固原州二处禀报，该处禾苗间被水雹偏灾	《清代黄河流域洪涝档案史料》，第470页
		八月二十二日陕甘总督长龄奏：窃照，皋兰、泾州、灵州、平凉、平罗、狄道、渭源、宁远、漳县、宁夏、宁朔、镇原、灵台、徽县、静宁、红水、陇西、庄浪、安定、中卫、洮州、固原等二十二厅州县及县丞地方禀报，夏秋田禾间有被旱、被水、被雹	《清代干旱档案史料》，第424页
		十一月乙卯，缓征甘肃皋兰、狄道、平凉、静宁、宁夏、宁朔、灵、中卫、平罗、泾、徽十一州、县旱灾、水灾、雹灾新旧额赋，并贷灾民口粮	《清仁宗实录》卷336，第433页下
62	嘉庆二十三年（1818）	陕甘总督长龄七月十四日（8月15日）奏：六月（7月3日—8月1日）内固原、隆德、西宁、大通、安定、秦安六州县夏秋田禾间被雹伤，秦州、平罗二州县报滨河之地被水冲淹禾苗	《清代奏折汇编——农业·环境》，第394页
		陕甘总督长龄九月十一日（10月10日）奏：各属八月（9月1日—29日）内得雨，自一寸至三寸及深透不等。皋兰、陇西、会宁、安定、盐茶、固原、庄浪县丞、宁夏、宁朔、灵州、中卫、西宁等处秋田间有被雹、被水之区，并靖远县秋禾被旱	《清代奏折汇编——农业·环境》，第395页
		十一月乙巳，缓征甘肃渭源、平罗、古浪、金、靖远、陇西、安定、盐茶、灵、灵台十厅、州、县及东乐县丞、沙泥州判所属雹灾、水灾、旱灾新旧额赋	《清仁宗实录》卷349，第615页上
		嘉庆二十三年，渠阳等堡被雹，诏缓征	道光九年《平罗纪略》卷5《蠲免》，第130页
		嘉庆二十四年十月壬子，缓征甘肃狄道、静宁、成、宁夏四州、县水灾、雹灾本年及上年额赋	《清仁宗实录》卷363，第798页上

序号	灾年	灾况	资料来源
63	嘉庆二十四年（1819）	六月初十日长龄奏：甘肃各厅州县禀报，五月（6月22日—7月21日）内……惟秦州、徽县、清水县、宁夏县、西宁县禀报，间有被水、被雹村庄	《清代黄河流域洪涝档案史料》，第485页
		八月二十二日长龄奏：窃照礼县、宁远、通渭、静宁、泾州、灵台、秦安、隆德、秦州、徽县、清水、宁夏、宁朔、平罗、西宁、金县、岷州、大通、碾伯、阶州、成县、镇原等二十二州县地方禀报，夏秋禾间有被雹、被水之处	
		嘉庆二十四年十月壬子，缓征甘肃狄道、静宁、成、宁夏四州、县水灾、雹灾本年及上年额赋	《清仁宗实录》卷363，第798页上
		嘉庆二十五年正月戊午，贷甘肃成、镇原、徽、秦、秦安、西宁、平凉、宁夏、伏羌、静宁、泾、灵台、宁朔、平罗、阶、狄道十六州、县及庄浪县丞所属上年被水、被雹灾民籽种口粮	《清仁宗实录》卷366，第840页上
64	嘉庆二十五年（1820）	七月初八日长龄奏：复查甘肃各厅州县禀报，六月（7月10日—8月8日）内……惟皋兰、金县、大通、碾伯、中卫、秦安、清水、泾州、崇信等州县，间有被雹、被水村庄。续据灵州详报，东路田禾被水冲淹	《清代黄河流域洪涝档案史料》，第510—511页
		九月丁丑，缓征甘肃中卫、宁夏、宁朔、平罗、大通五县被水、被雹庄堡新旧钱粮，并抚恤中卫、宁夏、宁朔、平罗四县冲塌房屋、淹毙牲畜各户	《清宣宗实录》卷5，第136页下
		道光元年正月戊午，贷甘肃宁远、伏羌、皋兰、西和、安化、宁、秦安、礼、肃、安西、中卫、固原十二州、县及肃州州同所属上年被水、被雹灾民籽种口粮有差	《清宣宗实录》卷12，第229页上
		道光元年七月戊辰，免甘肃宁夏、宁朔、中卫、平罗四县上年被水、被雹灾民额征钱粮草束，并加赈口粮及房屋修费有差	《清宣宗实录》卷21，第386页上
65	道光元年（1821）	九月甲子，缓征甘肃河、狄道、金、靖远、灵、宁夏、宁朔、平罗、平番九州、县被旱、被雹、被水村庄新旧钱粮草束厂租	《清宣宗实录》卷23，第420页下

序号	灾年	灾况	资料来源
66	道光二年（1822）	七月初七日长龄奏：甘肃各厅州县禀报，六月（7月18日—8月16日）内得雨一、二、三、四寸或深透不等……惟洮州厅、灵州、泾州间有被雹、被水村庄	《清代黄河流域洪涝档案史料》，第528页
		十月壬寅，缓征甘肃静宁、灵、渭源、靖远、西宁、碾伯六州、县被水、被雹、被霜村庄新旧额赋并赈河州被水灾民	《清宣宗实录》卷42，第749页上
67	道光四年（1824）	十一月初五日，兹据藩司杨健……续报，秋禾被雹被水之……平凉、宁夏、宁朔、灵州、平罗等处一并勘明	《那文毅公奏议》卷58，第6676页
68	道光五年（1825）	陕甘总督那彦成六月二十日（8月4日）奏：查甘省各厅州县报五月（6月16日—7月15日）内各得雨一、二、三、四寸及深透不等。现值夏禾将次成熟，秋禾畅发之际，得此膏泽，夏秋二收可望普丰。惟皋兰、陇西、通渭、安定、会宁、金县、大通、固原、平凉、平番、灵台、渭源、岷州、西宁、宁朔等州县近有偏被雹伤之处，亦不过一隅中之一隅，饬司勘报并令谕乡农赶紧补种晚秋	《清代奏折汇编——农业·环境》，第419—420页
		十一月己丑，缓征甘肃皋兰、金、陇西、安定、岷、平罗、灵台、宁夏八州、县被水、被雹村庄新旧额赋，并给皋兰、金、陇西、岷、平罗、灵台六州县灾民口粮	《清宣宗实录》卷91，第465页上
		道光六年正月戊子，贷甘肃皋兰、金、陇西、岷、安定、会宁、华亭、平罗、秦安、清水、宁夏、崇信十二州、县上年被水、被雹灾民两月口粮并籽种	《清宣宗实录》卷94，第512页下
		六年正月，缓征灵州等五州、县水灾、旱灾、雹灾新旧额赋	《中国气象灾害大典·宁夏卷》，第37页
69	道光六年（1826）	六月初九日署陕甘总督杨遇春奏：五月内……惟崇信、镇原、灵台、隆德、武威、张掖、西和、漳县、会宁、静宁等州县间有偏被雹水及受旱之处	《清代干旱档案史料》，第474—475页

续表

序号	灾年	灾况	资料来源
69	道光六年 （1826）	署理陕甘总督杨遇春七月初十日（8月13日）奏：甘肃省各厅州县禀报六月（7月5日—8月3日）内得雨一至四寸及深透不等。现在夏禾渐次收获，正值秋禾出穗之际，得此膏泽渥沾，收成可期丰稔。惟山丹、永昌、东乐、宁夏、平罗、灵州、宁朔、盐茶、洮州等九厅州县县丞地方间有偏被雹、水村庄	《清代奏折汇编——农业·环境》，第423页
		八月丙子，缓征甘肃宁夏、宁朔、灵、平罗、镇原五州、县被水、被旱、被雹灾民新旧额赋草束	《清宣宗实录》卷104，第720页上
		道光六年，徐合等堡被雹，诏缓征	道光九年《平罗纪略》卷5《蠲免》，第130页
70	道光七年 （1827）	查甘省各厅州县禀报，闰五月内得雨一、二、三、四寸及深透不等。……又陇西、河州、两当、华亭、灵州等五州县具报，被雹、被水之处，饬司委员据实查勘	《署理陕甘总督鄂山奏报甘省五月份粮价及闰五月份得雨情形事》，道光七年六月十三日，档案号：04-01-24-0118-074
		查甘省各厅州县禀报，六月内得雨一、二、三、四、五寸及深透不等。……惟宁夏、宁朔、平罗、秦州、皋兰、河州等六州县具报，被水、被雹之处，饬司委员据实查勘	《署理陕甘总督鄂山奏报甘省闰五月份粮价及六月份得雨情形事》，道光七年七月初九日，档案号：04-01-24-0118-077
		甘省各州县五六月间有偏被灾伤之处……惟未经勘复之平罗并续报雹水之西和、固原、中卫等州县，请俟秋成后勘明分数，体察民情再行酌办	《署理陕甘总督鄂山奏报甘属各属夏秋田禾被雹情形请缓征钱粮事》，道光七年八月十二日，档案号：04-01-35-0061-057
		宁夏、宁朔、灵州三处被水，暨平罗、西和、固原、中卫等二十二州县被水被雹地方，分别蠲免本年正赋钱粮	《署理陕甘总督鄂山奏为本年甘肃被灾州县秋成丰稔来春无需接济事》，道光七年十一月二十九日，档案号：04-01-35-0062-023

序号	灾年	灾况	资料来源
71	道光八年（1828）	八年，平罗、灵州被水被雹	《陕甘总督杨遇春奏为查明上年甘省被灾各属现值青黄不接然粮价甚平毋庸接济事》，道光九年三月十三日，档案号：04－01－01－0704－050
		十一月二十七日（朱批）杨遇春奏：臣查偏被雹水归入秋后勘办之渭源、西和、镇原、通渭……并夏灾案内尚未勘明之秦安、狄道、沙泥、宁远、秦州、……灵台、平罗、灵州、西宁、会宁、泾州、镇原及续报秋禾被水、被雹之皋兰、靖远、陇西、会宁、平凉、固原、宁夏、宁朔、礼县、两当等州县，均经……勘明秋收并非歉薄，不致成灾	《清代黄河流域洪涝档案史料》，第566页
72	道光九年（1829）	陕甘总督杨遇春六月初十日（7月10日）奏：甘省各厅州县五月（6月2日—30日）内得雨一至四寸及深透不等。惟固原、崇信、宁远三州县禾苗偏被雹伤	《清代奏折汇编——农业·环境》，第430页
		九月十八日陕甘总督杨遇春奏：复查甘肃各厅州县禀报，八月（8月29日—9月27日）内……至皋兰、碾伯、宁夏、宁朔、平罗、灵州、陇西、静宁、金县、泾州、灵台、崇信、庄浪县丞等处地方，间有续被雹水并受旱之处	《清代黄河流域洪涝档案史料》，第571页
73	道光十年（1830）	六月二十日杨遇春奏：臣复查各属禀报，五月（6月20日—7月19日）内……惟皋兰、沙泥、会宁、中卫、阶州、安定、宁运、西宁等州县地方，田禾间有偏被雹水之处	《清代黄河流域洪涝档案史料》，第575页
		八月十一日杨遇春奏：前已具奏之中卫县，同续报被水被雹之宁夏、宁朔、金县、固原、清水……归入秋成案内汇核办理	
		十月甲寅，缓征甘肃皋兰、安定、会宁、贵德、碾伯、中卫、金、固原、宁夏、宁朔、灵、清水、泾、崇信十四厅、州、县被雹、被水、被霜灾民本年额赋	《清宣宗实录》卷178，第799页上
		道光十一年正月己未，贷甘肃会宁、西和、隆德三县上年被雹、被水灾民籽种并两当、崇信二县灾民两月口粮	《清宣宗实录》卷183，第886—887页

序号	灾年	灾况	资料来源
74	道光十一年（1831）	七月有初九日杨遇春奏：查，甘肃各属本年六月……惟据皋兰、河州、金县、沙泥、渭源、狄道、会宁、宁远、安定、灵州、中卫、盐茶、固原、碾伯、张掖、永昌、平番、镇番、平罗、花马池等厅州县、州同、州判具报，夏秋禾间有被雹、被水、被旱之处	《清代干旱档案史料》，第497页
		十一月癸丑，缓征甘肃河、靖远、陇西、宁远、安定、会宁、洮、安化、武威、平番、古浪、灵、秦、礼、灵台、镇原、通渭、固原十八州、县暨盐茶同知、沙泥州判所属被雹、被水、被旱村庄新旧正借银粮草束	《清宣宗实录》卷200，第1144页下
75	道光十二年（1832）	六月内，惟宁夏、宁朔间有偏被雹水地方	《中国气象灾害大典·宁夏卷》，第170页
		道光十二年，渠阳等堡被雹，诏缓征	道光二十四年《续增平罗纪略》卷2《蠲免》，第308页
		道光十三年正月丙子，给甘肃秦、泾、皋兰、隆德、华亭五州、县上年被雹、被水、被旱灾民口粮，并贷籽种	《清宣宗实录》卷229，第424页上
76	道光十三年（1833）	十一月壬午，缓征甘肃皋兰、金、靖远、陇西、宁远、安定、会宁、平凉、张掖、东乐、武威、平番、宁夏、宁朔、灵、中卫、平罗、秦、两当、成、泾、崇信、灵台、镇原、固原、宁、安化二十七州、县暨盐茶同知、沙泥州判所属被雹、被水、被虫灾区新旧额赋	《清宣宗实录》卷245，第692—693页
		道光十三年，本城等堡被雹，诏缓征	道光二十四年《续增平罗纪略》卷2《蠲免》，第308页
77	道光十四年（1834）	六月初四日陕甘总督杨遇春奏：臣查甘肃各属，本年五月（6月7日—7月6日）内……惟皋兰、文县、靖远、伏羌、安定、平凉、盐茶、静宁、华亭、庄浪县丞、安化、秦州、礼县、两当、镇原、平番、碾伯、正宁、宁州、灵台、中卫、平罗、沙泥等厅州县县丞、州判，现据报间有被雹、被旱、被水地方	《清代黄河流域洪涝档案史料》，第588页

序号	灾年	灾况	资料来源
77	道光十四年（1834）	六月内，灵州、固原、隆德等州县间有被雹、被旱地方	《中国气象灾害大典·宁夏卷》，第171页
		十月庚戌，贷甘肃皋兰、金、安定、会宁、固原、安化、泾、灵台八州、县被旱、被雹、被水灾民口粮	《清宣宗实录》卷259，第944页上
		十一月戊辰，缓征甘肃皋兰、河、狄道、渭源、金、靖远、安定、会宁、平凉、静宁、隆德、张掖、武威、平番、宁夏、宁朔、灵、固原、中卫、平罗、碾伯、大通、秦、泾、灵台、镇原、礼二十七州、县暨沙泥州判、盐茶同知，所属被雹、被水、被旱歉区新旧额赋	《清宣宗实录》卷260，第961页上
78	道光十五年（1835）	闰六月十四日陕甘总督瑚松额奏：甘肃各属，本年六月（6月26日—7月25日）内……惟盐茶、河州、固原、西宁、皋兰、狄道、金县、沙泥、静宁、平番、宁夏、宁朔、碾伯等厅州县州判厂据报，间有被雹、被水地方	《清代黄河流域洪涝档案史料》，第592页
		七月初九日瑚松额奏：甘肃各属，本年闰六月（7月26日—8月23日）内……惟岷州、灵州、中卫、平罗、通渭等州县据报，间有被雹、被水地方	
		道光十五年，本城等堡被雹，诏缓征	道光二十四年《续增平罗纪略》卷2《蠲免》，第308页
79	道光十六年（1836）	六月十一日陕甘总督瑚松额奏：本年五月（6月14日—7月13日）内……惟秦州、静宁、通渭、伏羌、秦安、礼县、靖远、皋兰、平番、盐茶、平凉、安定、中卫、平罗、庄浪等厅州县、县丞，据报间有被雹、被旱、被水地方	《清代黄河流域洪涝档案史料》，第600页
		七月初七日瑚松额奏：本年六月（7月14日—8月11日）内……惟河州、渭源、狄道、洮州、张掖、古浪、宁夏、宁朔、灵州、碾伯、沙泥、东乐等厅州县、州判、县丞，据报间有旱、被雹、被水地方	
		道光十七年正月癸未，贷甘肃皋兰、渭源、金、靖远、伏羌、通渭、西和、固原、安化、永昌、古浪、碾伯、秦安十三州县并庄浪县丞所属，上年被水、被旱、被雹灾民籽种口粮	《清宣宗实录》卷293，第535页下

序号	灾年	灾况	资料来源
80	道光十七年（1837）	七月初九日陕甘总督瑚松额奏：本年六月（7月3—31日）内……惟河州、徽县、会宁、清水、西和、皋兰、金县、陇西、宁州、镇原、隆德、正宁、华亭、平凉、安化、古浪、固原、宁朔、张掖、东乐等州县、县丞，据报间有被雹、被旱、被水地方	《清代黄河流域洪涝档案史料》，第604—605页
		十一月壬午，缓征甘肃河、狄道、渭源、靖远、安定、会宁、洮、固原、盐茶、宁、平番、宁夏、宁朔、灵、中卫、平罗、碾伯十七厅、州、县被雹、被水、被旱、被霜灾区新旧额赋，贷皋兰、金、靖远、会宁、固原、安化、宁、平番、秦九州县灾民冬月口粮	《清宣宗实录》卷303，第721页上
		道光十七年，上省嵬等堡被水、雹，诏缓征	道光二十四年《续增平罗纪略》卷2《蠲免》，第309页
81	道光十八年（1838）	七月初六日陕甘总督瑚松额奏：甘肃各属本年六月（7月21—8月19日）内……惟查灵州、秦州、洮州、礼县、清水、西和、华亭、张掖、环县、徽县、宁远、庄浪等州厅县、县丞，据报间有被雹、被旱、被水地方	《清代黄河流域洪涝档案史料》，第607页
		八月初六日瑚松额奏：查盐茶等二十五厅州县、县丞地方，本年夏秋田禾，前于五六月间，据报间有偏被雹水并受旱之处	《清代黄河流域洪涝档案史料》，第607页
		十一月初七日瑚松额奏：本年皋兰等二十二厅州县、县丞地方，间有被雹、被水、被灾之区……又据宁夏等十二厅、州、县、州同、州判具报，秋禾被雹、被水、被霜、被旱……查本年夏间被灾各地方……惟被灾较重之固原、盐茶、宁夏、宁朔、灵州、平罗、花马池州同等一十九厅州县、州同、州判地方，收成歉薄	《清代黄河流域洪涝档案史料》，第608页
		十九年正月……是月，贷湖南武陵县、陕西葭州等九州县、甘肃固原等五州县水旱灾雹灾口粮籽种	《清史稿》卷18《宣宗本纪二》，第674页

序号	灾年	灾况	资料来源
82	道光十九年 （1839）	五月十八日陕甘总督瑚松额奏：臣查甘肃各属，本年四月（5月13日—6月10日）内……惟洮州、秦州、岷州、平番、宁州、真宁、华亭、固原、平凉、狄道等厅州县……据报有被雹、被水地方	《清代黄河流域洪涝档案史料》，第611页
		六月初八日瑚松额奏：臣查甘肃各属本年五月（6月11日—7月10日）内……惟泾州、灵台、崇信、静宁、皋兰、金县、陇西、清水、秦安、礼县、中卫、宁夏、宁朔、平罗、安化、正宁等州县，据报有被雹、被水地方	
		七月初七日陕甘总督瑚松额奏：查，甘肃各属本年（1839）6月（7月11日—8月8日）内……惟灵州、安定县、沙泥州判、渭源县、宁远县据报，有被水、被旱、被雹地方	《清代干旱档案史料》，第564—565页
		十一月庚申，缓征甘肃皋兰、河、狄道、靖远、陇西、华亭、静宁、安化、武威、平番、宁夏、宁朔、灵、中卫、平罗、崇信、灵台、镇原十八州、县暨沙泥州判所属被旱、被雹、被霜歉区新旧正杂额赋	《清宣宗实录》卷328，第1165页下
83	道光二十年 （1840）	十月初八日瑚松额奏：本年安定等一十二州县、州判地方间有被雹、被旱之区……嗣又据渭源、陇西、通渭、宁远、会宁、平凉、华亭、盐茶、隆德、固原、武威、镇番、宁夏、宁朔、灵州、平罗、花马池、两当、阶州、崇信等二十厅州县、州同具报，夏秋禾苗被雹、被旱、被水、被霜，亦即委员一并勘办	《清代干旱档案史料》，第573页
		十一月己丑，缓征甘肃皋兰、渭源、金、靖远、宁远、安定、会宁、隆德、固原、环、宁夏、宁朔、灵、平罗、崇信、灵台、镇原十七州、县及花马池州同、沙泥州判所属灾区新旧额赋	《清宣宗实录》卷341，第183页下
84	道光二十一年 （1841）	十一月初六日陕甘总督恩特亨额奏：嗣又据狄道、沙泥、安化、东乐、武威、中卫、花马池等七州县、州同、州判、县丞具报，夏秋禾苗被雹、被霜	《清代黄河流域洪涝档案史料》，第623页
		十一月癸酉，缓征甘肃皋兰、河、狄道、靖远、安定、固原、安化、宁、环、武威、宁夏、宁朔、灵、中卫、平罗、西宁、碾伯、灵台十八州、县及花马池州同、沙泥州判、东乐县丞所属被雹、被霜、被水歉区旧欠额赋	《清宣宗实录》卷362，第531页上

序号	灾年	灾况	资料来源
85	道光二十三年（1843）	七月二十八日陕甘总督富呢扬阿奏：臣查，甘肃各属本年（1834）六月（7月）内……惟皋兰、狄道、河州、金县、渭源、贵德、陇西、宁远、伏羌、安定、岷州、会宁、静宁、固原、宁州、安化、灵州、宁朔、礼县、平番、宁夏、隆德、环县、泾州、灵台、洮州、文县、陇西县丞等厅州县、县丞，据报间有被雹、被水、被旱地方	《清代干旱档案史料》，第582页
		道光二十三年，通义、灵沙等堡被水、雹，诏缓征	道光二十四年《续增平罗纪略》卷2《蠲免》，第309页
86	道光二十四年（1844）	六月二十五日陕甘总督富呢扬阿奏：查，甘肃各属本年（1844）五月（6月6日—）内……惟泾州、河州、西和、西宁、碾伯、平凉、固原、镇原、金县、皋兰、靖远等州县具报，间有被雹、被水、被旱地方	《清代干旱档案史料》，第585页
87	道光二十六年（1846）	陕甘总督布彦泰六月十四日（8月5日）奏：秦州、泾州、固原、静宁、礼县、西和、灵台、平凉、镇原、庄浪县丞、陇西县丞等州县县丞先后具报，间有被雹、被水地方	《清代奏折汇编——农业·环境》，第466页
		陕甘总督布彦泰七月十二日（9月2日）奏：陇西、灵州、碾伯、皋兰、河州、隆德、徽县、崇信、平番、西宁、狄道等州县先后具报间有被雹、被水、被旱地方	《清代奏折汇编——农业·环境》，第467页
		十一月庚子，缓征甘肃河、狄道、渭源、西和、固原、合水、灵、碾伯、崇信、皋兰、陇西、伏羌、安定、会宁、平凉、灵台十六州、县暨陇西县丞所属被雹、被水、被旱、被霜灾区新旧额赋	《清宣宗实录》卷436，第457页下
88	道光二十七年（1847）	十一月甲辰，缓征甘肃河、宁远、伏羌、安定、会宁、洮、隆德、固原、安化、宁、张掖、古浪、宁夏、宁朔、平罗、崇信、皋兰、平番、西宁、碾伯、大通二十一州、县及盐茶同知、陇西县丞所属被雹、被水、被旱、被霜村庄新旧正杂额赋	《清宣宗实录》卷449，第660页上

序号	灾年	灾况	资料来源
89	道光二十八年（1848）	六月初五日陕甘总督布彦泰奏：本年五月（6月）内……惟皋兰、狄道、安定、泾州、崇信、镇原、灵台、平凉、固原、静宁、陇西县丞等州县、县丞先后具报，间有被雹、被水、被霜地方	《清代黄河流域洪涝档案史料》，第646页
		七月十七日陕甘总督布彦泰奏：臣查，甘省各属本年六月内……惟河州、岷州、宁远、灵州、碾伯、隆德、西宁、中卫、平番、盐茶、渭源、会宁、秦州、洮州①、西和、伏羌、大通、平罗、花马池州同等厅州县、州同先后具报，间有被雹、被水、被旱处所	《清代干旱档案史料》第602页
90	道光二十九年（1849）	五月，固原等州县间有被雹地方	《中国气象灾害大典·宁夏卷》，第174页
		七月十五日布彦泰奏：本年六月（7月20日—8月17日）内……惟伏羌、狄道、西宁、大通、平凉、隆德、盐茶、宁州、宁夏、宁朔、灵州、中卫、平罗、礼县等厅州县先后具报，间有被雹、被水地方	《清代黄河流域洪涝档案史料》，第650页
		陕甘总督布彦泰八月初五日（9月21日）奏：皋兰、河州、渭源、金县、靖远、陇西、安定、会宁、伏羌、西和、陇西县丞、平凉、静宁、隆德、固原、盐茶、宁州、灵州、崇信、灵台等二十厅州县县丞被雹、被水，或受伤较轻，或系一隅中之一隅，均不致成灾，多已改种晚禾。此外尚有前奏被雹、被水之狄道、宁夏、宁朔、礼县、中卫、平罗、西宁、大通、沙泥州和清水、泾州、镇原、安化等十三州县州判	《清代奏折汇编——农业·环境》，第474页
91	道光三十年（1850）	陕甘总督琦善八月二十七日（10月2日）……皋兰、河州、狄道、金县、陇西、灵川等六州县县丞被水、被旱之区虽系一隅中之一隅，被灾较重，现多已改种晚秋。……被水之平罗，被水、被雹之靖远、固原、宁夏、宁朔、中卫、西宁、礼县等八州县（往勘另报）	《清代奏折汇编——农业·环境》，第477页
		十二月戊午，缓征甘肃河、陇西、灵、西宁、灵台五州县及陇西县丞所属，被水、被旱、被雹、被霜灾区旧欠额赋，并皋兰、靖远、宁夏、宁朔、中卫、平罗六县新旧额赋	《清文宗实录》卷23，第326页下

---

① 此处"洮州"，原作"兆州"，疑误。

序号	灾年	灾况	资料来源
92	咸丰元年 （1851）	八月十五日萨迎阿奏：本年甘省夏秋田禾被水、被雹、被旱之皋兰、河州、狄道、靖远、固原、华亭等州县……连年偏被灾伤，民力不无拮据	《清代黄河流域洪涝档案史料》，第658页
93	咸丰二年 （1852）	十二月丁亥，缓征甘肃河、靖远、安定、静宁、泾、崇信、镇原、灵台、皋兰、狄道、渭源、固原、宁夏、宁朔、灵、中卫、平罗、西宁、大同十九州、县及陇西县丞所属被旱、被水、被雹、被霜地方新旧额赋	《清文宗实录》卷79，第1044页下
94	咸丰三年 （1853）	七月二十九日署理陕甘总督易棠奏：又据宁朔县先后禀报，因天降暴雨，山水陡发，渠流泛滥，淹没田禾、冲坏桥梁，民房及武职衙署，并将乡仓分储粮石被水冲没，人畜亦有淹毙及有被雹之处。并据宁夏、灵州、平罗、中卫等州县禀报，渠水泛涨，淹没田禾，民房间有倒塌	《清代黄河流域洪涝档案史料》，第664页
		八月己亥，谕内阁，易棠奏：查勘秋禾被灾情形一折，本年甘肃省宁朔、宁夏、灵州、平罗、中卫等州县，因夏秋暴雨，山水陡发，渠流泛滥，淹没田禾民房，并乡仓分储粮石，人畜均有淹毙，复有被雹之处，情形较重，殊堪悯恻，现经该署督委员驰往，会同该府县查勘，著即饬令宣泄积水，妥为抚恤。其应如何蠲缓之处，著即查明，据实具奏	《清文宗实录》卷104，第561页上
		十一月己巳，缓征甘肃皋兰、渭源、靖远、陇西、安定、会宁、平凉、静宁、隆德、固原、碾伯十一州县及陇西县丞所属被水、被旱、被霜、被雹地方旧欠额赋，河、狄道、安化、宁、宁夏、灵、中卫、平罗、崇信、镇原十州县新旧额赋	《清文宗实录》卷113，第775页上
95	咸丰四年 （1854）	陕甘总督易棠十月二十九日（12月18日）奏：甘肃省陇西等州县州判地方，本年夏秋田禾间有被雹、被旱、被水之区。又据盐茶等厅州县续报秋禾间被霜、雹、水、旱。……均系一隅中之一隅，例不成灾	《清代奏折汇编——农业·环境》，第485页
		十一月乙酉，缓征甘肃皋兰、河、渭源、静宁、隆德、宁夏、灵、平罗八州、县被水、被旱、被雹、被霜节年旧欠银粮及靖远、陇西、会宁、西和、安化、宁、泾、崇信、灵台、九州、县新旧银粮草束	《清文宗实录》卷151，第640—641页

序号	灾年	灾况	资料来源
96	咸丰五年（1855）	十一月乙亥，缓征甘肃皋兰、河、陇西、固原、宁夏、宁朔、灵、中卫、镇原、洮、静宁、平罗、渭源、安定、盐茶、宁、灵台十七厅、州、县被水、被旱、被雹、被霜地方新旧额赋	《清文宗实录》卷183，第1047页下
97	咸丰六年（1856）	七月二十一日陕甘总督易棠奏：至被雹之盐茶大通、被水之宁夏、宁朔、灵州、碾伯，被水、被雹之西宁，被水、被旱、被霜之平罗等处……归入秋成案内汇核办理	《清代黄河流域洪涝档案史料》，第668页
		十一月丙子，展缓甘肃皋兰、靖远、静宁、宁夏、宁朔、平罗、碾伯、泾、崇信、镇原、西宁、河、狄道、隆德、宁、武威、灵、灵台十八州、县并沙泥州判所属被水、被雹、被旱灾区新旧额赋	《清文宗实录》卷213，第350页下
98	咸丰七年（1857）	是年夏秋，宁夏二十州县遭受旱灾，又加冰雹、虫相继为害，庄稼几乎绝收，各地饥荒严重，缓征受灾地区新旧额赋及草束	《中国气象灾害大典·宁夏卷》，第175页
		十二月戊申，缓征甘肃皋兰、靖远、陇西、西和、安化、平罗、徽、崇信、灵台、镇原、河、狄道、安定、固原、宁夏、宁朔、灵、中卫、碾伯、泾二十州、县及盐茶厅、沙泥州判、陇西县丞所属被雹、被水、被旱灾区，新旧银粮草束	《清文宗实录》卷241，第725页下
99	咸丰八年（1858）	陕甘总督乐斌七月二十八日（9月5日）奏：甘肃省各属，本年夏秋田禾间有被雹、被水、被旱之区。……被雹之河州、狄道、红水县丞、静宁、固原、古浪、平番、灵州，被旱之盐茶、中卫，被水之宁夏，被雹、被旱之靖远，并续报被旱之渭源等处，亦伤委员前往会勘	《清代奏折汇编——农业·环境》，第494页
100	咸丰九年（1859）	十二月甲辰，展缓甘肃皋兰、河、狄道、靖远、陇西、静宁、安化、宁、宁夏、宁朔、灵、中卫、泾、崇信、灵台、镇原十六州、县及沙泥州判所属被雹、被水、被霜地方旧欠额赋	《清文宗实录》卷302，第424页上

序号	灾年	灾况	资料来源
101	咸丰十年（1860）	十一月二十四日奏：查灵州、固原、盐茶本年夏秋田禾间有被旱被雹被水之区，宁夏、平罗间有秋禾被霜、被水、被旱、被雹之区	《中国气象灾害大典·宁夏卷》，第176页
		十二月乙酉，缓征甘肃皋兰、河、狄道、渭源、金、靖远、陇西、安定、固原、安化、宁、宁夏、平罗、灵、灵台、镇原十六州、县被雹、被旱、被水灾区，新旧额赋有差	《清文宗实录》卷339，第1046页下
102	咸丰十一年（1861）	十二月甲戌，缓征甘肃皋兰、河、狄道、渭源、靖远、陇西、安定、会宁、固原、安化、宁、宁夏、宁朔、灵、平罗、泾、崇信、灵台、镇原十九州、县被雹、被水、被霜、被冻地方节年额赋有差	《清穆宗实录》卷14，第372页下
103	同治十年（1871）	秋八月，雨雹为害，人民缺食	《中国气象灾害大典·宁夏卷》，第176页
104	光绪四年（1878）	平罗等五州县间有被雹之处	《中国气象灾害大典·宁夏卷》，第176页
105	光绪五年（1879）	雹灾所伤，除固原州稍重，此外，化平厅不成灾	《中国气象灾害大典·宁夏卷》，第176页
		光绪五年六月，雹伤禾稼。八月，大淋	民国《化平县志》卷3《灾异》，第465页
		秋，化平厅雨雹	宣统《甘肃新通志》卷2《天文志（附祥异）》，第53页
106	光绪六年（1880）	十二月二十一日署理甘肃布政使杨昌浚奏：甘肃各属，本年夏秋田禾，间有被雹、被水、被风之区……臣查，本年夏秋田禾被灾较轻之皋兰、安定①、岷州、通渭、陇西县丞、化平、宁州、合水、环县、平番、中卫、大通、镇原、崇信、固原等十五厅州县县丞，经印委各员会同勘明，均系一隅中之一隅，不致成灾	《清代黄河流域洪涝档案史料》，第702页
107	光绪七年（1881）	十月壬戌，甘肃阶州等处地震，固原州等处被雹	《清德宗实录》卷138，第974页上
108	光绪八年（1882）	固原等十一厅州县偶被冰雹	《中国气象灾害大典·宁夏卷》，第176页

---

① 此处"安定"，原作"定定"，疑误。

续表

序号	灾年	灾况	资料来源
109	光绪十年（1884）	五月内，惟皋兰、金县、中卫、宁夏等州县间有被水被雹之处	《陕甘总督谭钟麟奏报甘肃省光绪十年闰五月分粮价雨泽情形事》，光绪十年八月初十日，档案号：03-6831-007
		八月十四日，宁夏县唐铎乡下冰雹，水稻全部无收成	《中国气象灾害大典·宁夏卷》，第176页
		本年秋田禾间有被雹被水之区，平远县（今宁夏同心）被灾较重，并借给贫户口粮	《中国气象灾害大典·宁夏卷》，第177页
110	光绪十二年（1886）	六月，下张结（今宁夏西吉县玉桥乡）各处大雨雹，平地水深数尺，灾情惨重，民饥	《中国气象灾害大典·宁夏卷》，第177页
111	光绪十三年（1887）	五月，下张结各处雨大雹，山洪暴发，冲毁田亩、民房，大伤禾稼。五月十三日，中卫县属西北下庄天降雨雹，打伤夏禾共地一百一十四点七三公顷	《中国气象灾害大典·宁夏卷》，第177页
		六月初三日，平罗县属南长渠、上宝闸等甲被雹打伤夏秋禾苗，共地三百六十一点九三公顷，内被灾十分之南长渠中甲、上宝闸中甲共地一百九十五点九七公顷	
112	光绪十四年（1888）	陕甘总督谭钟麟六月二十二日（7月30日）奏：五月份（6月10日—7月8日）兰州等八府、六直隶州属报得雨泽深透不等，正值夏禾结实之际，获此渥泽，实于农田有裨。此外泾州直隶州、化平（川）厅、华亭县、正宁县等四处禾苗被雹挞（打）伤	《清代奏折汇编——农业·环境》，第556页
		秋，化平厅雨雹	宣统《甘肃新通志》卷2《天文志（附祥异）》，第55页
113	光绪十五年（1889）	夏五月，化平厅黄气自西北起，昼晦雷电，雨雹蛙形，伤麦	宣统《甘肃新通志》卷2《天文志（附祥异）》，第55页
		十五年五月，化平厅雨雹如蛙形，伤禾稼	《清史稿》卷40《灾异一》，第1504页
		八月二十日，中卫县属石空寺堡等处天降冰雹，打伤秋禾共地近三十公顷，统计被灾四分	《中国气象灾害大典·宁夏卷》，第177页
114	光绪十七年（1891）	固原州、中卫、平罗等厅州县先后具报，被旱、被雹、被水	《中国气象灾害大典·宁夏卷》，第177页

序号	灾年	灾况	资料来源
115	光绪十八年 （1892）	六月二十、二十二等日，隆德县属北乡新店地方天降冰雹，打伤夏秋禾苗，共地五点七八公顷。闰六月十三日，固原州西乡黄家堡等一十四庄天降冰雹，夏秋禾苗概被打伤	《中国气象灾害大典·宁夏卷》，第 177 页
		十一月二十二杨昌濬片：甘肃本年春夏雨泽愆期……其兰州府属之皋兰、金县，巩昌府属之会宁，平凉府属之平凉、隆德。泾州直隶州并所属镇原、崇信、灵台，固原直隶州及所属海城、平远、打拉池县丞，西宁府属之西宁、碾伯、巴燕戎格，凉州府属之古浪等厅州县、县丞，被旱、被霜、被雹、被水	《清代干旱档案史料》，第 912 页
		光绪十九年二月乙亥，蠲缓甘肃安化、宁、合水、环、固原、狄道、董志原县丞等七属被旱、被水、被雹、被霜地方钱粮草束	《清德宗实录》卷 321，第 163 页上
116	光绪十九年 （1893）	七月二十四日杨昌濬奏：宁夏府属之宁夏县南乡王全三堡，及宁朔县西南乡杨显等四堡，均于六月初七日（7 月 19 日），雹雨交加，三时始止，夏秋禾苗打伤净尽，颗粒无收	《清代黄河流域洪涝档案史料》，第 808 页
117	光绪二十年 （1894）	宁夏府属宁灵厅等厅、州、县、州判间有被雹、被旱	《中国气象灾害大典：宁夏卷》，第 178 页
118	光绪二十一年 （1895）	闰五月及六月，宁灵厅被雹打伤田禾	《中国气象灾害大典：宁夏卷》，第 178 页
		八月丙子，陕甘总督杨昌浚奏：甘肃阶、文、西、张掖、中卫、宁、灵等处被灾，现筹抚恤。得旨，所有被水、被雹之六厅、州、县，著饬属分别抚恤	《清德宗实录》卷 374，第 893 页下
		十二月二十八日陕甘总督杨昌濬奏：并据固原直隶州、岷州、皋兰县先后具报，于七月十六七、二十、二十六（9 月 4、5、8、14 日）等日，被雹打伤秋禾及山水冲伤人口、房屋、田禾	《清代黄河流域洪涝档案史料》，第 821 页
119	光绪二十二年 （1896）	七月十三日陕甘总督陶模奏……庆阳府属之宁州、固原……各地方均于本年四、五、六月等（5 月 13 日—8 月 8 日）先后被雹、被水，损伤禾苗轻重不一	《清代黄河流域洪涝档案史料》，第 834 页
		夏禾被水被雹有固原州等十七县属。秋禾被水、旱、霜、雹有固原州、宁夏、宁朔、中卫	《中国气象灾害大典·宁夏卷》，第 101 页

序号	灾年	灾况	资料来源
120	光绪二十三年（1897）	七月二十六日，陕甘总督陶模奏：固原直隶州之东乡白家湎、官堡台等处，于五月十二、十九等日，狂风大作，雷雨交加，中带冰雹，形如弹子，打伤白家湎等七庄夏秋禾苗。其官堡台等三十八庄夏禾亦被打伤不少。又该州南乡牛营子等七庄，于六月初九日，忽然狂风暴雨，夹带冰雹，将夏秋禾苗、烟苗均被打伤罄尽	《宫中档光绪朝奏折》第 11 辑，第 117 页
		固原州并河州被雹成灾	《中国气象灾害大典·宁夏卷》，第 178 页
121	光绪二十四年（1898）	八月初二日，陕甘总督陶模奏。甘肃各属自春徂夏，雨泽愆期，业将夏禾被旱大概情形奏报在案。乃自五月下旬以后，大雨时行，又苦淫潦。先后据阶州、文县、礼县、环县、皋兰、成县、固原州、碾伯县、宁州、泾州、西固州同、海城县、静宁州、大通县、丹噶尔厅、西宁县、巴燕戎格厅、靖远县、中卫县、永昌县、平远县、金县、安定县、宁灵厅、宁夏县、宁朔县等二十六属禀详申报被旱、被雹、被水、地动倾陷……就情形而论……雹灾以固原、西固为重	《宫中档光绪朝奏折》第 12 辑，第 158 页
122	光绪二十五年（1899）	夏五月，化平厅雨雹	宣统《甘肃新通志》卷 2《天文志（附祥异）》，第 58 页
		光绪二十五年五月初五日，雨雹大如卵，南山一带牛羊之死于雹者一千有余	光绪《海城县志》卷 7《风俗志·祥异》，第 109 页
		七月二十日陕甘总督陶模奏：平凉府属之隆德县……本年四五等月先后被雹，所伤田禾无多	《清代黄河流域洪涝档案史料》，第 869 页
		七月二十日陕甘总督陶模奏：固原南直隶州关于五月初五日大雨冰雹，平地水深数尺，冲到房屋一百五六十间。西南乡阎家堡等二十九村庄于被雹，灾伤共四百四十一顷三十一亩，禾苗打伤殆尽。泾源、化平厅所管化临、香水、圣谕、北面等四里于五月初五日被雹，打伤禾苗四、五、六、七分不等	《宫中档光绪朝奏折》第 13 辑，第 114 页

序号	灾年	灾况	资料来源
122	光绪二十五年（1899）	十月丁丑，甘肃兰州、固原各府、州属被雹	《清德宗实录》卷452，第965页下
		本年雨泽愆期，禾苗大半受旱，并有雨雹、大水、天降黑霜，夏灾者有隆德、固原州、化平厅等十一属	《中国气象灾害大典·宁夏卷》，第178页
123	光绪二十六年（1900）	光绪二十七年（1901）二月十日奏：去年（1900）自春徂秋被旱、被雹、被霜，灾区甚广。隆德、固原州、平远，宁夏府属之花马池州同、中卫，统计灾区四十一属	《中国气象灾害大典·宁夏卷》，第179页
124	光绪二十七年（1901）	四、五、六月间，固原州属之硝河城先后被雹打伤夏秋禾苗	《中国气象灾害大典·宁夏卷》，第179页
125	光绪二十八年（1902）	夏秋禾苗被雹、被水、被霜，秋灾者有中卫县、平罗县等五处	《中国气象灾害大典·宁夏卷》，第179页
126	光绪二十九年（1903）	九月初十日陕甘总督崧蕃奏：宁夏府属之宁夏县、宁朔县、中卫县、平罗县，西宁府属之西宁县、碾伯县，于本年四五六等月先后被雹，打伤夏秋禾苗黍粟，轻重不等	《清代黄河流域洪涝档案史料》，第892页
		十月壬子，抚恤甘肃皋兰、金、渭源、洮、平番、宁夏、宁朔、中卫、平罗、西宁、碾伯、河、狄道、武威、敦煌、秦十六厅、州、县暨沙泥州判所属被雹、被水灾民	《清德宗实录》卷522，第897页上
127	光绪三十年（1904）	灵州、中卫等二十四属夏秋麦禾被水、被雹，宁朔县、宁灵厅成灾六分至十分不等	《中国气象灾害大典·宁夏卷》，第179页
128	光绪三十一年（1905）	闰五月……化平北面里狼食人，秋雨雹	宣统《甘肃新通志》卷2《天文志（附祥异）》，第60页
		入夏以来，固原等各厅州县被水、被雹。平远等厅县夏秋被水被雹，成灾五分至九分不等	《中国气象灾害大典·宁夏卷》，第179页
		七月二十八日，海城县北乡关桥等堡被雹打伤秋禾四十六庄堡，宽二十余里，长一百二十余里，并打毙牛羊骡马甚伙，成灾九分十分不等。被雹地二百二十多公顷	
		光绪三十一年，七月二十四日，关桥等堡（今在宁夏海原）雨雹大如卵，伤禾稼	光绪《海城县志》卷7《风俗志·祥异》，第110页

续表

序号	灾年	灾况	资料来源
129	光绪三十二年（1906）	平罗、平远等县受水、雹灾，命缓征灾区钱粮	《中国气象灾害大典·宁夏卷》，第179页
130	光绪三十四年（1908）	固原等十四州县，禾苗、罂粟被旱被雹	《中国气象灾害大典·宁夏卷》，第179页
131	宣统元年（1909）	九月二十九日陕甘总督毛庆蕃奏：又固原直隶州禀报，钱营堡等处于五月十八日被雹，打伤田禾，并被水冲毙牧童三人、牲畜一百余只。又宁灵厅禀报，杨马湖地方，于六月十一二（7月27、28日）等日被水冲决沟坝，致将登场夏粮全行漂没，在地秋禾亦被浸伤……此外，会宁、宁州、秦安、海城、大通等州县禀报，被雹、被霜、被水，打伤禾苗，漫塌房屋	《清代黄河流域洪涝档案史料》，第915—916页
132	宣统二年（1910）	十一月二十九日陕甘总督长庚奏：查甘肃各属，本年入夏以来，据报被雹、被水、被旱者皋兰、河州、狄道、通渭、文县、阶州、平番、碾伯、金县、宁远、秦州、秦安、海城、高台等一十四州县。入秋后续报被水、被雹者宁夏、平番二县，或勘不成灾，或冲毁道路、田地，或淹毙人口、牲畜，或倒塌房屋、桥梁	《清代黄河流域洪涝档案史料》第918页
		三年二月二十四日奏：夏灾期内（1910）海城等州县被雹、被水、被旱，入秋以后，中卫、宁夏二县被水、被旱，统计夏秋被灾一十六处	《中国气象灾害大典·宁夏卷》，第180页

附表4　　　　　　　　清代宁夏地区地震灾害一览

序号	灾年	地区	灾况	资料来源
1	顺治十一年（1654）	固原	六月丙寅，陕西西安、延安、平凉、庆阳、巩昌、汉中府属地震，倾倒城垣、楼垛、堤坝庐舍，压死兵民三万一千余人及牛马牲畜无算	《清世祖实录》卷84，第658页上
		隆德	大清顺治十一年，地大震	康熙《隆德县志》卷2《灾异》，第243页
		固原	十一年六月，临、巩、平、庆等处地震有声如雷，坏房舍，压死人民	乾隆《甘肃通志》卷24《祥异》，第16页
2	顺治十五年（1658）	广武营	十五年（1658），地屡震	康熙《朔方广武志》，第74页

序号	灾年	地区	灾况	资料来源
3	康熙十年（1671）	宁夏宁朔平罗	是年（康熙十年）除逋赋，宁夏、宁朔、平罗地震	《甘肃通志稿·民政志》（五）
4	康熙二十五年（1686）	固原	宏（弘）治以后，边事日迫，三边总制杨一清筑边墙于兹以为屏……越数十年，总制王宪筑城于墙西控制之，命之曰：长城关。关墙外砖内土，高厚皆三丈五尺，周五里七分，极雄峻。国朝二十五年地震倾，虽司城守备略为补葺，然力薄不能复其旧	光绪《平远县志》卷10《艺文》，第108—109页
5	康熙二十六年（1687）	宁夏	康熙二十六年六月，宁夏地震	乾隆《宁夏府志》卷22，第685页
6	康熙三十四年（1695）	固原	康熙三十四年，平凉府地震	乾隆《甘肃通志》卷24祥异，第18页
7	康熙三十八年（1699）	平罗	康熙三十八年秋，地震	《宁夏回族自治区地震历史资料汇编》，第47页
8	康熙四十七年（1708）	海城	康熙四十七年秋九月地震，西安州堡（今海原西20公里）泉源壅塞	光绪《海城县志》卷7《风俗志·祥异》，第109页
9	康熙四十八年（1709）	中卫	康熙四十八年九月十二日辰时，地大震。初大声自西北来，轰轰如雷。官舍、民房、城垣、边墙皆倾覆，河南各堡平地水溢没髁，有鱼游，推出大石有合抱者，井水激射，高出数尺，压死男妇二千余口。自是连震五十日。势虽稍减，然犹日夜十余次或二三次。人率露栖，过年余始定	道光《中卫县志》卷8《祥异》，第1—2页
		固原宁夏中卫	九月十二日，凉州、西宁、固原、宁夏、中卫地震伤人	《清史稿》卷44《灾异五》，第1635页
			四十八年（1709）九月十二日，地震，城垣倾颓。自兹屡动五月余	康熙《朔方广武志》卷29《祥异志》，第74页
		宁夏	宁夏卫城北旧有海宝塔，挺然插天，岁远年湮，而咸莫知所自始。……康熙四十八年秋九月，地震颓其巅四层，而丹腹亦多剥落	乾隆《宁夏府志》卷20，第578页

序号	灾年	地区	灾况	资料来源
10	康熙五十七年（1718）	隆德固原宁夏	五十七年五月二十一日，临洮，巩昌，秦州、平凉、庆阳、宁夏等处地震	乾隆《甘肃通志》卷24《祥异》，第19页
11	乾隆三年（1738）	宁夏平罗中卫	窃查宁夏地震，惨变异常。臣查郎阿于十二月十八日到宁，查得宁夏府城于十一月二十四日戌时，陡然地震，竟如簸箕上下两簸。瞬息之间，阖城庙宇、衙署、兵民房屋、倒塌无存，男妇人口，奔跑不及，被压大半。又因天时寒，房屋中间俱有烤火之具，房屋一倒，顷刻四处火起，不惟扑救无人，抑且周围俱火，无从扑火，直至五昼夜之后，烟焰方熄。被压人民，除当即创出损伤未甚者救活外，其余兵民商客压死焚死者甚众	《川陕总督查郎阿奏报办理宁夏震后赈济事宜折》，乾隆三年十二月二十日，《明清宫藏地震档案》（上卷·壹），第152页
			十一月二十五日，靖远、庆阳、宁夏、平罗、中卫地震如奋跃，土皆坟起，地裂数尺或盈丈，其气甚热，压毙五万余人	《清史稿》卷44《灾异五》，第1637页
		平罗	乾隆三年十一月二十四日酉时，宁夏地震，从西北至东南，平罗及郡城尤甚，东南村堡渐减。地如奋跃，土皆坟起，平罗北新渠、宝丰二县，地多斥裂，宽数尺，或盈丈，水涌溢，其气皆热。淹没村堡，三县地城垣、堤坝、屋舍尽倒，压死官民男妇五万余人	乾隆《宁夏府志》卷22，第686页
12	乾隆四年（1739）	宁夏	宁夏上年十一月二十四日地震而后，地气尚未宁静，每一昼夜间，或三、四次，或一、二次不等，俱自西北方起，微震片刻即止。惟正月初六日，丑末寅初，震动稍大。至正月十六日末正三刻，猛然震动，又觉稍大于前，上下颠簸者三、四遍，两边摇荡者十余遍	《清代地震档案史料》，第97页

序号	灾年	地区	灾况	资料来源
12	乾隆四年（1739）	宁夏	再宁夏于四月二十六、七两日，地复微动；至二十八日，又动，为时较长。民间房舍，俱无伤损	《甘肃巡抚元展成奏报甘省得雨日期并四月下旬宁夏微震未造成损失折》，乾隆四年五月十七日，《明清宫藏地震档案》（上卷·壹），第295页
		宁夏	宁夏府城六月二十四日地动，仍自西北来震撼有声，片时而定，并未倒塌，墙垣亦无伤损	《川陕总督鄂弥达等奏报宁夏城工次第进行六月二十四日地震未造成伤亡折》，乾隆四年八月二十五日，《明清宫藏地震档案》（上卷·壹），第307页
13	乾隆五年（1740）	宁夏	有原任督臣鄂弥达接收宁夏道阿炳安禀帖一件，据称四月十四日、十五日等日，宁夏地方微动，二十七、二十八等日又复摇动，其势较重。随查满、汉城垣属属坚整，惟满城内衙署、兵房、城垣、柱脚、稍有裂缝歪陷，汉城民房亦有裂缝歪斜之处，俱系卑矮房屋，上盖又无瓦片，俱未坍塌，人民亦俱无恙等情。……又据宁夏都司任举申报，五月初十日卯时又复地动，与前相同等情	《川陕总督尹继善奏报宁夏复震委员前往查勘折》，乾隆五年五月二十六日，《明清宫藏地震档案》（上卷·壹），第318页
		宁夏	据宁夏道阿炳安禀称十月十三日戌刻，宁郡复经地动，虽摇撼有声，势尚舒缓，人民俱各安全，房屋衙署亦无倒塌，新筑砖土城垣均各坚固，并无伤损	《川陕总督尹继善奏报十月十三日宁夏复震城垣民房皆无损伤折》，乾隆五年十一月初五日，《明清宫藏地震档案》（上卷·壹），第326页

序号	灾年	地区	灾况	资料来源
13	乾隆五年（1740）	宁夏灵州平罗	宁夏府署，自乾隆三年十一月二十四日地震之后，时或微震。今于乾隆五年十二月初十、二十五等日，节据暂属宁夏镇总兵官中卫协副将米彪禀称：宁夏府城于十一月二十四日，附近之灵州于十一月十三日，平罗县于十一月二十四、五日，并十二月初五等日，复又地震，较常微重等情。奴才即差官星飞查看，城垣房屋俱无损伤，居民亦各安绪。但地震已二年有余尚未宁息	《凉州镇总兵王廷极奏报宁夏复震尚未停息遵旨晓谕兵民诚心改过折》，乾隆六年正月初四，《明清宫藏地震档案》（上卷·壹），第 334 页
14	乾隆十三年（1748）	固原	据平凉府属固原知州贾圣桧禀称：本年十月初一、初二两日，地震微动，塌损南关外土城一处。又据营堡守备杨国勋禀称：十月初一日子时，初二日丑刻，本营汛地白咀子、黑城子一带二十余村庄地震，共查得坍塌民房土窑一百三十余间，因黑夜压死男妇大小共四十余名口，压死牛驴二十余只……	《甘肃巡抚黄廷桂等奏报平凉府属固原等处地震房倒人亡已饬文武官员赈恤折》，乾隆十三年十月初十，《明清宫藏地震档案》（上卷·壹），第 397 页
			十月，是月，甘肃巡抚黄廷桂奏报，初一初二日，平凉府固原州地动，压死四十余人，报闻	《清高宗实录》卷327，第 415 页下
15	乾隆二十五年（1760）	海原	乾隆二十五年二月二十七日，海原地震	《甘肃通志稿·变异志》《地震》，第 37 页下
16	道光二年（1822）	固原	道光三年正月戊寅，贷甘肃静宁、西宁、洮州、秦、狄道、宁、安定、七厅州县上年地震灾民粮石	《清宣宗实录》卷48，第 855 页
17	咸丰二年（1852）	中卫	四月初八日，中卫地大震，轰轰如雷者三次，地裂房倒，涌出黑沙泥，压伤男妇数百口。自是震动无常，月余始息	宣统《甘肃新通志》卷2《天文志（附祥异）》，第 49 页
			二年四月……十八日，中卫地震，涌黑沙，压毙数百人	《清史稿》卷44《灾异五》，第 1641 页

序号	灾年	地区	灾况	资料来源
17	咸丰二年（1852）	中卫	舒兴阿奏中卫县城地震，派员勘办一折。甘肃中卫县城乡地方，于本年四月初八日起至二十三日连次地震。经该督派员查明，居民房舍震倒二万余间，压毙男女大小三百余口，受伤者四百余口。该县城垣衙署及仓厫监狱等处，均多坍塌倾圮。居民粮食衣物牲畜，亦多被压没，糊口无资，深堪悯恻。著该督迅委贤员，前往妥为安抚并将同时被震各堡迅速查勘，应动支何项钱粮分别抚恤及该县被灾处所本年地丁钱粮，应行宽免之处，一并确核奏明，妥速办理，毋令一夫失所，以副朕惠爱黎元之至意	《咸丰同治朝上谕档》第2册，咸丰二年六月二十一日，第246页
18	同治八年（1869）	宁夏	八年，宁夏地震，历时乃止	民国《朔方道志》卷1《祥异》，第25页
19	光绪五年（1879）	固原隆德	甘肃藩司崇保详称案据阶州、文县……固原、海城、平凉、静宁、隆德……各厅州县先后驰报，本年五月初十日午时地震，至二十二日始定	《陕甘总督左宗棠奏报甘属东南各州县地震房屋倒塌伤毙人畜现筹抚恤情形折》，光绪五年六月二十二日，《明清宫藏地震档案》（上卷·贰），第1111页
		隆德	光绪五年五月十二日，地震崖崩	民国《重修隆德县志》卷4《拾遗》，第44页
		固原	光绪五年五月十二日，地震崖崩	宣统《新修固原直隶州志》卷11《轶事志》，第1204页
20	光绪十五年（1889）	灵州	秋八月，灵州地大震，倾倒房屋甚多。九月地又震	宣统《甘肃新通志》卷2《天文志（附祥异）》，第55页
21	光绪二十五年（1899）	灵武	二十五年，淫雨为灾，兼地震，倾塌民房无算，逾月乃止	民国《朔方道志》卷1《祥异》，第25页
22	光绪三十年（1904）	平罗	光绪三十年地震	《宁夏回族自治区地震历史资料汇编》，第86页
23	光绪三十四年（1908）	固原	光绪三十四年戊申夏五月望，地震微，窗棂有声	民国《化平县志》卷3《灾异》，第466页

附表 5 　　　　　　　　　清代宁夏地区低温灾害一览

序号	灾年	灾况	资料来源
1	康熙二十三年（1684）	四月二十一日，陕西隆德、庄浪二县，天降黑霜，麦菜尽枯	董含《三冈识略》，第200页
2	康熙三十四年（1695）	三十四年……八月十五日，岚县、永宁州、中卫、绛县、垣曲陨霜杀禾	《清史稿》卷40《灾异一》，第1492页
		康熙三十四年八月初旬，陨霜杀草，秋禾俱槁	乾隆《中卫县志》卷2祥异，第66页
		秋八月初旬 中卫杀草禾，俱槁	宣统《甘肃新通志》卷2《天文志（附祥异）》，第40页
3	乾隆二年（1737）	十二月二十五日户部尚书海望等奏：乾隆二年（1737）闰九月内据升任甘肃巡抚德沛疏称，宁夏府属之灵州、中卫县并花马池以及庆阳府属之环县，临洮府属之兰州，今岁入夏以后雨泽愆期，各色秋禾播种稍迟，而边地陨霜独早，晚发之禾多属枯萎。查明灵州沿边等堡播种最早者收成约有二分。其余全无收获。中卫县属之香山旱地收成亦止二分，花马池地方旱被严霜秋收无望	《清代干旱档案史料》，第61页
4	乾隆四年（1739）	七月，固原陨霜杀禾	《中国气象灾害大典·宁夏卷》，第206页
		今岁八月初间，会宁、安定、固原厅州及赤金所等处，间有降霜较旱地方……平凉府属之静宁、隆德等三州县高山背阴之处，晚秋被霜略重，秋收不无稍减分数	《川陕总督鄂弥达奏请蠲免甘肃被灾各属钱粮带征西碾平三县旧欠事》，乾隆四年八月二十五日，档案号：04-01-35-0005-047
5	乾隆九年（1744）	平凉府属盐茶厅之近山一带莜麦，于七月二十五六等日间被霜伤。固原州之近山一带莜麦，于七月二十五六等日，间被霜伤。华亭县之华平镇等处，于七月二十五日秋禾被霜。宁夏府属灵州之花马池各水头低洼处，于七月二十五日莜麦被霜等情	《甘肃巡抚黄廷桂奏为河州二十里铺等地被水及霜雹为害情形事》，乾隆九年八月二十一日，档案号：04-01-01-0116-00
		十一月丁亥，赈贷甘肃河州、平凉、平番、岷州、西宁、宁夏、大通、灵台、华亭、狄道、西固、阶州、漳县、西和、隆德、盐茶、固原、靖远、崇信、安化、真宁、合水、环县、宁州、文县、古浪、镇番、灵川、花马池、碾伯、礼县、陇西、平罗、宁朔、中卫等三十五厅、州、县、卫被雹及水、风、霜、虫等灾民，并分别蠲缓新旧额征	《清高宗实录》卷228，第951页
		十一月辛丑，蠲免甘肃宁朔卫被霜灾地本年额征	《清高宗实录》卷229，第957页

续表

序号	灾年	灾况	资料来源
6	乾隆十四年（1749）	乾隆十六年四月己卯，免甘肃狄道、河州、靖远、平凉、镇原、隆德、固原、静宁、灵台、盐茶厅、清水、张掖、永昌、中卫、宁夏、宁朔、西宁、平罗、碾伯、高台等二十厅、州、县乾隆十四年被水、旱、雹、霜灾民额赋有差	《清高宗实录》卷386，第76页
7	乾隆二十年（1755）	七月二十二日及二十七日，中卫堡等处被霜。隆德县效义里等处浓霜叠降，秋禾被伤七八分不等。七月二十四日及二十七至二十九等日，固原州西南乡等处被霜。七月二十九日，花马池铁柱泉等处被霜	《中国气象灾害大典·宁夏卷》，第207页
		甘肃巡抚鄂昌十二月十六日（1755年1月27日）奏：甘省今岁风雨调匀之处固多，而偶被偏灾之处亦有。如河东兰、巩、平等府属夏禾被旱，秋禾被水、被雹、被霜者共十州县，计村庄二百八十余处。至于河西凉、甘、宁、西、肃属秋禾亦有被水、被雹、被霜之处	《清代奏折汇编——农业·环境》，第143页
		乾隆二十一年五月丁亥，赈甘肃皋兰、金县、靖远、平凉、华亭、隆德、固原、盐茶厅、环县、平番、中卫、河州、渭源、静宁、宁夏、宁朔、西宁、碾伯、高台、镇原等二十厅、州、县，乾隆二十年霜、雹被灾贫民	《清高宗实录》卷513，第483—484页
8	乾隆二十二年（1757）	十一月戊午，赈恤甘肃皋兰、狄道、金县、渭源、靖远、平凉、华亭、镇原、庄浪、泾州、灵台、安化、环县、合水、抚彝、张掖、平番、中卫、平罗、碾伯、西宁、高台等二十二厅、州、县夏秋二禾被霜、雹等灾贫民，分别蠲缓有差	《清高宗实录》卷551，第1042页下
9	乾隆二十七年（1762）	十一月甲申，赈恤甘肃狄道、皋兰、金县、河州、靖远、渭源、陇西、宁远、会宁、通渭、平凉、镇原、泾州、镇番、武威、永昌、平番、中卫、摆羊戎、西宁等二十厅、州、县本年水、雹、霜灾饥民，并借给籽种	《清高宗实录》卷675，第550页下
		乾隆二十八年六月壬辰，赈恤甘肃狄道、渭源、皋兰、河州、金县、靖远、陇西、宁远、会宁、通渭、平凉、泾州、固原、崇信、镇原、灵台、华亭、静宁、庄浪、张掖、武威、永昌、镇番、平番、灵州、花马池、中卫、平罗、摆羊戎、西宁等三十厅、州、县，乾隆二十七年分水、旱、霜、雹、灾饥民，并缓应征额赋	《清高宗实录》卷688，第705—706页

续表

序号	灾年	灾况	资料来源
10	乾隆二十九年（1764）	十一月初四日，陕甘总督杨应琚奏：因得雨已迟，未能补种秋禾，或种有秋禾之处续被水旱雹霜，勘明已成灾者系皋兰……盐茶厅、固原、中卫等三十二厅州县……又改种秋禾，照例俟秋成勘办，因续被水旱雹霜，勘明成灾者系……隆德、花马池州同、灵州等九厅州县	《宫中档乾隆朝奏折》第23辑，第100页
		乾隆三十年四月丙午，赈恤甘肃河州、渭源、陇西、会宁、安定、漳县、通渭、平凉、静宁、华亭、隆德、泾州、灵台、镇原、庄浪、固原、张掖、山丹、平番、灵州、花马池州同、巴燕戎格厅、西宁、碾伯、三岔州判、高台等二十六厅、州、县乾隆二十九年分雹、水、旱、霜灾民	《清高宗实录》卷734，第80页下
11	乾隆三十年（1765）	九月二十六日，陕甘总督杨应琚奏：今岁遇闰，节候较早，严霜早降，致……盐茶厅、花马池等州县各村庄秋禾被霜，以致颗粒不能蕃孳	《宫中档乾隆朝奏折》第26辑，第171页
		十一月辛卯，赈甘肃河州、狄道、陇西、泾州、安化、宁州、永昌、平番、中卫、巴燕戎格厅、西宁、碾伯等十二厅、州、县，本年水、雹、霜灾饥民，并蠲应征钱粮	《清高宗实录》卷749，第244页下
		乾隆三十一年正月癸酉，谕，前因甘肃河东河西各属，有秋禾偏旱及间被雹、水、风、霜之处，业经照例赈恤，但念偏灾处所盖藏未必充裕，特令该督再行悉心查勘具奏。今据查明奏到所有被灾较重稍重之各州县，于例赈完毕之后正值青黄不接之时民力不无拮据，著加恩，将被灾较重之靖远、红水县丞、安定、会宁、通渭、宁远、伏羌、镇原、平凉、安化等县，静宁州、泾州、宁州等十三处，无论极次贫民，俱展赈两个月。被灾稍重之皋兰、金县、陇西、漳县、华亭、庄浪、固原州、盐茶厅、隆德、灵台、合水、武威、镇番、平番、中卫等十五处，无论极次贫民，俱展赈一个月，以副朕优恤边氓至意	《清高宗实录》卷752，第273—274页
12	乾隆三十一年（1766）	固原、盐茶、隆德等州县秋禾受旱，又遭雹、水、风、霜灾，命赈一个月口粮	《中国气象灾害大典·宁夏卷》，第31页

序号	灾年	灾况	资料来源
13	乾隆三十二年（1767）	乾隆三十三年十月己未，免甘肃平凉、灵台、庄浪、安化、合水、环县、平罗、西宁、碾伯、大通、肃州、高台等十二州、县乾隆三十二年，冰雹、水、霜灾地银五百两有奇，粮三千五百石有奇，草三万九百束有奇	《清高宗实录》卷820，第1128页上
14	乾隆三十三年（1768）	十二月壬申，户部议准，调任陕甘总督吴达善疏称，皋兰、金县、会宁、靖远、通渭、固原、安化、盐茶等州、县、厅所属村庄本年叠被旱、霜等灾，所有极次贫民，应先行赈恤	《清高宗实录》卷825，第1204页上
		乾隆三十四年三月戊申，赈恤甘肃皋兰、金县、狄道、渭源、靖远、陇西、安定、会宁、通渭、平凉、华亭、灵台、固原、盐茶厅、安化、宁州、合水、张掖、武威、古浪、平番、宁夏、宁朔、灵州、中卫、巴燕戎格厅、西宁、碾伯、肃州等二十九州、县、厅乾隆三十三年分水、旱、霜、雹灾民	《清高宗实录》卷831，第83页上
15	乾隆三十四年（1769）	十一月己丑，赈恤甘肃渭源、河州、狄道、金县、陇西、宁远、安定、伏羌、通渭、岷州、平凉、静宁、泾州、庄浪、隆德、镇原、秦州、古浪、庄浪厅、宁朔、宁夏、巴燕戎格、西宁、大通等二十四州、县、厅本年水、旱、霜、雹灾饥民，并蠲缓新旧额赋	《清高宗实录》卷846，第335页上
		乾隆三十四年，本城堡被霜，诏蠲免钱、粮、草十分之四	道光九年《平罗纪略》卷5《蠲免》，第129页
		乾隆三十五年三月癸卯，赈抚甘肃狄道、河州、渭源、金县、陇西、宁远、伏羌、安定、会宁、平凉、静宁、泾州、灵台、镇原、隆德、庄浪、盐茶、宁州、环县、正宁、古浪、平番、庄浪、宁夏、宁朔、灵州、中卫、平罗、巴燕戎格厅、西宁、大通、秦州、通渭、花马池州同等三十四厅、州、县乾隆三十四年水、旱、霜、雹等灾贫民，缓征额赋	《清高宗实录》卷855，第457页下

序号	灾年	灾况	资料来源
16	乾隆三十五年（1770）	十一月辛酉，赈恤甘肃伏羌、会宁、通渭、岷州、平凉、崇信、灵台、隆德、镇原、固原、盐茶厅、礼县、徽县、平番、庄浪、陇西、漳县、静宁、正宁、东乐、中卫二十一厅、州、县、卫本年水、旱、雹、霜等灾贫民，并蠲缓额赋	《清高宗实录》卷873，第707页上
		乾隆三十六年十二月乙亥，蠲免甘肃陇西、宁远、通渭、岷州、会宁、安定、伏羌、漳县、平凉、崇信、静宁、灵台、隆德、镇原、庄浪、固原、盐茶、安化、宁州、正宁、合水、环县、平番、宁夏、宁朔、灵州、中卫、平罗、花马池州同、秦州、秦安、礼县、西固等三十三厅、州、县乾隆三十五年夏秋雹、水、旱、霜等灾地亩额赋有差	《清高宗实录》卷898，第1096页下
17	乾隆三十八年（1773）	十一月丙寅，赈恤甘肃皋兰、金县、靖远、泾州、平番、宁夏、平罗、灵州、肃州、王子庄州同十厅州县雹、霜成灾饥民，并缓征隆德、合水、抚彝厅本年地丁钱粮	《清高宗实录》卷946，第818页
18	乾隆三十九年（1774）	乾隆四十年十月庚寅，蠲免甘肃皋兰、狄道、金县、安定、会宁、抚彝、山丹、东乐、古浪、平番、宁夏、中卫、西宁、大通、肃州、河州、高台等十七州、县、厅乾隆三十九年、水、雹、霜灾额赋有差，豁除抚彝、宁夏、中卫等厅、县、坍没田地七十六顷三十六亩有奇额赋	《清高宗实录》卷993，第262页上
19	乾隆四十年（1775）	十月，霜花雪绺，历旬乃止	民国《朔方道志》卷1《祥异》，第24页
		乾隆四十一年三月丁酉，赈恤甘肃陇西、伏羌、会宁、漳县、平凉、华亭、泾州、灵台、隆德、宁夏、平罗、秦州、玉门十三州、县乾隆四十年分雹、水、霜灾饥民	《清高宗实录》卷1005，第493—494页
20	乾隆四十一年（1776）	十一月乙亥，赈恤甘肃皋兰、金县、西和、漳县、泾州、崇信、灵台、镇原、宁州、环县、东乐县丞、镇番、宁夏、宁朔、中卫、平罗、礼县等十七州县及分防县丞，本年水、雹、霜灾贫民。其宁远、伏羌、华亭、安化、正宁、合水、花马池州同、碾伯、大通、秦安、清水、安西、玉门、燉煌等十四州县及分防州同，并予缓征	《清高宗实录》卷1020，第677页下

序号	灾年	灾况	资料来源
20	乾隆四十一年 （1776）	乾隆四十一年，尾闸等堡被霜，诏蠲缓银、粮、草有差	道光九年《平罗纪略》卷5《蠲免》，第129页
		乾隆四十二年五月庚午，赈恤甘肃皋兰、金县、西和、漳县、泾州、崇信、镇原、灵台、宁州、正宁、环县、东乐县丞、镇番、宁夏、宁朔、中卫、平罗、礼县十八厅、州、县乾隆四十一年雹、水、霜灾饥民，并予缓征	《清高宗实录》卷1032，第835页下
		乾隆四十二年十二月丁酉，豁甘肃皋兰、金县、西和、漳县、崇信、泾州、灵台、镇原、宁州、环县、东乐、镇番、宁夏、宁朔、中卫、平罗、礼县等十七州、县乾隆四十一年被雹、霜灾额赋	《清高宗实录》卷1046，第1012页下
21	乾隆四十二年 （1777）	十一月乙酉，蠲免甘肃宁夏、宁朔、盐茶、安化、合水、环县、古浪等七厅、县本年夏秋雹、水、霜灾额赋有差，并予赈恤。缓征洮州、岷州、伏羌、宁远、宁州、平罗、清水、礼县、崇信等九州、县、新旧额赋	《清高宗实录》卷1045，第1000页下
		盐茶、中卫县受旱、霜、雹灾，命赈一个月口粮	《中国气象灾害大典·宁夏卷》，第33页
22	乾隆四十三年 （1778）	十二月辛酉，赈恤甘肃宁夏、宁朔、平罗、秦州、秦安、庄浪、安化、正宁、环县、抚彝、张掖、古浪、西宁、盐茶厅、礼县、山丹、永昌等十七厅、州、县本年水、旱、雹、霜灾贫民，并蠲缓额赋有差	《清高宗实录》卷1072，第390页下
23	乾隆四十四年 （1779）	四月壬申，赈甘肃庄浪县丞、盐茶厅、安化、正宁、环县、抚彝厅、张掖、山丹、永昌、古浪、宁夏、宁朔、平罗、西宁、秦州、秦安、礼县等十七州、县、厅本年雹、水、霜灾饥民	《清高宗实录》卷1081，第523页下
24	乾隆五十二年 （1787）	十二月癸丑，缓征甘肃隆德、静宁、张掖、河州、陇西、伏羌、平番、平凉、镇原、崇信、王子庄州同等十一州厅县，本年霜、雹灾地额赋	《清高宗实录》卷1295，第386页下
25	嘉庆五年 （1800）	十月壬戌，缓征甘肃皋兰、金、安定、平凉、泾、宁夏、宁朔、平罗、镇原、环、靖远、安化、河、崇信、狄道、渭源十六州、县并庄浪县丞、沙泥州判所属本年被霜、被雹、被旱各灾民额赋	《清仁宗实录》卷75，第1006页上

序号	灾年	灾况	资料来源
26	嘉庆十四年（1809）	固原州东北二乡共计四十三营堡……所属五千六百五十七村庄，秋禾被水、被霜、被雹成灾，粮食歉收	《中国气象灾害大典·宁夏卷》，第210页
		八月间，固原州东乡万头营等十一营堡，北乡开头营等五营堡乡约赴州呈报，秋禾均被霜雹损伤，虽有轻重不同，而夏收均属歉薄	
27	嘉庆十六年（1811）	盐茶厅之四乡蒙古堡等四十五村庄，中卫县之东南香山等四十三村庄，花马池同之安定堡等五十五村庄，夏秋禾均被雹、被霜，收成仅止五分有余	《中国气象灾害大典·宁夏卷》，第210页
28	嘉庆十九年（1814）	嘉庆二十年正月丁亥，贷甘肃皋兰、靖远、盐茶、灵、中卫、平罗、宁朔七厅、州、县及红水县丞所属上年被旱、被霜、被水灾民籽种口粮	《清仁宗实录》卷302，第2页上
29	嘉庆二十年（1815）	十月二十八日陕甘总督先福奏：续据禀报秋禾被霜之盐茶厅，虽勘不成灾而收成未免歉薄。民力实形拮据	《清代干旱档案史料》，第410页
		十月二十八日陕甘总督先福奏……及续报被霜之花马池州同地方，或夏田间被灾伤，秋禾收成六七分	《清代黄河流域洪涝档案史料》，第462页
		十一月丁酉，缓征甘肃皋兰、金、靖远、安定、陇西、平罗、西宁、盐茶八厅县雹灾、旱灾、霜灾新旧额赋	《清仁宗实录》卷312，第147页上
		十一月丁酉，盐茶厅秋禾被霜	宣统《甘肃新通志》卷首之3，第7页
30	道光二年（1822）	十月壬寅，缓征甘肃静宁、灵、渭源、靖远、西宁、碾伯六州、县被水、被雹、被霜村庄新旧额赋并赈河州被水灾民	《清宣宗实录》卷42，第749页上
31	道光十年（1830）	十月甲寅，缓征甘肃皋兰、安定、会宁、贵德、碾伯、中卫、金、固原、宁夏、宁朔、灵、清水、泾、崇信十四厅、州、县被雹、被水、被霜灾民本年额赋	《清宣宗实录》卷178，第799页上
32	道光十一年（1831）	本年夏秋禾苗间有被雹被旱被水被霜之区，借灾区贫民口粮，隆德县折色银二千两，盐茶厅本色粮二千五百石。隆德等十一州县，秋禾被雹水霜雪	《中国气象灾害大典·宁夏卷》，第211页

序号	灾年	灾况	资料来源
33	道光十七年（1837）	十一月壬午，缓征甘肃河、狄道、渭源、靖远、安定、会宁、洮、固原、盐茶、宁、平番、宁夏、宁朔、灵、中卫、平罗、碾伯十七厅、州、县被雹、被水、被旱、被霜灾区新旧额赋，贷皋兰、金、靖远、会宁、固原、安化、宁、平番、秦九州县灾民冬月口粮	《清宣宗实录》卷303，第721页上
34	道光十八年（1838）	十一月初七日瑚松额奏：本年皋兰等二十二厅州、县丞地方，间有被雹、被水、被旱之区……又据河州、狄道、渭源、金县、靖远、西和、洮州、宁夏、宁朔、平罗、花马池州同、沙泥州判等宁十二厅州县、州同、州判具报，秋禾被雹、被水、被霜、被旱	《清代黄河流域洪涝档案史料》，第608页
35	道光十九年（1839）	十一月庚申，缓征甘肃皋兰、河、狄道、靖远、陇西、华亭、静宁、安化、武威、平番、宁夏、宁朔、灵、中卫、平罗、崇信、灵台、镇原十八州、县暨沙泥州判所属被旱、被雹、被霜歉区新旧正杂额赋	《清宣宗实录》卷328，第1165页下
36	道光二十年（1840）	十月初八日瑚松额奏：本年安定等一十二州县、州判地方间有被雹、被旱之区……嗣又据渭源、陇西、通渭、宁远、会宁、平凉、华亭、盐茶、隆德、固原、武威、镇番、宁夏、宁朔、灵州、平罗、花马池、两当、阶州、崇信等二十厅州县、州同具报，夏秋禾苗被雹、被旱、被水、被霜，亦即委员一并勘办	《清代干旱档案史料》，第573页
		十一月己丑，缓征甘肃皋兰、渭源、金、靖远、宁远、安定、会宁、隆德、固原、环、宁夏、宁朔、灵、平罗、崇信、灵台、镇原十七州、县及花马池州同、沙泥州判所属灾区新旧额赋	《清宣宗实录》卷341，第183页下
37	道光二十一年（1841）	十一月初六日陕甘总督恩特亨额奏：嗣又据狄道、沙泥、安化、东乐、武威、中卫、花马池等七州县、州同、州判、县丞具报，夏秋禾苗被雹、被霜	《清代黄河流域洪涝档案史料》，第623页
		十一月癸酉，缓征甘肃皋兰、河、狄道、靖远、安定、固原、安化、宁、环、武威、宁夏、宁朔、灵、中卫、平罗、西宁、碾伯、灵台十八州、县及花马池州同、沙泥州判、东乐县丞所属被雹、被霜、被水歉区旧欠额赋	《清宣宗实录》卷362，第531页上

序号	灾年	灾况	资料来源
38	道光二十六年（1846）	十一月庚子，缓征甘肃河、狄道、渭源、西和、固原、合水、灵、碾伯、崇信、皋兰、陇西、伏羌、安定、会宁、平凉、灵台十六州、县暨陇西县丞所属被雹、被水、被旱、被霜灾区新旧额赋	《清宣宗实录》卷436，第457页下
39	道光二十七年（1847）	十一月甲辰，缓征甘肃河、宁远、伏羌、安定、会宁、洮、隆德、固原、安化、宁、张掖、古浪、宁夏、宁朔、平罗、崇信、皋兰、平番、西宁、碾伯、大通二十一州、县及盐茶同知、陇西县丞所属被雹、被水、被旱、被霜村庄新旧正杂额赋	《清宣宗实录》卷449，第660页上
40	道光二十八年（1848）	六月初五日陕甘总督布彦泰奏：本年五月（6月）内……惟皋兰、狄道、安定、泾州、崇信、镇原、平凉、固原、静宁、陇西县丞等州县、县丞先后具报，间有被雹、被水、被霜地方	《清代黄河流域洪涝档案史料》，第646页
41	道光三十年（1850）	十二月戊午，缓征甘肃河、陇西、灵、西宁、灵台五州县及陇西县丞所属，被水、被旱、被雹、被霜灾区旧欠额赋，并皋兰、靖远、宁夏、宁朔、中卫、平罗六县新旧额赋	《清文宗实录》卷23，第326页下
42	咸丰元年（1851）	十一月癸酉，缓征甘肃皋兰、宁夏、宁朔、西宁、大通、河、狄道、固原、灵、泾、崇信、灵台、镇原、碾伯十四州、县暨陇西县丞所属被水、被雪、被风、被旱灾区未完新旧银粮草束	《清文宗实录》卷48，第651—652页
43	咸丰二年（1852）	十二月丁亥，缓征甘肃河、靖远、安定、静宁、泾、崇信、镇原、灵台、皋兰、狄道、渭源、固原、宁夏、宁朔、灵、中卫、平罗、西宁、大同十九州、县及陇西县丞所属被旱、被水、被雹、被霜地方新旧额赋	《清文宗实录》卷79，第1044页下
44	咸丰三年（1853）	十一月己巳，缓征甘肃皋兰、渭源、靖远、陇西、安定、会宁、平凉、静宁、隆德、固原、碾伯十一州县及陇西县丞所属被水、被旱、被霜、被雹地方旧欠额赋，河、狄道、安化、宁、宁夏、灵、中卫、平罗、崇信、镇原十州县新旧额赋	《清文宗实录》卷113，第775页上

序号	灾年	灾况	资料来源
45	咸丰四年（1854）	陕甘总督易棠十月二十九日（12月18日）奏：甘肃省陇西等州县州判地方，本年夏秋田禾间有被雹、被旱、被水之区。又据盐茶等厅县续报秋禾间被霜、雹、水、旱……均系一隅中之一隅，例不成灾	《清代奏折汇编——农业·环境》，第485页
		十一月乙酉，缓征甘肃皋兰、河、渭源、静宁、隆德、宁夏、灵、平罗八州、县被水、被旱、被雹、被霜节年旧欠银粮及靖远、陇西、会宁、西和、安化、宁、泾、崇信、灵台、九州、县新旧银粮草束	《清文宗实录》卷151，第640—641页
		固原州、隆德县秋禾被霜	《中国气象灾害大典·宁夏卷》，第213页
46	咸丰五年（1855）	十一月乙亥，缓征甘肃皋兰、河、陇西、固原、宁夏、宁朔、灵、中卫、镇原、洮、静宁、平罗、渭源、安定、盐茶、宁、灵台十七厅、州、县被水、被旱、被雹、被霜地方新旧额赋	《清文宗实录》卷183，第1047页下
47	咸丰六年（1856）	七月二十一日陕甘总督易棠奏：至被雹之盐茶大通、被水之宁夏、宁朔、灵州、碾伯、被水、被雹之西宁、被水、被旱、被霜之平罗等处……归入秋成案内汇核办理	《清代黄河流域洪涝档案史料》，第668页
48	咸丰九年（1859）	十二月甲辰，展缓甘肃皋兰、河、狄道、靖远、陇西、静宁、安化、宁夏、宁朔、灵、中卫、泾、崇信、灵台、镇原十六州、县暨沙泥州判所属被雹、被水、被霜地方旧欠额赋	《清文宗实录》卷302，第424页上
49	咸丰十年（1860）	十一月二十四日奏：查灵州、固原、盐茶本年夏秋田禾间有被旱、被雹、被水之区，宁夏、平罗间有秋禾被霜、被水、被旱、被雹之区	《中国气象灾害大典·宁夏卷》，第214页
50	咸丰十一年（1861）	十二月甲戌，缓征甘肃皋兰、河、狄道、渭源、靖远、陇西、安定、会宁、固原、安化、宁、宁夏、宁朔、灵、平罗、泾、崇信、灵台、镇原十九州、县被雹、被水、被霜、被冻地方节年额赋有差	《清穆宗实录》卷14，第372页下
51	同治二年（1863）	三月癸亥，缓征甘肃皋兰、固原、灵、平罗、河、狄道、渭源、靖远、陇西、安定、盐茶、安化、宁、宁夏、宁朔、碾伯、泾、崇信、灵台、镇原二十厅、州、县暨沙泥州判所属被水、被霜、被风、被冻地方新旧钱粮草束	《清穆宗实录》卷61，第192页上

续表

序号	灾年	灾况	资料来源
52	光绪十六年（1890）	四月，泾源陨霜杀稼	《中国气象灾害大典·宁夏卷》，第214页
53	光绪十八年（1892）	十八年四月，化平川厅陨霜	《清史稿》卷40《灾异一》，第1494页
		夏四月，化平厅陨霜	宣统《甘肃新通志》卷2《天文志（附祥异）》，第56页
		十一月二十二杨昌濬片：甘肃本年春夏雨泽愆期……其兰州府属之皋兰、金县，巩昌府属之会宁，平凉府属之平凉、隆德。泾州直隶州所属镇原、崇信、灵台，固原直隶州及所属海城、平远、打拉池县丞，西宁府属之西宁、碾伯、巴燕戎格，凉州府属之古浪等厅州县、县丞，被旱、被霜、被雹、被水	《清代干旱档案史料》，第912页
		光绪十九年二月乙亥，蠲缓甘肃安化、宁、合水、环、固原、狄道、董志原县丞等七属被旱、被水、被雹、被霜地方钱粮草束	《清德宗实录》卷321，第163页上
54	光绪二十二年（1896）	秋禾被水、旱、霜、雹有固原州、宁夏、宁朔、中卫	《中国气象灾害大典·宁夏卷》，第214页
55	光绪二十五年（1899）	本年雨泽愆期，禾苗大半受旱，并有雨雹、大水、天降黑霜，夏灾者有隆德、固原州、化平厅等十一属	《中国气象灾害大典·宁夏卷》，第214页
56	光绪二十六年（1900）	光绪二十七年（1901）二月十日奏：去年（1900）自春徂秋被旱、被雹、被霜，灾区甚广。隆德、固原州、平远、宁夏府属之花马池州同、中卫，统计灾区四十一属	《中国气象灾害大典·宁夏卷》，第179页
57	光绪二十八年（1902）	夏秋禾苗被雹、被水、被霜。秋灾者有中卫县、平罗县等五处	《中国气象灾害大典·宁夏卷》，第179页
58	光绪三十四年（1908）	四月初一日，皋兰、狄道、河州、静宁、固原、海城等处大风雪，伤果花麦苗	宣统《甘肃新通志》卷2《天文志（附祥异）》，第61页
59	宣统元年（1909）	九月二十九日陕甘总督毛庆蕃奏奏……此外，会宁、宁州、秦安、海城、大通等州县禀报，被雹、被霜、被水，打伤禾苗，浸塌房屋	《清代黄河流域洪涝档案史料》，第915—916页

附表6　　　　　　　　　　清代宁夏地区风灾灾害一览

序号	灾年	地区	灾况	资料来源
1	康熙四十七年（1708）	灵州	灵州，大雨霹雳，出现龙卷风	《中国气象灾害大典·宁夏卷》，第139页
2	康熙四十八年（1709）	中卫	地震后忽大风十余日，沙悉卷空，飞去落河南永（康）、宣（和）两堡近山一带，县民遂垦复旧压田百顷	道光《中卫县志》卷8《轶事》，第2页
3	康熙四十九年（1710）	中卫	四十九年三月，中卫大风拔木	《清史稿》卷44《灾异五》，第1616页
		中卫	康熙庚寅三月七日申刻，黄气自县西起，亘天，忽大风拔木，坏民居，天昼晦者四日	乾隆《中卫县志》卷2《祥异》，第66页
4	乾隆八年（1743）	灵州中卫宁夏花马池	十一月壬午，分别赈贷甘肃皋兰、狄道金县、河州、靖远宁远、通县、会宁、真宁、合水、平番、清水、秦安、西宁、安定、碾伯、阶州、灵州、中卫、宁夏、花马池、礼县、成县、高台等二十四厅、州、县水、虫、风、雹灾民，暂缓新旧额征	《清高宗实录》卷204，第628页上
5	乾隆九年（1744）	宁夏隆德盐茶固原花马池平罗宁朔	十一月丁亥，赈贷甘肃河州、平凉、平番、岷州、西宁、宁夏、大通、灵台、华亭、狄道、西固、阶州、漳县、西和、隆德、盐茶、固原、靖远、崇信、安化、真宁、合水、环县、宁州、文县、古浪、镇番、灵川、花马池、碾伯、礼县、陇西、平罗、宁朔、中卫等三十五厅、州、县、卫被雹及水、风、霜、虫等灾民，并分别蠲缓新旧额征	《清高宗实录》卷228，第951页
6	乾隆三十年（1765）	固原盐茶隆德中卫	三十一年正月癸酉，谕，前因甘肃河东河西各属，有秋禾偏旱及间被雹、水、风、霜之处，业经照例赈恤，但念偏灾处所盖藏未必充裕，特令该督再行悉心查勘具奏。今据查明奏到所有被灾较重稍重之各州县，于例赈完毕之后正值青黄不接之时民力不无拮据，著加恩，将被灾较重之靖远、红水县丞、安定、会宁、通渭、宁远、伏羌、镇原、平凉、安化等县，静宁州、泾州、宁州等十三处，无论极次贫民，俱展赈两个月。被灾稍重之皋兰、金县、陇西、漳县、华亭、庄浪、固原州、盐茶厅、隆德、灵台、合水、武威、镇番、平番、中卫等十五处，无论极次贫民，俱展赈一个月，以副朕优恤边氓至意	《清高宗实录》卷752，第273—274页
		平罗	除乾隆三十年风吹上宝闸、下宝闸二堡沙压地一百一十顷六十二亩	道光九年《平罗纪略》卷5《民田》，第120页

序号	灾年	地区	灾况	资料来源
7	乾隆三十一年（1766）	固原盐茶隆德	固原、盐茶、隆德等州县秋禾受旱，又遭雹、水、风、霜灾，命赈一个月口粮	《中国气象灾害大典·宁夏卷》，第140页
8	乾隆三十九年（1774）	宁朔灵州平罗	九月丁巳，赈甘肃皋兰、沙泥州判、武威、镇番、宁朔、灵州、平罗七州县水、旱、风灾饥民	《清高宗实录》卷966，第1118页下
9	咸丰元年（1851）	宁夏宁朔固原灵州	十一月癸酉，缓征甘肃皋兰、宁夏、宁朔、西宁、大通、河、狄道、固原、灵、泾、崇信、灵台、镇原、碾伯十四州、县暨陇西县丞所属被水、被雪、被风、被旱灾区未完新旧银粮草束	《清文宗实录》卷48，第651—652页
		宁夏中卫灵州宁朔花马池	三月十六日，宁夏、中卫、中宁、灵州、花马池及宁朔州县狂风大作，沙砾飞扬，发屋拔木，行人咫尺不见，入夜渐息，田禾受灾重	《中国气象灾害大典·宁夏卷》，第140页
10	咸丰二年（1852）	宁夏宁朔固原灵州	元月十二日，缓征宁夏、宁朔、固原和灵州等州县受旱、水、风、雹灾灾区未完新旧灾民银粮、草束	《中国气象灾害大典·宁夏卷》，第140页
11	同治二年（1863）	固原灵州平罗盐茶宁夏宁朔	三月癸亥，缓征甘肃皋兰、固原、灵、平罗、河、狄道、渭源、靖远、陇西、安定、盐茶、安化、宁、宁夏、宁朔、碾伯、泾、崇信、灵台、镇原二十厅、州、县暨沙泥州判所属被水、被霜、被风、被冻地方新旧钱粮草束	《清穆宗实录》卷61，第192页上
12	同治十二年（1873）	固原	十二年五月初六日，固原大风，坏城中回回寺	《清史稿》卷44《灾异五》，第1620—1621页
		固原	同治十二年，五月初六日午时，雷雨大风，至申时始晴，城西南隅有回寺一座，其门扉殿壁片瓦无存	宣统《新修固原直隶州志》卷11《轶事志》，第1204页

续表

序号	灾年	地区	灾况	资料来源
13	光绪六年（1880）	中卫固原	十二月二十一日署理甘肃布政使杨昌浚奏：甘肃各属，本年夏秋田禾，间有被雹、被水、被风之区……臣查，本年夏秋田禾被灾较轻之皋兰、安定①、岷州、通渭、陇西县丞、化平、宁州、合水、环县、平番、中卫、大通、镇原、崇信、固原等十五厅州县县丞，经印委各员会同勘明，均系一隅中之一隅，不致成灾	《清代黄河流域洪涝档案史料》，第702
14	光绪十六年（1890）	固原	十六年八月十五日，固原大风拔木	《清史稿》卷44《灾异五》，第1621页
		固原	光绪十六年八月十五日，大风拔树	宣统《新修固原直隶州志》卷11《轶事志》，第1205页
15	光绪三十四年（1908）	固原盐茶	四月初一日，风雪交加，异常寒冷。固原、海城等处大风雪，伤果花、麦苗。五月，固原、海城等县大风为患，蔬菜、瓜果大伤，麦田受损，官府派员赈济	《中国气象灾害大典·宁夏卷》，第141页

---

① 此处"安定"，原作"定定"，疑误。

参考文献

一 档案文献

中国第一历史档案馆藏乾隆朝内阁题本。

中国第一历史档案馆藏宫中朱批奏折。

中国第一历史档案馆藏军机处录副奏折。

国家档案局明清档案馆：《清代地震档案史料》，中华书局 1959 年版。

台北故宫博物院整理：《宫中档光绪朝奏折》，台北故宫博物院 1973 年版。

台北故宫博物院整理：《宫中档康熙朝奏折》，台北故宫博物院 1976 年版。

台北故宫博物院整理：《宫中档雍正朝奏折》，台北故宫博物院 1977 年版。

台北故宫博物院整理：《宫中档乾隆朝奏折》，台北故宫博物院 1982—1983 年版。

中国第一历史档案馆编：《康熙起居注》，中华书局 1984 年版。

中国第一历史档案馆编：《康熙朝汉文朱批奏折汇编》，档案出版社 1985 年版。

中国第一历史档案馆编：《雍正朝汉文朱批奏折汇编》，江苏古籍出版社 1989—1991 年版。

水利电力部水管司科技司、水利水电科学研究学院：《清代黄河流域洪涝档案史料》，中华书局 1993 年版。

中国第一历史档案馆编：《雍正朝起居注册》，中华书局 1993 年版。

中国第一历史档案馆编译：《康熙朝满文朱批奏折全译》，中国社会科学出版社 1996 年版。

中国第一历史档案馆编译：《雍正朝满文朱批奏折全译》，黄山书社
1998 年版。

中国第一历史档案馆编：《乾隆朝上谕档》，中国档案出版社 1998
年版。

中国第一历史档案馆编：《雍正朝汉文谕旨汇编》，广西师范大学出版
社 1999 年版。

中国第一历史档案馆编：《乾隆帝起居注》，广西师范大学出版社 2002
年版。

中国科学院地理科学与资源研究所、中国第一历史档案馆：《清代奏
折汇编——农业·环境》，商务印书馆 2005 年版。

中国地震局、中国第一历史档案馆：《明清宫藏地震档案（上卷)》，
地震出版社 2005 年版。

北京市地震局、台北"中研院"历史语言研究所：《明清宫藏地震档
案（下卷)》，地震出版社 2007 年版。

台北故宫博物院：《清代起居注·康熙朝》，联经出版有限公司 2009
年版。

中国第一历史档案馆编：《乾隆朝满文寄信档译编》，岳麓书社 2011
年版。

谭徐明：《清代干旱档案史料》，中国书籍出版社 2013 年版。

二　基本古籍

（汉）司马迁：《史记》，中华书局 2014 年版。

（汉）班固：《汉书》，中华书局 1962 年版。

（南朝）范晔：《后汉书》，中华书局 1965 年版。

（北齐）魏收：《魏书》，中华书局 2017 年版。

（后晋）刘昫：《旧唐书》，中华书局 1975 年版。

（唐）李林甫等撰，陈仲夫点校：《唐六典》，中华书局 1992 年版。

（宋）欧阳修、宋祁：《新唐书》，中华书局 1975 年版。

（宋）李焘：《续资治通鉴长编》，中华书局 1979 年版。

（元）脱脱：《宋史》，中华书局 1977 年版。

《明实录》，台北"中央研究院"历史语言研究所 1962 年影印本。

（明）徐贞明：《徐尚宝集·西北水利议》，（明）陈子龙等：《明经世文编》卷 398，中华书局 1962 年版。

（明）宋濂：《元史》，中华书局 1976 年版。

（明）徐光启撰，石声汉校注：《农政全书》，上海古籍出版社 1979 年版。

（明）申时行等修：（万历）《明会典》，中华书局 1989 年版。

（清）张廷玉等撰：《明史》，中华书局 1974 年版。

（光绪）《钦定大清会典》，清光绪二十五年原刻本影印，新文丰出版公司 1976 年版。

（清）钱泳撰，张伟点校：《履园丛话》，中华书局 1979 年版。

（清）王庆云：《石渠余纪》，北京古籍出版社 1985 年版。

《清实录》，中华书局 1985—1987 年版。

《嘉庆重修一统志》，中华书局 1986 年版。

《清朝文献通考》，浙江古籍出版社 1988 年影印本。

（光绪）《大清会典事例》，清光绪二十五年石印本影印，中华书局 1991 年版。

（康熙）《大清会典》，《近代中国史料丛刊三编》第 72 辑，文海出版社 1992 年版。

（嘉庆）《大清会典》，《近代中国史料丛刊三编》第 64 辑，文海出版社 1992 年版。

（嘉庆）《大清会典事例》，《近代中国史料丛刊三编》第 66 辑，文海出版社 1992 年版。

（清）那彦成：《那文毅公奏议》，《续修四库全书·史部·奏令诏议类》第 496—497 册，上海古籍出版社 1995 年版。

（乾隆）《钦定户部则例》，故宫博物院编：《故宫珍本丛刊》第 286 册，海南出版社 2000 年版。

（清）方观承：《赈纪》，李文海、夏明方主编：《中国荒政全书（第二辑）》，北京古籍出版社 2004 年版。

（清）语石生：《办灾赘言》，杨西明编著：《灾赈全书》，李文海、夏明方主编：《中国荒政全书（第二辑）》，北京古籍出版社 2004 年版。

（清）吴元炜：《赈略》，李文海、夏明方主编：《中国荒政全书（第二辑）》，北京古籍出版社 2004 年版。

（清）汪志伊：《荒政辑要》，李文海、夏明方主编：《中国荒政全书（第二辑）》，北京古籍出版社 2004 年版。

（清）顾祖禹撰，贺次君、施和金点校：《读史方舆纪要》，中华书局 2005 年版。

王先谦：《东华录》，上海古籍出版社 2008 年版。

（清）胡季堂：《培荫轩文集》，《清代诗文集汇编》编纂委员会编：《清代诗文集汇编》第 365 册，上海古籍出版社 2010 年版。

（清）顾炎武：《天下郡国利病书》，华东师范大学古籍研究所整理，上海古籍出版社 2011 年版。

（清）龚景瀚：《澹静斋文抄外篇》，清道光六年恩赐堂刻澹静斋全集本，清代诗文集汇编编纂委员会：《清代诗文集汇编》第 417 册，上海古籍出版社 2011 年版。

（清）梁份著，赵盛世、王子贞等校注：《秦边纪略》，青海人民出版社 2016 年版。

（民国）赵尔巽：《清史稿》，中华书局 1977 年版。

三　地方志

（明）朱栴修，胡玉冰、孙瑜校注：（正统）《宁夏志》，中国社会科学出版社 2015 年版。

（明）胡汝砺修，胡玉冰、曹阳校注：（弘治）《宁夏新志》，中国社会科学出版社 2015 年版。

（明）杨守礼修，陈明猷校勘：《嘉靖宁夏新志》，宁夏人民出版社 1982 年版。

（明）杨守礼修，邵敏校注：（嘉靖）《宁夏新志》，中国社会科学出版社 2015 年版。

（明）杨寿、胡玉冰校注：（万历）《朔方新志》，中国社会科学出版社 2015 年版。

吴怀章校注：（康熙）《朔方广武志》，宁夏人民出版社 1993 年版。

（清）张金城修，胡玉冰、韩超校注：（乾隆）《宁夏府志》，中国社会科学出版社 2015 年版。

（清）汪绎辰、柳玉宏校注：（乾隆）《银川小志》，中国社会科学出版社 2015 年版。

（清）许容：（乾隆）《甘肃通志》，清乾隆元年（1736）刻本。

（清）黄恩锡纂修，韩超校注：（乾隆）《中卫县志》，上海古籍出版社 2018 年版。

（清）舒成龙：《荆门州志》，中国文史出版社 2007 年版。

（清）杨芳灿修，蔡淑梅校注：（嘉庆）《灵州志迹》（光绪）《灵州志》，中国社会科学出版社 2015 年版。

王亚勇校注：《平罗记略·续增平罗记略》，宁夏人民教育出版社 2003 年版。

（清）黄恩锡编纂，（清）郑元吉修纂：（道光）《中卫县志》，清道光 21 年刻本。

（光绪）《海城县志》，《中国地方志集成·宁夏府县志辑》，凤凰出版社 2008 年版。

（光绪）《平远县志》，《中国方志丛书·塞北地方第 6 号》，据光绪五年抄本影印，成文出版社 1966 年版。

（宣统）《甘肃新通志》，清宣统元年刻本暨石印本。

（宣统）王学伊等纂修：《固原州志》，《中国方志丛书华北地方第 337 号》，据宣统元年刊本影印，成文出版社 1970 年版。

（民国）马福祥、陈必淮、马洪宾修，王之臣纂，胡玉冰校注：《朔方道志》，上海古籍出版社 2018 年版。

（民国）《重修隆德县志》，平凉文兴元书局 1935 年石印本。

（民国）盖世儒修，张逢泰纂：《化平县志》，《西北文献丛书第一辑》第 54 册，兰州古籍书店 1990 年版。

四　专著

郑肇经：《中国之水利》，商务印书馆 1951 年版。

中国科学院地震工作委员会历史组：《中国地震资料年表》，科学出版社 1956 年版。

李善邦：《中国地震目录》，科学出版社 1960 年版。

胡序威：《西北地区经济地理》，科学出版社 1963 年版。

《宁夏农业地理》编写组：《宁夏农业地理》，科学出版社 1976 年版。

江苏省地理研究所：《甘肃宁夏青海三省区气候历史记载初步整理》，江苏省地理研究所 1976 年版。

睡虎地秦墓竹简整理小组：《睡虎地秦墓竹简》，文物出版社 1978 年版。

中央气象局气象科学研究院：《中国近五百年旱涝分布图集》，地图出版社 1981 年版。

傅筑夫：《中国经济史资料·秦汉三国编》，中国社会科学出版社 1982 年版。

水利部黄河水利委员会《黄河水利史述要》编写组：《黄河水利史述要》，水利电力出版社 1984 年版。

杨新才等：《宁夏水旱自然灾害史料》，宁夏回族自治区水文总站 1987 年版。

宁夏气象局：《宁夏回族自治区近五百年气候历史资料》，宁夏气象局 1987 年版。

谢毓寿、蔡美彪：《中国地震历史资料汇编》，科学出版社 1987 年版。

常乃光主编：《中国人口·宁夏分册》，中国财政经济出版社 1988 年版。

中国社会科学院历史研究所资料编纂组：《中国历代自然灾害及历代盛世农业政策资料》，农业出版社 1988 年版。

宁夏回族自治区地震局：《宁夏回族自治区地震历史资料汇编》，地震出版社 1988 年版。

孟昭华、彭传荣：《中国灾荒辞典》，黑龙江科学技术出版社 1989 年版。

蓝玉璞：《宁夏回族自治区经济地理》，新华出版社 1990 年版。

李文海、林敦奎、周源、宫明：《近代中国灾荒纪年》，湖南教育出版社 1990 年版。

牛平汉主编：《清代政区沿革综表》，中国地图出版社 1990 年版。

《宁夏水利志》编纂委员会：《宁夏水利志》，宁夏人民出版社 1992 年版。

宋正海:《中国古代重大自然灾害和异常年表总集》,广东教育出版社1992年版。

杨新才、王治业、傅宁玉:《宁夏历代农业统计叙录》,中国统计出版社1992年版。

蓝玉璞:《宁夏回族自治区经济地理》,新华出版社1993年版。

鲁人勇等:《宁夏历史地理考》,宁夏人民出版社1993年版。

袁林:《西北灾荒史》,甘肃人民出版社1994年版。

张波、冯风等:《中国农业自然灾害史料集》,陕西科技出版社1994年版。

李向军:《清代荒政研究》,中国农业出版社1995年版。

王致中、魏丽英:《明清西北社会经济史研究》,三秦出版社1996年版。

[法] 魏丕信:《18世纪中国的官僚制度与荒政》,徐建青译,江苏人民出版社2002年版。

中国气象灾害大典编委会:《中国气象灾害大典·宁夏卷》,气象出版社2007年版。

陈高佣:《中国历代天灾人祸表》,北京图书馆出版社2007年版。

陈育宁主编:《宁夏通史》,宁夏人民出版社2008年版。

陈锋:《清代财政政策与货币政策研究》,武汉大学出版社2008年版。

袁祖亮、朱凤祥:《中国灾害通史·清代卷》,郑州大学出版社2009年版。

赵连赏、翟清福:《中国历代荒政史料》,京华出版社2010年版。

白虎志、董安祥、郑广芬等:《中国西北地区近500年旱涝分布图集(1740—2008)》,气象出版社2010年版。

邓云特:《中国救荒史》,商务印书馆2011年版。

刘文远:《清代水利借项研究》,厦门大学出版社2011年版。

赵晓华:《救灾法律与清代社会》,社会科学文献出版社2011年版。

张维慎:《宁夏农牧业发展与环境变迁研究》,文物出版社2012年版。

冯尔康:《清史史料学》,故宫出版社2013年版。

张德二:《中国三千年气象记录总集》,江苏教育出版社2013年版。

杨明:《清代救荒法律制度研究》,中国政法大学出版社2014年版。

银川市地方志编纂委员会办公室、银川移民研究课题组编著：《银川移民史研究》，宁夏人民出版社 2015 年版。

陈锋：《清代财政通史·上》，湖南人民出版社 2015 年版。

胡玉冰：《宁夏地方志研究》，中国社会科学出版社 2015 年版。

黄正林：《农村经济史研究：以近代黄河上游区域为中心》，商务印书馆 2015 年版。

傅林祥、林涓、任玉雪、王卫东：《中国行政区划通史·清代卷》，复旦大学出版社 2017 年版。

五 期刊论文

汪一鸣：《试论宁夏秦渠的成渠年代——兼谈秦代宁夏平原农业生产》，《宁夏大学学报》（社会科学版）1981 年第 4 期。

刘正祥：《宁夏经济发展述略》，《宁夏社会科学》1986 年第 4 期。

彭雨新：《略论清代苏松地区农田水利经费的筹集》，中国水利学会水利史研究会、江苏省水利史志编纂委员会：《太湖水利史论文集》，1986 年。

左书谔：《明清时期宁夏水利述论》，《宁夏社会科学》1988 年第 1 期。

杨明：《清朝救荒政策述评》，《四川师范大学学报》（社会科学版）1988 年第 3 期。

陈育宁、景永时：《论秦汉时期黄河河套流域的经济开发》，《宁夏社会科学》1989 年第 5 期。

吴滔：《建国以来明清农业自然灾害研究综述》，《中国农史》1992 年第 4 期。

李向军：《清代救灾的基本程序》，《中国经济史研究》1992 年第 4 期。

李向军：《清前期的灾况、灾蠲与灾赈》，《中国经济史研究》1993 年第 3 期。

李向军：《清代前期荒政评价》，《首都师范大学学报》（社会科学版）1993 年第 5 期。

熊元斌：《论清代江浙地区水利经费筹措与劳动力动用方式》，《中国经济史研究》1995 年第 2 期。

卜风贤：《中国农业灾害史料灾度等级量化方法研究》，《中国农史》1996 年第 4 期。

余新忠：《1980 年以来国内明清社会救济史研究综述》，《中国史研究动态》1996 年第 9 期。

吴滔：《明清雹灾概述》，《古今农业》1997 年第 4 期。

杨新才：《关于古代宁夏引黄灌区灌溉面积的推算》，《中国农史》1999 年第 3 期。

闵宗殿：《关于清代农业自然灾害的一些统计——以〈清实录〉记载为根据》，《古今农业》2001 年第 1 期。

卜风贤：《中国农业自然灾害史研究综论》，《中国史研究动态》2001 年第 2 期。

朱浒：《二十世纪清代灾荒史研究述评》，《清史研究》2003 年第 2 期。

邵永忠：《二十世纪以来荒政史研究综述》，《中国史研究动态》2004 年第 3 期。

陈锋：《清代"康乾盛世"时期的田赋蠲免》，《中国史研究》2008 年第 4 期。

李艳芳、赵景波：《清代宁夏吴忠一带洪涝灾害研究》，《干旱区资源与环境》2009 年第 4 期。

张允、赵景波：《1644—1911 年宁夏西海固干旱灾害时空变化及驱动力分析》，《干旱区资源与环境》2009 年第 5 期。

周琼：《清代审户程序研究》，《郑州大学学报》（哲学社会科学版）2011 年第 6 期。

朱凤祥：《清代风灾的时空分布情态及危害——以〈清史稿〉为参照》，《商丘师范学院学报》2011 年第 8 期。

倪玉平：《清代冰雹灾害统计的初步分析》，《江苏社会科学》2012 年第 1 期。

张祥稳、余林媛：《乾隆朝灾赈类型考论》，《南京农业大学学报》（社会科学版）2012 年第 4 期。

岳云霄：《清代宁夏平原水利管理中的国家干预》，《农业考古》2014

年第 1 期。

　　王玉琴：《明清宁夏荒政评述》，《宁夏社会科学》2014 年第 4 期。

　　夏明方：《大数据与生态史：中国灾害史料整理与数据库建设》，《清史研究》2015 年第 2 期。

　　吴连才、秦树才：《清代水利兼衔制度研究》，《云南民族大学学报》（哲学社会科学版）2015 年第 3 期。

　　周琼：《清前期的勘灾制度及实践》，《中国高校社会科学》2015 年第 3 期。

　　文卉：《清代中央与地方水利官员在水利兴修中的作用——以宁夏平原水利灌溉为例》，《宁夏大学学报》（人文社会科学版）2017 年第 5 期。

　　卜风贤：《历史灾害研究中的若干前沿问题》，《中国史研究动态》2017 年第 6 期。

　　刘锦增：《清代宁夏地区干旱灾害的时空分布及特征》，《宁夏大学学报》（人文社会科学版）2017 年第 2 期。

　　王功：《清代宁夏冰雹灾害研究》，《宁夏大学学报》（人文社会科学版）2016 年第 2 期。

　　王功：《清代宁夏地震灾害研究》，《社科纵横》2016 年第 6 期。

　　王功：《20 世纪以来清代宁夏地区自然灾害研究现状述评与展望》，《宁夏大学学报》（人文社会科学版）2017 年第 3 期。

　　王功：《清代宁夏地区风灾初步研究》，《宁夏大学学报》（人文社会科学版）2018 年第 1 期。

　　王功：《清代宁夏地区水涝灾害的时空分布》，《农业考古》2018 年第 3 期。

　　王功：《清代宁夏低温灾害研究》，《宁夏大学学报》（人文社会科学版）2018 年第 4 期。

六　学位论文

　　吴超：《13 至 19 世纪宁夏平原农牧业开发研究》，博士学位论文，西北师范大学，2007 年。

　　王仲宪：《明清时期六盘山区自然灾害及防灾救灾研究》，硕士学位论文，西北师范大学，2011 年。

岳云霄：《清至民国时期宁夏平原的水利开发与环境变迁》，博士学位论文，复旦大学，2013 年。

魏光：《清至民国时期（1644—1949）甘肃地区的旱灾与社会应对研究》，硕士学位论文，陕西师范大学，2014 年。

龚柳辉：《1739 年平罗地震之研究》，硕士学位论文，北方民族大学，2014 年。

马建民：《乾隆三年（1739）宁夏震灾与救济研究》，博士学位论文，宁夏大学，2015 年。

马晓华：《宁夏西海固地区清代以来气象灾害研究》，硕士学位论文，陕西师范大学，2015 年。